普通高等教育"十三五"规划教材

普通化学

杨　娟　李横江　曾小华　主编

郭怡楠　杨晓曦　黄　培　副主编

化学工业出版社

·北京·

本书为应用型本科通用教材，旨在为化工、生物、食品、材料、环境、药学、轻工、给排水、土木、机械电子工程、先进制造及工业机器人等工科专业提供大学基础化学教材，在介绍化学反应原理、溶液的性质、化学平衡及其应用、物质结构、化学反应速率等内容的基础上进行扩展，增加了常见物质的分析和化学在环境工程、给排水工程、生物工程、土木工程等领域中的应用，与相关专业的结合更利于工科学生对化学的理解。

本书可作为高等学校理工科各专业师生的教材，也可供相关专业的工作人员参考。

图书在版编目（CIP）数据

普通化学/杨娟，李横江，曾小华主编 . —北京：化学工业出版社，2017.7（2024.10重印）

普通高等教育"十三五"规划教材

ISBN 978-7-122-29562-0

Ⅰ.①普…　Ⅱ.①杨…②李…③曾…　Ⅲ.①普通化学-高等学校-教材　Ⅳ.①06

中国版本图书馆 CIP 数据核字（2017）第 088858 号

责任编辑：满悦芝　甘九林　　　　　　　　文字编辑：荣世芳
责任校对：宋　夏　　　　　　　　　　　　装帧设计：关　飞

出版发行：化学工业出版社（北京市东城区青年湖南街 13 号　邮政编码 100011）
印　　装：北京科印技术咨询服务有限公司数码印刷分部
787mm×1092mm　1/16　印张 17½　字数 426 千字　2024 年 10 月北京第 1 版第 4 次印刷

购书咨询：010-64518888　　　　　　售后服务：010-64518899
网　　址：http://www.cip.com.cn
凡购买本书，如有缺损质量问题，本社销售中心负责调换。

定　　价：48.00 元

《普通化学》编写人员名单

主　编　　杨　娟　李横江　曾小华

副主编　　郭怡楠　杨晓曦　黄　培

编　者　　杨　娟　李横江　曾小华　杨晓曦　郭怡楠　黄　培

马俊凯　王红梅　张　帆　周咪儿　张崎峰　安　李

付卫敏　范　航　夏　亮　徐　盼　胡嘉欣　陈丝丝

刘　颖　余　肖　杨子月　肖　倩　宋慧茹　鲁振如

郑　伟　胡　莹　刘桂敏　杜文博　王雅莉　刘　畅

张浩然　陈秋丽　周益舟　赵景瑞　滕秋月　谭晓林

张思维　吕　佳　李　焕　凌　海　舒鹏飞　刘晨凯

陈　杰　张光召　冀金龙　谢晶晶　刘慧玲

我国《关于地方本科高校转型发展的指导意见》中指出："试点高校要制定符合应用技术人才成长特点的培养方案，全面推进学分制和模块化教学，为不同来源的学生制定多样化人才培养方案。"对于转型期的工程技术型大学，各类教学改革势在必行。加快地方高校转型发展进程，推动高等教育结构性改革，要转变人才培养模式，培养应用型技术技能型人才；转变教育发展理念，增强学生就业创业能力。

普通化学作为大学基础课程之一，自1952年开设该课程以来经历了多次变革，目前普通化学作为各院校非化学类专业开展的基础化学类课程，适用于土木工程、工程管理、给水排水工程、环境工程、生物工程、食品工程、自动化等工科专业。国家普通化学大纲规范的制订对普通化学理论有了一个良好的指导，但是对于不同专业的特殊要求很难兼顾，同时缺乏实验部分大纲的统一和完善，普通化学课时短、实验课时不足的矛盾一直没有得到解决。

目前工程技术研究和工作离不开各种基础的化学知识，随着环保材料在土木建筑、城市给水排水及环境治理等城市建设中的大量应用，生物制药及各种生物发酵制品的普及和应用，化学课程对工科专业来说更起到了举足轻重的作用。为解决本科生在经过第一年的基础课学习后，对所学专业依然概念模糊，没有方向感的问题，编者对本书内容进行适合工程类专业的普通化学教材的改革，增加了各工科专业对化学知识的应用实例，对培养造就创新能力强、适应经济社会发展需要的高质量各类型工程技术人才，具有十分重要的示范和引导作用。

本书由武昌首义学院和湖北医药学院联合编写，其中第1章、第2章、第8章、第9章和部分附录由湖北医药学院曾小华老师及所在院校老师马俊凯、王红梅编写；第3章、第4章、第5章、第11章部分章节、第12章部分章节由武昌首义学院李横江老师、黄培老师及部分编委编写；第6章、第7章、第10章、第11章部分章节、第12章部分章节、第14章和部分附录由武昌首义学院杨娟老师、黄培老师及部分编委编写，第11章部分章节、第12章部分章节、第13章由武昌首义学院杨晓曦老师、郭怡楠老师及部分编委编写。最终稿件由武昌首义学院杨娟老师进行整理编合，在此，编者特对全体编委表示由衷的感谢！

本教材为教研课题"应用技术型本科院校基础化学课程教学改革与实践（以《普通化

学》为例）"、"做实"3＋1"培养模式，促进校企深度融合——以生物工程专业为例"、"环境工程综合改革试点专业"提供了支撑；同时科研课题"废旧动力电池正极活性成分湿法浸出与高温固相法再生技术研究"、"秸秆和玉米芯低分子量降解产物制备水泥缓凝剂研究"也为本教材提供了支持。

由于时间和水平有限，疏漏之处在所难免，欢迎广大读者多提宝贵意见。

编　者
2017 年 7 月

目录

第 8 章　现代价键理论和分子间作用力　/ 103

第 9 章　化学反应速率　/ 118

第 10 章　误差及数据处理　/ 134

第 11 章　现代分离和分析方法介绍　/ 158

附　录 / 254

参考文献 / 265

第 1 章

热化学与新能源

本章要求

1. 了解用弹式热量计测量等容热效应（q_V）的原理，熟悉（q_V）计算方法。

2. 掌握状态函数、标准状态等概念。理解等压热效应（q_p）与反应焓变的关系、q_V 与热力学能变的关系。初步掌握化学反应的标准摩尔焓变的近似计算。

3. 了解能源的概况、燃料的热值和开发新能源的可持续发展战略。

物质之间的转变和能量之间的传递是自然科学研究的主要对象。在中学化学（或科学），我们以质量守恒定律为依据研究许多化学反应和物理变化，从能量变化的角度研究化学反应却较少。然而在大量的生产实践和化学研究过程中常常会遇到下列问题：物质 A 到物质 B 的过程能不能发生？如果这两个物质之间的反应能够发生，该反应是放热过程还是吸热过程？同时该反应进行到什么程度在宏观上不再继续进行。这些问题都属于化学热力学的研究范畴。

案例 我们在中学熟悉的煅烧石灰石得到生石灰的反应：

$$CaCO_3 \longrightarrow CaO + CO_2$$

为什么在常温常压下这个反应不能进行，而加热到一定温度，反应就能自发进行？我们带着这个问题来学习本章热力学的内容以后就会得到答案。

热力学（thermodynamics）是研究各种形式的能量（如热能、电能、化学能等）转换规律的科学。它建立在热力学第一定律和热力学第二定律基础之上。这两个定律不是推导出来的，是大量实践经验的总结。它们的正确性在于至今还没有违背热力学第一定律和第二定律的事件发生。热力学研究具有大量质点的宏观系统而不管其微观结构，热力学也不考虑时间因素，它只考察过程发生的可能性，而不管其过程实际上是否发生、怎样发生及过程进行的速率。

化学热力学（chemical thermodynamics）是热力学原理在化学中的应用。本章主要介绍热力学的一些基本概念，重点研究化学反应的热效应、化学反应的方向及反应的限度问题。

1.1 热力学系统和状态函数

1.1.1 系统、环境、过程

1.1.1.1 系统和环境

热力学所研究的具体对象是由大量微观粒子组成的宏观物体与空间，而且热力学通常根据所面对问题的需要和处理问题是否方便来划定要研究对象的范围，把这部分物质、空间与其他的物质、空间分开。这样划定的研究对象称为**系统**（system）。系统之外与系统密切相关的部分，则称为**环境**（surrounding）。

区分系统与环境的界面可以是真实的，也可以假想的；可以是静止的，也可以是运动的。根据系统与环境间的相互关系，可以对系统进行分类。

开放系统（opening system）：系统与环境之间既有物质交换，又有能量传递。

封闭系统（closed system）：系统与环境之间只有能量的交换而无物质的交换。本教材除特别指出外，所讨论的系统均指封闭系统。

孤立系统（isolated system）：系统与环境之间既无物质交换也无能量交换。绝热、密闭的恒容系统即为隔离系统。应当指出，绝对的孤立系统是不存在的。为了讨论科学问题的方便，有时把与系统有关的环境部分与系统合并在一起视为孤立系统。

1.1.1.2 相

系统中具有相同的物理和化学性质的均匀部分称为**相**。所谓均匀是指其分散程度达到分子或离子大小的尺度。相与相之间有明确的**界面**。

如一杯盐水，无论在何处取样，NaCl 的浓度和物理及化学性质相同，此 NaCl 水溶液就是一个相，称为液相。在溶液上面的水蒸气与空气的混合物称为气相。相的存在和物质的量的多少无关，也可以不连续存在。例如，冰不论是 1kg 还是 0.5g，是一大块还是许多小块，它们都属同一个相。

通常，任何气体均能无限混合，所以系统内不论有多少种气体都只有一个相。液相则按其互溶程度可以是一相或两相共存。例如，液态乙醇与水完全互溶，其混合液为单相系统。甲苯与水不互溶而分层，是相界面很清楚的两相系统。对于固体，如果系统中不同种固体达到了分子尺度的均匀混合，就形成了固液相。由碳元素所形成的石墨、金刚石和碳 60 互为同素异形体，分属不同的相。若按相的组成来分，系统可分为单相（均相）系统和多相（非均相）系统。在 273.16K 和 611.73Pa 时，冰、水、水蒸气三相可以平衡共存，这个温度和压力条件称为 H_2O 的"三相点"。

1.1.1.3 过程与途径

系统状态发生的变化称为**过程**（process），而完成变化过程的具体步骤或细节称为**途径**（path）。由于系统的变化过程多种多样，在热力学中为了便于讨论，常在过程二字之前加上一系列定语以表明变化过程的特点。一般常见的气体的压缩与膨胀、液体的蒸发、化学反应等热力学过程可以分为以下几类。

等温过程（isothermal process）：系统在变化时，初终态温度相等且等于环境温度的过程。人体内的新陈代谢过程涉及的生化反应基本上是在 37℃ 下进行的，可以认为是等温过程。

等压过程（isobar process）：初态压力、终态压力与环境压力都相同的过程。例如：在敞口的烧杯和试管中的反应都可以认为是在恒外压下的反应。

等容过程（isochoric process）：在系统体积恒定的条件下进行的过程。

绝热过程（adiabatic process）：系统在变化时与环境之间不存在热传递的过程。

循环过程（cyclic process）：系统从某状态 A 出发．经过一系列变化后又回到状态 A。

这里需要说明的是，系统由始态到终态的变化过程可以通过不同的方式来完成，这些不同的方式就称为不同的途径，如图 1-1 所示。

1.1.2 状态函数

热力学在对系统的性质进行描述时，不是用系统的微观性质，如原子半径、原子间的距离等，而是用系统的**宏观性质**（macroscopic properties）来描述它的状态。系统的**状态**（state）是由系统所有宏观的物理和化学性质决定的，如温度（T）、压力（p）、体积（V）、物质的量（n）、密度（ρ）等。当系统的这些性质都具有确定的数值而且不随时间而变化时，系统就处在特定的状态。也可

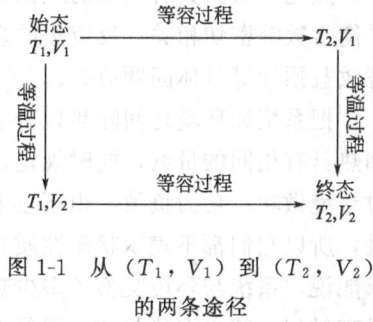

图 1-1 从（T_1，V_1）到（T_2，V_2）的两条途径

以说，系统的这些宏观性质与系统的状态间有着一一对应的函数关系。描述系统状态的这些物理量统称为**状态函数**（state function）。上面所说的 T、p、V、n、ρ 等都是状态函数。后面还将介绍一些新的状态函数。

状态函数的特点是：**状态一定值一定；殊途同归变化等；周而复始变化零**。其变化值只取决于系统的始态和终态，而与如何实现这一变化的途径无关。它具有数学上全微分的特征。

按性质的量值是否与物质的数量有关，状态函数可分为以下两类。

一类为具有**广度性质**（extensive properties）的物理量，如质量（m）、体积（V）及后面将介绍的热力学能、焓、熵、自由能等，此类性质与系统的物质的量（n）有关，在一定条件下这类性质具有加合性。例如 50mL 水与 50mL 水相混合其总体积为 100mL。另一类为**强度性质**，该类性质取决于系统的自身特性，与系统的物质的量（n）无关。如温度、压力、密度等，这些性质没有加和性。例如相同条件下系统的温度和密度在系统各处都具有相同的数值，与系统的物质的量无关。因此确定此类性质就不需指明系统中的物质的量。

需要指出的，对于一个确定的系统，众多性质间并不是完全无关的，其状态性质之间的定量关系称为该系统的状态方程。例如，$pV=nRT$ 就是理想气体的状态方程。因此，要描述一理想气体所处的状态，只要知道温度 T、压力 p、体积 V 就足够了，因为根据理想气体的状态方程 $pV=nRT$，此理想气体的物质的量就确定了。所以通常选择系统中易于测定的几个相互独立的状态函数来描述系统的状态。

工业上，有许多实用的描述实际气体的状态方程。例如，范德华方程

$$\left(p+\frac{a}{V_m^2}\right)(V_m-b)=RT$$

式中，a 和 b 为范德华常数。不同的物质具有不同的范德华常数，可以从手册中查得。

1.1.3 热和功

1.1.3.1 热和功

在封闭系统与环境之间的能量传递可以通过不同方式实现。热力学中规定：系统和环境之间由于温度差而传递的能量称为**热**（heat），常用符号 Q 表示，单位是焦耳（J）或千焦（kJ）。并且规定系统从环境吸热，Q 为正值，系统向环境放热，Q 为负值。物理和化学过程常见的热效应有：反应热（如生成热、燃烧热、中和热和分解热）、相变热（如熔化热、蒸发热、升华热）、溶解热和稀释热等。研究化学反应中热量与其他能量变化的定量关系的

学科叫做热化学。

热化学数据具有重要的理论和实用价值。例如，反应热与物质结构、热力学函数、化学平衡常数等密切相关；反应热的多少与实际生产中的能量衡算、设备设计、节能减排以及经济效益预计等具体问题有关。

把系统和环境之间除热以外交换的其他能量形式称为**功**（work），用符号 W 表示。功和热具有相同的量纲，同时规定，环境对系统做功（即系统从环境得功），功为正值。系统对环境做功，功为负值。由于功和热都是状态变化过程中系统和环境交换的能量，是过程量，所以它们都不表示状态性质，即热和功不是状态函数。不能说"系统具有多少热和功"，只能说"系统与环境交换了多少热和功"。热和功总是与系统所经历的具体过程联系着的，没有过程，就没有热与功。即使系统的始态与终态相同，过程不同，热与功也往往不同。

由于热力学中系统状态变化大多会涉及体积（V）的改变，因此，功的诸多形式中以体积功最为常见，一般将体积功外的其他形式的功通称非体积功或其他功，以符号 W' 表示。在本章中，如果没有特殊说明，提到的功均指体积功。为了说明功和热不是状态函数，下面我们以体积功的求算来说明。

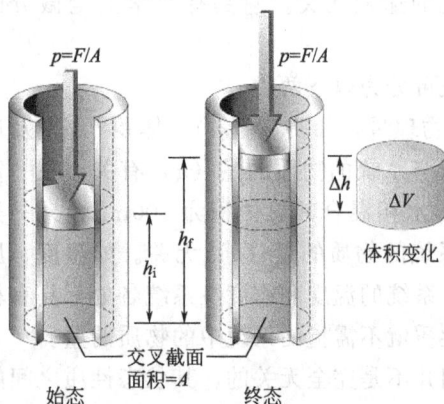

图 1-2 理想气体等温膨胀过程

1.1.3.2 体积功的计算

如图 1-2 所示，有一导热性能极好的气缸置于温度为 T 的大环境中，假设环境极大，失去或得到少量的热量（Q）不会导致温度改变，系统和环境的温度在下列变化中始终相同，即发生一等温过程。而且活塞与气缸之间没有摩擦力，气缸内充满理想气体。当理想气体等温膨胀时，活塞反抗外压移动了 Δh 的距离。系统反抗外压对环境所做的功可以用公式(1-1)计算：

$$W = -F \times \Delta h = -p_{外} \times A \times \Delta h = -p_{外} \Delta V$$

$$(1\text{-}1)$$

式中，F 为活塞受到的外压力；A 为活塞面积；ΔV 为气体膨胀的体积。由于是理想气体膨胀系统对环境做功，W 为负，由于 ΔV 为正值，所以公式(1-1)右边有一负号。

从相同的始态经不同过程膨胀到相同的终态，其不同膨胀过程如下。

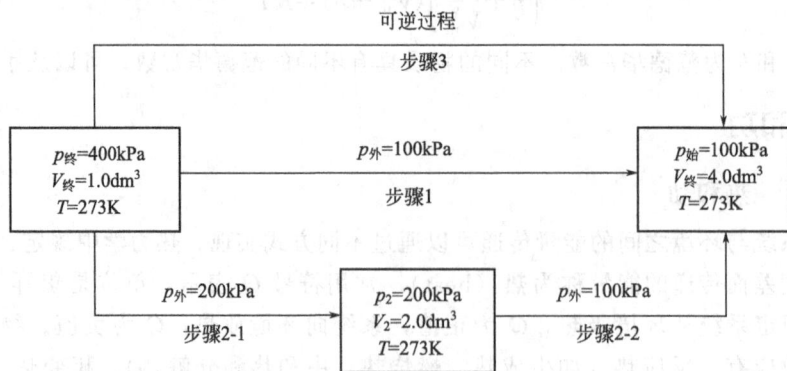

步骤 1 系统反抗恒外压（$p_外 = 100\text{kPa}$）对外一次膨胀到终态。系统对外做的功为

$$W_1 = -p_外 \Delta V = -100 \times 10^3 \times (4-1) \times 10^{-3} = -300(\text{J})$$

步骤 2 系统分两次膨胀到终态：第一步外压为 200kPa，气体自动地膨胀到中间的平衡态；第二步外压为 100kPa，气体自动膨胀到终态。经两步膨胀系统对外做的总功为

$$W_2 = W_{2-1} + W_{2-2} = -200 \times 10^3 \times (2-1) \times 10^{-3} - 100 \times 10^3 \times (4-2) \times 10^{-3} = -400(\text{J})$$

通过上述计算的结果表明，膨胀的次数增多，系统对外做功就越大。但由于始态和终态已经固定，所以其做功能力不可能无限大。

步骤 3 可逆膨胀：系统每一次膨胀时，外压仅仅比内压（系统压力）相差一个无穷小量（$p_外 = p_内 - \text{d}p$），这时，每一步膨胀过程系统都无限接近于平衡态，经过无穷多步达到终态。当然这种过程所需时间要无限地长。这种过程系统对外做的功最大。所做的功为

$$W_3 = -\int_{V_始}^{V_终} p_外 \, \text{d}V = -\int \frac{nRT}{V} \text{d}V = -nRT \ln \frac{V_终}{V_始} \tag{1-2}$$

理想气体物质的量 n 可由理想气体状态方程求出：

$$n = \frac{p_1 V_1}{RT} = \frac{400 \times 10^3 \times 1.00 \times 10^{-3}}{8.314 \times 273} = 0.178(\text{mol})$$

将物质的量 n 代入公式（1-2）即可求得 W_3：

$$W_3 = -0.178 \times 8.314 \times 273 \ln \frac{4.0}{1.0} = -560(\text{J})$$

以上理想气体等温膨胀做功的计算结果很好地说明了功不是状态函数，它的具体大小与所经历的过程有关。过程三为可逆过程，对外做的功（数值）最大。其他过程系统对外做的功相对较小。由于理想气体等温膨胀过程是通过系统从环境吸热来实现的，因此，热也不是状态函数，也与过程有关，可逆过程系统从环境吸收的热也比其他过程要大。

上述讨论的是理想气体的等温可逆膨胀，它具有一般等温可逆过程的共同特征：

① 等温可逆过程系统对外做功最大。

② 可逆过程是经过无限多次的微小变化和无限长的时间完成的，可逆过程中的每一步都无限接近于平衡态。过程逆行，使系统复原，环境也同时复原，而不留下任何影响。

③ 可逆过程是一个假想的过程，是不可能实现的过程，在实际中是不存在的。

1.2 能量守恒和化学反应热

1.2.1 内能和热力学第一定律

1.2.1.1 内能

内能（internal energy）又称**热力学能**（thermodynamic energy）。由于在化学热力学中，通常研究没有特殊外力场存在（如电磁场、离心力场等）的宏观静止系统，无整体运动。因此，可以不考虑系统整体运动的动能以及系统在外场下的势能，而只需考虑系统内部的能量，即内能。内能是系统内部一切形式能量的总和，用符号 U 表示。它包括分子的平动能、转动能、振动能，还包括分子间相互作用的势能以及分子中原子、电子的能量等。

平动能 U_1 是与质点在三维空间的平行移动有关的能量。只有流体（气体、液体）质点才有这类活动，固态质点通常不具有平动能。

转动能 U_r 是质点环绕质心转动所具有的能量。单原子气体（如 He）不具有转动能，双原子气体和线型多原子气体分子（如 CO_2）可以环绕垂直于诸原子核连线的轴转动，这类气体在 0K 以上具有相应的转动能。在固态中，转动的可能性与组成晶格的质点以及它们之间相互结合的性质有关，要具体分析。

振动能 U_v 是与多原子分子或离子中的组成原子间相对的往复运动有关的能量。在气态、液态和固态中的所有双原子分子、多原子分子和离子都具有振动能。在 0K 时，平动和转动都停止了，但仍有振动运动，所以物质具有零点振动能。

电子能 U_e 是带有正电的原子核与带负电的电子之间的相互作用系统所具有的能量。电子能的变化通常构成了化学反应能量变化的主要部分。

因为微观粒子运动的复杂性，能量变化是不连续的，内能的绝对值无法确定。这一点对于解决实际问题并无妨碍，因为热力学中常通过内能的改变值 ΔU 来解决实际问题。但可以肯定的是，处于一定状态的系统必定有一个确定的内能值，即内能也是状态函数，其变化符合状态函数的三个特征，且属于广度性质，具有加和性。

1.2.1.2　热力学第一定律

热力学第一定律（the first law of thermodynamics）就是能量守恒与转化定律，该定律有着不可动摇的试验基础，因而使得此定律为科学界所公认。它可以表述为：自然界的一切物质都具有能量，能量有各种不同形式，并且能够从一种形式转化为另一种形式，在转化过程中，能量的总值不变。对于孤立系统，能量形式可以转变，但能量总值不变，即 $\Delta U=0$。又由于封闭系统与环境之间交换的能量除了热（Q）就是功（W），所以在封闭系统中，任何热力学过程内能的增加一定等于系统所吸收的热加上环境对系统所做的功

$$\Delta U=Q+W \tag{1-3}$$

1.2.1.3　等容反应热与系统的内能变化

热化学中，等温、等容过程发生的热效应称为等容热效应；等温、等压过程发生的热效应称为等压热效应。通过量热实验可以测量热效应，测量热效应所用的仪器称为**热量计**。

许多化学反应是在等容的条件下进行的，例如许多物质发生化学反应吸收或放出的热量可以用弹式量热计（图 1-3）测定。在实验室和工业上，弹式热量计（也简称氧弹）可以精确测量固体、液体有机物的燃烧热，它实际上测得的是等容条件下的燃烧反应热效应 q_V。其主要部件是一厚壁钢制可密闭的耐压容器（叫做钢弹），如图 1-3 所示。测量燃烧热时，将已知精确质量的固态或液态有机物装入钢弹中的试样容器内，密封后充入过量氧气，将钢弹置于热量器中；加入足够的已知质量的吸热介质（水），将钢弹淹没在水中；连接线路，精确测量水的起始温度；用电火花引发燃烧反应，系统（钢弹中物质）反应放出的热使环境（包括钢弹、水等）的温度升高，测定温度计所示的最高度数即环境的终态温度。根据始态温度和热量计的仪器常数即可计算燃烧热数值。

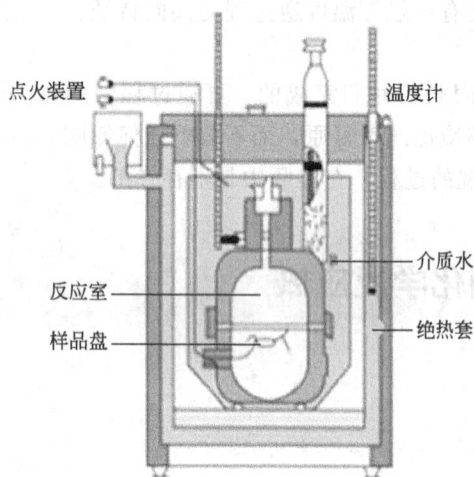

点火装置

温度计

介质水

反应室

绝热套

样品盘

图 1-3　弹式热量计

当需要测定某个热化学过程所放出或吸收的热量（如燃烧热、溶解热等）时，利用下式求得：

$$q = -c_s m_s (T_2 - T_1) = -c_s m_s \Delta T$$

式中，q 表示一定量反应物在给定条件下的反应热（本章中 Q 与 q 同表示热）；c_s 表示吸热介质的比热容；m_s 表示介质的质量；ΔT 表示介质终态温度 T_2 与始态温度 T_2 之差。

热量计的仪器常数常用国际量热学会推荐的苯甲酸来标定。

按照热力学第一定律：

$$\Delta U = Q + W = Q_v - p\Delta V$$

式中，Q_v 表示等容反应热。由于是封闭系统，无其他功的条件下经历某一等容过程，$\Delta V = 0$，所以体积功也为零。此时，热力学第一定律的具体形式简化为：

$$\Delta U = Q_v \tag{1-4}$$

通过（1-4）式说明，在等容无其他功的条件下，系统吸收的热 Q_v 全部用来增加系统的内能。换言之，在此条件下进行的化学反应，吸收或放出的热 Q_v 在数值上等于系统内能的改变值。

1.2.2 系统的焓和等压反应热

应当注意，同一反应可以在等容或等压的条件下进行，弹式热量计测得是等容反应热 Q_v，对于可燃性气体或挥发性强的液体，如天然气、液化石油气，常采用火焰热量计测量其燃烧热，在敞口容器中或用杯式热量计实际上测得的是等压条件下的燃烧反应热效应 Q_p，具体操作可参考有关文献。

若系统在等压条件下发生变化，且只做体积功，则根据热力学第一定律：

$$\Delta U = U_2 - U_1 = Q_p + W$$

Q_p 表示等压反应热，若系统膨胀对外做功，那么 $W = -p_{外} \Delta V$，上式改写为：

$$U_2 - U_1 = Q_p - p_{外} \Delta V = Q_p - p_{外}(V_2 - V_1)$$

又因为是等压过程，$p_1 = p_2 = p_{外}$，可得

$$(U_2 + p_2 V_2) - (U_1 + p_1 V_1) = Q_p$$

这里，我们定义一个新的热力学函数：$\quad H \equiv U + pV \tag{1-5}$

$$则 \quad H_2 - H_1 = Q_p \qquad 即 \quad \Delta H = Q_p \tag{1-6}$$

我们引入的这个新的热力学函数 H，称为**焓**（enthalpy）。式(1-5)是热力学函数焓 H 的定义式，H 是状态函数 U、P、V 的组合，所以焓 H 也是状态函数。式(1-6)表明，等压且不做非体积功的过程 Q_p 在数值上等于系统的焓变，此值为负值表示放热反应，为正值表示吸热反应。

焓没有直接具体的物理意义，它的出现只是方便我们在热力学中解决问题。

热不是状态函数，从确定的始态变化到确定的终态，若具体途径不同，热值也不同。然而 $q_V = \Delta U$ 和 $q_p = \Delta H$ 表明，若将反应过程的条件限制为等容或等压且不做非体积功，则不同途径的反应热与热力学能或焓的变化在数值上相等，只取决于始态和终态。一方面说明，特定条件下的热效应通过与状态函数的变化联系起来，由状态函数法可以计算；另一方面说明，热力学能和焓等状态函数的变化可通过量热实验进行直接测定。

等容反应热和等压反应热有如下关系：

$$\Delta H = \Delta U + \Delta pV$$

对于只有凝聚相（液态和固态）的化学反应，系统的压力、体积几乎没有变化，$\Delta V \approx 0$，$\Delta U \approx 0$。所以，$q_p \approx q_V \approx \Delta U \approx \Delta H$。

对于有气态物质参与的系统，如果将气体看作理想气体，则 $pV = nRT$，代入式(1-5)得到

$$\Delta H = \Delta U + \Delta n(RT)$$

一定量的理想气体的内能只是温度的函数，所以，同样温度下的等压过程与等容过程的 ΔU 相同，由式(1-4)～式(1-6)可得

$$Q_p = Q_V + \Delta n(RT) \tag{1-7}$$

上式就是等容反应热和等压反应热的关系。式中，Δn 为气体生成物的物质的量的总和与气体反应物的物质的量的总和之差。

现代量热学中还发展了多种精密的热量计，比如恒温滴定热量计（ITC）、差示扫描热量计（DSC）等，灵敏度和精确度很高，试样用量仅需几微升或几毫克，因而在化学、化工、能源、生物、医药和农业等领域都有特别的用途，已成为重要测试手段之一。

1.2.3 热化学反应方程式

1.2.3.1 标准状态

在讨论热化学方程式之前必须对化学反应的热效应做出明确的定义。化学反应热效应是当反应物和生成物的温度相同时，化学反应过程中吸收或放出的热量。在这个定义中规定反应物与生成物处于相同的温度是必需的，因为温度的改变必将引起反应物和生成物热量的改变，而这种改变不是化学反应本身造成的。如果反应物与生成物所处的温度不相同，其化学反应的热效应也是可以求算的，但具体求算过程超过了本教材的范围。

表示化学反应与热效应关系的方程式称为热化学方程式，如：

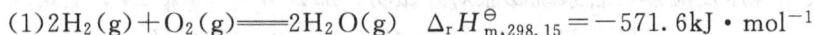

(1) $2H_2(g) + O_2(g) \rightleftharpoons 2H_2O(g)$ $\Delta_r H^{\ominus}_{m,298.15} = -571.6 kJ \cdot mol^{-1}$

(2) $C(石墨) + O_2(g) \rightleftharpoons CO_2(g)$ $\Delta_r H^{\ominus}_{m,298.15} = -393.5 kJ \cdot mol^{-1}$

应该强调指出：热化学方程式表示一个已经完成的反应的热效应，不管反应具体进行的过程。对于热化学方程式中热效应符号 $\Delta_r H^{\ominus}_{m,298.15}$ 的意义需作如下说明：ΔH 表示等压反应热（或焓变），此值为负值表示放热反应，为正值表示吸热反应；r 表示反应；m 表示按指定反应方程式作为基本单元完成了 1mol 反应的反应热，由于基本单元与反应方程式的写法有关，所以对于同样的反应，反应方程式不同，其反应热的数值不同；298.15 表示反应温度，一般反应温度为 298.15K 时可省略不写；⊖表示标准态，即此反应热是在标准状态下的数值。

由于物质或反应系统所处的状态不同，它们自身的能量或在反应中的能量变化也不相同，因此，为了比较不同反应热效应的大小，需要规定一致的比较标准。根据国家标准，**热力学标准态**是指在温度 T（298.15K）和标准压力 $p^{\ominus}$（100kPa）下该物质的状态。

同一种物质的不同状态，其标准态的具体含义不同。

标准态气体指标准压力下的纯气体，或混合气体中分压为标准气体的某气体，并认为气体具有理想气体的性质。

标准态纯液体（或纯固体）就是指标准压力下的纯液体（或纯固体）。

溶液中各组分的标准态另有规定。

此外，标准态的压力是标准压力 $p^\ominus$（100kPa），而温度的具体数值却没有规定，若改变温度，就会有很多标准态。但是 IUPAC 推荐 298.15K 做参考温度。

最后，在书写热化学方程式的时候还要注意以下几点：

① 因为反应热与方程式的写法有关，必须写出完整的化学反应计量方程式。

② 要注明参与反应的各物质的状态，l 表示液态，g 表示气态，s 表示固态，aq 表示水溶液。固体的不同晶型也要注明。如碳有石墨和金刚石两种晶型，硫有单斜硫和正交硫。

③ 注明温度和压力。如反应在标准态下进行，要标上"$\ominus$"。若反应在 298.15K 下进行，可不用注明温度。

1.2.3.2　标准摩尔生成焓

热力学中规定：在一定温度下，由指定单质生成 1mol 物质 B 时的焓变称为物质 B 的**摩尔生成焓**（molar enthalpy of formation），用符号 $\Delta_f H_m$ 表示，单位为 $kJ \cdot mol^{-1}$。如果生成物质 B 的反应是在标准状态下进行，这时的生成焓称为物质 B 的**标准摩尔生成焓**（standard molar enthalpy of formation），简称为**标准生成焓**（standard enthalpy of formation），记为 $\Delta_f H_m^\ominus$，其 SI 单位为 $J \cdot mol^{-1}$，常用单位为 $kJ \cdot mol^{-1}$。

符号中的下角标"f"表示生成反应，上角标"$\ominus$"代表标准状态（读作"标准"），下角标"m"表示反应进度为 1mol，即此生成反应的产物必定是"单位物质的量"。定义中的"指定单质"通常为选定温度 T 和标准压力 $p^\ominus$ 时的最稳定单质。例如，氢 $H_2(g)$、氮 $N_2(g)$、氧 $O_2(g)$、氯 $Cl_2(g)$、碳 $C(石墨)$ 等；磷较为特殊，"指定单质"为白磷，而不是热力学上更稳定的红磷。

以液态水在 298.15K 下的标准摩尔生成焓为例，它指的是

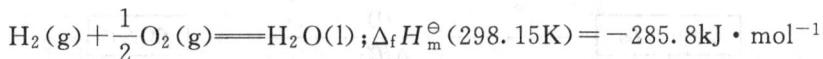

$$H_2(g)+\frac{1}{2}O_2(g)\Longrightarrow H_2O(l); \Delta_f H_m^\ominus(298.15K)=-285.8kJ \cdot mol^{-1}$$

按定义，生成反应方程式的写法是唯一的；指定单质的标准摩尔生成焓均为零。习惯上，如果不注明温度，则就是指温度为 298.15K，这一点对其他热力学函数也适用。

对于水合离子，规定水合氢离子的标准摩尔生成焓为零，即规定

$$\Delta_f H_m^\ominus(H^+,aq,298.15K)=0$$

据此，可以获得其他水合离子在 298.15K 时的标准摩尔生成焓。

生成焓是说明物质性质的重要热化学数据，生成焓的负值越大，表明该物质键能越大，对热越稳定。其数值可从热力学数据手册中查到，本书附录中列出部分数据。

1.2.4　Hess 定律和反应热的计算

在图 1-3 中，虽然我们提到可以用弹式热量计对反应热进行试验测定，但是化学反应成千上万，每一个反应条件也不尽相同，如果每一个反应的反应热都需要测量，其工作量之大是难以想象的，且有些反应的反应热也很难通过试验测定。为此，化学家们研究了很多种计算反应热的方法，在此，我们只介绍最为通用的一种方法：Hess 定律。

1840 年，瑞士籍俄国科学家赫斯（G. H. Hess）根据大量实验事实总结出一条规律：一个化学反应不论是一步完成或是分几步完成，其热效应总是相同的。这就是 Hess 定律，它

只对等容反应或等压反应才是完全正确的。

对于等压反应有： $$Q_p = \Delta H$$

对于等容反应有： $$Q_V = \Delta U$$

由于 ΔH 和 ΔU 都是状态函数的改变量，它们只决定于系统的始态和终态，与反应的途径无关。因此，只要化学反应的始态和终态确定了，热效应 Q_p 和 Q_V 便是定值，与反应进行的途径无关。

Hess 定律的重要意义在于能使热化学方程式像普通代数方程式一样进行运算，从而可以根据一些已经准确测定的反应热效应来计算另一些很难测定或不能直接用实验进行测定的反应的热效应，Hess 定律是热化学的计算基础，它不仅可以用来计算反应热，后面学到的其他能量状态函数的改变值也可以用该定律来求。

1.2.4.1　由已知的热化学方程式计算反应热

碳和氧气生成一氧化碳的反应的反应热 Q_p 不能由实验直接测得，因产物中不可避免地会有二氧化碳。

【例 1-1】 已知在 298.15K 下，下列反应的标准摩尔焓变 $\Delta_r H_m^{\ominus}$

(1) $C(gra) + O_2(g) = CO_2(g)$ $\qquad \Delta_r H_{m,1}^{\ominus} = -393.5 \text{kJ} \cdot \text{mol}^{-1}$

(2) $CO(g) + \dfrac{1}{2} O_2(g) = CO_2(g)$ $\qquad \Delta_r H_{m,2}^{\ominus} = -283.0 \text{kJ} \cdot \text{mol}^{-1}$

求反应 (3) $C(gra) + \dfrac{1}{2} O_2(g) = CO(g)$ 的 $\Delta_r H_{m,3}^{\ominus}$。

解　可以把 $C(gra) + O_2(g)$ 作为始态，把 $CO_2(g)$ 作为中间态，反应可以一步完成，也可以分两步完成，如下图所示：

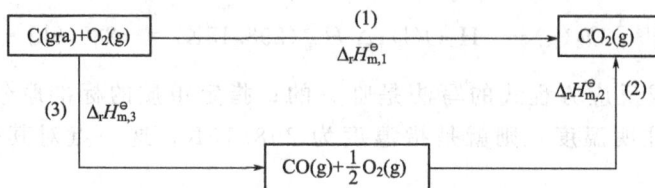

根据 Hess 定律有：反应 (1) － 反应 (2) 得反应 (3)，所以有：

$$\Delta_r H_{m,1}^{\ominus} = \Delta_r H_{m,2}^{\ominus} + \Delta_r H_{m,3}^{\ominus}$$

$$\Delta_r H_{m,3}^{\ominus} = \Delta_r H_{m,1}^{\ominus} - \Delta_r H_{m,2}^{\ominus} = -393.5 - (-283.0) = -110.5 (\text{kJ} \cdot \text{mol}^{-1})$$

利用 Hess 定律，我们很容易从已知的热化学方程式求算出它的反应热。Hess 定律是"热化学方程式的代数加减法"。"同类项"（即物质和它的状态均相同）可以合并、消去，移项后要改变相应物质的化学计量系数符号。若运算中反应式要乘以系数，则反应热 $\Delta_r H_m^{\ominus}$ 也要乘以相应的系数。

1.2.4.2　由标准摩尔生成焓计算反应热

利用参加反应的各种物质的标准生成焓可以方便地计算出反应在标准状态下的等压热效应。设想化学反应从最稳定单质出发，经不同途径形成产物，如下图所示：

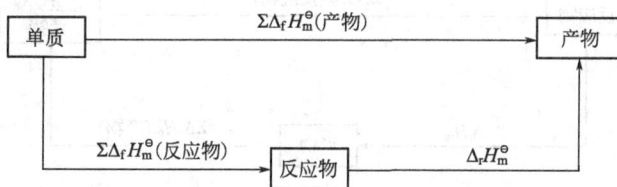

根据 Hess 定律

$$\sum \Delta_f H_m^{\ominus}(产物) = \sum \Delta_f H_m^{\ominus}(反应物) + \Delta_r H_m^{\ominus}$$

$$\Delta_r H_m^{\ominus} = \sum \Delta_f H_m^{\ominus}(产物) - \sum \Delta_f H_m^{\ominus}(反应物) \qquad (1\text{-}8)$$

简写为：

$$\Delta_r H_m^{\ominus} = \sum \nu_B \Delta_f H_{m,B}^{\ominus}$$

在指定温度和标准条件下，化学反应的热效应等于同温度下参加反应的各物质的标准摩尔生成热与其化学计量数乘积的总和。利用本书附录中的热力学数据，就可以根据式(1-8)计算出反应的热效应。

【例 1-2】 利用本书附录中有关物质的 $\Delta_f H_m^{\ominus}$ 的数据，求算下列反应在 298.15K 和标准条件的 $\Delta_r H_m^{\ominus}$。

$$6CO_2(g) + 6H_2O(l) \!=\!\!=\!\! C_6H_{12}O_6(s) + 6O_2(g)$$

解 查本书附录中 298.15K 下的热力学数据如下：

$$\Delta_f H_m^{\ominus}(CO_2,g) = -393.5 \text{kJ} \cdot \text{mol}^{-1}$$

$$\Delta_f H_m^{\ominus}(H_2O,l) = -285.8 \text{kJ} \cdot \text{mol}^{-1}$$

$$\Delta_f H_m^{\ominus}(C_6H_{12}O_6,s) = -1273.3 \text{kJ} \cdot \text{mol}^{-1}$$

根据公式(1-8)有：$\Delta_r H_m^{\ominus} = \sum \Delta_f H_m^{\ominus}(产物) - \sum \Delta_f H_m^{\ominus}(反应物)$

$$\Delta_r H_m^{\ominus} = \sum \nu_B \Delta_f H_{m,B}^{\ominus} = -1273.3 - 6 \times (-285.8) - 6 \times (-393.5) = 2802.5 (\text{kJ} \cdot \text{mol}^{-1})$$

1.2.4.3 由标准摩尔燃烧热计算反应热

有机化合物的分子比较庞大和复杂，其中很多有机物很难从稳定单质直接合成，因此它们的生成热不易由试验测得。但它们很容易燃烧或氧化，几乎所有的有机化合物都容易燃烧生成 CO_2、H_2O 等，其燃烧热很容易由弹式热量计实验测定。因此，可以利用燃烧热的数据计算涉及有机化合物反应的热效应。

在标准状态和指定温度下，1mol 的某物质 B 完全燃烧（或完全氧化）生成指定的稳定产物时的等压热效应称为此温度下该物质的**标准摩尔燃烧热**（standard molar heat of combustion）。这里"完全燃烧（或完全氧化）"是指将化合物中的 C、H、S、N 及 X（卤素）等元素分别氧化为 $CO_2(g)$、$H_2O(l)$、$SO_2(g)$、$N_2(g)$ 及 $HX(g)$。由于反应物已"完全燃烧"或"完全氧化"，上述这些指定的稳定产物意味着不能再燃烧，实际上规定这些产物的燃烧值为零。标准摩尔燃烧热用符号 $\Delta_c H_m^{\ominus}$ 表示，SI 单位和 $\Delta_f H_m^{\ominus}$ 一致为 J·mol^{-1}，常用单位为 kJ·mol^{-1}。本书附录列出了 298.15K 时一些有机物的标准摩尔燃烧热。

利用标准燃烧热也可以方便地计算出标准态下的化学反应的热效应。等压热效应 $\Delta_r H_m^{\ominus}$ 与燃烧热 $\Delta_c H_m^{\ominus}$ 关系如下所示：

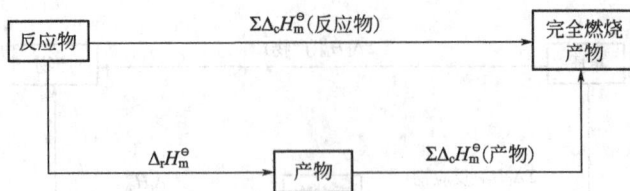

根据 Hess 定律

$$\sum \Delta_c H_m^{\ominus}(\text{反应物}) = \Delta_r H_m^{\ominus} + \sum \Delta_c H_m^{\ominus}(\text{产物})$$

$$\Delta_r H_m^{\ominus} = \sum \Delta_c H_m^{\ominus}(\text{反应物}) - \sum \Delta_c H_m^{\ominus}(\text{产物}) \qquad (1\text{-}9)$$

简写为：

$$\Delta_r H_m^{\ominus} = \sum -\nu_B \Delta_c H_{m,B}^{\ominus}$$

注意式(1-9)中减数与被减数的关系正好与式(1-8)相反。在计算中还应注意乘以反应式中相应物质的化学计量系数。

【例 1-3】 已知在酿酒的过程中，酒变酸主要是发生了下列反应的缘故：

$$C_2H_5OH(l) + O_2(g) = CH_3COOH(l) + H_2O(l)$$

此反应的反应热不太容易测得，因为 C_2H_5OH (l) 发生了不完全氧化。利用本书附录中有关物质的 $\Delta_c H_m^{\ominus}$ 的数据，求上述反应在 298.15K 和标准条件的 $\Delta_r H_m^{\ominus}$。

解 查本书附录中 298.15K 下的热力学数据如下：

$$\Delta_c H_m^{\ominus}(C_2H_5OH, l) = -1366.8 \text{kJ} \cdot \text{mol}^{-1}$$

$$\Delta_c H_m^{\ominus}(CH_3COOH, l) = -874.2 \text{kJ} \cdot \text{mol}^{-1}$$

根据公式(1-8)有：$\Delta_r H_m^{\ominus} = \sum \Delta_c H_m^{\ominus}(\text{反应物}) - \sum \Delta_c H_m^{\ominus}$ （产物）

$$\Delta_r H_m^{\ominus} = \sum -\nu_B \Delta_c H_{m,B}^{\ominus} = -1366.8 - (-874.2)$$

$$= -492.6(\text{kJ} \cdot \text{mol}^{-1})$$

需要说明的是：在上述反应中，反应物中的 $O_2(g)$ 和产物中 $H_2O(l)$，前者不能燃烧而后者是稳定产物，所以它们的标准摩尔燃烧热为零。

这样一来，298.15K 温度下的标准状态，反应热的求算有上述三种方法。在温度变化范围较小时，其他温度下的标准状态的反应热效应 $\Delta_r H_m^{\ominus}$ 受温度影响较小（温度改变同等程度地影响反应物和产物的能量），在较粗略的近似计算中可以认为：

$$\Delta_r H_{m,T}^{\ominus} \approx \Delta_r H_{m,298.15}^{\ominus}$$

阅读资料 能源的合理利用

煤、石油、天然气，是埋在地下的动植物经过漫长的地质年代形成的，所以称为化石能源。化石能源的有效清洁利用，对社会的可持续发展无疑起着重要的作用。随着化石能源逐渐消耗殆尽，化学应该在新能源的合理开发利用上发挥作用。

（一）煤炭与洁净煤技术

据估计，全世界煤炭资源约为 10^{13} t 标准煤（标准煤的热值为 29.3MJ·kg^{-1}），可供开采利用的约占 10%。不同种类的煤炭，燃烧时放出的热量不同。单位质量燃料完全燃烧所放出的热量称为燃料的热值，表 1-1 列出一些煤炭的元素组成和热值。优质煤的热值在 $30MJ \cdot kg^{-1}$ 以上。

表 1-1　煤炭成分和热值

种类	热值/(MJ·kg^{-1})	种类	热值/(MJ·kg^{-1})
木材	20.9	褐煤	24.3～30.5
泥煤	24.3	烟煤	30.5～36.8
褐煤	21.3	无烟煤	30.5～35.6

洁净煤技术主要包括煤炭的加工、转化、燃烧和污染控制等。

水煤气　将水蒸气通过装有灼热焦炭的气化炉内可产生水煤气：

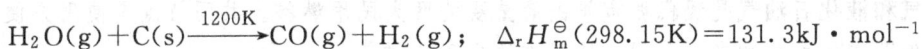

$$H_2O(g)+C(s) \xrightarrow{1200K} CO(g)+H_2(g)；\quad \Delta_r H_m^{\ominus}(298.15K)=131.3kJ \cdot mol^{-1}$$

这是一个强吸热反应，需避免焦炭被冷却下来。水煤气的组成（体积分数）约为含 CO 40%、H_2 5%，其余为 N_2 和 CO_2 等，属低热值煤气；由于含 CO 多，毒性较大，一般不宜作城市燃料用。若将煤气中的 CO 和 H_2 进行催化甲烷化反应：

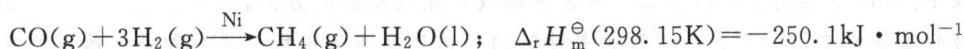

$$CO(g)+3H_2(g) \xrightarrow{Ni} CH_4(g)+H_2O(l)；\quad \Delta_r H_m^{\ominus}(298.15K)=-250.1kJ \cdot mol^{-1}$$

可得到相当于天然气的高热值煤气，称为合成天然气。

合成气　将纯氧气和水蒸气在加压下通过灼热的煤，生成一种气态燃料混合物，其体积分数约为 40% H_2、15% CO、15% CH_4 和 30% CO_2，称为合成气。

用上述合成气为原料，选用不同催化剂和合适条件可间接生产合成汽油（反应①）或甲醇（反应②）等液体燃料，称为**煤的液化燃料**：

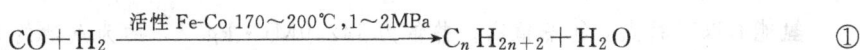

$$CO+H_2 \xrightarrow{\text{活性 Fe-Co } 170～200℃,1～2MPa} C_nH_{2n+2}+H_2O \qquad ①$$

$$CO+H_2 \xrightarrow{\text{Cu } 300℃,20～30MPa} CH_3OH \qquad ②$$

由质量分数约为 70% 的煤粉、30% 的水及少量添加剂混合而成的燃料，称为**水煤浆燃料**。其具有燃烧效率高、燃烧温度较低和生成 NO_x 少等特点，与燃煤粉相比所排放的 NO_x 和 CO 要少 1/6～1/2。我国的水煤浆生产使用技术已跨入世界先进行列。

（二）石油和天然气

石油是主要由链烷烃、环烷烃和芳香烃组成的复杂混合物，还含有少量含氧、氮、硫的有机化合物，平均含碳（质量分数）84%～85%、氢 12%～14%。石油经过分馏和裂化等加工后，可得到石油气、汽油、煤油、柴油、润滑油等一系列产品。

石油产品中最重要的燃料之一是汽油。汽油中最有代表性的组分是辛烷。辛烷完全燃烧的热化学方程式为：

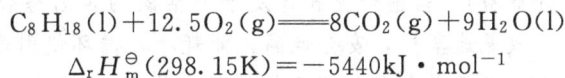

$$C_8H_{18}(l)+12.5O_2(g)=\!=\!=8CO_2(g)+9H_2O(l)$$

$$\Delta_r H_m^{\ominus}(298.15K)=-5440kJ \cdot mol^{-1}$$

折合成辛烷的热值为 $47.7MJ \cdot kg^{-1}$。

直馏汽油的辛烷值在 55～72 之间。在每升汽油中加 0.6g "铅" 可将辛烷值提高到 79～88。加入汽油中的铅主要含有约 60%（质量分数）的四乙基铅 Pb$(C_2H_5)_4$（或四甲基铅）和约 40% 的二溴乙烷（或二氯乙烷）的混合物。四乙基铅能阻止提前点火，防止不稳定燃烧（高效抗爆剂）；二溴乙烷则能帮助除去汽缸中的铅，使之转换成易挥发的铅卤化物，随废气排入大气。城市大气中的铅，主要来自汽车尾气。我国自 2000 年 7 月 1 日起禁止使用含铅汽油，改用无铅汽油，并在汽车上装置尾气转化器以净化城市空气。

天然气是一种蕴藏在地层内的可燃性气体，主要组分为甲烷。甲烷完全燃烧的热化学方程式为

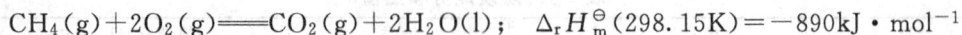

$$CH_4(g)+2O_2(g)=\!=\!=CO_2(g)+2H_2O(l)\ ;\ \ \Delta_rH_m^{\ominus}(298.15K)=-890kJ\cdot mol^{-1}$$

折合成 CH_4 的热值为 $55.6MJ\cdot kg^{-1}$。

沼气是由植物残体在隔绝空气的情况下自然分解而成的气体，因常从沼泽底部发生而得名。沼气约含 60%（体积分数）的 CH_4，其余为 CO_2 和少量的 CO、H_2、H_2S 等，其热值达 $21MJ\cdot m^{-3}$（比一般城市煤气还高）。沼气是一种简便、廉价、高效的清洁能源，发酵的残余物还可做肥料、饲料等而得以综合利用，具有促进生态良性循环的重要意义。

煤气和液化石油气是现代城市居民最重要的两大民用燃料。共同特点是使用方便、清洁无尘。但两者的成分和来源不同，使用方法也不一样。

煤的合成气及炼焦气是城市煤气的主要来源。其主要可燃成分为 H_2(50%)、CO(15%) 和 CH_4(15%)。我国规定煤气热值不低于 $15.9MJ\cdot m^{-3}$。煤气在出厂检验时，可通过增加 CH_4 或 H_2 来调节其热值。降低 CO 的含量是城市煤气发展的方向。

液化石油气来源于石油，一种是采油时的气体产品叫油田气，另一种是炼油厂的气体产品叫炼厂气。其主要成分是丙烷和丁烷，经加压液化装入钢瓶。与煤气相比，液化气有两大优点：一是无毒，基本不产生 SO_2 等有害气体和黑烟；二是热值大，比同体积煤气高好几倍。一些工厂利用液化石油气在纯氧中燃烧时产生的高温来切割钢材；一些城市使用液化石油气作为汽车的动力，属绿色交通。

（三）氢能和太阳能

氢能有以下特点：①热值高。热值为 $142.9MJ\cdot kg^{-1}$，约为汽油的 3 倍，煤炭的 6 倍。②点火容易，燃烧速率快。③如果能以水为原料制备，则原料充分。④燃烧产物是水，产物本身是洁净的。开发利用氢能需要解决三个关键问题：廉价易行的制氢工艺；方便、安全地储运；有效地利用。它们与化学关系密切，都是当前研究的热点问题。

（1）氢气的制取　可以从水煤气中取得氢气，但这仍需用煤炭为原料，不够理想。电解法制氢，关键在于取得廉价的电能，就当前的电能而论，经济上仍不合算。利用高温下循环使用无机盐的热化学法分解水制氢效率比较高，是个活跃的研究领域，其安全性、经济性仍在研究与探索中。目前认为最有前途的是太阳能光解水制氢法，关键在于寻找和研制合适的催化剂，以提高光解制氢的效率。

（2）氢气的储存　储氢方式有化学储氢和物理储氢两类。氢气密度小，在 15MPa 压力下，$40dm^3$ 的常用钢瓶只能装 0.5kg 氢气。若将氢气液化，需耗费很大能量，安全要求也很高（氢气有渗漏和爆炸的危险）。当前研究和开发十分活跃的是固态合金储氢方法，储氢材料应满足：高存储能力，放氢速率快，安全性高，能耗小，循环使用寿命长等。

例如，镧镍合金 $LaNi_5$ 能吸收氢气形成金属型氢化物 $LaNi_5H_6$：

$$LaNi_5+3H_2 \underset{}{\overset{(200\sim300)kPa\ 微热}{\rightleftharpoons}} LaNi_5H_6$$

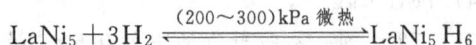

加热金属型氢化物时，H_2 即放出。$LaNi_5$ 合金可相当长期地反复进行吸氢和放氢。1kg $LaNi_5$ 合金在室温和 250kPa 压力下可储存 15g 以上氢气。

2010 年美国提出实用化储氢系统的指标为：储氢质量分数 6.5%，体积容量为 $62kg\cdot m^{-3}$。

太阳能是天然核聚变能。从灼热的等离子体火球——太阳的光谱分析推测，其释放的能

量主要来自氢聚变成氦的核反应：

$$4^1_1H \longrightarrow ^4_2He + 2^0_1e; \quad \Delta E = -6.0 \times 10^8 kJ \cdot g^{-1}$$

式中，^0_1e 表示正电子。太阳辐射能仅有 22 亿分之一到达地球，其中约 50% 又要被大气层反射和吸收，约 50% 到达地面，估计每年 $5 \times 10^{21} kJ$ 能量到达地面。只要能利用它的万分之一，就可以满足目前全世界对能源的需求。直接利用太阳能的方法主要有以下三种。

① 光转变为热能。所需的关键设备是太阳能集热器（有平板式和聚光式两种类型）。在集热器中通过吸收表面（一般为黑色粗糙或采光涂层的表面）将太阳能转换成热能，用以加热传热介质（一般为水）。例如，薄层 CuO 对太阳能的吸收率为 90%，可达到的平衡温度计算值为 327℃；聚光式集热器则用反射镜或透镜聚光，能产生很高的温度，但造价昂贵。目前太阳能热水器的应用已经十分普遍。

② 光转变为电能。利用太阳能电池可直接将太阳辐射能转换成电能。目前使用的小型计算器已经使用太阳能光板作为计算器电力来源，但由于储能有限，仍需要装配小型电池供电。随着空间技术的发展，专家们已在构思在宇宙空间建造太阳能发电站的可能性，太阳能光板作为电源的航天器已经在多国发射。上海世博会的主体设计，将太阳能光板置于场内建筑物房顶，吸收太阳能后为场内部分建筑供电，这一举措引起全世界关注。我国许多地区已经逐渐采用太阳能路灯代替传统电路灯，节能措施得到全社会认可。

③ 光转变为化学能。利用光和物质相互作用引起化学反应，实现光化学转换。例如，利用太阳能在催化剂参与下分解水制氢。利用仿生技术，模仿光合作用一直是科学家努力追求的目标，一旦解开光合作用之谜，就可使人造粮食、人造燃料成为现实。

应用太阳能不引起环境污染，不破坏生态平衡，是一种理想的清洁能源。专家们预测，太阳能将成为 21 世纪人类的重要能源之一。我国西部沙漠地区在建多所太阳能电站。

应当指出从太阳到达地球的能量考虑，除直接的太阳辐射能外，风、流水、海流、波浪和生物质中所含的能量也来自太阳辐射能。所以，太阳能的间接利用应包括水力、风力、海洋动力和生物质等的利用。

大众汽车等公司一直致力于太阳能汽车的研发，目前已经有多台模型汽车问世，但受限于太阳能电池的体积等问题，汽车模型并未应用于实际生产，但给所有汽车厂家提供了一条新能源革新之路。

（四）锂电池与新能源汽车

随着移动通信的快速发展以及笔记本电脑的普及，锂离子电池迅速替代了镍镉、镍氢电池，成为最受欢迎的高能电池。在小型电池领域使用最多的为钴酸锂和三元材料锂离子电池，比容量可达到 $140mA \cdot h \cdot g^{-1}$ 以上。而随着清洁能源的迅猛发展，动力型锂离子电池的开发前所未有的关注。磷酸亚铁锂作为最有希望的动力型电池正极材料，其循环寿命可达 4000 次以上，比容量可达 $160mA \cdot h \cdot g^{-1}$ 以上。随着比容量和安全性能的提高，锂离子电池在电动车、电动汽车、储能设备上具有广阔的应用前景。太阳能汽车见图1-4。

从 1800 年意大利科学家 Volta 研制出第一套电源装置 Volta 堆开始，电池的研制步伐一直没有停止过。1859 年铅酸蓄电池成功之后，化

图1-4 太阳能汽车

学电池开始登上历史舞台。1868 年法国科学家勒克朗谢研制出锌-二氧化锰干电池，1895 年琼斯研制出镉-镍电池，1900 年爱迪生研制出铁-镍电池。二次大战之后，随着理论的突破、

新材料的开发及市场的需求扩大，电池技术得到快速发展，最先得到发展的是锌锰碱性电池。进入 20 世纪 80 年代，科学技术发展迅速，各类用电器具的出现，对化学电源的要求也越来越高，呈现小型化、能量密度高、密封性好、储存性能好、电精度高等发展特点，因此，蓄电池成了电池行业的研究重点，于 1988 年实现镉镍蓄电池的商业化。

在锂离子电池出现之前，以金属锂为负极的原电池已经于 20 世纪 70 年代初成功商业化。这种锂原电池以金属锂为负极，采用二氧化锰和氟化碳等材料作为正极材料，与传统电池相比，放电容量高数倍，电动势在 3V 以上，可以作为长寿命电池、高压电池使用。但是，由于负极金属锂在充电过程中容易产生纤维状枝晶锂，一方面，会发生枝晶折断现象（形成"死锂"），另一方面，枝晶锂会刺穿电池隔膜，造成短路，使得电池容易出现寿命变短、储存性差、安全性差等问题，因此，锂蓄电池的商业化效果并不好。1980 年，由 Armand 提出"摇椅式电池"（RCB）概念，电池的正负极均采用能让锂离子自由脱嵌的活性物质，也就是锂离子二次电池。

1990 年，索尼公司率先推出以钴酸锂为正极材料的锂离子二次电池，在往后的二十多年中，钴酸锂电池一直是小型锂离子电池市场的主角。随着电动工具的不断开发与应用，锂离子电池应用越来越广泛。正极材料是锂离子电池中最重要的组成部分，在充放电过程中，不仅需要负担往复正负极嵌锂化合物间脱嵌所需要的锂离子，还需要向负极材料提供表面形成 SEI 膜所需的锂。因此，高性能正极材料的研究和开发已成为电池行业发展的关键，得到国内外研究学者们的共识。至今，锂离子电池正极材料的种类也越来越多，各种材料的性能、特点、适用领域也各不相同，主要有：钴酸锂（$LiCoO_2$）、镍酸锂（$LiNiO_2$）、尖晶石锰酸锂（$LiMn_2O_4$）、三元材料（$LiNi_xCo_yMn_zO_2$）、橄榄石相正极材料（$LiFePO_4$），钴酸锂是应用最早也是应用时间最长最成熟的一种正极材料，但是由于成本及安全等因素，工业生产中一直在寻找新的材料替代钴酸锂，最早的有镍酸锂及镍锰酸锂，以及后来的锰酸锂、三元材料、磷酸亚铁锂等。表 1-2 列出了五种正极材料的各项性能指标。

表 1-2　五种正极材料的各项性能指标

项目	实际比容量/ $(mA \cdot h \cdot g^{-1})$	工作电压/V	一致性	加工性能	循环寿命	压实密度	成本	倍率性能	低温性能
钴酸锂	155	3.7	优	优	较差	4.2	高	优	优
镍酸锂	160~180	3.3	优	优	良		高	优	良
锰酸锂	120	3.7	优	优	较差	>2.8	较低	优	良
三元材料	>150	2.7~4.3	良	良	良	>3.8	中等	一般	良
磷酸亚铁锂	160	3.7	差	较差	优	2.1~2.4	低	良	差

锂铁电池是 2000 年后由美国永备公司所推出来并得到成功市场化的新型绿色高能化学电源，在应用于需要高能量高功率电源的电子设备和电动玩具方面，显示了非常优越的性能。

① 超长寿命，长寿命铅酸电池的循环寿命在 300 次左右，最高也就 500 次，而山东海霸能源集团有限公司生产的磷酸铁锂动力电池，循环寿命达到 2000 次以上，标准充电（5 小时率）使用，可达到 2000 次。同质量的铅酸电池是"新半年、旧半年、维护维护又半年"，寿命最多也就 1~1.5 年时间，而磷酸铁锂电池在同样条件下使用，寿命将达到 7~8 年。综合考虑，性能价格比将为铅酸电池的 4 倍以上。

② 使用安全，磷酸铁锂完全解决了钴酸锂和锰酸锂的安全隐患问题，钴酸锂和锰酸锂在强烈的碰撞下会产生爆炸对消费者的生命安全构成威胁，而磷酸铁锂已经过严格的安全测

试即使在最恶劣的交通事故中也不会产生爆炸。

③ 可大电流 2C 快速充放电，在专用充电器下，1.5C 充电 40 分钟内即可使电池充满，启动电流可达 2C，而铅酸电池现在无此性能。

④ 耐高温，磷酸铁锂电热峰值可达 350～500℃，而锰酸锂和钴酸锂只在 200℃ 左右。

⑤ 大容量。

⑥ 无记忆效应。

⑦ 体积小、重量轻。

1. 锂电池工作原理

充电过程 $\quad LiFePO_4 - xLi^+ - xe^- \longrightarrow xFePO_4 + (1-x)LiFePO_4$

放电过程 $\quad FePO_4 + xe^- + xLi^+ \longrightarrow xLiFePO_4 + (1-x)FePO_4$

当对电池进行充电时，电池的正极上有锂离子生成，生成的锂离子经过电解液运动到负极。而作为负极的碳呈层状结构，它有很多微孔，到达负极的锂离子就嵌入到碳层的微孔中，嵌入的锂离子越多，充电容量越高。

同样道理，当对电池进行放电时（即我们使用电池的过程），嵌在负极碳层中的锂离子脱出，又运动回到正极。回到正极的锂离子越多，放电容量越高。我们通常所说的电池容量指的就是放电容量。

不难看出，在锂离子电池的充放电过程中，锂离子处于"正极-负极-正极"的运动状态。如果我们把锂离子电池形象地比喻为一把摇椅，摇椅的两端为电池的两极，而锂离子就像优秀的运动健将，在摇椅的两端来回奔跑。

2. 新能源汽车

新能源汽车主要由电池驱动系统、电机系统和电控系统及组装等部分组成。其中电机、电控及组装和传统汽车基本相同，差价的原因在于电池驱动系统。从新能源汽车的成本构成看，电池驱动系统占据了新能源汽车成本的 30%～45%，而动力锂电池又占据电池驱动系统 75%～85% 的成本构成。

比亚迪公司自主研发的一款纯电动汽车 E6，采用磷酸亚铁锂动力电池为动力，电池存储能量为 57kW·h，采用 3C 快速充电可以在 15 分钟内充满 80%，而采用中充和慢充充电的时间分别为 1.5 小时和 4 小时，电池循环 4000 次后，容量仍有 80%。比亚迪 E6 电动汽车的百里能耗为 19.5kW·h，仅为燃油汽车的 1/4，最高时速可达到 160km·h^{-1}，实际里程可达到 280km。目前，已有上百辆 E6 电动汽车投入深圳市出租车公司使用。在未来的十年内，铁锂动力电池将逐步取代铅酸电池，在电动自行车、中大容量 UPS、电动工具等领域中得到广泛应用。

解决新能源汽车高价格的核心是降低动力锂电池的一次采购成本。目前市场上已经商业化的动力锂电池主要包括磷酸铁锂电池、锰酸锂电池和三元材料电池等，中国市场以磷酸铁锂为主，日韩大多选择锰酸锂和三元材料的混合电池体系。赛迪经智统计数据显示目前国内的磷酸铁锂电池售价在 3～4 元·W^{-1}·h，锰酸锂和三元材料电池在 4～5 元·W^{-1}·h。考虑不同类型新能源汽车的电池容量，插电式混合动力汽车的电池容量是 10～16kW·h，纯电动汽车的电池容量 24～60kW·h，纯电动大巴的电池容量一般是 200～400kW·h，对应电池售价在 3 万～5 万元、7 万～18 万元和 60 万～120 万元水平，如此高昂的电池价格是新能源汽车价格居高不下的主要原因。

降低电池成本，一直都是产业内重要的解决方向。除了电池体系改善和使用寿命提升带来成本降低外，当前主要的降成本方案是规模化和回收资源化。以全球新能源汽车最为成功的企业特斯拉来看，其使用18650圆柱电池（电池型号：直径18mm，长度65mm）因规模扩大从2007年到2012年成本约下降了40％左右。未来随着新能源汽车的普及以及动力电池的规模化生产，电池成本会进一步降低到2元·W^{-1}·h^{-1}以下，从而达到《节能与新能源汽车产业发展规划（2012—2020年）》中2015年的规划目标。

在资源化利用上，动力锂电池目前还存在回收体系不完善，回收价值偏低的问题。虽然国内目前也涌现出了像格林美和湖南邦普等大型回收企业，但其主要回收铅酸电池，动力锂电池回收存在回收成本高、回收产业链不完善的问题。动力锂电池的回收资源化需要充分借鉴铅酸电池回收利用的经验。铅酸电池建立了完备的回收网点和回收产业链，一般铅酸电池在回收时具备30％的回收价值。

3. 动力锂电池再利用是电池成本降低的新路径

动力锂电池再利用是指介于新能源汽车和动力锂电池资源化的中间环节，通过对汽车使用后的动力电池进行拆解、检测和分类后的二次使用，实现动力电池梯级利用，从而实现动力电池30％～60％成本降低的目的。一般来说，新能源汽车对动力锂电池报废的标准是电池容量低于80％，如果电池剩余容量还在70％～80％，直接进行资源化回收是极大的浪费，做好动力锂电池再利用对电池成本的降低尤为重要。

国家政策支持动力锂电池再利用的产业化探索。2012年7月出台的《节能与新能源汽车产业发展规划（2012—2020年）》明确提出"制定动力电池回收利用管理办法，建立动力电池梯级利用和回收管理体系，明确各相关方的责任、权利和义务。引导动力电池生产企业加强对废旧电池的回收利用，鼓励发展专业化的电池回收利用企业"。国家从规划层面给动力电池再利用提供了方向。

动力电池再利用和回收都是我国的新能源汽车产业链考虑较少的环节，而渐行渐近的新能源汽车产业化带来的巨量动力锂电池处理已经成为急迫解决的问题。据赛迪经智研究结果，预计到2020年前后，我国新能源汽车动力锂电池累计报废量将达到12万～17万吨的规模。如此巨大的电池回收量需要提前进行动力锂电池再利用业务的研究和商业模式的摸索。

由于产能结构的改革，旧的能源势必会被新能源替代。在石油逐渐枯竭的不远的将来，电动车占领的市场份额会越来越大，锂资源势必会过度开发，回收废旧电池中的有效成分在未来将有很大的发展潜能。

习 题

1. 计算反应焓变的方法有哪些？
2. 什么是热化学方程式？热力学中为什么要建立统一的标准态？什么是热力学标准态？
3. 解释下列名词
   （1）系统　（2）开放系统　（3）封闭系统　（4）孤立系统　（5）内能
   （6）强度性质　（7）广度性质
4. 下列属于状态函数的是（　　　）
   （A）Q_p　　（B）Q_V　　（C）G　　（D）W
5. 通常反应或过程的哪个物理量可以通过弹式热量计直接测得（　　　）
   （A）$p\Delta V$　　（B）Q_p　　（C）ΔH　　（D）Q_V

6. 下列对功和热描述正确的是：（　　　）

(A) 都是途径函数，无确定的变化途径就无确定的数值

(B) 都是途径函数，对于某一状态有一定值

(C) 都是状态函数，变化量与途径无关

(D) 都是状态函数，状态一定值一定

7. 下列对状态函数描述正确的是：（　　　）

(A) 无确定的变化途径就无确定的数值

(B) 可以计算热的变化量，所以 Q 是状态函数

(C) 变化量与途径无关，与始末状态有关

(D) 以上皆不正确

8. 已知下列反应的 $\Delta_r H_m^{\ominus}$ 值，计算 Fe_3O_4 在 298.15K 时的标准摩尔生成焓。

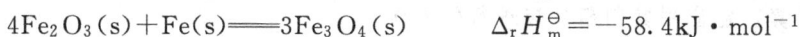

$$2Fe(s)+3/2O_2(g)\!=\!\!=\!Fe_2O_3(s) \qquad \Delta_r H_m^{\ominus}=-824.2kJ \cdot mol^{-1}$$
$$4Fe_2O_3(s)+Fe(s)\!=\!\!=\!3Fe_3O_4(s) \qquad \Delta_r H_m^{\ominus}=-58.4kJ \cdot mol^{-1}$$

$$(-1118.4kJ \cdot mol^{-1})$$

9. 在 298.15K 时，1.000g 铝在常压下燃烧生成 Al_2O_3，释放出 30.92J 的热量，则推算 Al_2O_3 的准摩尔生成焓。

10. 计算下列反应的准摩尔反应焓变。

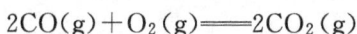

$$Fe(s)+Cu^{2+}(aq)\!=\!\!=\!Cu(s)+Fe^{2+}(aq)$$
$$Fe_2O_3(s)+6H^+(aq)\!=\!\!=\!2Fe^{2+}(aq)+2H_2O(l)$$
$$4NH_3(g)+5O_2(g)\!=\!\!=\!4NO(g)+6H_2O(g)$$
$$2CO(g)+O_2(g)\!=\!\!=\!2CO_2(g)$$

11. 在 298.15K 时使 1.0000g 正辛烷（114.224g·mol^{-1}）完全燃烧，用弹式热量计测得此反应热效应为 $-47.79kJ$。试根据此实验值，估算正辛烷完全燃烧的：

(1) $Q_{V,m}$；(2) $\Delta_r H_m^{\ominus}$（298.15K）。

12. 利用 $CaCO_3$、CaO 和 CO_2 的 $\Delta_f H_m^{\ominus}$（298.15K）的数据，估算煅烧 1000kg 石灰石（以纯 $CaCO_3$ 计）成为生石灰所需的热量。又在理论上要消耗多少燃料煤（以标准煤的热值 29.3MJ·kg^{-1} 估算）？

13. 加入一个成年人维持生命每天需要 6300kJ 的热量，某病人每天只能吃 250g 牛奶（燃烧值为 3.0kJ·g^{-1}）和 50g 面包（燃烧值为 12kJ·g^{-1}），问每天还需要给病人输入多少升 50.0g·L^{-1} 的葡萄糖（燃烧值为 15.6kJ·g^{-1}）？

14. 某人每天摄入食物中含大豆 100g。计算 100g 大豆在人体代谢过程中总发热量。已知大豆所含脂肪、蛋白质、碳水化合物、水分的质量分数 ω 和热值（kJ·g^{-1}）分别如下：

项目	脂肪	蛋白质	碳水化合物	水分
ω	0.172	0.37	0.28	0.178
热值/(kJ·g^{-1})	−37.66	−16.74	−16.74	—

15. 已知下列反应 298.15K 时的热效应：

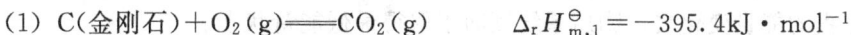

(1) C(金刚石)$+O_2(g)\!=\!\!=\!CO_2(g)$ $\qquad \Delta_r H_{m,1}^{\ominus}=-395.4kJ \cdot mol^{-1}$

(2) C(石墨)$+O_2(g)\!=\!\!=\!CO_2(g)$ $\qquad \Delta_r H_{m,2}^{\ominus}=-393.5kJ \cdot mol^{-1}$

求 C(石墨)$=$C(金刚石) 在 298.15K 时的 $\Delta_r H_m^{\ominus}$。

第2章

化学反应的基本原理

本章要求

1. 理解熵和吉布斯函数这两个重要的状态函数。初步掌握化学反应的标准摩尔吉布斯函数的计算，能应用其判断反应进行的方向。

2. 理解标准平衡常数的意义及其与 ΔG 的关系，并初步掌握有关计算。理解浓度、压力、温度对化学平衡的影响。

3. 了解综合性大气污染现象及其控制。了解清洁生产和绿色化学的概念。

2.1　化学反应的方向和推动力

前面讨论了化学反应过程中的能量转化过程。一切化学反应的能量转化都遵循热力学第一定律。但是，不违背热力学第一定律的化学变化，却未必都能自发进行。那么，在一定的条件下，哪些化学反应可以进行，哪些不能进行？这是热力学第一定律不能回答的问题，我们需要用热力学第二定律来解决。

2.1.1　自发过程及其特征

自发过程是在一定条件下不需要任何外力推动就能自发进行的过程。反应自发进行的方向就是指在一定条件下（定温、定压）不需要借助外力做功而能自动进行的反应方向。

比如自然界中，热传导总是从高温物体传向低温物体，水总是从高处自发地流向低处。而它们若想反向进行，没有外力帮助是不能实现的。反应能否自发进行，与给定的条件有关。例如，在雷电的极高温度时空气中能自发生成 NO，但在通常条件下此反应并不会自发进行，即使是在汽车内燃机燃烧室的高温条件下，吸入的空气中的 N_2 和 O_2 也只能反应生成微量的 NO，然而这也足以对大气造成污染。

那么根据什么来判断化学反应的自发性？人们研究了大量物理、化学过程，发现所有自发过程都遵循如下规律：

① 从过程的能量变化看，物质系统倾向于取得最低能量状态。

② 从系统质点分布和运动状态来分析，物质系统倾向于取得最大的混乱度。

③ 凡是自发过程都可以通过一定方式做功。如水力发电就是利用水位差通过发电机做

功；高温热源向低温热源自发传递的能量可以使热机运转做功。

2.1.2 自发的化学反应的推动力

很多化学反应是自发进行的，比如铁在室外放置会生锈、$AgNO_3$ 溶液遇到 NaCl 溶液马上会生成沉淀。如何判断一个化学反应是否可以自发进行？19 世纪就有化学家提出根据热效应来判断化学反应是否自发进行，认为"只有放热反应才能自发进行"。这一结论看似正确，因为系统总是有从高能态向低能态转化的趋势，转化的过程就会伴随热量的放出，从而使系统更加稳定。事实上，许多放热反应（$\Delta H > 0$）都是自发反应。但是有些吸热反应也是自发进行的，比如 KNO_3 的溶水过程、N_2O_5 的分解都是自发进行的吸热过程。这表明，在给定条件下要判断一个反应能否自发进行，除了考虑焓变这一因素外，还有其他重要因素。

过程的方向和限度问题由热力学第二定律来解决，为此需要引进新的热力学状态函数熵 S 和吉布斯函数 G。

2.2 熵与混乱度

2.2.1 熵与混乱度

前面提到自然界中的自发过程，系统自发地倾向于取得最低的势能；实际上，还同时自发地向着混乱程度增加的方向变化。例如，将一瓶香水放在室内，如果瓶口是敞开的，则不久香气会扩散到整个室内，这个过程是自发进行的，但不能自发地逆向进行。又如，往一杯水中滴入几滴蓝墨水，蓝墨水就会自发地逐渐扩散到整杯水中，这个过程也不能自发地逆向进行。这表明在上述两种情况下，过程都自发地向着混乱程度增加的方向进行，或者说系统中有序的运动易变成无序的运动。之所以如此，是因为无序情况实现的可能性远比有序情况的大。

混乱度是无序情况的表述，即组成物质的质点在一个指定空间区域内排列和运动的无序程度。熵（entropy）是系统内部质点混乱度或无序度的量度，用符号 S 表示。系统的微观状态数越多，系统越混乱，熵就越大。热力学已经证明，熵与内能、焓一样是状态函数。状态一定，熵值一定，状态变化，熵值随之改变。同样，熵具有加和性，熵值与系统中物质的量成正比。

系统的熵变 ΔS 只取决于系统的始态和终态，与中间变化无关。已经导出等温过程的熵变计算式：

$$\Delta S = \frac{Q_r}{T} \tag{2-1}$$

$$dS = \frac{\delta Q_r}{T} \tag{2-2}$$

式（2-1）中，Q_r 是可逆过程系统吸收的热（下标 r 表示可逆过程）；δQ_r 表示微量的热；T 是系统的温度。熵变与温度成反比可以这样理解，在低温状态下，系统混乱度小，相对有序，吸收一定量的热将引起混乱度较大的变化。而在高温状态下，系统的混乱度本来就很大，吸收同样多的热只会使混乱度略微增加。

对一纯净物质的完美晶体（质点完全排列有序，无任何缺陷和杂质），在绝对零度时，热运动几乎停止，系统混乱度最低，热力学规定其熵值为0。"热力学温度为0K时，任何纯物质的完整晶体熵值为0"，这就是**热力学第三定律**。

根据热力学第三定律和式(2-2)，便可求出纯物质其他温度下的熵值，称为该物质的规定熵。标准状态下1mol物质的规定熵称为标准摩尔熵，用 $S_m^\ominus$ 表示。单位是 $J \cdot K^{-1} \cdot mol^{-1}$，书后附表中可以查到一些物质的标准摩尔熵。要注意，与标准摩尔生成焓不同，稳定单质的标准摩尔熵不为零，因为它们不是绝对零度的完美晶体。

根据熵的意义，物质的标准摩尔熵 $S_m^\ominus$ 一般呈以下变化规律。

① 同一物质的不同聚集态，其 $S_m^\ominus$ 值是：

$$S_m^\ominus(气态) > S_m^\ominus(液态) > S_m^\ominus(固态)$$

② 同一聚集态的同类型分子，复杂分子比简单分子的 $S_m^\ominus$ 值大，如

$$S_m^\ominus(乙烯,g) < S_m^\ominus(丙烯,g) < S_m^\ominus(1\text{-}丁烯,g)$$

③ 同一物质温度升高，熵值增大。

由标准摩尔熵的数值可以计算标准摩尔熵变 $\Delta_r S_m^\ominus$

$$\Delta_r S_m^\ominus = \sum S_m^\ominus(产物) - \sum S_m^\ominus(反应物) \tag{2-3}$$

对于一个反应，温度升高时，生成物与反应物的熵值同时相应增加，所以标准摩尔熵变随温度变化较小。在近似计算中可以忽略，即

$$\Delta_r S_m^\ominus(T) = \Delta_r S_m^\ominus(298.15K) \tag{2-4}$$

2.2.2 熵增原理

推动化学反应自发进行的因素有两个：一是能量，经过反应后能量降低是有利于反应自发进行的；二是系统的混乱度增加即熵增加。在热力学系统中，系统能量的改变是通过与环境交换热或功来实现的。如果对于孤立系统，系统与环境之间既无物质交换，也无能量交换，因此推动化学反应自发进行的因素只有一个，那就是熵的增加。"在孤立系统的任何自发过程中，系统的熵总是增加的"，这是**热力学第二定律**的一种表述，也称为熵增加原理。数学表达式为：

$$\Delta S_{孤立} \geqslant 0 \tag{2-5}$$

$\Delta S_{孤立}$ 表示孤立系统的熵变。$\Delta S_{孤立} > 0$ 表示自发过程，$\Delta S_{孤立} = 0$ 表示系统达到平衡。孤立系统中不可能发生熵变减少的过程。

我们前面说过，真正的孤立系统是不存在的，系统与环境之间或多或少都存在能量交换。如果我们把与系统有物质或能量交换的那一部分环境也包括进去，构成一个新的"大的"系统，把这个"大系统"看做是孤立系统，其熵变为 $\Delta S_{总}$，则式(2-5)可以改写为

$$\Delta S_{总} = \Delta S_{系统} + \Delta S_{环境} \geqslant 0 \tag{2-6}$$

所以我们将 $\Delta S_{总}$ 的变化情况与反应发生的情况进行如下总结：

$\Delta S_{总} > 0$ 反应是自发过程

$\Delta S_{总} < 0$ 反应非自发进行，但是其逆过程自发

$\Delta S_{总} = 0$ 反应达平衡状态

思考：试从焓变和熵变两个方面讨论工业上煅烧石灰石反应的自发性。

2.3 系统的 Gibbs 自由能

2.3.1 用 Gibbs 自由能判断化学反应方向

根据前面讲到的化学反应方向的判据已经可以判断化学反应的方向，但是从式(2-6)看，我们在实际使用的时候很不方便，既要考虑系统又要考虑环境。

而大多数化学反应是在等温等压条件下进行的，如果我们能像定义"熵"这个热力学函数一样来定义一个新的热力学函数，用它方便地判断化学反应的方向，更加契合实际，更加方便，那就是很好的事情了。

由式(2-1)有：

$$\Delta S_{环境} = \frac{Q_{r环境}}{T} = -\frac{\Delta H_{系统}}{T} \tag{2-7}$$

上式中 $Q_{r环境}$ 是在可逆过程中环境从系统吸收的热，由于是等压过程，所以 $Q_{r环境} = -\Delta H_{系统}$。

将式(2-6)代入式(2-5)得

$$\Delta S_{系统} - \frac{\Delta H_{系统}}{T} \geqslant 0$$

等式进行变换：$\Delta H - T\Delta S \leqslant 0$

由于是等温，所以改写成

$\Delta H - \Delta TS \leqslant 0$，即 $\Delta(H - TS) \leqslant 0$

我们定义：

$$G \equiv H - TS \tag{2-8}$$

则有

$$\Delta G \leqslant 0 \tag{2-9(a)}$$

式(2-9)就是等温等压不做非体积功的条件下化学反应自发进行的判据。

$\Delta G < 0$　自发过程，过程能向正方向进行

$\Delta G = 0$　平衡状态 $\tag{2-9(b)}$

$\Delta G > 0$　非自发过程，过程能向逆方向进行

1875 年美国物理化学家吉布斯（J. W. Gibbs）首先提出把焓和熵归并在一起的热力学函数——吉布斯函数（或称为吉布斯自由能），由于 H、T、S 都是状态函数，所以 G 也是状态函数。与焓类似，Gibbs 自由能也没有直观的物理意义，它的绝对值也无法测定，但 ΔG 只取决于系统的始态和终态。

根据式(2-9)，又因为是等温等压，所以有：

$$\Delta G = \Delta H - T\Delta S \tag{2-10}$$

此方程把影响化学反应自发性的两个因素：能量（ΔH）和混乱度（ΔS）完美地统一起来了。现将 ΔH 和 ΔS 的正、负值以及温度对 ΔG 影响的情况归纳于表 2-1 中。

表 2-1　恒压下 ΔH、ΔS 和 T 对反应自发性的影响

类型	ΔH	ΔS	$\Delta G = \Delta H - T\Delta S$	反应情况
1	<0	>0	<0	任何温度下自发
2	>0	<0	>0	任何温度下非自发

类型	ΔH	ΔS	$\Delta G = \Delta H - T\Delta S$	反应情况
3	<0	<0	低温时<0 高温>0	低温时自发 $T < \Delta H/\Delta S$ 高温时非自发
4	>0	>0	低温>0 高温<0	低温时非自发 高温时自发 $T > \Delta H/\Delta S$

在上表中 1、2 两种类型是不可能通过改变温度来改变反应自发进行方向的。而在 3、4 两种情况下，通过改变反应温度可以改变反应自发进行的方向，而 $\Delta G = 0$ 时候的温度，即为化学反应达到平衡的温度，也称为转向温度

$$T_{转向} = \frac{\Delta H}{\Delta S} \tag{2-11}$$

2.3.2 Gibbs 自由能变的计算

对于任意一个等温等压不做非体积功的化学反应，其 Gibbs 自由能的变化为：

$$\Delta_r G = \sum G(产物) - \sum G(反应物) \tag{2-12}$$

根据式(2-8)，因为我们不知道 H 的绝对值，所以我们也无法求得 G 的绝对值。要计算反应的 $\Delta_r G$，就得用类似前面的由标准摩尔生产热计算反应热的方法解决。

2.3.2.1 标准状态下 Gibbs 自由能变的计算

在指定温度时，由稳定单质生成 1mol 物质 B 的 Gibbs 自由能变称为物质 B 的摩尔生成 Gibbs 自由能。在标准状态下物质 B 的摩尔生成 Gibbs 自由能称为物质 B 的标准摩尔生成 Gibbs 自由能，符号为 $\Delta_f G_m^\ominus$，单位是 $kJ \cdot mol^{-1}$。

按照此定义，热力学实际上已规定稳定单质的标准摩尔生成 Gibbs 自由能为 0，这一点和稳定单质的标准摩尔生成焓是类似的。各种物质的 $\Delta_f G_m^\ominus$ 见书后附表，表中的值一般是 298.15K 的值。利用查到的 $\Delta_f G_m^\ominus$ 的数据可以计算 298.15K 下化学反应的标准摩尔 Gibbs 自由能变 $\Delta_r G_m^\ominus$。

$$\Delta_r G_m^\ominus = \sum \Delta_f G_m^\ominus(产物) - \sum \Delta_f G_m^\ominus(反应物) \tag{2-13}$$

【例 2-1】 计算 298.15K 时反应 $H_2(g) + Cl_2(g) \Longrightarrow 2HCl(g)$ 的标准摩尔 Gibbs 自由能变 $\Delta_r G_m^\ominus$

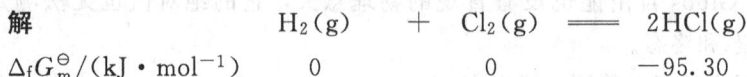

解　　　　　　　　$H_2(g)$　　$+$　　$Cl_2(g)$　$\Longrightarrow$　　$2HCl(g)$

$\Delta_f G_m^\ominus/(kJ \cdot mol^{-1})$　　　0　　　　　　　0　　　　　　-95.30

根据式(2-13)

$$\Delta_r G_m^\ominus = \sum \Delta_f G_m^\ominus(产物) - \sum \Delta_f G_m^\ominus(反应物)$$
$$= 2\Delta_f G_m^\ominus(HCl, g) - [\Delta_f G_m^\ominus(H_2, g) + \Delta_f G_m^\ominus(Cl_2, g)]$$
$$= 2 \times (-95.30) - 0 = -190.60 kJ \cdot mol^{-1}$$

2.3.2.2 用 Gibbs 方程 $\Delta_r G_m^\ominus = \Delta_r H_m^\ominus - T\Delta_r S_m^\ominus$ 计算

对于上例我们也可以用 Gibbs 方程计算

$$H_2(g) \quad + \quad Cl_2(g) \quad \rule[0.5ex]{1em}{0.4pt}\!\!\!=\!\!\!\rule[0.5ex]{1em}{0.4pt} \quad 2HCl(g)$$

$\Delta_f H_m^{\ominus}/(kJ \cdot mol^{-1})$ 0   0 -92.3

$S_m^{\ominus}/(J \cdot K^{-1} \cdot mol^{-1})$ 130.68   223.07   186.91

$\Delta_r H_m^{\ominus} = 2 \times \Delta_f H_m^{\ominus}(HCl, g) = 2 \times (-92.30) = -184.60(kJ \cdot mol^{-1})$

$\Delta_r S_m^{\ominus} = [2 \times S_m^{\ominus}(HCl, g)] - [S_m^{\ominus}(H_2, g) + S_m^{\ominus}(Cl_2, g)]$

$= 2 \times 186.91 - (130.68 + 223.07) = 20.07(J \cdot K^{-1} \cdot mol^{-1}) = 0.02(kJ \cdot K^{-1} \cdot mol^{-1})$

$\Delta_r G_m^{\ominus} = \Delta_r H_m^{\ominus} - T\Delta_r S_m^{\ominus} = -184.60 - (298.15 \times 0.02) = -190.56(kJ \cdot mol^{-1})$

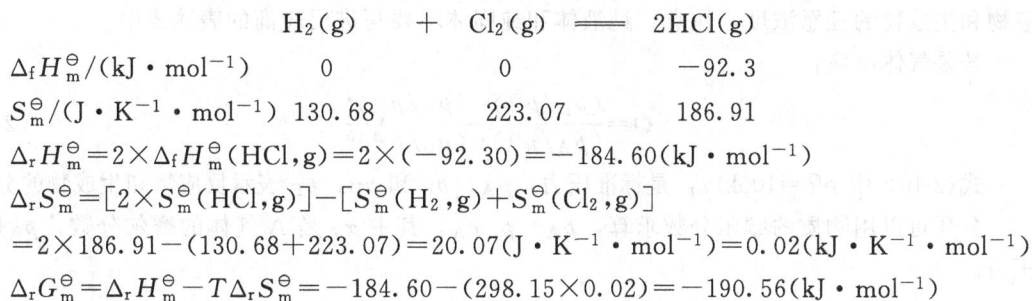

【例 2-2】 在 298.15K 和标准状态下，下述反应能否自发进行？

$$CaCO_3(s) \rule[0.5ex]{1em}{0.4pt}\!\!\!=\!\!\!\rule[0.5ex]{1em}{0.4pt} CaO(s) + CO_2(s)$$

解 对于该反应，从附表中查到相关热力学数据如下：

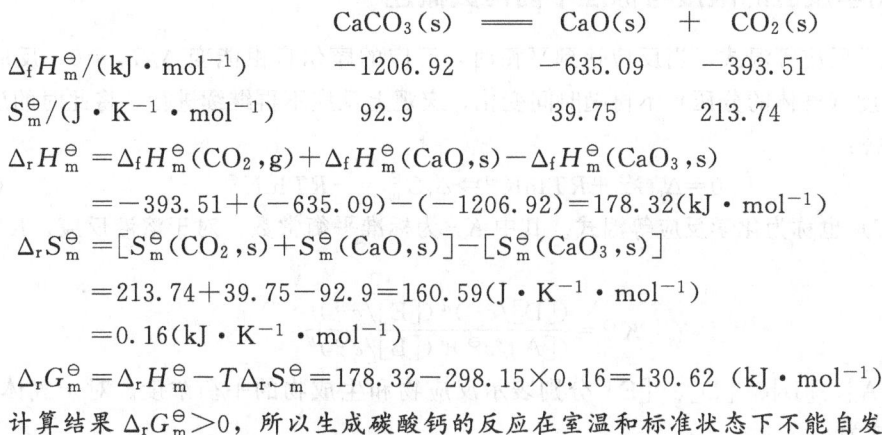

$$CaCO_3(s) \quad \rule[0.5ex]{1em}{0.4pt}\!\!\!=\!\!\!\rule[0.5ex]{1em}{0.4pt} \quad CaO(s) \quad + \quad CO_2(s)$$

$\Delta_f H_m^{\ominus}/(kJ \cdot mol^{-1})$ -1206.92 -635.09 -393.51

$S_m^{\ominus}/(J \cdot K^{-1} \cdot mol^{-1})$ 92.9   39.75   213.74

$\Delta_r H_m^{\ominus} = \Delta_f H_m^{\ominus}(CO_2, g) + \Delta_f H_m^{\ominus}(CaO, s) - \Delta_f H_m^{\ominus}(CaO_3, s)$

         $= -393.51 + (-635.09) - (-1206.92) = 178.32(kJ \cdot mol^{-1})$

$\Delta_r S_m^{\ominus} = [S_m^{\ominus}(CO_2, s) + S_m^{\ominus}(CaO, s)] - [S_m^{\ominus}(CaO_3, s)]$

         $= 213.74 + 39.75 - 92.9 = 160.59(J \cdot K^{-1} \cdot mol^{-1})$

         $= 0.16(kJ \cdot K^{-1} \cdot mol^{-1})$

$\Delta_r G_m^{\ominus} = \Delta_r H_m^{\ominus} - T\Delta_r S_m^{\ominus} = 178.32 - 298.15 \times 0.16 = 130.62 \ (kJ \cdot mol^{-1})$

计算结果 $\Delta_r G_m^{\ominus} > 0$，所以生成碳酸钙的反应在室温和标准状态下不能自发进行。

根据化学反应自发进行方向的判据，当 $\Delta_r G_m^{\ominus} = 0$ 的时候反应达到平衡，此刻反应所处的温度就是前面讲到的转向温度，对于上述反应，经过计算，转向温度是 1114.5K，就是 841.35℃，至此也就回答了本章最初提出的问题：为什么制备生石灰需要在高温煅烧下石灰石才能转化为生石灰。

2.3.3 非标准状态下 Gibbs 自由能变的计算

以上我们讨论的是标准状态的摩尔 Gibbs 自由能变的计算，对于非标准状态的摩尔 Gibbs 自由能变 $\Delta_r G_m$，经过热力学推导得到下列公式：

$$\Delta_r G_m = \Delta_r G_m^{\ominus} + RT\ln Q \tag{2-14}$$

式(2-14)称为化学等温式。式中 R 是理想气体状态常数，T 是热力学温度。Q 的表达式对溶液反应和气体反应各异。

对任意反应：

$$aA + bB \rule[0.5ex]{1em}{0.4pt}\!\!\!=\!\!\!\rule[0.5ex]{1em}{0.4pt} dD + eE$$

若反应在溶液中进行：

$$Q = \frac{(c_D/c^{\ominus})^d \ (c_E/c^{\ominus})^e}{(c_A/c^{\ominus})^a \ (c_B/c^{\ominus})^b} \tag{2-15}$$

Q 称为反应商，式(2-15)中 $c^{\ominus} = 1 mol \cdot L^{-1}$，是标准浓度，$c_A$，$c_B$ 和 c_D，c_E 表示反

应物和生成物的任意浓度，注意，纯液体和纯固体不要写进反应商的表达式中。

若是气体反应：

$$Q=\frac{(p_D/p^\ominus)^d\ (p_E/p^\ominus)^e}{(p_A/p^\ominus)^a\ (p_B/p^\ominus)^b} \tag{2-16}$$

式(2-16)中 $p^\ominus=100kPa$，是标准压力，p_A，p_B 和 p_D，p_E 表示反应物和生成物的分压。分压可以用物质的摩尔分数求算，$p_A=p_0x_A$，其中 x_A 是 A 气体的摩尔分数，p_0 是总压力。

2.4 化学反应的限度和标准平衡常数

2.4.1 化学反应的限度与标准平衡常数概述

根据化学反应等温式，当反应达到平衡时，反应的摩尔自由能变 $\Delta_r G_m=0$，反应物和生成物的浓度（气体的分压）不再随时间变化，宏观上反应不再继续进行，将此时的反应商 Q 用 $K^\ominus$ 代替：

$$0=\Delta_r G_m^\ominus+RT\ln K^\ominus \Rightarrow \Delta_r G_m^\ominus=-RT\ln K^\ominus \tag{2-17}$$

式(2-17)也称为化学反应等温式。其中 $K^\ominus$ 为标准平衡常数，对于溶液反应，$K^\ominus$ 的表达式为

$$K^\ominus=\frac{([D]/c^\ominus)^d([E]/c^\ominus)^e}{([A]/c^\ominus)^a([B]/c^\ominus)^b}$$

其中 [A]、[B]、[D]、[E] 分别表示反应物和生成物的平衡浓度。对于气体反应，$K^\ominus$ 的表达式为

$$K^\ominus=\frac{(p_D/p^\ominus)^d(p_E/p^\ominus)^e}{(p_A/p^\ominus)^a(p_B/p^\ominus)^b}$$

式中，p_A，p_B 和 p_D，p_E 表示反应物和生成物的分压。

从 (2-17) 可以看出，标准平衡常数 $K^\ominus$ 与温度有关，与物种的浓度或分压无关。$K^\ominus$ 的数值反映了化学反应的本质，$K^\ominus$ 越大，化学反应正向进行得越彻底。因此，$K^\ominus$ 是一定温度下，化学反应可能进行的最大限度的量度。

在书写标准平衡常数表达式时应注意以下几点。

① 若反应物或生成物中有固体或纯液体，不能把它们写入表达式中，如

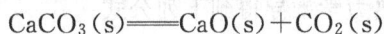

$$CaCO_3(s) \mathrm{\Longrightarrow} CaO(s)+CO_2(s)$$

$$K^\ominus=\frac{p_{CO_2}}{p^\ominus}$$

② 在稀溶液中进行的反应，若溶剂参与反应，由于溶剂的量很大，浓度基本不变，可以看成一个常数，也不写入表达式中，如

$$HAc+H_2O \mathrm{\Longrightarrow} H_3O^++Ac^-$$

$$K^\ominus=\frac{([H_3O^+]/c^\ominus)([Ac^-]/c^\ominus)}{([HAc]/c^\ominus)}$$

③ 标准平衡常数表达式以及 $K^\ominus$ 的数值与反应方程式的写法有关，如

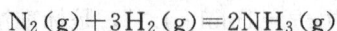

$$N_2(g)+3H_2(g)=2NH_3(g)$$

$$K_1^\ominus = \frac{(p_{\mathrm{NH_3}}/p^\ominus)^2}{(p_{\mathrm{N_2}}/p^\ominus)(p_{\mathrm{H_2}}/p^\ominus)^3}$$

若反应式改成：

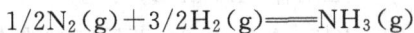

$$1/2\mathrm{N_2(g)} + 3/2\mathrm{H_2(g)} = \mathrm{NH_3(g)}$$

$$K_2^\ominus = \frac{(p_{\mathrm{NH_3}}/p^\ominus)}{(p_{\mathrm{N_2}}/p^\ominus)^{\frac{1}{2}}(p_{\mathrm{H_2}}/p^\ominus)^{\frac{3}{2}}}$$

$K_1^\ominus$ 和 $K_2^\ominus$ 的数值不同，它们之间的关系为 $K_1^\ominus = (K_2^\ominus)^2$

④ 正逆反应的标准平衡常数互为倒数，即：$K_{\mathbb{E}}^\ominus = 1/K_{\mathbb{\check{e}}}^\ominus$。

2.4.2 用标准平衡常数判断自发反应的方向

由式(2-17)得到：

若 $Q < K^\ominus$，则 $\Delta_r G_m < 0$，反应正向自发；

若 $Q > K^\ominus$，则 $\Delta_r G_m > 0$，反应逆向自发；

若 $Q = K^\ominus$，则 $\Delta_r G_m = 0$，化学反应达到平衡。

因此，标准平衡常数也是一个判断化学反应自发进行方向的判断依据。

2.4.3 多重平衡

一定条件下，在一个反应系统中一个或多个物质同时参与两个或两个以上的化学反应，并共同达到化学平衡，叫做多重平衡。多重平衡的基本特征是参与多个反应的物质的浓度或者分压必须同时满足这些平衡。例如磷酸在水中的电离就是一个多重平衡的例子：

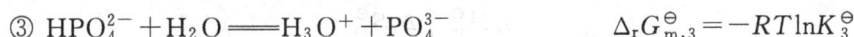

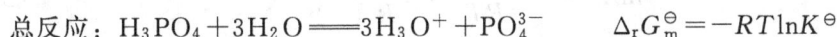

① $\mathrm{H_3PO_4 + H_2O = H_3O^+ + H_2PO_4^-}$ $\Delta_r G_{m,1}^\ominus = -RT\ln K_1^\ominus$

② $\mathrm{H_2PO_4^- + H_2O = H_3O^+ + HPO_4^{2-}}$ $\Delta_r G_{m,2}^\ominus = -RT\ln K_2^\ominus$

③ $\mathrm{HPO_4^{2-} + H_2O = H_3O^+ + PO_4^{3-}}$ $\Delta_r G_{m,3}^\ominus = -RT\ln K_3^\ominus$

总反应：$\mathrm{H_3PO_4 + 3H_2O = 3H_3O^+ + PO_4^{3-}}$ $\Delta_r G_m^\ominus = -RT\ln K^\ominus$

总反应 = ① + ② + ③

所以：
$$\Delta_r G_m^\ominus = \Delta_r G_{m,1}^\ominus + \Delta_r G_{m,2}^\ominus + \Delta_r G_{m,3}^\ominus$$
$$-RT\ln K^\ominus = -RT\ln K_1^\ominus - RT\ln K_2^\ominus - RT\ln K_3^\ominus$$
$$RT\ln K^\ominus = RT\ln(K_1^\ominus \cdot K_2^\ominus \cdot K_3^\ominus)$$
$$K^\ominus = K_1^\ominus \cdot K_2^\ominus \cdot K_3^\ominus$$

在多种平衡系统中，如果一个反应由两个或多个反应相加或相减得来，则该反应的平衡常数等于这两个或多个反应平衡常数的乘积或商。此原则具有普遍意义，不仅可用于标准平衡常数，也可用于实验平衡常数。

2.4.4 化学平衡的移动

化学平衡是相对的，有条件的。当外界条件改变时，原先的化学平衡就会发生改变，各种物质的浓度（分压）就会改变，反应继续进行，直到建立新的平衡。这种由于条件变化所引起的化学平衡移动的过程，称为化学平衡的移动。以下我们讨论浓度、压力、温度变化对化学平衡的影响。

2.4.4.1 浓度对化学平衡的影响

对于任意化学反应，在等温等压下其自由能变

$$\Delta_r G_m = RT \ln(Q/K^{\ominus})$$

反应达到平衡时，反应商 $Q=K^{\ominus}$，$\Delta_r G_m = 0$；若反应物的浓度增大或者生成物的浓度减小，那么将使 $Q<K^{\ominus}$，$\Delta_r G_m<0$，反应将正向自发进行，直到再次达到 $Q=K^{\ominus}$，是为新的平衡点。反之，若生成物的浓度增加或者反应物的浓度减小，那么 $Q>K^{\ominus}$，$\Delta_r G_m>0$，反应将逆向自发进行，直到形成新的平衡点。

2.4.4.2 压力对化学平衡的影响

压力对于液相和固相反应的影响几乎没有，因为在反应商和化学平衡常数的表达式中是没有固体和纯液体的。但对于气体参与的任意反应：

$$aA + bB \Longrightarrow dD + eE$$

增加反应物的分压或者减小产物的分压均可以使反应平衡正向移动；反之，若减小反应物的分压或者增加产物的分压，平衡逆向移动。这与温度对化学平衡的影响类似。

但是对于一个达到平衡的气体反应而言，如果增加或减小系统的总压，对化学平衡的影响分为两种情况：①当 $a+b=d+e$，增加或降低总压均不会改变平衡；②当 $a+b\neq d+e$，改变总压将改变 Q 值，使 $Q\neq K^{\ominus}$，致使平衡发生移动。增加总压，平衡将向气体分子总数减小的方向移动；减小压力，平衡将向气体分子总数增加的方向移动。

2.4.4.3 温度对化学平衡的影响

温度对化学平衡的影响与浓度和压力对化学平衡的影响完全不同，因为浓度和压力只改变 Q 值，而标准平衡常数并不改变。但是温度改变，标准平衡常数也将随之改变。因为：
$\Delta_r G_m^{\ominus} = -RT\ln K^{\ominus}$

$\Delta_r G_m^{\ominus} = \Delta_r H_m^{\ominus} - T\Delta_r S_m^{\ominus}$，将两式合并可得：

$$\ln K^{\ominus} = -\frac{\Delta_r H_m^{\ominus}}{RT} + \frac{\Delta_r S_m^{\ominus}}{R} \tag{2-18}$$

若在 T_1、T_2 不同温度下的标准平衡常数是 $K_1^{\ominus}$、$K_2^{\ominus}$，且温度对反应焓变和熵变的影响忽略不计，则

① $$\ln K_1^{\ominus} = -\frac{\Delta_r H_m^{\ominus}}{RT_1} + \frac{\Delta_r S_m^{\ominus}}{R}$$

② $$\ln K_2^{\ominus} = -\frac{\Delta_r H_m^{\ominus}}{RT_2} + \frac{\Delta_r S_m^{\ominus}}{R}$$

②-①得： $$\ln \frac{K_2^{\ominus}}{K_1^{\ominus}} = \frac{\Delta_r H_m^{\ominus}}{R}\left(\frac{T_2 - T_1}{T_1 T_2}\right) \tag{2-19}$$

这就是温度与标准平衡常数的关系。

2.4.4.4 Le Chatelier 原理

在总结了温度、浓度、压力对平衡的影响的基础上，法国化学家 Le Chatelier 总结出一个普遍规律：平衡向着消除外来影响，恢复原有状态的方向移动。这就是 Le Chatelier 原理。Le Chatelier 原理不仅适用于化学平衡，而且也适用于物理平衡。但它只适用于已经达到平衡的系统，对于非平衡系统，变化方向只能是向着达到平衡的状态移动。

阅读资料　环境化学和绿色化学

（一）大气污染与环境化学

环境问题是当前世界面临的重大问题之一。酸雨、全球气候变暖与臭氧层的破坏是当前困扰世界的三个全球性大气污染问题。环境化学主要研究有害化学物质在环境介质中的存在、化学特性、行为和效应及其控制的化学原理和方法。

干燥清洁空气的组成在地球表面的各处几乎是一致的，可以看成大气中自然不变的组成，或称为大气的本底值，见表 2-2。有了这个组成就可以容易地判定大气中的外来污染物。

表 2-2　干燥清洁空气的组成（体积分数）

气体类别	$\varphi/\%$	气体类别	$\varphi/\%$
氮（N_2）	78.09	氦（He）	5.24×10^{-4}
氧（O_2）	20.95	氪（Kr）	1.0×10^{-4}
氩（Ar）	0.93	氢（H_2）	0.5×10^{-4}
二氧化碳（CO_2）	0.03	氙（Xe）	0.08×10^{-4}
氖（Ne）	18×10^{-4}	臭氧（O_3）	0.01×10^{-4}

近半个多世纪以来，随着工业和交通运输的迅速发展，人类向大气中大量排放烟尘、有害气体、金属氧化物等，使某些物质的浓度超过它们的本底值，并对人及动植物等产生有害的效应，这就是大气污染。人为排放的大气污染物中，量多且危害较大的主要有颗粒物质、硫氧化物、氮氧化物、CO 和烃类化合物（或简写为 HC）和氟利昂等。

限制污染的具体技术的选择要根据污染物的种类、污染物生成的过程以及所要求的洁净程度而定。比如，可以通过烟气脱硫、燃料预先脱硫和燃烧过程中脱硫等方式实现对硫的控制。再如，控制汽车尾气有害物排放的方法，可以用机内净化（改进发动机使污染物产生量减少），也可以用机外净化（在发动机外对排出的废气进行净化治理）。机内净化是解决问题的根本途径，是重点研究的方向。机外净化的主要方法，从化学上看就是催化净化法，其关键是寻找耐高温的高效催化剂，最理想的方法是利用三效催化尾气转化器，同时完成 CO、HC 的氧化和还原反应。主要反应可表示为：

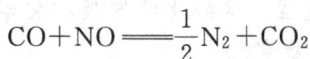

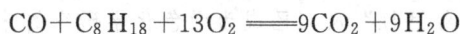

$$CO+NO=\!\!=\!\!=\frac{1}{2}N_2+CO_2$$

$$CO+C_8H_{18}+13O_2=\!\!=\!\!=9CO_2+9H_2O$$

当前 Pt、Pd、Ru 催化剂（CeO_2 为助催化剂，耐高温陶瓷为载体）可使尾气中有害物质转化率超过 90%。

臭氧是大气中的一种自然微量成分（见表 2-1），臭氧层存在于平流层中，主要分布在距地面 15～35km 范围内，浓度峰值在 25km 处附近，最高浓度为 10mL。若把 O_3 集中起来并矫正到标准状态，其气层厚度也不足 0.45cm。就是这个臭氧层能吸收 99% 以上来自太阳的紫外线，保护了人类和生物免遭紫外辐射的伤害。

不幸的是，现在人类排入大气的某些物质与臭氧发生作用，导致了臭氧的损耗，引起了臭氧层空洞。这些物质主要有 CFC、哈龙等。氟利昂 CFC 中主要是 CFC-11 和 CFC-12，化学式分别是 $CFCl_3$ 和 CF_2Cl_2；哈龙中主要有哈龙-1301、1211、2402。

美国罗兰（Rowland）于 1974 年首先提出氟利昂等物质破坏大气平流层中臭氧层的理论。由于氟利昂很稳定，在低层大气中可长期存在（寿命约为几十年甚至上百年），还未来得及分解即穿过对流层进入平流层（包括哈龙等），在短波紫外线的作用下分解成 Cl、Br、HO 等活泼自由基，可作为催化剂引起链反应，促使臭氧分解。导致臭氧层破坏的氯催化反应过程可表示为：

$$Cl\cdot + O_3 \longrightarrow ClO + O_2$$

$$ClO + O\cdot \longrightarrow Cl\cdot + O_2$$

$$总反应：O\cdot + O_3 \longrightarrow 2O_2$$

其中 O_2 也是光解（$O_3 + h\nu \xrightarrow{\lambda=210\sim290nm} O_2 + O\cdot$）的产物。反应中催化活性物种 Cl 本身不变。反应中一个氯原子能破坏 10 万个分子，而溴原子破坏臭氧层的能力比氯原子还要强。

氯原子主要来自氟利昂的光分解，溴原子来自哈龙的光分解（在平流层较强紫外线作用下），例如：

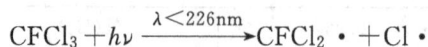

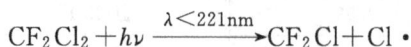

$$CFCl_3 + h\nu \xrightarrow{\lambda<226nm} CFCl_2\cdot + Cl\cdot$$

$$CF_2Cl_2 + h\nu \xrightarrow{\lambda<221nm} CF_2Cl + Cl\cdot$$

大气中臭氧层的损耗，主要是由消耗臭氧的物质引起，因此必须对这些物质的生产及消费量加以限制。

（二）清洁生产和绿色化学

若能从废弃物的末端处理改变为生产全过程的控制，这是符合可持续发展方向的一个战略性转变。清洁生产、绿色化学等就是这样的先进科学技术。

清洁生产通常是指在产品生产过程和预期消费中，既合理利用自然资源，把对人类和环境的危害减至最小，又能充分满足人类需要，使社会经济效益最大化的一种生产模式。清洁生产的环境经济效益远远超过工业污染末端控制。

绿色化学是一种以保护环境为目标来设计、生产化学产品的一门新兴学科，是一门从源头上阻止污染的化学。它用化学的技术和方法减少或消灭那些对人类健康、安全、生态环境有害的原料、催化剂、溶剂和试剂、产物、副产物等的产生和使用。绿色化学为传统化学工业带来革命性的变化，化学家不仅要研究化学产品生产的可行性，还要设计符合绿色化学要求、不产生或减少污染的化学过程。这给化学发展和化学家带来了重大机遇和挑战，1996 年美国设立了"总统绿色化学挑战奖"。

近年来，开发新的"原子经济性"反应已成为绿色化学研究的热点之一。理想的原子经济性反应是原料分子中的原子 100% 地转变为产物，不产生副产物或废物，实现废物的零排放。例如，重要的有机合成中间体环氧乙烷的生产，从经典的氯醇（二次制备）法改为银催化乙烯直接氧化（一步）法，原子利用率从 25% 提高到 100%，理论上没有废物产生。

（1）经典氯醇法

$$CH_2{=}CH_2 + Cl_2 + H_2O \longrightarrow ClCH_2CH_2OH + HCl$$

$$ClCH_2CH_2OH + Ca(OH)_2 \xrightarrow{HCl} H_2C\overset{\textstyle O}{\overbrace{\qquad}}CH_2 + CaCl_2 + 2H_2O$$

总反应：$C_2H_4 + Cl_2 + Ca(OH)_2 \longrightarrow C_2H_4O + CaCl_2 + H_2O$

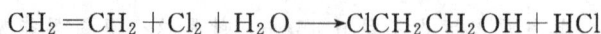

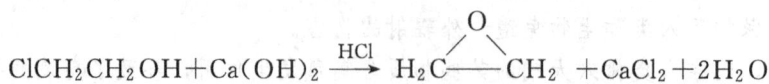

摩尔质量/(g·mol^{-1})   28   71   74   44

原子利用率＝44/173×100％＝25％

（2）现代直接氧化法

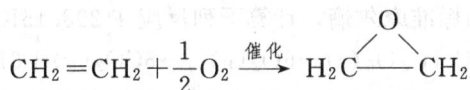

$$CH_2{=}CH_2+\frac{1}{2}O_2 \xrightarrow{\text{催化}} H_2C\underset{\quad O\quad}{\diagup\diagdown}CH_2$$

原子利用率＝100％

目前环境工程领域中的清洁生产是改变以往的三废末端处理为对生产全过程控制、提高原子利用率、实行少排废甚至零排放的符合可持续发展战略的先进科学技术，环境的治理和保护同样重要，从小事做起，保护我们的环境，就是保护我们生存的空间。

习　题

1. 计算反应 S 的方法有哪些？

2. 下列关系中错误的是：（　　）。

   （A）$H=U+pV$

   （B）$\Delta G^\ominus=\Delta H^\ominus-T\Delta S^\ominus$

   （C）ΔS（体系）$+\Delta S$（环境）$=0$

   （D）$\Delta_r S_m^\ominus=\sum\nu_B S_m^\ominus$（生成物）$-\sum\nu_B S_m^\ominus$（反应物）

3. 已知下列反应（在一定温度下）：

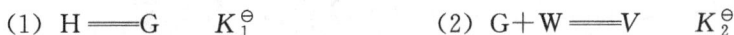

   （1）$H{=\!=\!=}G$　　$K_1^\ominus$　　　　　　　（2）$G+W{=\!=\!=}V$　　$K_2^\ominus$

   　　　下列哪种表示为反应 $H+W{=\!=\!=}V$ 的 $K^\ominus$（　　　）

   （A）$K_1^\ominus/K_2^\ominus$　　　　（B）$K_2^\ominus/K_1^\ominus$　　　　（C）$K_1^\ominus\cdot K_2^\ominus$　　　　（D）$(K_1^\ominus\cdot K_2^\ominus)^2$

4. 有人建议在实验室用甲醇的分解来制备甲烷：

   $$CH_3OH(l){=\!=\!=}CH_4(g)+1/2O_2(g)$$

   问：（1）在 298.15K 和标准态下，此反应能否自发进行？（2）在什么温度和标准状态下，此反应能自发进行？

5. 不查表，排出下列物质的熵值由大到小的顺序。

   （1）$O_2(l)$、$O_2(s)$、$O_2(g)$

   （2）$H_2(g)$、$F_2(g)$、$Br_2(g)$、$Cl_2(g)$、$I_2(g)$

6. 二氧化钛与碳的还原反应如下：

   $$TiO_2(s)+2C(s){=\!=\!=}Ti(s)+2CO(g)$$

   在查阅相关数据后，计算 298K、100kPa 压力下反应能否进行？计算 100kPa 压力下，该反应进行的最低温度是多少？

7. 现有一个反应 $Ag_2O(s){=\!=\!=}2Ag(s)+1/2O_2(g)$ 在常温下不能进行，请通过计算判断，在什么情况下 $Ag_2O(s)$ 可以分解。

8. 糖代谢的总反应为：

   $$C_{12}H_{22}O_{11}(s)+12O_2(g){=\!=\!=}12CO_2(g)+11H_2O(l)$$

   根据附表的热力学的数据求 298.15K，标准状态下的 $\Delta_r H_m^\ominus$、$\Delta_r G_m^\ominus$、$\Delta_r S_m^\ominus$

9. 已知下列反应

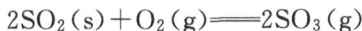

   $$2SO_2(s)+O_2(g){=\!=\!=}2SO_3(g)$$

   在 800K 时的 $K^\ominus=910$，试求 900K 时该反应的 $K^\ominus=$？

10. 根据相关的热力学数据求算氢氧化镁的 K_{sp}

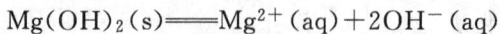

$$Mg(OH)_2(s) \Longrightarrow Mg^{2+}(aq) + 2OH^-(aq)$$

11. 利用 298.15K 时的标准摩尔熵，计算下列反应在 298.15K 时的标准摩尔熵变。

$$C_6H_{12}O_6(s) + 6O_2(g) \longrightarrow 6CO_2(g) + 6H_2O(l)$$

12. 计算反应：$C(gra) + CO_2(g) \Longrightarrow 2CO(g)$ 在 900℃时的标准平衡常数 $K^\ominus$。

13. 某蛋白质由天然折叠态变到张开状态的变性过程的焓变 ΔH 和熵变 ΔS 分别为 251.04kJ·mol^{-1} 和 753J·K^{-1}·mol^{-1}，计算
    (1) 298K 时蛋白质变性过程的 ΔG；
    (2) 发生变性过程的最低温度。

14. 光合作用是将 $CO_2(g)$ 和 $H_2O(l)$ 转化为葡萄糖的复杂过程，总反应为

$$6CO_2(g) + 6H_2O(l) \Longrightarrow C_6H_{12}O_6(s) + 6O_2(g)$$

求此反应在 298.15K、100kPa 的 $\Delta_r G_m^\ominus$，并判断此条件下，反应是否自发？

第3章

水溶液化学

本章要求

1. 理解溶液的通性（蒸气压下降、沸点升高、凝固点降低及渗透压）。
2. 了解表面活性剂溶液的性质和应用。

3.1 分散系

在前述热力学的基础上，我们了解了化学反应的基本原理，许多化学反应在水溶液中进行，因此，本章从溶液的角度来进一步讲述水溶液中的有关化学原理。

溶液是分散系的一种，物质可以单独存在，也可以一种（或多种）物质分散于另一种物质中的形式存在，这种形式称为分散系。液体分散系是根据分散粒子的大小来分类的：粗分散系（浊液）、胶体分散系、溶液，见表 3-1。这三种分散体系的性质有明显差异，但是对它们的划分界限并不明确，因此，它们性质的差异是逐渐过渡过来的。

表 3-1　分散系的分类

分散系	溶液	胶体	浊液
概念	一种或几种物质分散到另一种物质里形成均一、稳定的混合物	分散质粒子在 1～100nm 之间的分散系	固体小颗粒或小液滴悬浮于液体
分散质粒子直径	<1nm	1～100nm	>100nm
特征	均一、透明、稳定	多数均一、透明、稳定	不均一、不透明、不稳定
分散质粒子组成	单个分子或离子	分子集合体或有机高分子	许多分子集合体
实例	食盐水、碘酒	肥皂水、淀粉溶液	泥水

我们先以最熟悉的溶液来介绍水溶液中的化学知识。

3.2 溶液的通性

溶液由溶质和溶剂组成，按照溶质性质不同又分为电解质溶液和非电解质溶液。所有的溶液都具有一些共同的性质，即溶液的通性，在高中我们讨论更多的是电解质溶液，本章节重点讨论非电解质溶液的性质，电解质溶液也具有与非电解质溶液相似的性质，只不过由于离子间作用力的影响，无法量化该结论。

3.2.1 溶液的依数性

实验表明：由**难挥发的非电解质所形成的稀溶液**的性质（溶液的蒸气压下降、沸点升高、凝固点降低和溶液渗透压）与一定量溶剂中所溶解溶质的数量（物质的量）成正比，而与溶质的本性无关，故称为**依数性**。依数性包括如下几个方面。

3.2.1.1 溶液的蒸气压下降

（1）**蒸气压** 在一定条件下，液体表面能量较大的分子，克服分子间的引力，逸出液体表面进入液体上面的空间，这个过程叫做**蒸发**（又称为**汽化**）。蒸发是吸热过程。蒸发出来的蒸气分子也可能撞到液面，受液体分子吸引而重新回到液相，这个过程叫做**凝聚**。凝聚是放热过程。蒸发刚开始时，蒸气分子不多，凝聚的速率远小于蒸发的速率。随着蒸发的进行，蒸气浓度逐渐增大，凝聚的速率也就随之加大。当凝聚的速率和蒸发的速率达到相等时，液体和它的蒸气就处于平衡状态。此时，蒸气所具有的压力等于该温度下液体的**饱和蒸气压**，简称**蒸气压**。例如 100℃时，水的蒸气压为 101.325kPa，是水与水蒸气在该温度达到相平衡时的压力。

固体（固相）和它的蒸气（气相）之间也能达到平衡，此时固体具有一定的蒸气压。

蒸气压是物质的本性，它与温度一一对应，且随温度升高而增大。表 3-2 中列出了一些不同温度下水和冰的蒸气压值。

表 3-2 不同温度下水和冰的蒸气压力

温度/℃	−20	−15	−10	−6	−5	−4	−3	−2	−1	0
冰的蒸气压/kPa	0.103	0.165	0.260	0.369	0.402	0.437	0.476	0.518	0.563	0.611
水的蒸气压/kPa				0.391	0.422	0.455	0.490	0.527	0.568	0.611
温度/℃	5	10	20	30	40	60	80	100	150	200
水的蒸气压/kPa	0.873	1.228	2.339	4.246	7.381	19.932	47.373	101.325	475.720	1553.600

不同的物质饱和蒸气压也不同，如图 3-1 列举了三种常见液体的饱和蒸气压随温度的变化趋势。

（2）**蒸气压下降** 若往溶剂（如水）中加入难挥发的溶质，如图 3-2 所示，通过实验可以观察到溶液的蒸气压下降。即在同一温度下，溶有难挥发溶质 B 的溶液中，溶液的蒸气压总是低于纯溶剂 A 的蒸气压。在这里，溶液的蒸气压实际就是溶剂的蒸气压（因为溶质是难挥发的，其蒸气压可以忽略不计）。同一温度下，纯溶剂蒸气压与溶液蒸气压之差叫做溶液的**蒸气压下降**。

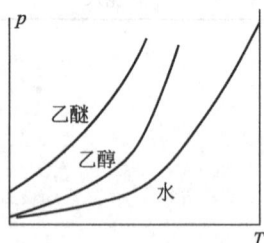

图 3-1 乙醚、乙醇、水三种液体饱和
蒸气压随温度的变化

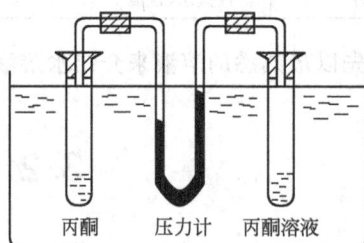

图 3-2 丙酮与丙酮溶液蒸气压实验

溶液蒸气压下降的原因可以理解为：由于溶剂中溶解了难挥发的溶质后，溶剂的一部分表面被溶质微粒所占据，使得单位面积内从溶液中蒸发出的溶剂分子数比原来从纯溶剂中蒸发出的分子数要少，以致溶液中溶剂的蒸气压低于纯溶剂的蒸气压。显然，溶质越多，溶液的浓度越大，溶液的蒸气压下降就越多。

在一定温度时，难挥发的非电解质稀溶液中溶剂的蒸气压下降（Δp）与溶质的摩尔分数成正比，即

$$p_A^* - p_A = \Delta p = \frac{n_B}{n} \times p_A^* = x_B p_A^* \qquad (3-1)$$

式中，n_B 表示溶质 B 的物质的量；n 为溶质 A 与溶质 B 的物质的量之和；$\frac{n_B}{n} = x_B$ 表示溶质 B 的摩尔分数；p_A^* 表示纯溶剂 A 的蒸气压；p_A 表示溶液中溶剂 A 的蒸气压。

3.2.1.2 溶液的沸点升高和凝固点降低

随着液体温度的升高，液体蒸气压也会升高，蒸气压升高到等于外界压力时就不再继续变化，维持在恒定的压强下，此时液体温度也不再升高，气相与液相达到最大平衡，液体的表现就是沸腾，此时的温度称为该液体在指定压力下的**沸点**，以 T_{bp} 表示，若无特别说明，外界压力常指 101.325kPa，该压力下的沸点称为**正常沸点**。某物质的**凝固点**（即熔点）是该物质的液相蒸气压和固相蒸气压相等时的温度，以 T_{fp} 表示。一切可形成晶体的纯物质，在给定压力下，都有一定的凝固点和沸点。但在溶液中，一般由于溶质的加入会使溶剂的凝固点降低，沸点升高；而且溶液越浓，凝固点和沸点改变越大。

溶液的沸点升高和凝固点降低都是由于溶液中溶剂的蒸气压下降所引起的。现在通过水溶液的例子来说明。

以蒸气压为纵坐标，温度为横坐标，画出水和冰的蒸气压曲线，如图 3-3 所示，如果水中溶解了难挥发性的溶质，其蒸气压就要下降。因此，溶液中溶剂的蒸气压曲线就低于纯水的蒸气压曲线。水在正常沸点（100℃即 373.15K）时的蒸气压等于常压 101.325kPa，水溶液的蒸气压就低于 101.325kPa。要使溶液的蒸气压与外界压力相等，以达到其沸点，就必须把溶液的温度升为 373.15K 以上。从图 3-3 可见，溶液的沸点比水的沸点高 ΔT_{bp}（沸点升高度数）。

从图 3-3 还可以看到，在 273.16K 时冰的蒸气压曲线和水的蒸气压曲线相交于一点，即此时冰的蒸气压和水的蒸气压相等，均为 611Pa。由于溶质的加入使所形成的溶液的溶剂蒸气压下降。这里须注意到，溶质溶于水而不溶于冰中，因此只影响水（液相）的蒸气压，对冰（固相）的蒸气压没有影响。这样，在 273.16K 时，溶液的蒸气压必定低于冰的蒸气压，冰与溶液不能共存，冰要转化为水。在 273.16K 以下

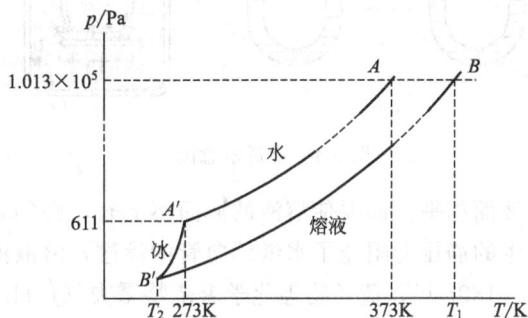

图 3-3 水、溶液和冰的蒸气压-温度图

某一温度时，冰的蒸气压曲线与溶液的蒸气压曲线可以相交于一点，此温度就是溶液的凝固点。它比纯水的凝固点要低 ΔT_{fp}（凝固点降低度数）。

溶液的蒸气压下降程度与溶液浓度有关，而溶液的蒸气压下降又是溶液沸点升高和凝固

点降低的根本原因。因此，溶液的沸点升高和凝固点降低也必然与溶液的浓度有关。

　　难发挥的非电解质稀溶液的沸点升高和凝固点降低与溶液的质量摩尔浓度 m（即在 1kg 溶剂中所含溶质的物质的量）成正比：

$$\Delta T_{bp} = k_{bp} m \tag{3-2}$$

$$\Delta T_{fp} = k_{fp} m \tag{3-3}$$

　　式中，k_{bp} 与 k_{fp} 分别称为溶剂的摩尔沸点升高常数和摩尔凝固点降低常数（SI 单位为 $K \cdot kg \cdot mol^{-1}$）。表 3-3 中列出了几种溶剂的沸点、凝固点、$k_{bp}$ 与 k_{fp} 的数值。

表 3-3　一些溶剂的摩尔沸点升高常数和摩尔凝固点降低常数

溶剂	沸点/℃	$k_{bp}/(K \cdot kg \cdot mol^{-1})$	凝固点/℃	$k_{fp}/(K \cdot kg \cdot mol^{-1})$
苯	80.10	2.53	5.533	5.21
氯仿	61.15	3.62	—	—
水	100.0	0.515	0.0	1.853

　　在生产和科学实验中，溶液的凝固点降低这一性质得到广泛应用。例如，汽车散热器（水箱）的用水中，在寒冷的季节，通常加入甘油或乙二醇 $C_2H_4(OH)_2$ 使溶液的凝固点降低以防止结冰。在负温度条件下施工的混凝土工程须掺入防冻剂，一般防冻剂除能降低冰点外，还有促凝、早强、减水等作用，所以多为复合防冻剂。目前国产防冻剂主要用亚硝酸钠及亚硝酸钙制成，具有降低冰点、早强、阻锈等作用。植物本身也利用凝固点下降的原理来调节自身，达到抗旱抗寒的目的，当植物周围的环境温度发生较大改变的时候，细胞中会产生大量可溶性的碳水化合物提高细胞液的浓度，细胞液浓度越大，其凝固点下降越大，从而达到抗寒的效果；由于细胞液浓度增大，细胞液的蒸气压也下降较多，使得细胞水分蒸发减少，从而达到抗旱效果。

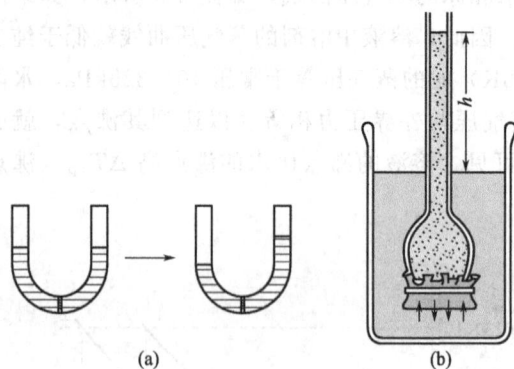

图 3-4　渗透示意图

3.2.1.3　渗透压

　　在中学我们学过，如图 3-4（a）所示，在 U 形管左边放入纯水，右边放入糖水，中间用半透膜隔开，一定时间之后，两边会出现液面差。这种现象叫做渗透现象。这可以简单地理解为：溶剂分子在单位时间内进入溶液内的数目，要比溶液内的溶剂分子在同一时间内进入纯溶剂的数目为多。从宏观看，渗透是溶剂通过半透膜进入溶液的单方向扩散过程。若要使膜内溶液与膜外纯溶剂的液面相平，即要使溶液的液面不上升，必须在溶液液面上增加一定压力。图 3-4（b）液柱产生的静压力阻止了水继续向管中渗透，溶液液面上所增加的压力称为溶液的**渗透压**。

　　1886 年，荷兰物理化学家范特霍夫（J. H. van't Hoff）发现非电解质稀溶液的渗透压的大小，可以用与理想气体状态方程（$pV = nRT$）形式相似的方程式计算。

　　对于难挥发的非电解质稀溶液的渗透压，有如下关系式：

$$\Pi = c_B RT \tag{3-4}$$

或

$$\Pi V = n_B RT$$

　　式中，Π 为渗透压；c_B 表示溶液中溶质的浓度；n_B 表示溶质的物质的量；V 表示溶液的体积；T 表示热力学温度。这一方程的形式与理想气体状态方程相似，但气体的压力和溶液的渗透压产生的原因不同。气体由于它的分子运动碰撞容器壁而产生压力，但溶液的渗透压是溶剂分子渗透的结果。依据此关系式，采用渗透压法可以测定高聚物的摩尔质量。

渗透压在生物学中具有重要意义。有机体的细胞膜大多具有半透膜的性质，渗透压是引起水在生物体中运动的重要推动力。渗透压的数值相当可观，以 298.15K 时 0.100mol·dm^{-3}溶液的渗透压为例，若可按式(3-4) 计算：

$$\Pi = cRT = 0.100 \times 10^{-3} mol \cdot m^{-3} \times 8.314Pa \cdot m^3 \cdot mol^{-1} \cdot K^{-1} \times 298.15K = 248kPa$$

一般植物细胞汁的渗透压约可达 2000kPa，所以水分可以从植物的根部运送到数十米高的顶端。如果对植物的根部施肥过度，也可能导致植物脱水死亡。将淡水中的鱼放入到海水中，由于海水盐分较多，淡水鱼细胞内渗透压较小，会导致淡水鱼细胞失水死亡。

人体在发烧时，体温升高，水分大量蒸发，血液浓度增大，其渗透压也增大，此时如果不及时补充水分，会导致人体脱水，医院里可以采用输液的方式来补充细胞水分。一般人体血液平均的渗透压约为 780kPa，由于人体有保持渗透压在正常范围的要求，因此，对人体注射或静脉输液时，应使用渗透液与人体血液基本相等的溶液，在生物学和医学上这种溶液称为**等渗溶液**。例如，临床常用的是质量分数为 5.0%（0.28mol·dm^{-3}）葡萄糖溶液或含0.9%NaCl 的生理盐水，否则由于渗透作用，可能产生严重后果。如果把血红细胞放入渗透压较大（与正常血液的相比）的溶液中，血红细胞中的水就会通过细胞膜渗透出来，甚至能引起血红细胞收缩并从悬浮状态中沉降下来；如果把这种细胞放入渗透压较小的低渗溶液中，溶液中的水就会通过血红细胞的膜流入细胞中而使细胞膨胀，甚至能使细胞膜破裂。

如果在溶液上加上一个比渗透压还要大的压力，则反而会使溶液中的溶剂向纯溶剂方向流动，使纯溶剂的量增加，这个过程叫做**反渗透**，这种压力可以通过通电来完成。反渗透的原理可应用于海水淡化、工业废水或污水处理和溶液的浓缩等方面。在巴黎瓦兹河梅里市14 万立方米/天的纳滤厂，每天为巴黎附近 50 万居民提供 14 万吨饮用水。目前使用反渗透原理结合多种膜过滤技术来净化饮用水成为市场主流技术，在水污染日益严重的今天，水的净化处理技术会有更飞速的发展。反渗透净水设备见图 3-5。

图 3-5　反渗透净水设备

3.2.2　电解质溶液的通性

电解质溶液，或者浓度较大的非电解质溶液也与非电解质稀溶液一样具有溶液蒸气压下将、沸点升高、凝固点降低和渗透压等性质。例如，海水不易结冰，其凝固点低于273.15K，沸点高于373.15K。又如，工业上或实验室中常采用某些易潮解的固态物质，如氯化钙、五氧化二磷等作为干燥剂，就是因为这些物质能使其表面所形成的溶液的蒸气压显著下降，当它低于空气中水蒸气的分压时，空气中水蒸气可不断凝聚而进入溶液，即这些物质能不断地吸收水蒸气。若在密闭容器内，则可进行到空气中水蒸气的分压等于这些干燥剂物质的（饱和）溶液的蒸气压为止。利用溶液凝固点降低这一性质，盐水和冰的混合物可以作为冷冻剂，如，采用氯化钠和冰的混合物，温度可以降到 −22℃；用氯化钙和冰的混合物，可以降低到 −55℃。在金属表面处理中，利用溶液沸点升高的原理，使工件在高于100℃的水溶液中进行处理。例如，使用含 NaOH 和 NaNO₂ 的水溶液能将工件加工到 140℃以上。在金属热处理工艺中，若将钢铁工件在空气中加热到高温时会发生氧化和脱碳现象。因此，加热常在盐浴中进行，盐浴往往用几种盐的混合物（熔融盐），使熔点下降并可调节所需温度范围。例如，$BaCl_2$ 的熔点为 963℃，NaCl 的熔点为 801℃，而含 77.5％$BaCl_2$ 和22.5％NaCl 的混合盐的熔点则下降到 630℃左右。

但是，稀溶液定律所表达的依数性与溶液浓度的定量关系不适用于浓溶液或电解质溶液。这是因为在浓溶液中情况比较复杂，微粒之间的相互影响以及作用力大大加强，解离产生的离子数目增加，这些复杂的因素使电解质溶液对稀溶液定律产生偏差。例如，一些电解质水溶液的凝固点降低数值都比同浓度非电解质溶液的凝固点降低数值要大。这一偏差可用电解质溶液与同浓度的非电解质溶液的凝固点降低的比值 i 来表达，如表 3-4 所示。

表 3-4　几种电解质质量摩尔浓度为 0.100mol·kg⁻¹时在水溶液中的 i 值

电解质	观察到的 $\Delta T'_{fp}/K$	计算的 $\Delta T_{fp}/k$	$i = \Delta T'_{fp}/\Delta T_{fp}$
NaCl	0.348	0.186	1.87
HCl	0.355	0.186	1.91
K_2SO_4	0.458	0.186	2.46
CH_3COOH	0.188	0.186	1.01

对于这些电解质溶质的稀溶液，蒸气压下降、沸点升高和渗透压的数值也都比同浓度的非电解质溶液的相应数值要大，而且存在着与凝固点降低类似的情况。

下面介绍**活度和活度因子**。

弱电解质在水溶液中是小部分解离的；强电解质在水溶液中可认为完全解离成离子，但由于离子相互作用的结果，每一离子周围在一段时间内总有一些带异号电荷的离子包围着，这种周围带异号电荷的离子形成了"**离子氛**"。在溶液中的离子不断运动，使离子氛随时拆散，又随时形成。由于离子氛的存在，离子受到牵制，不能完全独立行动。这就是强电解质溶液的 i 值不等于正整数以及实验测得的解离度小于 100％的原因。这种由实验测得的解离度，并不代表强电解质在溶液中的实际解离率，所以叫做**表观解离度**。溶液越浓或离子电荷数越大，强电解质的表观解离度越小。

为了定量地描述强电解质溶液由于静电引力限制了离子的活动，而不能百分之百发挥应有的效应，引入了**活度**的概念。所谓活度就是将溶液中离子的浓度乘上一个校正因子——**活度因子**。设溶液浓度为 c，活度因子为 γ，活度与浓度有如下关系：

$$a_i = \gamma_i c_i / c^\ominus$$

式中，a_i 表示 i 离子的活度；γ_i 为 i 离子的活度因子；c_i 是 i 离子的物质的量浓度。

活度因子直接反映溶液中离子活动的自由程度。一般来说，活度因子越大，表示离子活动的自由程度越大。溶液越稀，活度因子越接近于 1；当溶液无限稀释时，活度因子等于 1，离子活动的自由程度为 100%，活度等于离子的浓度。在要求不太高的计算中，强电解质在稀溶液中的离子浓度往往以 100%解离计，本教材中均采用此种近似计算。

3.3 胶体

胶体分散系的颗粒直径在 $10^{-9} \sim 10^{-7}$ m，它可以分成两类：一类是由小分子化合物聚集而成的大颗粒多相系统，如常见的 $Fe(OH)_3$ 胶体溶液。另一类是由高分子化合物所组成的溶液。高分子化合物分子结构较大，可以表现出跟胶体相同的性质，因此在许多文献中，把高分子化合物溶液看成胶体的一部分，如淀粉溶液。实际上高分子溶液是一个均相的真溶液。

胶体与人体关系密切，人的皮肤、肌肉、血液、脏器、细胞、软骨甚至是毛发，都属于胶体分散系。江河入海口处形成三角洲，其形成原理是海水中的电解质使江河泥沙形成胶体发生聚沉。胶体与工业的关系也十分紧密，工程中使用的沥青就是一种高分子胶体。制有色玻璃（固溶胶），在金属、陶瓷、聚合物等材料中加入固态胶体粒子，不仅可以改进材料的耐冲击强度、耐断裂强度、抗拉强度等机械性能，还可以改进材料的光学性质。有色玻璃就是由某些胶态金属氧化物分散于玻璃中制成的。国防工业中有些火药、炸药需制成胶体。一些纳米材料的制备，冶金工业中的选矿，石油原油的脱水，塑料、橡胶及合成纤维等的制造过程都会用到胶体。本节重点讨论胶体及物质表面的一些重要性质。

3.3.1 胶体的表面吸附

胶体由于是一个多相系统，表面质点和内部质点所受到的作用力不同，表面质点的位能要高于内部，就产生了表面能。系统越分散，表面能越大，系统越不稳定，因此液体和固体都有自动降低表面能的趋势，其中一个手段就是表面吸附。

多孔的物质都具有强大的吸附能力，这也是因为它们的比表面积较大，表面能也较大。胶体的表面也具有这样的吸附能力，因此胶体可以形成一个巨大的结构。吸附是一个放热的过程，同时也是个自发过程。

3.3.2 胶团的性质

（1）溶胶的光学性质——丁达尔现象　当一束平行光线通过胶体时，从侧面看到一束光亮的"通路"。这是胶体中胶粒在光照时产生对光的散射作用形成的。对溶液来说，因分散质（溶质）微粒太小，当光线照射时，光可以发生衍射，绕过溶质，从侧面就无法观察到光的"通路"。因此可用这种方法鉴别真溶液和胶体。悬浊液和乳浊液，因其分散质直径较大，对入射光只反射而不散射，再有悬浊液和乳浊液本身也不透光，也不可能观察到光的通路。

（2）溶胶的动力学性质——布朗运动　胶体中胶粒不停地做无规则运动。其胶粒的运动方向和运动速率随时会发生改变，从而使胶体微粒聚集变难，这是胶体稳定的一个原因。布朗运动属于微粒的热运动现象，这种现象并非胶体独有的现象。

（3）溶胶的电学性质——电泳现象　几乎所有胶体体系的颗粒都带电荷。这是由于胶体本身电离，或胶体向分散介质选择的吸附一定量的离子，或与分散介质摩擦而带上某种电荷，

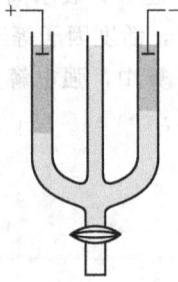

图 3-6　电泳仪示意图

又因为静电作用和离子热运动的结果在固-液界面上建立起一定电势的双电层，在电场或外力的作用下，双电层沿着移动界面分离开，胶粒在外加电场作用下，能在分散剂里向阳极或阴极做定向移动，这种现象叫电泳。电泳现象表明胶粒带电。胶粒带电荷是由于它们具有很大的总表面积，有过剩的吸附力，靠这种强的力吸附着离子。电泳仪如图 3-6 所示。

同种溶液的胶粒带相同的电荷，具有静电斥力，胶粒间彼此接近时，会产生排斥力，所以胶体稳定，这是胶体稳定的主要而直接的原因。利用电泳可以确定胶体微粒的电性质，向阳极移动的胶粒带负电荷，向阴极移动的胶粒带正电荷。一般来讲，金属氢氧化物、金属氧化物等胶体微粒吸附阳离子，带正电荷；非金属氧化物、非金属硫化物等胶体微粒吸附阴离子，带负电荷。因此，在电泳实验中，氢氧化铁胶体微粒向阴极移动，三硫化二砷胶体微粒向阳极移动。利用电泳可以分离带不同电荷的溶胶。

例如，陶瓷工业中用的黏土，往往带有氧化铁，要除去氧化铁，可以把黏土和水一起搅拌成悬浮液，由于黏土粒子带负电荷，氧化铁粒子带正电荷，通电后在阳极附近会聚集出很纯净的黏土。工厂除尘也用到电泳。利用电泳还可以检出被分离物，在生化和临床诊断方面发挥重要作用。20 世纪 40 年代末到 50 年代初相继发展利用支持物进行的电泳，如滤纸电泳、醋酸纤维素膜电泳、琼脂电泳；50 年代末又出现淀粉凝胶电泳和聚丙烯酰胺凝胶电泳等。

3.3.3　溶胶的结构

根据双电层理论，就可以设想溶胶的胶团结构。我们把构成胶粒的分子和原子的聚集体称为胶核。一般情况下，胶核具有晶体结构。胶核不带电。由于胶核有很大的比表面积，故易于在界面上有选择性地吸附某种与胶核有相同的组分而容易建成胶核晶格的那些离子。由胶核和紧密层所组成的部分称为胶粒，胶粒带电。胶粒和扩散层一起称为胶团，胶团不带电。在电场中，胶粒向某一电极移动，扩散层内的异电离子向另一极移动，这就是电泳的实质。

以 AgI 溶胶为例，当 $AgNO_3$ 的稀溶液与 KI 的稀溶液作用时，就能制得稳定的 AgI 溶胶。实验表明，胶核由 m 个 AgI 分子构成，当 $AgNO_3$ 过量时，它的表面就吸附 Ag^+，因而可制得带正电荷的 AgI 胶粒；而当 KI 过量时，它的表面就吸附 I^-，因而制得带负电荷的 AgI 胶粒。这两种情形的胶团结构如图 3-7 所示。

m 表示胶核中物质的分子数，一般来说它是一个很大的数目，约为 10^3 左右；n 表示胶核所吸附的离子数，n 的数字要小得多；$(n-x)$ 是包含在紧密层中过剩的异电离子数。胶团结构也可用图 3-8 表示。

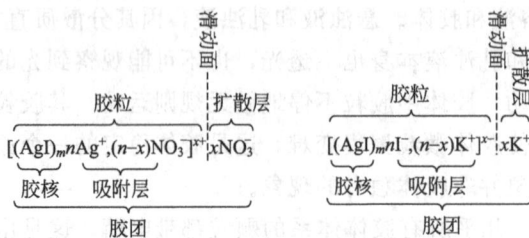

图 3-7　胶团结构示意图

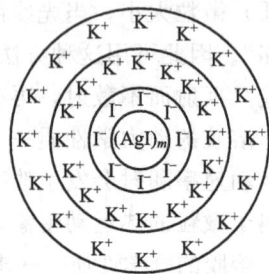

图 3-8　胶团结构图示

3.3.4 溶胶的聚沉

向胶体中加入电解质溶液时，加入的阳离子（或阴离子）中和了胶体粒子所带的电荷，使胶体粒子聚集成较大颗粒，从而形成沉淀从分散剂里析出，这个过程叫做聚沉。

能够使溶胶发生聚沉的因素如下。

（1）加入电解质　在溶液中加入电解质，这就增加了胶体中离子的总浓度，而给带电荷的胶体粒子创造了吸引相反电荷离子的有利条件，从而减少或中和了原来胶粒所带电荷，使它们失去了保持稳定的因素。这时由于粒子的布朗运动，在相互碰撞时，可以聚集起来，迅速沉降。

如由豆浆做豆腐时，在一定温度下，加入 $CaSO_4$（或其他电解质溶液），豆浆中的胶体粒子带的电荷被中和，其中的粒子很快聚集而形成胶冻状的豆腐（称为凝胶）。

一般说来，在加入电解质时，高价离子比低价离子使胶体凝聚的效率大。聚沉能力：$Fe^{3+} > Ca^{2+} > Na^+$，$PO_4^{3-} > SO_4^{2-} > Cl^-$。

江河入海口的三角洲的形成，正是因为河流中带有负电荷的胶态黏土被海水中带正电荷的钠离子、镁离子等中和后沉淀，经过数千年的沉积而形成。

（2）加入带相反电荷的胶粒，也可以起到和加入电解质同样的作用，使胶体聚沉　如把 $Fe(OH)_3$ 胶体加入硅酸胶体中，两种胶体均会发生凝聚。我国自古以来沿用的明矾 [$KAl(SO_4)_2 \cdot 12H_2O$] 净水法就是用 $Al_2(SO_4)_3$ 水解后产生 $Al(OH)_3$ 胶体，遇到悬浮的带负电荷的泥土中和后发生聚沉，达到净水目的。

（3）加热胶体　加热使胶粒运动加剧，它们之间的碰撞机会增多，而使胶核对离子的吸附作用减弱，即减弱胶体的稳定因素，导致胶体凝聚。如长时间加热时，$Fe(OH)_3$ 胶体就发生凝聚而出现红褐色沉淀。

溶胶的聚沉是溶胶的特殊性质，有时候溶胶是必需的，就需要保护溶胶，不让胶团聚集形成沉淀，比如加入大分子化合物，以增加胶粒的溶剂化保护膜，或者通过渗析减少电解质的浓度。

有时候溶胶的生成也会带来一些麻烦。比如分离沉淀的时候如果沉淀形成了溶胶，就会对过滤造成影响，分离效率低下；工厂排放的烟气是炭粒和尘粒组成的气体溶胶，这些粒子都带有电荷，为了消除大气污染，可以让气体通过一个带电的通道，中和电荷，让气体溶胶聚沉；污水中含有的大量大分子化合物也会形成溶胶，污水二级处理的时候可以外加絮凝剂来加速这些物质的聚沉。

3.4　表面活性剂

两相的接触面称为**界面**，与气相接触的界面又称为**表面**。固体和液体表面层中的分子和内部的分子受力情况不同。内部分子受力对称，表面分子有一合力指向物质内部，结果导致表面分子总是尽力向物质内部挤压，有自动收缩表面积的倾向，从而产生**表面张力**。表面张力取决于物质的本性，受温度、压力、添加物等的影响。

3.4.1 表面活性剂的结构

凡能显著降低溶液表面张力的物质叫做**表面活性剂**。从分子结构看，表面活性剂分子中同时存在着亲水基团（如羟基、羧基、磺酸基、氨基等）和亲油基团（又称疏水基团，如烷基等），故称为双亲分子。

根据分子结构，一般分为阳离子型、阴离子型、非离子型和两性表面活性剂等类型。

常见的表面活性剂列于表 3-5 中。

表 3-5　常见的几类表面活性剂

类型	化合物类型	实例[①]
阳离子型	伯胺盐	$[RNH_3]^+Cl^-$
	仲胺盐	$[R{-}NH_2(CH_3)]^+Cl^-$
	叔胺盐	$[R{-}NH(CH_3)_2]^+Cl^-$
	季铵盐	$[R{-}N(CH_3)_3]^+Cl^-$
阴离子型	羧酸盐	$R{-}COONa$
	硫酸酯盐	$R{-}O{-}SO_3Na$
	磺酸盐	$R{-}SO_3Na$
	磷酸酯盐	$R{-}O{-}PO_3Na_2$
两性	氨基酸类	$R{-}NH{-}CH_2CH_2{-}COOH$
	内铵盐类	$R{-}N^+(CH_3)_2{-}CH_2{-}COO^-$
非离子型	聚氧乙烯醚类	$R{-}O{-}(CH_2{-}CH_2{-}O{-})_n{-}H$
	多元醇类	$R{-}COOCH_2C(CH_2OH)_3$

①R 代表烃基（包括脂肪烃和芳香烃）。

在水溶液中，表面活性剂的亲水基团受到极性很强的水分子的吸引而有进入水中的趋势，疏水基团则倾向于远离水相，从而使表面活性剂分子定向排列在表面层中。这时溶液的表面张力急剧下降。表面活性剂的浓度足够大时，液面上挤满一层定向排列的表面活性剂分子，形成**单分子膜**。在水中，表面活性剂分子排列成疏水基团向内、亲水基团向外的多分子聚集体，称为**胶束**。

3.4.2　表面活性剂的应用

表面活性剂广泛用于洗涤、纺织、制药、化妆品、食品、土建、采矿等表面处理和改性领域。

现举例说明于下。

（1）洗涤作用　洗涤剂是一种表面活性剂。肥皂是含有 17 个碳原子的硬脂酸的钠盐；合成洗涤剂的主要成分是十二烷基苯磺酸钠（ R—⬡—SO_3Na ）、十二烷基磺酸钠（RSO_3Na）等阴离子表面活性剂（R 为 12 个碳原子的烷基）。当用洗涤剂洗涤衣物或织物上的油污时，油污进入表面活性剂形成的胶束中，经搓洗使得胶束进入水中，便可除去织物上的油污。

（2）乳化作用　两种不相溶的液体，若将其中一种均匀地分散成极细的液滴于另一液体中，便形成**乳状液**。例如，在水中加入一些油，通过搅拌使油成为细小的油珠，均匀地分散于水中，于是油和水形成了乳状液。但这种系统很不稳定，稍置片刻便可使油水分层。要获得稳定的乳状液，必须加入乳化剂。乳化剂大都是表面活性剂，对水有亲和力的强极性基团朝向水，而弱极性的亲油基团则朝向油。这样，油滴或水滴的相互结合和凝聚使乳状液变得较稳定。这种由于加入表面活性剂使形成稳定的乳化液的作用叫做**乳化作用**。

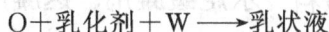

$$O + 乳化剂 + W \longrightarrow 乳状液$$

若水为分散剂而油为分散质，即油分散在水中的乳状液，称为**水包油型乳状液**，以符号 O/W 表示。例如，牛奶就是奶油分散在水中形成的 O/W 型乳状液。若水分散在油中，则称为**油包水型乳状液**，以符号 W/O 表示。例如，新开采出来的含水原油就是细小水珠分散在石油中形成的 W/O 型乳状液。以上两种情况如图 3-9 所示。

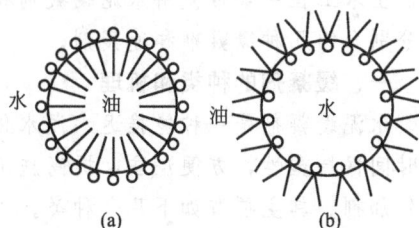

图 3-9　不同溶剂内的表面活性剂胶束

乳状液的应用很广，例如，农业杀虫剂一般都配制成 O/W 型乳状液，便于喷雾，可使少量农药均匀地分散在大面积的农作物上，同时由于表面活性剂对虫体的润湿和渗透作用也提高了杀虫效果。人体对油脂的消化作用就是因为胆汁（胆酸盐）可以使油形成 O/W 型乳状液而加速消化。内燃机中所使用的汽油和柴油若制成含水的质量分数约 10% 的 W/O 型乳状液，则可以提高燃烧效率，节省燃料。

在工业生产中也会遇到一些有害的乳状液。例如，以 W/O 型乳状液形式存在的含水原油会促使石油设备腐蚀，而且不利于石油的蒸馏。因此，必须预先加入**破乳剂**进行破乳。破乳剂也是一种表面活性剂，能强烈地吸附于油-水界面上，以取代原来在乳状液中形成保护膜的乳化剂，而生成一种新膜。这种新膜的强度低，较易被破坏。例如，异戊醇、辛醇、乙醚等是能强烈地吸附于油-水界面上的破乳剂。

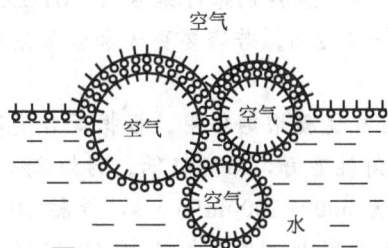

图 3-10　表面活性剂的起泡作用

（3）起泡作用　泡沫是不溶性气体分散于液体或熔融固体中所形成的分散系统（图 3-10）。例如，肥皂泡沫、啤酒泡沫等是气体分散在液体中的泡沫；泡沫塑料、泡沫玻璃等是气体分散在固体中的泡沫。

用机械搅拌液态水，这时进入水中的空气被水膜包围形成了气泡，但这些气泡不稳定，当停止搅拌时很快就会消失。若对溶有表面活性剂的水溶液搅拌使之产生气泡，泡沫能较长时间稳定存在。这种能稳定泡沫作用的表面活性剂叫做**起泡剂**（图 3-9）。肥皂、十二烷基苯磺酸钠等都具有良好的起泡性能。

起泡剂也用于泡沫浮选法以提高矿石的品位。先将矿石粉碎成 10^5 nm 以下的颗粒，加水搅拌并吹入空气和加入起泡剂及捕集剂（使矿物成憎水性）等，使产生气泡。有用矿物附在气泡上，并随之上浮到液面，长石、石英等废石则沉于水底（图 3-11）。起泡剂也可用来分离固体物质乃至分离溶液中的溶质等。此外，啤酒、汽水、洗发和护发用品等都需用起泡剂，使产生大量的泡沫。灭火器中也有应用。

在另外一些情况下必须消除泡沫，例如洗涤、蒸馏、萃取等过程中，大量的泡沫会带来不利。加入一些短碳链（例如）的醇或醚，它们能将泡沫中的起泡剂分子替代出来；又由于本身碳链短，不能在气泡外围形成牢固的保护膜，从而降低气泡的强度而消除泡沫。

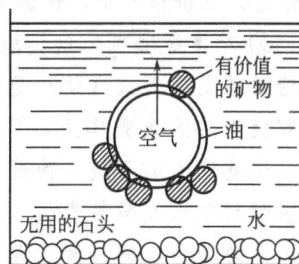

图 3-11　泡沫浮选

阅读资料　水泥缓凝剂、速凝剂简介

土木工程中经常使用水泥缓凝剂和速凝剂，它们对于水泥分散体系有很大的作用，下面将分别介绍几种缓凝剂和速凝剂。

一、缓凝剂的种类和机理

水泥缓凝剂是一种能推迟水泥水化反应，从而延长混凝土的凝结时间，使新拌混凝土较长时间保持塑性，方便浇注，提高施工效率，同时对混凝土后期各项性能不会造成不良影响的外加剂。其主要有如下几个种类。

(1) 木质素磺酸盐及其衍生物　这类分散剂常作缓凝剂使用，用于4000m以上井深，井底温度在150℃以内。既可单独使用，也可以与硼酸、硼砂或密胺树脂复配使用。磺烷基木质素是高效缓凝剂，通过与酒石酸、葡萄酸、硼酸或它们的盐复配可望用于200℃高温的水泥。

硝基木质素是俄罗斯广泛使用的缓凝剂。硝基木质素的制造原理就是木质素的苯基丙烷结构单元既能与亲核试剂生成木质素磺酸盐，也能与亲电试剂反应生成卤化木质素或硝化木质素。也可用木质素磺酸盐改性制得硝基木质素。

(2) 磺化丹宁、磺化栲胶、丹宁酸钠　这是一大类由植物的根、茎经磺甲基化（用甲醛加亚硫酸钠进行磺甲基反应）后与碱液作用而制成的钻井泥浆稀释剂和水泥浆的缓凝剂。磺化丹宁只能用于高温条件，否则对水泥强度有明显影响。

(3) 纤维素衍生物　这类缓凝剂是由大量葡萄糖基构成的链状大分子，经改性制得（改性方法详见降失水剂部分）。这也是一类常用的降失水剂。羧甲基羟乙基纤维素（CMHEC）在美国应用广泛，适用于135℃以下，加量一般为0.05%～0.2%。若需要更大加量须用较高浓度的分散剂降黏。

羧甲基纤维素（CMC）加量不大于0.3%，较多反而有促凝增黏作用。根据聚合度不同，CMC可分为高黏、中黏和低黏CMC。聚合度低，溶解性能好，黏度较低。例如2%的CMC水溶液的黏度，高黏为1000～2000mPa·s，中黏为500～1000mPa·s，低黏50～100mPa·s。低黏CMC代号为SY-8，是常用的油井水泥缓凝剂，具有加量少（0.05%～0.15%）而增黏不明显的特点，羧甲基纤维素抗盐性较差。

(4) 羟基羧酸及其盐类

① 酒石酸及其盐。属高温有机缓凝剂，一般用于150～200℃井温，有强烈的缓凝能力，又能改善水泥浆流动性能。我国四川和新疆所完成的三口六七千米超深井施工，就是使用含有酒石酸的缓凝剂。酒石酸加量需要严格控制，相差万分之几就会延长一倍凝结时间，这会给施工带来困难，故多用复配产品，其中酒石酸含量占0.3%～0.4%（指占水泥量）。酒石酸有析水作用，且价格昂贵，这影响到它的使用。与酒石酸类似的还有乳酸、柠檬酸等羧酸。

② 糖类缓凝剂。这类型缓凝剂包括葡萄糖、葡萄糖酸、葡萄糖酸钠（或钙盐）等，葡萄糖酸钠或果糖酸（盐）是其中有代表性的缓凝剂。由于有多个羟基活性基团，葡萄糖酸钠具有极强烈的缓凝作用，可使用到200℃井温，加量少（0.01%～0.1%），对水泥无副作用，这就优于酒石酸。葡萄糖酸的效果优于葡糖。葡萄糖酸具有五个羟基，其缓凝作用在于羟基吸附在水泥颗粒表面与水化产物表面上的O^{2-}形成氢键，同时，其他羟基又与水分子通过氢键缔合，同样使水泥颗粒表面形成了一层稳定的溶剂化水膜，从而抑制水泥的水化进程。在醇类的同系物中，随其羟基数目的增加，缓凝作用逐渐增强。因为羧酸基团的存在，

增加了它对 Ca^{2+} 的络合作用。葡萄糖酸钠对 Ca^{2+} 络合的稳定常数是葡萄糖的十多倍。

经电镜扫描图像分析，葡萄糖酸与 Ca^{2+} 生成配合物，降低了 $[Ca^{2+}]$ 浓度，推迟了晶核生成。而且生成的 $Ca(OH)_2$ 的晶核中，八面体晶体的比例减少，而无定型 $Ca(OH)_2$ 增多，阻碍了晶体的发育。

糖蜜中的主要成分是己糖酸钙，具有较强的固-液表面活性，因此能吸附在水泥矿物颗粒表面形成溶剂化吸附层，阻碍颗粒的接触和凝聚，从而破坏了水泥的絮凝结构，使水泥的初期水化糖钙含有多个羟基，对水泥的初期水化有较强的抑制作用，可以使游离水增多，提高了水泥浆的流动性。糖蜜属于非引气型缓凝剂，原因在于它的气-液界面活性较低，不利于降低水的表面张力，因而引气量不大。

③ 有机磷。在研究缓凝剂作用机理时，人们希望知道有机缓凝剂究竟是哪些基团起活性作用，因为这可以指导我们选择或合成缓凝剂。有观点认为，羟基是活性基团，诸如酒石酸、葡萄糖酸都有多个羟基，然而，乙醇具有羟基却没有缓凝作用，过氧化氢（HO—OH）具有两个羟基反而促凝。研究人员后来经过多次试验，尤其对官能团比例和在分子中排列位置的比较，确认了羟基活性。也就是说，如果羟基的数量和排列的位置达到一个最佳点，那么，这个有机物就会很好地被水泥吸附，成为良好的缓凝剂，下面以磷酸为例说明。

磷酸具有三个羟基，有缓凝作用。磷酸盐、二聚磷酸盐、三聚磷酸盐、四聚磷酸盐都有缓凝作用。为了使磷酸成为更好的缓凝剂，国外研究人员对磷酸进行改性得到一系列有机磷缓凝剂，如烷基磷缓凝剂。我国多数油田中使用有机多磷酸 H-1 高效缓凝剂。H-1 缓凝剂（1-羟基亚乙基-1,1-二磷酸）合成产品的产率达 90%。产品 H-1 与多磷酸比较，羟基排列不同，而且引入碳链加强了对 Ca^{2+} 的螯合作用使缓凝效果增强。H-1 使用温度在 90℃ 以下，如果和其他高温缓凝剂复配可提高使用温度。H-1 具有加量少（0.009%～0.1%）、使用性能稳定、安全性好等优点。

实例一：将亚甲基膦酸衍生物用作超细水泥缓凝剂，使用温度可达 116℃ 以上。

实例二：将亚甲基膦酸衍生物和硼砂按（0.025～0.2）：1 质量比复配用作高温缓凝剂，亚甲基膦酸衍生物选自乙二胺四亚甲基膦酸钙、乙二胺四亚甲基膦酸钠、乙二胺五亚甲基膦酸。该缓凝剂适用温度 121～260℃（BHST），适合长封固段高温深井固井。

实例三：将有机膦酸（盐）和无机磷酸（盐）按一定比例复配用作缓凝剂，此外，也可加入缓凝增强剂以扩大应用温度范围。一个推荐的缓凝剂组成如下：10%～15% 的乙二胺四亚甲基膦酸钠钙，40%～45% 的磷酸以及 40%～50% 缓凝增强剂。该缓凝剂有效使用温度为 70～140℃。

实例四：合成羟基二胺亚甲基膦酸用作高温缓凝剂，使用温度范围 50～170℃。以一种不饱和胺类化合物与亚磷酸、甲醛反应生成烷基亚甲基膦酸盐作为缓凝剂，使用温度范围 40～170℃，综合性能优。

（5）无机化合物 许多无机化合物可使油井水泥井水泥缓凝。此类缓凝剂常用的有以下几类：①硼酸、磷酸、氢氟酸和铬酸以及它们的盐类；②锌和铅的氧化物。

氧化锌，由于它不影响水泥浆的流变性，故有时用它作为触变水泥的缓凝剂。

氧化锌的缓凝机理是：氢氧化锌沉淀在水泥颗粒表面，形成一个低溶解度、低渗透率的薄膜，抑制了水泥的进一步水化。

硼酸钠也是常用的缓凝剂。体系中掺入此种缓凝剂可使大多数木质素磺酸盐的有效温度范围提高到 315℃。但要注意，与纤维素和聚胺类降失水剂配伍使用时，有可能使降失水效果下降。

总的来说，大多数无机混凝土缓凝剂是电解质盐类，在水溶液中电离出带电离子，产生置换和凝聚作用，在水泥的凝结硬化过程中产生难溶的膜层，阻止水泥的水化，产生缓凝效果。有机混凝土缓凝剂分类不同，缓凝机理不同，主要依靠形成络合物、水化薄膜、吸附层等来延缓水泥的水化。

二、速凝剂的种类和机理

1. 速凝剂的种类

速凝剂是混凝土调凝剂的一种，调凝剂是调节水泥凝结时间的外加剂。这类外加剂对混凝土的凝结时间和强度发展影响显著，其中有些调凝剂能促使混凝土的凝结，称为速凝剂。

速凝剂能使混凝土在很短时间内凝结、硬化，因而广泛应用于喷射混凝土、灌浆止水混凝土及抢修补强工程中。其主要性能特点如下。

① 有较高的早期强度，后期强度降低不能太大。

② 使混凝土喷出或浇筑后 3～5min 内初凝，10min 之内终凝。

③ 使混凝土具有一定的黏度，防止喷射混凝土回弹率过高。

④ 尽量减小水灰比，防止收缩开裂，提高抗渗性能。

⑤ 对钢筋无锈蚀作用。

速凝剂按其成分大致可以分成以下几类。

① 铝氧熟料——碳酸盐系

主要速凝成分为铝氧熟料、碳酸钠以及生石灰。

铝氧熟料是由铝矾土矿（主要成分为 $NaAlO_2$，其中 $NaAlO_2$ 含量可达 60%～80%）经过煅烧而成。属于此类速凝剂的产品有红星Ⅰ型、711型、782型等。

红星Ⅰ型速凝剂是由铝氧熟料（主要成分 $NaAlO_2$）、碳酸钠（$NaCO_3$）、生石灰（CaO）按质量比 1:1:0.5 的比例配制而成，粉磨细度接近于水泥。成分中偏铝酸钠占 20%、氧化钙占 20%、碳酸钠占 40%，其余为无速凝作用的硅酸二钙、硅酸钠和铁酸钠。

711型速凝剂是有铝矾土、碳酸钠、生石灰按一定比例配合成生料，将生料在 1300℃左右的高温下煅烧成铝氧烧结块，再将其与无水石膏按质量比 3:1（铝氧烧结块：无水石膏）共同粉磨制成。其中偏铝酸钠占 37.5%、无水石膏占 25%，其余为硅酸二钙及中性钠盐等。

782型速凝剂是由矾泥、铝氧熟料和生石灰按质量比 74.5%:14.5%:11% 的比例配制而成，这类速凝剂含碱量高，虽然早期强度发展快，后期强度降低较大，加入无水石膏后可以降低一些碱度和提高一些后期强度。

② 铝氧熟料——明矾石系。主要成分为铝矾土、芒硝（$Na_2SO_4 \cdot 10H_2O$），经过煅烧成为硫铝酸盐熟料后，再与一定比例的生石灰、氧化锌共同研磨而成。产品的主要成分为：偏铝酸钠、硅酸三钙、硅酸二钙、氧化钙和氧化锌。如阳泉一号即为此类速凝剂。这类速凝剂含碱量低一些，且由于加入氧化锌而提高了后期强度，但早期强度的发展却慢了一点。

③ 水玻璃系。以水玻璃（硅酸钠）为主要成分，为降低黏度需要加入重铬酸钾，或者加入亚硝酸钠、三乙醇胺等。其生产方法是将水玻璃调整到波美度30，再适当加入其他辅料。

属于此类速凝剂的产品有 NS 水玻璃速凝剂。国外产品有奥地利的西卡-1、瑞士的西古尼特-W。这类速凝剂凝结、硬化很快，早期强度高、抗渗性好，可以在低温下施工，缺点是收缩大。

前三类速凝剂都是以铝酸盐和碳酸盐或者硅酸钠为主要成分，再与其他无机盐类复合而成，一般的速凝剂都是用粉煤灰复配而成。

④ 其他类型。如成分为可溶性树脂的聚丙烯酸、聚甲基丙烯酸、羟基胺等制成的低碱有机类速凝剂，这些速凝剂凝结快、强度高。

还有液态速凝剂，它是对粉状速凝剂的改良。与粉状速凝剂相比，液态速凝剂更容易均匀地分散于混凝土拌合物中，从而可避免硬化混凝土质量波动。

速凝剂可使水泥在数分钟内凝结，其作用机理复杂，主要是由于速凝剂各组分之间以及这些组分与水泥中的石膏、矿物成分之间发生一系列的化学反应所致。

2. 速凝剂的作用机理

(1) 铝氧熟料-碳酸盐系作用机理

主要反应如下：

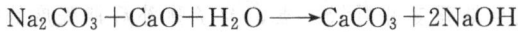

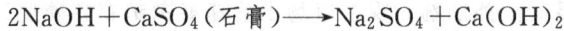

$$Na_2CO_3 + CaO + H_2O \longrightarrow CaCO_3 + 2NaOH$$

$$NaAlO_2 + 2H_2O \longrightarrow Al(OH)_3 + NaOH$$

$$2NaAlO_2 + 3CaO + 7H_2O \longrightarrow 3CaO \cdot Al_2O_3 \cdot 6H_2O + 2NaOH$$

$$2NaOH + CaSO_4（石膏）\longrightarrow Na_2SO_4 + Ca(OH)_2$$

碳酸钠、铝酸钠与水作用生成氢氧化钠，氢氧化钠与水泥中的石膏反应生成过渡性的产物硫酸钠，使水泥浆中起缓凝作用的可溶性物质的浓度明显降低，此时水泥矿物组分就迅速溶解进入溶液中，将加速水泥浆体的凝固。上述反应所产生的大量水化热也会促进反应进程和强度发展。此外在水化初期，溶液中生成氢氧化钙、硫酸根、三氧化二铝等组分，结合而生成高硫型水化硫铝酸钙，不仅对早期强度发展产生有利影响，也会使水泥浆体中的氢氧化钙浓度降低，生成水化硅酸钙凝胶相互交织搭接形成网络结构的晶体而促进凝结。

(2) 铝氧熟料-明矾石系作用机理

主要化学反应如下：

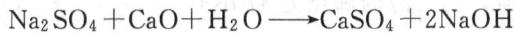

$$Na_2SO_4 + CaO + H_2O \longrightarrow CaSO_4 + 2NaOH$$

$$CaSO_4 + 2NaOH \longrightarrow Ca(OH)_2 + NaSO_4$$

$$NaAlO_2 + 2H_2O \longrightarrow Al(OH)_3 + NaOH$$

$$2NaAlO_2 + 3CaO + 7H_2O \longrightarrow 3CaO \cdot Al_2O_3 \cdot 6H_2O + 2NaOH$$

大量生成的氢氧化钠，消耗了水泥浆体中的硫酸根，促进了水泥的水化反应。水化热的发生促进了反应进程和强度的发展。氢氧化铝、硫酸钠具有促进水化作用，加速凝结硬化。钙矾石的生成进一步降低了液相中氢氧化钙浓度，由于早期大量生成的钙矾石后期会向单硫型水化硫铝酸钙转化，致使水泥石内部空隙增加，因此，这类早期生成钙矾石产物的速凝剂均会使后期强度下降。

(3) 水玻璃系作用机理 以硅酸钠为主要成分的水玻璃系速凝剂，主要是硅酸钠与水泥水化产物氢氧化钙反应：

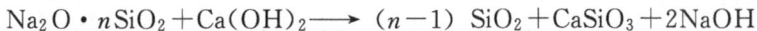

$$Na_2O \cdot nSiO_2 + Ca(OH)_2 \longrightarrow (n-1) SiO_2 + CaSiO_3 + 2NaOH$$

反应中生成大量氢氧化钠，如前所述促进了水泥水化，从而迅速凝结硬化。

液体速凝剂一般都是烧碱和铝矾土反应生成主要成分为偏铝酸钠的水溶液，从而起到速凝作用。

因此，在水泥-速凝剂-水的体系中，由于 $Al_2(SO_4)_3$ 等电解质的解离，以及水泥粉磨过程中所加石膏的溶解，使水化初期溶液中的硫酸根离子浓度骤增并与溶液中的 Al_2O_3、$Ca(OH)_2$ 等组分急速反应，迅速生成微针柱状的钙矾石及中间次生成物石膏，这些新生晶体生长、发展，在水泥颗粒间交叉联结生成网络状结构而速凝。同时速凝剂中的铝氧熟料及石灰，发生了有利的放热反应，为整个水化体系提供 40℃ 左右的反应温度，促进了水化产物的形成和发展，从而达到速凝的效果。

速凝剂对新拌混凝土性能的影响主要表现在缩短初、终凝时间，一般都可以做到 3～5min 内初凝，10min 内终凝。

凝结时间长短除与速凝剂本身成分、掺量及性能有关外，还取决于水泥品种和环境温度。水泥品种对速凝效果的影响次序为：硅酸盐水泥＞普通硅酸盐水泥＞矿渣硅酸盐水泥。

使用时的环境温度对速凝效果影响很大，例如红星Ⅰ型：

掺量 3％，20℃，初凝 2min15s，终凝 5min55s；10℃，初凝 3min45s，终凝 11min。

掺量 4％，5℃，初凝 5min25s，终凝 13min。

凡是使用速凝剂的混凝土后期强度都要低一点，为了弥补后期强度的损失，除加强养护外，还可以复合减水剂一起使用，在保持相同流动度情况下，由减水降低水灰比来弥补强度损失。且速凝剂对混凝土的收缩有增大的趋势，这主要是由于水泥早期水化过快。

速凝剂是用量最大的混凝土外加剂，现在市场上的速凝剂都存在碱度过高的缺陷，或多或少地影响着混凝土的强度，因此在生产过程中一定要按照严格的物料配比来生产，使其碱度达到最低；有机类虽然不存在碱度的问题，但是其成本太高，很难在工程上大量使用。除有机速凝剂之外，快速凝结是随着钙矾石形成和增长而发生的。液体速凝剂优于粉末状速凝剂也已得到了验证。生成物安全的无腐蚀性的速凝剂将会进入市场。

习　题

1. 为什么水中加入乙二醇可以防冻？比较在内燃机水箱中使用乙醇或乙二醇的优缺点（提示：查阅溶质的沸点，乙二醇的沸点为 470K）。

2. 稀溶液定律的内容如何？

3. 表面活性剂在分子结构上有何特点？为什么表面活性剂能有洗涤、乳化和起泡等作用？

4. 对极稀的同浓度溶液来说，$MgSO_4$ 的摩尔电导率差不多是 $NaCl$ 摩尔电导率的两倍。而凝固点降低却大致相同，试解释之。

5. 汽车防冻液添加在水箱中可以让水在冬天不结冰，请解释之；另外，防冻液在夏天有何作用？为什么？

6. 利用水蒸发器提高卧室的湿度，卧室温度为 25℃，体积为 $3.0 \times 10^4 \ dm^3$。假设开始时室内空气完全干燥，也没有潮气从室内逸出（假设水蒸气符合理想气体行为）。

   (1) 问需使多少克水蒸发才能确保室内空气为水蒸气所饱和（25℃时水蒸气压为 3.2kPa）？

   (2) 如果将 800g 水放入蒸发器中，室内最终的水蒸气压力是多少？

   (3) 如果将 400g 水放入蒸发器中，室内最终的水蒸气压力是多少？

7. 在 $26.6gCHCl_3$ 中溶解 0.402g 难挥发性非电解质溶质，所得溶液的沸点升高了 0.432K，$CHCl_3$ 的沸点升高常数为 $3.63K \cdot kg \cdot mol^{-1}$，求该溶质的平均分子质量。

8. 为防止汽车水箱在寒冬季节冻裂，需使水的冰点下降到 253K，则在每 1000g 水中应加入甘油多少克？甘油的沸点升高常数为 $3.63K \cdot kg \cdot mol^{-1}$。

第4章

酸碱平衡与酸碱滴定

本章要求

1. 熟悉弱电解质解离平衡，了解近代酸碱理论的基本概念。
2. 掌握各种酸碱平衡的计算原理与方法。
3. 掌握缓冲溶液的缓冲原理与配制方法。
4. 了解酸碱平衡的实际应用。

4.1 电解质溶液

酸和碱是生活实际、生产实践和科学实验的重要物质。酸碱反应是一类极其重要的化学反应，而且许多其他类型的化学反应，如沉淀反应、氧化还原反应、配位反应等，均需在一定的酸碱条件下才能顺利进行。研究溶液中酸碱平衡的规律在化学、工业、工程、生物学、医学、食品营养科学、土壤科学以及生产实际中具有重要的意义。本章将以酸碱质子理论为基础，讨论各类酸碱溶液 pH 值对弱酸、弱碱的影响；缓冲溶液的性质、组成和应用；常见酸碱及其应用。

根据阿仑尼乌斯的电离理论，强酸（如 HCl、HNO_3 等）、强碱（如 $NaOH$、KOH 等）以及极大部分的盐（如 $NaCl$、KNO_3、$CuSO_4$ 等）这些强电解质在水溶液中完全解离，就是说溶解以后完全是以水合离子形式存在，而无溶质分子。

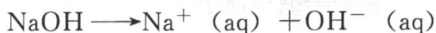

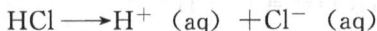

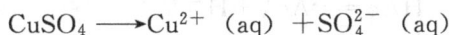

$$NaOH \longrightarrow Na^+ （aq）+OH^- （aq）$$
$$HCl \longrightarrow H^+ （aq）+Cl^- （aq）$$
$$CuSO_4 \longrightarrow Cu^{2+} （aq）+SO_4^{2-} （aq）$$

强电解质溶液中的离子浓度是以其完全解离来计算的。如 $0.020mol \cdot L^{-1} Al_2（SO_4）_3$ 溶液中，铝离子的浓度 $c（Al^{3+}）=0.040mol \cdot L^{-1}$，硫酸根离子浓度 $c（SO_4^{2-}）=0.060mol \cdot L^{-1}$。

解离程度小的弱电解质，如弱酸 CH_3COOH（通常写作 HAc）、HCN、H_2S 等，弱碱 $NH_3 \cdot H_2O$ 等，在水溶液中只有小部分解离成为离子，大部分还是以分子形式存在，未解离的分子同离子之间形成平衡

$$HAc \Longrightarrow H^+ + Ac^-$$

$$NH_3 \cdot H_2O \Longrightarrow OH^- + NH_4^+$$

解离度（α）就是电解质在溶液中达到解离平衡时已解离的分子数占该电解质原来分子总数的百分率。

$$\alpha = \frac{已解离的分子数}{溶液中原有该弱电解质分子总数} \times 100\%$$

例如 $0.10 mol \cdot L^{-1} HAc$ 的解离度是 1.32%，则溶液中

$$c(H^+) = c(Ac^-) = 0.10 mol \cdot L^{-1} \times 1.32\% = 0.00132 mol \cdot L^{-1}。$$

（问题：相同的物质的量浓度，等体积的 HCl 溶液与 HAc 溶液分别与过量 $CaCO_3$ 作用，放出的 CO_2 在相同情况下体积是否相等？其差别在什么地方？）

4.2 酸碱理论

人们对于酸碱的认识是从实际观察中开始的。如酸有酸味，使石蕊变红等；碱有涩味，使石蕊变蓝，并且能与酸中和等。根据阿伦尼乌斯的酸碱理论：凡是在水溶液中能解离生成的正离子全部是 H^+ 的物质叫酸；所生成的负离子全部是 OH^- 的物质叫碱，此即酸碱电离理论。此理论简单明了，至今仍有应用。但其局限性也很明显，它把酸和碱局限于水溶液中，比如 HCl 气体具有酸性，NH_3 气体具有碱性，它们不仅在水溶液中能生成 NH_4Cl，就是在气体状态下或在苯中，也同样会生成 NH_4Cl。再比如氨水呈碱性，却并不存在 NH_4OH 分子等。为了能解释除水溶剂以外，在其他能解离的溶剂（如液态 NH_3、冰 HAc 等）中进行的酸碱反应，1905 年富兰克林（Franklin）提出了酸碱的溶剂理论。1923 年布朗斯特（Bronsted）和劳莱（Lowry）各自独立地提出了酸碱质子理论，几乎同时，路易斯（Lewis）提出了酸碱电子理论。为了解决路易斯酸碱反应方向等问题，1963 年皮尔逊（Pearson）根据路易斯酸碱之间授受电子对的难易程度，又提出了所谓"软硬酸碱"的概念。这些都是酸碱理论发展史中的组成部分，本章着重讨论酸碱质子理论。

4.2.1 酸碱质子理论

酸碱质子理论认为：**凡能给出质子的物质是酸，凡能接受质子的物质是碱**。可用简式表示：

例如
$$酸 \Longrightarrow 碱 + 质子$$
$$HCl \Longrightarrow Cl^- + H^+$$
$$HAc \Longrightarrow Ac^- + H^+$$
$$NH_4^+ \Longrightarrow NH_3 + H^+$$
$$[Fe(H_2O)_6]^{3+} \Longrightarrow [Fe(H_2O)_5(OH)]^{2+} + H^+$$
$$H_3PO_4 \Longrightarrow H_2PO_4^- + H^+$$
$$H_2PO_4^- \Longrightarrow HPO_4^{2-} + H^+$$

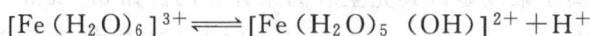

由上述例子可见，酸碱可以是中性分子、正离子或负离子。酸与其释放 H^+ 后形成的相应碱为共轭酸碱对，如 HCl 和 Cl^-、NH_4^+ 和 NH_3 以及 $H_2PO_4^-$ 和 HPO_4^{2-} 均互为共轭酸碱对。在 H_3PO_4-$H_2PO_4^-$ 共轭系统中，$H_2PO_4^-$ 是碱，在 $H_2PO_4^-$-HPO_4^{2-} 共轭系统中，

HPO_4^{2-} 是酸，这种既能给出质子也能接受质子的物质称为两性物质（amphoteric compound）。上述各个共轭酸碱对的质子得失反应，称为酸碱半反应。质子理论认为，酸碱反应的实质是电子的转移（得失）。为了实现酸碱反应，例如为了使 HAc 转化为 Ac^-，HAc 给出的质子必须被同时存在的另一物质碱接受。因此，酸碱反应实际上是两个共轭酸碱对共同作用的结果。例如 HAc 在水溶液中的解离，由下面两个平衡组成：

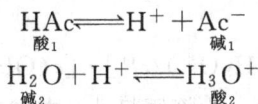

$$\underset{酸_1}{HAc} \Longrightarrow H^+ + \underset{碱_1}{Ac^-}$$

$$\underset{碱_2}{H_2O} + H^+ \Longrightarrow \underset{酸_2}{H_3O^+}$$

总反应为
$$\underset{酸_1}{HAc} + \underset{碱_2}{H_2O} \Longrightarrow \underset{酸_2}{H_3O^+} + \underset{碱_1}{Ac^-}$$

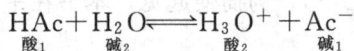

如果没有作为碱的溶剂水的存在，HAc 就无法实现其在水中的解离。同样，碱在水溶液中接受质子的过程，也必须有溶剂水分子的参加。例如，NH_3 溶于水：

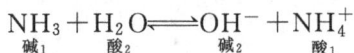

$$\underset{碱_1}{NH_3} + \underset{酸_2}{H_2O} \Longrightarrow \underset{碱_2}{OH^-} + \underset{酸_1}{NH_4^+}$$

同样是两个共轭酸碱对相互作用而达到平衡，其中溶剂水起了酸的作用。

从质子理论来看，任何酸碱反应都是两个共轭酸碱对之间的质子传递反应。即

$$酸_1 + 碱_2 \Longrightarrow 碱_1 + 酸_2$$

$$酸_1 + 碱_2 \underset{\underset{H^+}{\longmapsto}}{\Longrightarrow} 碱_1 + 酸_2$$

而质子的传递，并不要求反应必须在水溶液中进行，也不要求先生成质子再加到碱上去，只要质子能从一种物质传递到另一种物质上就可以了。因此，酸碱反应可以在非水溶剂无水溶剂等条件下进行。比如 HCl 和 NH_3 的反应，无论是在水溶液中，还是在气相或苯溶液中，其实质都是一样的，都是 H^+ 转移反应：

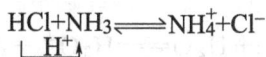

$$HCl + NH_3 \Longrightarrow NH_4^+ + Cl^-$$

$$HCl + NH_3 \underset{\underset{H^+}{\longmapsto}}{\Longrightarrow} NH_4^+ + Cl^-$$

质子理论大大扩大了酸碱的概念和应用范围，并把水溶液和非水溶液统一起来。同时盐的概念需要重新认识，许多盐类，如 NH_4Cl 中的 NH_4^+ 是酸，而 NaAc 中的 Ac^- 是碱，盐的"水解"其实就是组成它的酸或碱与溶剂水分子间的质子传递过程。根据质子理论，电离理论中所有的酸、碱、盐的离子平衡，都可归结为质子酸碱反应。例如：

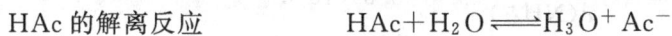

HAc 的解离反应 $\qquad HAc + H_2O \Longrightarrow H_3O^+ Ac^-$

HAc 与 NaOH 的中和反应 $\quad HAc + OH^- \Longrightarrow H_2O + Ac^-$

NaAc 的水解反应 $\qquad H_2O + Ac^- \Longrightarrow HAc + OH^-$

在酸碱反应过程（即质子传递的过程）中，必然存在着争夺质子的竞争，其结果必然是强碱夺取强酸放出的质子而转化为它的共轭酸——弱酸，强酸放出质子后，转变为它的共轭碱——弱碱。也就是说，酸碱反应总是由较强的酸与较强的碱作用，向着生成较弱的酸和较弱的碱的方向进行，相互作用的酸、碱越强，反应进行得越完全。

4.2.2　酸碱的相对强弱

4.2.2.1　水的解离平衡和离子积常数

酸碱强弱不仅取决于酸碱本身释放质子和接受质子的能力，同时也取决于溶液接受和释

放质子的能力，因此，要比较各种酸碱的强度，必须选定同一种溶剂，水是最常用的溶剂。

作为溶剂的纯水，其分子与分子之间也有质子的传递：

$$H_2O + H_2O \rightleftharpoons H_3O^+ + OH^-$$

其中一个水分子放出质子作为酸，另一个接受质子作为碱而形成 H_3O^+ 和 OH^-，我们称这种溶剂分子之间存在的质子传递反应为溶剂自递平衡。对水而言，反应的平衡常数称为水的质子自递常数，以 $K_w^\ominus$ 表示。

$$K_w^\ominus = [c(H_3O^+)/c^\ominus] \cdot [c(OH^-)/c^\ominus] \tag{4-1}$$

$c^\ominus$ 为标准态浓度（$1mol \cdot L^{-1}$），为简便起见，本书在平衡常数表示式中常省去 $c^\ominus$，故上式可简写为

$$K_w^\ominus = c(H_2O^+) \cdot c(OH^-)$$

$K_w^\ominus$ 也称水的离子积常数（ionization produce of water）。精确实验测得在室温（22～25℃）时的纯水中：

$$c(H_3O^+) = c(OH^-) = 1.0 \times 10^{-7} mol \cdot L^{-1}$$

则 $$K_w^\ominus = 1.0 \times 10^{-14} \qquad pK_w^\ominus = 14.00$$

$K_w^\ominus$ 随温度升高而变大，但变化不明显。一般在室温范围时均采用 $K_w^\ominus = 1.0 \times 10^{-14}$。

溶液中氢离子或氢氧根离子浓度的改变能引起水的解离平衡的移动，但 $K_w^\ominus = c(H^+) \cdot c(OH^-)$ 保持不变。

4.2.2.2 弱酸弱碱的解离平衡

在水溶液中，可以通过比较质子转移反应中平衡常数的大小，来比较酸碱的相对强弱。平衡常数越大，酸碱的强度也越大。酸的平衡常数用 $K_a^\ominus$ 表示，称为酸的解离常数，也叫酸常数，$K_a^\ominus$ 越大，酸的强度越大；碱的平衡常数用 $K_b^\ominus$ 表示，称为碱的解离常数，也叫碱常数，$K_b^\ominus$ 越大，碱的强度越大。例如 HAc、NH_4^+、HS^- 三种酸与 H_2O 的反应及相应的 $K_a^\ominus$ 值如下：

(1) $$HAc + H_2O \rightleftharpoons H_3O^+ + Ac^-$$

$$K_a^\ominus = \frac{c(H_3O^+) \cdot c(Ac^-)}{c(HAc)} = 1.8 \times 10^{-5}$$

(2) $$NH_4^+ + H_2O \rightleftharpoons H_3O^+ + NH_3$$

$$K_a^\ominus = \frac{c(H_3O^+) c(NH_3)}{c(NH_4^+)} = 5.6 \times 10^{-10}$$

(3) $$HS^- + H_2O \rightleftharpoons H_3O^+ + S^{2-}$$

$$K_a^\ominus = \frac{c(H_3O^+) \cdot c(S^{2-})}{c(HS^-)} = 1.3 \times 10^{-13}$$

$K_a^\ominus$ 值愈大酸性愈强，这三种酸的强弱顺序为 $HAc > NH_4^+ > HS^-$。

又如 HAc、NH_4^+、HS^- 的共轭碱分别为 Ac^-、NH_3、S^{2-}，它们与 H_2O 的反应及相应的 $K_b^\ominus$ 值如下

(1) $$Ac^- + H_2O \rightleftharpoons OH^- + HAc$$

$$K_b^\ominus = \frac{c(HAc) \cdot c(OH^-)}{c(Ac^-)} = 5.6 \times 10^{-10}$$

(2) $$NH_3 + H_2O \rightleftharpoons OH^- + NH_4^+$$

$$K_b^{\ominus} = \frac{c(NH_4^+) \cdot c(OH^-)}{c(NH_3)} = 1.8 \times 10^{-5}$$

（3） $$S^{2-} + H_2O \Longrightarrow HS^- + OH^-$$

$$K_b^{\ominus} = \frac{c(HS^-) \cdot c(OH^-)}{c(S^{2-})} = 7.7 \times 10^{-2}$$

由 $K_b^{\ominus}$ 的大小，可知这三种碱的强弱顺序为 $S^{2-} > Ac^- > NH_3$。质子酸的酸性越强，$K_a^{\ominus}$ 越大，则其相应的共轭碱的碱性越弱，$K_b^{\ominus}$ 值越小。共轭酸碱对的 $K_a^{\ominus}$ 和 $K_b^{\ominus}$ 之间有确切的关系。例如，共轭酸碱对 HAc-Ac$^-$ 的 $K_a^{\ominus}$ 和 $K_b^{\ominus}$ 有：

$$K_a^{\ominus} = \frac{c(H_3O^+) \cdot c(Ac^+)}{c(HAc)} \qquad K_b^{\ominus} = \frac{c(HAc) \cdot c(OH^-)}{c(Ac^-)}$$

$$K_a^{\ominus} \times K_b^{\ominus} = \frac{c(H_3O) \cdot c(Ac^-)}{c(HAc)} \times \frac{c(HAc) \cdot c(OH^-)}{c(Ac^-)} = c(H_3O^+) \cdot c(OH^-)$$

因此在水溶液中共轭酸碱对 $K_a^{\ominus}$ 和 $K_b^{\ominus}$ 的关系如下：

$$K_a^{\ominus} \times K_b^{\ominus} = K_w^{\ominus} \tag{4-2}$$

因此，只要知道了酸或碱的解离常数，则其相应的共轭碱或共轭酸的解离常数就可以通过式(4-2)求得，一些常用的弱酸、弱碱在水溶液中的解离常数见附录 2，HCl、HClO$_4$ 等是强酸，在水溶液中能把质子几乎全部转移给水分子，例如

$$HCl + H_2O \Longrightarrow H_3O^+ + Cl^-$$

反应强烈地向生成水合质子 H_3O^+ 的方向进行，测得反应的平衡常数 $K^{\ominus} \approx 10^8$，在水溶液中几乎没有 HCl 分子形式存在。Cl$^-$ 是 HCl 的共轭碱，它几乎没有夺取质子的能力，其 $K_b^{\ominus}$ 值小到难以测定，因此，是一种极弱的碱。

多元弱酸、弱碱在水溶液中是逐级解离的。例如磷酸（H$_3$PO$_4$）在水溶液中存在如下平衡：

$$H_3PO_4 + H_2O \Longrightarrow H_3O^+ + H_2PO_4^- \qquad K_{a1}^{\ominus} = \frac{c(H^+)c(H_2PO_4^-)}{c(H_3PO_4)} = 7.5 \times 10^{-3}$$

$$H_2PO_4^- + H_2O \Longrightarrow H_3O^+ + HPO_4^{2-} \qquad K_{a2}^{\ominus} = \frac{c(H^+)c(HPO_4^{2-})}{c(H_2PO_4^-)} = 6.3 \times 10^{-8}$$

$$HPO_4^{2-} + H_2O \Longrightarrow H_3O^+ + PO_4^{3-} \qquad K_{a3}^{\ominus} = \frac{c(H^+)c(PO_4^{3-})}{c(HPO_4^{2-})} = 4.3 \times 10^{-13}$$

磷酸各级共轭碱的解离常数分别为：

$$PO_4^{3-} + H_2O \Longrightarrow OH^- + HPO_4^{2-} \qquad K_{b1}^{\ominus} = \frac{c(OH^-)c(HPO_4^{2-})}{c(PO_4^{3-})} = 2.3 \times 10^{-2}$$

$$HPO_4^{2-} + H_2O \Longrightarrow OH^- + H_2PO_4^- \qquad K_{b2}^{\ominus} = \frac{c(OH^-)c(H_2PO_4^-)}{c(HPO_4^{2-})} = 1.6 \times 10^{-7}$$

$$H_2PO_4^- + H_2O \Longrightarrow OH^- + H_3PO_4 \qquad K_{b3}^{\ominus} = \frac{c(OH^-)c(H_3PO_4)}{c(H_2PO_4^-)} = 1.3 \times 10^{-12}$$

碱强度大小为 $PO_4^{3-} > HPO_4^{2-} > H_2PO_4^-$。

总之，共轭酸碱对中的酸的解离常数和它对应的共轭酸碱的解离常数，两者的乘积等于水的离子积常数。注意，三元弱酸的解离常数最大的 $K_{a1}^{\ominus}$ 其共轭碱的解离常数是最小 $K_{b3}^{\ominus}$；而最小的 $K_{a3}^{\ominus}$ 和最大的 $K_{b1}^{\ominus}$ 相对应。

【例 4-1】 已知 H_3PO_4 $K_{a_1}^\ominus=7.5\times10^{-3}$，求其共轭碱 $K_{b_3}^\ominus$，并判断 NaH_2PO_4 水溶液是呈酸性还是呈碱性。

解 H_3PO_4 的共轭碱是 $H_2PO_4^-$，它们的共轭关系为：

$$K_{a_1}^\ominus\times K_{b_3}^\ominus=K_\omega^\ominus$$

$$K_{b_3}^\ominus=K_\omega^\ominus/K_{a_1}^\ominus=\frac{1.0\times10^{-14}}{7.5\times10^{-3}}=1.3\times10^{-12}$$

按酸碱质子理论，$H_2PO_4^-$ 属酸碱两性物质，它在水溶液中存在以下平衡：

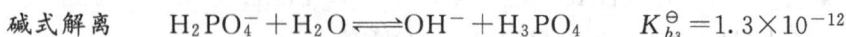

酸式解离 $H_2PO_4^- +H_2O \Longrightarrow H_3O^+ +HPO_4^{2-}$ $K_{a_2}^\ominus=6.3\times10^{-8}$

碱式解离 $H_2PO_4^- +H_2O \Longrightarrow OH^- +H_3PO_4$ $K_{b_3}^\ominus=1.3\times10^{-12}$

由于 $H_2PO_4^-$ 的 $K_{a_2}^\ominus>K_{b_3}^\ominus$，说明在水溶液中 $H_2PO_4^-$ 给出质子的能力大于得到质子的能力，因此溶液显酸性。

4.2.2.3 解离度和稀释定律

解离度 α 及弱酸、弱碱的酸常数 $K_a^\ominus$、碱常数 $K_b^\ominus$，都表示弱酸、弱碱与 H_2O 分子之间质子传递的程度，但二者是有区别的。$K_a^\ominus$、$K_b^\ominus$ 是弱电解质溶液的一种解离平衡常数，平衡常数不受浓度影响；而且由于弱酸、弱碱与 H_2O 分子之间质子传递反应的热效应不大，因此温度对其影响也不大。而解离度 α 是化学平衡中转化率在弱电解质解离平衡中的一种表现形式，因此，浓度对其有影响，浓度越稀，其解离度越大。所以弱酸、弱碱的解离常数 $K_a^\ominus$，$K_b^\ominus$ 比解离度 α 能更好地表明弱酸、弱碱的相对强弱。

解离度 α 与弱酸、弱碱的解离常数之间有一定的关系，如果弱电解质 AB 溶液的起始浓度为 c_0，解离度为 α；

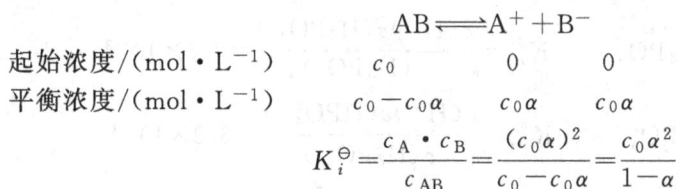

$$AB \Longrightarrow A^+ +B^-$$

| 起始浓度/$(mol\cdot L^{-1})$ | c_0 | 0 | 0 |
| 平衡浓度/$(mol\cdot L^{-1})$ | $c_0-c_0\alpha$ | $c_0\alpha$ | $c_0\alpha$ |

$$K_i^\ominus=\frac{c_A\cdot c_B}{c_{AB}}=\frac{(c_0\alpha)^2}{c_0-c_0\alpha}=\frac{c_0\alpha^2}{1-\alpha}$$

当弱电解质 $\alpha<5\%$ 时，$1-\alpha\approx1$，于是可用以下近似关系式表示

$$\alpha=\sqrt{\frac{K_i^\ominus}{c_0}} \tag{4-3}$$

这个关系式成立的前提是，c_0 不是很小，c_0 不是很大。它表明了弱电解质的解离常数、解离度和溶液浓度三者之间的关系。

【例 4-2】 氨水是一弱碱，当氨水浓度为 $0.200mol\cdot L^{-1}$，解离度 α 为 0.946%，问当浓度为 $0.100mol\cdot L^{-1}$ 时 $NH_3\cdot H_2O$ 的解离度 α 为多少？

解 因为解离度 $\alpha<5\%$，所以可用式 (4-3) 计算，$c_1\alpha_1^2=c_2\alpha_2^2=K_b^\ominus$ 即

故 $\alpha_2=\sqrt{\dfrac{c_1\alpha_1^2}{c_2}}=\sqrt{\dfrac{0.200\times(0.00946)^2}{0.100}}=0.0134=1.34\%$

由此可见，浓度减少一倍，解离度从 0.946% 增加到 1.34%。

4.3 溶液酸度的计算

4.3.1 质子平衡式

酸（碱）水溶液是一种多重平衡系统，各物种平衡浓度间的数量关系复杂。按照酸碱质子理论，酸碱反应的实质是质子的转移。当反应达到平衡时，碱所得质子的量等于酸失去质子的量，其数学表达式称为质子平衡式（proton balance equation），用 PBE 表示。常利用质子平衡式来处理酸碱平衡时溶液酸度的计算。

通常选择在溶液中大量存在并参与质子传递的物质，如溶剂和溶质本身，作为得失质子的参照物，作为参考水准。从参考水准出发，根据得失质子的物质的量相等的原则，即可写出 PBE。

例如，$Na_2C_2O_4$ 水溶液中，大量存在并参与质子传递的物质是 H_2O 和 $C_2O_4^{2-}$，故选择两者为参考水准，其质子传递情况为：

$$H_2O + H_2O \Longrightarrow H_3O^+ + OH^-$$

$$C_2O_4^{2-} + 2H_2O \Longrightarrow H_2C_2O_4 + 2OH^-$$

$$HCO_4^- + H_2O \Longrightarrow H_2C_2O_4 + OH^-$$

得质子产物　失质子产物

所以 $Na_2C_2O_4$ 水溶液的质子平衡式是：

$$c(H^+) + c(HC_2O_4^-) + 2c(H_2C_2O_4) = c(OH^-)$$

其中 $H_2C_2O_4$ 与参考水准 $C_2O_4^{2-}$ 相比是得两个质子的产物，所以在浓度前乘以 2。

根据 PBE 可求得溶液中 H_3O^+ 浓度和有关组分浓度之间的关系式，用于处理酸碱平衡中的有关计算。

4.3.2 一元弱酸（碱）溶液酸度的计算

一元弱酸 HA 在水溶液中存在下列解离平衡：

$$HA + H_2O \Longrightarrow H_3O^+ + A^-$$

还有水本身的自解离平衡：

$$H_2O + H_2O \Longrightarrow H_3O^+ + OH^-$$

因此，一元弱酸 HA 的 PBE 为：

$$c(H^+) = c(A^-) + c(OH^-)$$

由平衡常数式可得：

$$c(A^-) = \frac{K_a^\ominus \cdot c(HA)}{c(H^+)} \qquad c(OH^-) = \frac{K_w^\ominus}{c(H^+)}$$

代入 PBE 中得：

$$c(H^+) = \frac{K_a^\ominus \cdot c(HA)}{c(H^+)} + \frac{K_w^\ominus}{c(H^+)}$$

或
$$c(H^+) = \sqrt{K_a^\ominus \cdot c(HA) + K_w^\ominus} \tag{4-4}$$

当 $c(HA) \cdot K_a^\ominus \geqslant 20K_w^\ominus$ 时，$K_w^\ominus$ 可忽略，水解离所产生的 H^+ 可以忽略。因此由式(4-4)得：

$$c(H^+) = \sqrt{K_a^\ominus \cdot c(HA)} \tag{4-5}$$

浓度为 c_a 的弱酸 HA 溶液的平衡浓度为：

$$c(HA) = c_a - c(H^+)$$

代入式(4-5)，可得：

$$c(H^+) = \sqrt{K_a^\ominus \cdot [c_a - c(H^+)]} \tag{4-6}$$

整理得：

$$c(H^+) = \frac{-K_a^\ominus + \sqrt{(K_a^\ominus)^2 + 4K_a^\ominus \cdot c_a}}{2} \tag{4-7}$$

这是计算一元弱酸水溶液酸度的近似式。

当 $c_a \cdot K_a^\ominus \geqslant 20K_w^\ominus$，且 $c_a/K_a^\ominus \geqslant 500K$ 时，可认为 $c_a - c(H^+) \approx c_a$，由式(4-6)可得

$$c(H^+) = \sqrt{c_a \cdot K_a^\ominus} \tag{4-8}$$

这是计算一元弱酸水溶液酸度的最简式。

当 $c_a \cdot K_a^\ominus \leqslant 20K_w^\ominus$，但 $c_a/K_a^\ominus \geqslant 500$ 时，则水的解离不可忽略，但 $c_a - c(H^+) \approx c_a$，得

$$c(H^+) = \sqrt{c_a \cdot K_a^\ominus + K_w^\ominus} \tag{4-9}$$

【例 4-3】 计算溶液 $0.10\,mol \cdot L^{-1}\,HAc$ 的 pH 和解离度。已知 $K_a^\ominus = 1.8 \times 10^{-5}$。

解 $c_a \cdot K_a^\ominus \geqslant 20K_w^\ominus$，且 $c_a/K_a^\ominus \geqslant 500$

所以可用最简式求解：

$$c(H^+) = \sqrt{c_a \cdot K_a^\ominus} = \sqrt{0.10 \times 1.8 \times 10^{-5}} = 1.3 \times 10^{-3} (mol \cdot L^{-1})$$

$$\alpha = \frac{c(H^+)}{c_a} \times 100\% = \frac{1.3 \times 10^{-3}}{0.10} \times 100\% = 1.3\%$$

【例 4-4】 计算 $0.10\,mol \cdot L^{-1}\,CHCl_2COOH$（二代氯乙酸）溶液的 pH。

解 已知 $c_a = 0.10\,mol \cdot L^{-1}$，$K_a^\ominus = 5.0 \times 10^{-2}$

$c_a \cdot K_a^\ominus \geqslant 20K_w^\ominus$，但 $c_a/K_a^\ominus \leqslant 500$，用近似式(4-6)求算：

$$c(H^+) = \frac{-K_a^\ominus + \sqrt{(K_a^\ominus)^2 + 4K_a^\ominus \cdot c_a}}{2}$$

$$= \frac{-5.0 \times 10^{-2} + \sqrt{(5.0 \times 10^{-2})^2 + 4 \times 5.0 \times 10^{-2} \times 0.10}}{2} = 0.050(mol \cdot L^{-1})$$

$$pH = 1.30$$

【例 4-5】 计算 $0.10\,mol \cdot L^{-1}$ 氨水溶液的 pH。

解 已知 $c_b = 0.10\,mol \cdot L^{-1}$，$K_b^\ominus = 1.8 \times 10^{-5}$。

由于 $c_b \cdot K_b^\ominus \geqslant 20K_w^\ominus$，且 $c_b/K_b^\ominus \geqslant 500$，故可采用最简式计算，可得：

$$c(OH^-) = \sqrt{c_b \cdot K_b^\ominus} = \sqrt{0.10 \times 1.8 \times 10^{-5}} = 1.3 \times 10^{-3}(mol \cdot L^{-1})$$
$$pOH = 2.89$$
$$pH = 14.00 - 2.89 = 11.11$$

4.3.3 多元弱酸（碱）溶液酸度的计算

多元弱酸（碱）是分步解离的，一般说来，多元弱酸各级解离常数 $K_{a1}^\ominus > K_{a2}^\ominus > \cdots > K_{an}^\ominus$，如果 $K_{a1}^\ominus / K_{a2}^\ominus > 10^{1.6}$，可以认为溶液中的 H_3O^+ 主要由第一级解离生成，可忽略其他各级解离。因此可按一元弱酸处理。多元弱碱也可以同样处理。

【例 4-6】 计算 $0.10mol \cdot L^{-1} H_2C_2O_4$ 溶液的 pH。

解 $H_2C_2O_4$ 的 $K_{a1}^\ominus = 5.4 \times 10^{-2}$，$K_{a2}^\ominus = 6.4 \times 10^{-5}$，$K_{a1}^\ominus \gg K_{a2}^\ominus$，可按一元弱酸处理。

又 $c_a \cdot K_{a1}^\ominus \geqslant 20K_w^\ominus$，且 $c_a/K_{a1}^\ominus \leqslant 500$，采用近似式：

$$c(H^+) = \frac{-K_{a1}^\ominus + \sqrt{(K_{a1}^\ominus)^2 + 4K_{a1}^\ominus \cdot c}}{2}$$

$$= \frac{-5.4 \times 10^{-2} + \sqrt{(5.4 \times 10^{-2})^2 + 4 \times 5.4 \times 10^{-2} \times 0.10}}{2} = 5.1 \times 10^{-2}$$

$(mol \cdot L^{-1})$

4.3.4 酸碱平衡的移动

酸碱解离平衡与任何化学一样都是暂时性的、相对的动态平衡，当外界条件改变时，平衡就会移动，结果使弱酸、弱碱的解离度增大或减小。

由于酸碱反应大多是在常温常压下的液相中进行，所以只考虑浓度的变化对平衡的影响。

在弱电解质溶液中加入与弱电解质含有相同离子的强电解质，使弱电解质的解离度降低的现象称为**同离子效应**。例如在 HAc 溶液中加入强酸或 NaAc，溶液中 H_3O^+ 或 Ac^- 浓度大大增加，使下列平衡

$$HAc + H_2O \rightleftharpoons H_3O^+ + Ac^-$$

向左移动，反应逆向进行，从而降低了 HAc 的解离度，又如往氨水中加入强碱或 NH_4Cl，情况也类似。

如果加入的强电解质不具有相同离子，如往 HAc 溶液中加入 NaCl，同样会破坏原有的平衡，但平衡向右移动，使弱酸、弱碱的解离度增大，这种效应叫**盐效应**。

这是由于强电解质完全解离，大大增大了溶液中离子的总浓度，使得 H_3O^+、Ac^- 被更多的异号离子 Cl^- 或 Na^+ 所包围，粒子之间的相互牵制作用增强，大大降低了离子重新结合成弱电解质分子的概率，因此，解离度也相应增大。

当然，存在同离子效应的同时也存在盐效应，但同离子效应比盐效应要大得多，二者共

存时，常常忽略盐效应，只考虑同离子效应。

下面通过计算进一步说明同离子效应。

【例 4-7】 从【例 4-3】可知，0.10mol/L HAc 的 H^+ 浓度为 1.3×10^{-3} mol·L^{-1}，解离度为 1.3%，pH 为 2.89。（1）在其中加入固体 NaAc，使其浓度为 0.10mol·L^{-1}，求此混合溶液中 H^+ 浓度和 HAc 的解离度及溶液 pH。（2）在其中加入 HCl，使其浓度为 0.10mol·L^{-1}，计算混合溶液 pH 和解离度 α。已知：$K_a^\ominus$(HAc)$=1.8\times10^{-5}$，忽略溶液体积的变化。

解 （1）加入 NaAc 后：

$$HAc+H_2O \Longrightarrow H_3O^+ + Ac^-$$

起始浓度/(mol·L^{-1})　　0.10　　　　0　　　　0.10

平衡浓度/(mol·L^{-1})　0.10$-x\approx$0.10　　x　　0.10$+x\approx$0.10

$$K_a^\ominus = \frac{c(H^+)\cdot c(Ac^-)}{c(HAc)} = \frac{x(0.10+x)}{0.10-x} = \frac{0.10x}{0.10} = 1.8\times10^{-5}$$

解得，c（H^+）/mol·$L^{-1}=x=1.8\times10^{-5}$，pH$=4.74$

$$a = \frac{c(H^+)}{c} = \frac{1.8\times10^{-5}}{0.10}\times100\% = 0.018\%$$

（2）加入 HCl 后：$c(H^+)\approx$0.10mol·L^{-1}，pH$=1.00$

$$HAc+H_2O \Longrightarrow \qquad H_3O^+ \qquad + \qquad Ac^-$$

起始浓度/(mol·L^{-1})　　　0.10　　　　0.10　　　　　0

平衡浓度/(mol·L^{-1})　　0.10$-x\approx$0.10　0.10$+x\approx$0.10　x

$$K_a^\ominus = \frac{x(0.10+x)}{0.10-x} = \frac{0.10x}{0.10} = 1.8\times10^{-5}$$

$$c(Ac^-)/(mol·L^{-1})=x=1.8\times10^{-5}$$

$$a = \frac{c(Ac^-)}{c} = \frac{1.8\times10^{-5}}{0.10}\times100\% = 0.018\%$$

可见，在 HAc 溶液中，无论是加 HCl，还是加 NaAc，其作用都是使解离度降低。

4.4　缓冲溶液

在共轭酸碱对组成的混合溶液中加入少量强酸或强碱，溶液的 pH 基本上无变化，这种具有保持 pH 相对稳定的性能的溶液，称之为缓冲溶液（buffer solution）。缓冲溶液的特点是在适度范围内既能抗酸，又能抗碱，适当稀释或浓缩，溶液的 pH 都改变很小。

缓冲溶液的重要作用就是通过调节共轭酸碱对的浓度控制溶液的 pH。缓冲溶液具有重要的意义和广泛的应用。例如，人体血液的 pH 需保持在 7.35～7.45 之间，pH 过高或过低都将导致疾病甚至死去。由于血液中存在着许多缓冲剂，如 H_2CO_3-HCO_3^-，H_2PO_4-HPO_4^{2-}、蛋白质、血红蛋白和含氧血红蛋白等，这些缓冲系统可以使血液的 pH 稳定在 7.40 左右。植物只有在一定 pH 的土壤中，才能正常生长、发育，大多数植物在 pH$<$3.5

和 pH>9 的土壤中都不能生长。不同的植物所需要的 pH 也不同，如水稻生长适宜的 pH 为 6～7。土壤中一般含有 H_2CO_3-HCO_3^-、腐殖酸及其共轭碱组成的缓冲系统，因此土壤溶液是很好的缓冲溶液，具有比较稳定的 pH，有利于微生物的正常活动和农作物的发育生长。许多化学反应需要在一定 pH 条件下进行，缓冲溶液就能提供这样的条件。

4.4.1　缓冲作用原理

根据酸碱质子理论，缓冲溶液是一共轭酸碱对系统。缓冲溶液是由一种酸（质子给予体，用 HB 表示）和它的共轭碱（质子接受体，用 B^- 表示）组成的混合系统。在水溶液中存在以下质子转移平衡：

$$HB \ + \ H_2O \ \rightleftharpoons \ H_3O^+ \ + \ B^-$$

大量　　　很少　　大量（来自共轭碱）

在缓冲溶液中，HB 和 B^- 的起始浓度很大，即溶液中大量存在的形式主要是 HB 和 B^-。

当加入少量强酸时，H_3O^+ 浓度增加，平衡向左移动，B^- 浓度略有减少，HB 浓度略有增加，H_3O^+ 浓度基本未变，即溶液 pH 基本保持不变。显然溶液中的共轭碱 B^- 起了抗酸作用。

当溶液中加入少量碱时，OH^- 浓度增加，H_3O^+ 浓度略有减少，平衡向右移动，HB 和 H_2O 作用产生 H_3O^+ 可以补充其减少的 H_3O^+。这样 HB 浓度略有减少，B^- 浓度略有增加，而 H_3O^+ 浓度几乎未变，pH 基本保持不变，显然此时 HB 起了抗碱作用。

由此可知，含有足够大浓度弱酸与其共轭碱的混合溶液具有缓冲作用的原理是由于外加少量酸或碱时，质子在共轭酸碱之间发生转移以维持质子浓度基本不变。

可见，缓冲系统应具备两个条件：一是要具有既能抗碱（弱酸）又能抗酸（共轭碱）的组分；二是弱酸及其共轭碱保证足够大的浓度和适当的浓度比。常见的共轭酸碱对组成的缓冲系统有 HAc-Ac^-、$H_2PO_4^-$-HPO_4^{2-}、NH_4^+-NH_3 和 H_2CO_3-HCO_3^- 等。

4.4.2　缓冲溶液 pH 的计算

以弱酸 HB 及其共轭碱 NaB 组成的缓冲溶液为例，设其浓度分别为 c_a 和 c_b，在水溶液中的质子转移平衡为：

$$HB+H_2O \rightleftharpoons H_3O^+ + B^-$$

$$c(H^+) = K_a^\ominus \frac{c(HB)}{c(B^-)}$$

$$pH = pK_a^\ominus(HB) - \lg \frac{c(HB)}{c(B^-)} \tag{4-10}$$

由于缓冲剂的浓度一般较大和同离子效应的存在，可以将上式中的 $c(HB)$ 和 $c(B^-)$ 视为等于最初浓度 c_a 和 c_b，所以式(4-10)可以写成下面的形式，这就是缓冲溶液 pH 计算的一般公式：

$$pH = pK_a^\ominus - \lg \frac{c_a}{c_b} \tag{4-11}$$

可见，缓冲溶液的 pH，首先取决于 $pK_a^\ominus$，即取决于弱酸的解离常数 $K_a^\ominus$ 的大小，同时又与 c_a 和 c_b 的比值有关。

若用弱碱与其共轭碱组成缓冲溶液，则其 pOH 可用下式计算：

$$pOH = pK_b^{\ominus} - \lg \frac{c_a}{c_b} \qquad (4-12)$$

【例 4-8】 有 50mL 含有 0.10mol·L^{-1} HAc 和 0.10mol·L^{-1} 的缓冲溶液，试求：

(1) 该缓冲溶液的 pH；

(2) 加入 0.10mL 1.0mol·L^{-1} HCl 后溶液的 pH。

解 (1) 缓冲溶液的 pH 为：

$$pH = pK_a^{\ominus} - \lg \frac{c_a}{c_b} = 4.74 - \lg \frac{0.10}{0.10} = 4.74$$

(2) 加入 0.10mL 1.0mol·L^{-1} HCl 后，所解离出的 H$^+$ 与 Ac$^-$ 结合生成 HAc 分子，溶液中的 Ac$^-$ 浓度降低，HAc 浓度升高，此时系统中：

$$c_a = \frac{50 \times 0.10 + 1.0 \times 0.10}{50.1} = 0.102 \text{mol·L}^{-1}$$

$$c_b = \frac{50 \times 0.10 - 1.0 \times 0.10}{50.1} = 0.098 \text{mol·L}^{-1}$$

$$pH = pK_a^{\ominus} - \lg \frac{c_a}{c_b} = 4.74 - \lg \frac{0.102}{0.098} = 4.72$$

从计算结果可知，加入少量盐酸后，溶液的 pH 基本不变。如果在 50mL pH 为 7.00 的纯水中加入 0.05mL 1.0mol·L^{-1} HCl 溶液，则溶液的 pH 由 7.00 降低到 3.00，即 pH 改变了 4 个单位。可见纯水不具有保持 pH 相对稳定的性能。

4.4.3 缓冲容量

任何缓冲溶液的缓冲能力都是有一定限度的。对每一种缓冲溶液，只有在外加的酸碱的量不大时，或将溶液适当稀释时，才能保持溶液的 pH 基本不变或变化不大。缓冲容量 (buffer capacity) 的大小取决于缓冲系统共轭酸碱对的浓度及其比值。在浓度较大的缓冲溶液中，当缓冲组分浓度的比值为 1：1 时，缓冲容量最大。当共轭酸碱对浓度比为 1：1 时，共轭酸碱对的总浓度越大，缓冲能力越大，因此，常用的缓冲溶液各组分的浓度一般在 0.1～1.0mol·L^{-1} 之间，共轭酸碱对比值在 1/10～10 之间，其相应的 pH 及 pOH 变化范围为 pH＝pK$_a^{\ominus}$±1 或 pOH＝pK$_b^{\ominus}$±1，称为缓冲溶液最有效的缓冲范围，各系统的相应的缓冲范围显然取决于它们的 $K_a^{\ominus}$ 和 $K_b^{\ominus}$。

在实际配制一定 pH 缓冲溶液时，为使共轭酸碱对浓度比接近于 1，则要选用 pK$_a^{\ominus}$（或 pK$_b^{\ominus}$）等于或接近于该 pH（或 pOH）的共轭酸碱对。例如要配制 pH＝5 左右的缓冲溶液，可选用 pK$_a^{\ominus}$＝4.74 的 HAc-Ac$^-$ 缓冲对；配制 pH＝9 左右的缓冲溶液，则可选用 pK$_a^{\ominus}$＝9.26 的 NH$_4^+$-NH$_3$ 缓冲对。可见 $K_a^{\ominus}$、$K_b^{\ominus}$ 值是配制缓冲溶液的主要依据，调节共轭酸碱的浓度之比，即能得到所需 pH 的缓冲溶液。在实际应用中，大多数缓冲溶液是加 NaOH 到弱酸溶液或加 HCl 到弱碱溶液中配制而成。

4.4.4 重要缓冲溶液

表 4-1 列出最常用的几种标准缓冲溶液，它们的 pH 是经过准确的实验测得的，目前已

被国际上规定作为测定溶液 pH 时的标准参照溶液。

表 4-1　pH 标准缓冲溶液

pH 标准溶液	pH 标准值(>5℃)
饱和酒石酸氢钾(0.034mol·L^{-1})	3.56
0.05mol·L^{-1}邻苯二甲酸氢钾	4.01
0.025mol·L^{-1}KH$_2$PO$_4$-0.025mol·L^{-1}Na$_2$HPO$_4$	6.86
0.01mol·L^{-1}硼砂	9.18

【例 4-9】 对于 HAc-NaAc，HCOOH-HCOONa 和 H$_3$BO$_3$-NaH$_2$BO$_3$ 的缓冲系统，若要配制 pH=4.8 的缓冲溶液，问：

(1) 应选择何种系统为好？

(2) 现有 12mL 6.0mol·L^{-1} HAc 溶液，欲配成 250mL 的缓冲溶液，应取固体 NaAc·3H$_2$O 多少克？已知，p$K_a^{\ominus}$（HCOOH）=3.74，p$K_a^{\ominus}$（HAc）=4.74，p$K_a^{\ominus}$（H$_3$BO$_3$）=9.24。

解　(1) 据

$$pH = pK_a^{\ominus} - \lg \frac{c_a}{c_b}$$

为使配制的缓冲溶液的缓冲能力最大，应该选择 p$K_a^{\ominus}$ 接近或等于 pH 的缓冲对，所以选择 HAc-NaAc 最好。

$$\lg \frac{c_a}{c_b} = pK_a^{\ominus} - pH = 4.74 - 4.8 = -0.06$$

$$\frac{c_a}{c_b} = 0.87 \approx 1 \text{ 浓度比值接近 } 1，缓冲能力强$$

(2) 根据以上选择，若要配制 250mL pH=4.8 的缓冲溶液

$$c_a = c(\text{HAc}) = 12\text{mL} \times 6.0\text{mol·L}^{-1}/250\text{mL} = 0.288\text{mol·L}^{-1}$$

由 $\frac{c_a}{c_b} = 0.87$ 得$_a = c(\text{NaAc}) = \dfrac{0.288\text{mol·L}^{-1}}{0.87} = 0.331(\text{mol·L}^{-1})$

$$m(\text{NaAc·3H}_2\text{O}) = c_b V_b M_b = 0.331\text{mol·L}^{-1} \times 136\text{g·mol}^{-1} \times 250 \times 10^{-3}\text{L} = 11(\text{g})$$

所以应称取 NaAc·3H$_2$O 11g。

4.5　溶液酸碱性和应用

4.5.1　溶液酸度的测试

在实际工作中常常采用酸度计、pH 试纸或酸碱指示剂检测溶液的酸度大小。pH 试纸是由多种酸碱指示剂按一定比例配制而成。本小结仅介绍酸碱指示剂测试溶液 pH 的原理。

4.5.1.1　酸碱指示剂原理

酸碱指示剂一般都是有机弱酸或有机弱碱。例如，酚酞指示剂在水溶液中是一种无色的多元酸，存在以下平衡：

OH OH
+H₂O / −H₂O
+OH⁻ / H⁺

无色分子(内酯式)   无色分子   无色离子

+OH⁻ / H⁺
$pK_a=9.1$

+OH⁻ / H⁺

红色离子(醌式)   无色离子(羟酸盐式)

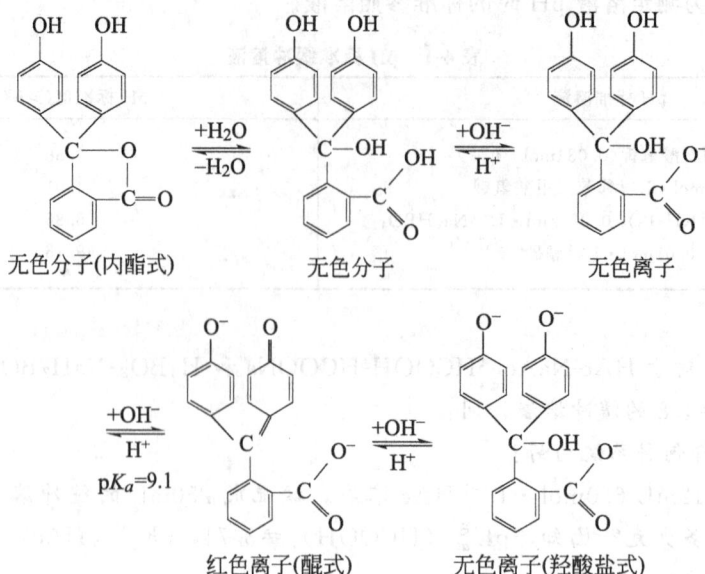

这个转变过程是可逆的,当溶液 pH 降低时,平衡向反方向移动,酚酞变成无色分子。因此酚酞在酸性溶液中呈无色,当 pH 升高到一定数值时呈红色,在强碱性溶液中又呈无色。

另一种常见的酸碱指示剂甲基橙则是一种弱的有机碱,在溶液中有如下平衡存在。

显然,甲基橙与酚酞相似,在不同的酸度条件下具有不同的结构及颜色。当溶液酸度改变时,平衡发生移动,使得酸碱指示剂从一种结构变为另一种结构,从而使溶液的颜色发生相应的改变。

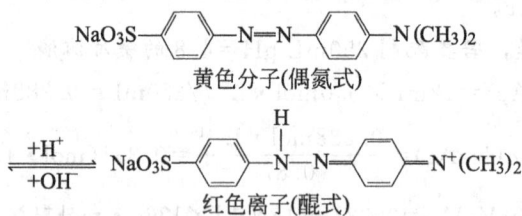

NaO_3S——————N═N——————$N(CH_3)_2$
黄色分子(偶氮式)

+H⁺ / +OH⁻
NaO_3S——————N——N══════$N^+(CH_3)_2$ (带 H)
红色离子(醌式)

若以 HIn 表示弱酸型指示剂,In⁻ 为其共轭碱,在水溶液中存在以下平衡:

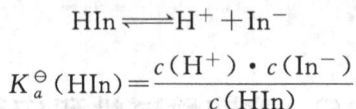

$$HIn \rightleftharpoons H^+ + In^-$$

$$K_a^{\ominus}(HIn) = \frac{c(H^+) \cdot c(In^-)}{c(HIn)}$$

式中,$K_a^{\ominus}$(HIn) 为指示剂的解离常数,也称指示剂常数,上式也可写成:

$$\frac{c(In^-)}{c(HIn)} = \frac{K_a^{\ominus}(HIn)}{c(H^+)}$$

对某一种酸碱指示剂来说,$K_a^{\ominus}$(HIn) 在一定条件下为一常数,$\frac{c(In^-)}{c(HIn)}$ 就只取决于溶液中 $c(H^+)$ 的大小,所以酸碱指示剂能指示溶液酸度。

4.5.1.2 变色范围及其影响因素

根据式(4-16),当溶液中的 $c(H^+)$ 发生改变时,$c(In^-)$ 和 $c(HIn)$ 的比值也发生改变，溶液的颜色也逐渐改变。$c(In^-) = c(HIn)$ 时为酸碱指示剂的理论变色点，即 $pH = pK_a^{\ominus}(HIn)$。但是，由于人眼辨色能力有限，要察觉出理论变色点附近溶液颜色的变化是较为困难的。一般当 $c(In^-)$ 是 $c(HIn)$ 的 1/10 时，人眼勉强能辨认出碱色，如果 $c(In^-)/c(HIn) < 1/10$ 就看不出碱色，当 $c(In^-)$ 是 $c(HIn)$ 的 10 倍时，人眼也只能勉强辨认出酸色，如果 $c(In^-)/c(HIn)$ 大于 10 就看不出酸色。

因此，酸碱指示剂的变色范围（color change interval）是：

$$10 > \frac{c(In^-)}{c(HIn)} > \frac{1}{10}$$

根据式（4-10）可得：$pH = pK_a^{\ominus}(HIn) \pm 1$

由此可见，不同的酸碱指示剂 $pK_a^{\ominus}(HIn)$ 不同，它们的变色范围就不同，所以不同的酸碱指示剂能指示不同的酸度变化。另外，在酸碱指示剂的变色范围内，指示剂所呈现的颜色是酸色和碱色的混合色。表 4-2 列出了一些常用酸碱指示剂的变色范围。

表 4-2   常见指示剂的变色范围

指示剂	变色范围 pH	颜色变化	$pK_a^{\ominus}(HIn)$	常用溶液
百里酚蓝	1.2～2.8	红～黄	1.7	$1g \cdot L^{-1}$ 的 20% 乙醇溶液
甲基黄	2.9～4.0	红～黄	3.3	$1g \cdot L^{-1}$ 的 90% 乙醇溶液
甲基橙	3.1～4.4	红～黄	3.4	$0.5g \cdot L^{-1}$ 的水溶液
溴酚蓝	3.0～4.6	黄～紫	4.1	$1g \cdot L^{-1}$ 20% 乙醇溶液及其钠盐水溶液
溴甲酚绿	4.0～5.6	黄～蓝	4.9	$1g \cdot L^{-1}$ 20% 乙醇溶液及其钠盐水溶液
甲基红	4.4～6.2	红～黄	5.2	$1g \cdot L^{-1}$ 的 60% 乙醇溶液及其钠盐水溶液
溴百里酚蓝	6.2～7.6	黄～蓝	7.3	$1g \cdot L^{-1}$ 的 20% 乙醇溶液及其钠盐水溶液
中性红	6.8～8.0	红～黄 橙	7.4	$1g \cdot L^{-1}$ 的 60% 乙醇溶液
苯酚红	6.8～8.4	黄～红	8.0	$1g \cdot L^{-1}$ 的 60% 乙醇溶液及其钠盐水溶液
酚酞	8.0～10	无～红	9.1	$5g \cdot L^{-1}$ 的 90% 乙醇溶液
百里酚蓝	8.0～9.6	黄～蓝	8.9	$1g \cdot L^{-1}$ 的 20% 乙醇溶液
百里酚酞	9.4～10.6	无～蓝	10.0	$1g \cdot L^{-1}$ 的 90% 乙醇溶液

从表 4-2 中可以发现，许多酸碱指示剂的变色范围不是 $pH = pK_a^{\ominus}(HIn) \pm 1$，这是因为实际的变色范围是依靠人眼的观察得到的。影响酸碱指示剂变色范围的因素主要有以下几个方面。

① 人眼对不同颜色的敏感程度不同，不同人员对同一种颜色的敏感程度不同，以及酸碱指示剂两种颜色间的相互掩盖作用，会导致变色范围的不同。例如，甲基橙的变色范围本应是 $pH = 2.4～4.4$，可表中所列的变色范围 $pH = 3.1～4.4$，这是由于人眼对红色比对黄色敏感，使得酸式一边的变色范围相对变窄。

② 温度、溶剂的变化也会改变酸碱指示剂的变色范围，主要由于这些因素会影响指示剂的解离常数 $K_a^{\ominus}(HIn)$ 的大小。例如，甲基橙指示剂在 18℃ 的变色范围为 $pH = 3.1～4.4$，而 100℃ 时为 $pH = 2.5～3.7$。

③ 对于单色指示剂，例如酚酞，指示剂用量的不同也会影响变色范围，用量过多将会使变色范围朝 pH 值低的一方移动。另外，用量过多还会影响酸碱指示剂辨色的敏锐程度。

对于需要将酸度控制在较窄区间的反应系统，可以采用混合指示剂（mixed indicator）

来指示酸度的变化。

混合指示剂利用颜色的互补来提高变色的敏锐程度，可以分为以下两类。

一类是由两种或两种以上的酸碱指示剂按一定比例混合而成。例如，溴甲酚绿（$pK_a^{\ominus}=4.9$）和甲基红（$pK_a^{\ominus}=5.2$）两种指示剂，前种酸色为黄色，碱色为蓝色；后种酸色为红色，碱色为黄色。当它们按照一定比例混合后，由于共同作用的结果，使溶液在酸性条件下显橙红色，碱性条件下显绿色。在 pH≈5.1 时，溴甲酚绿的碱性成分较多，显绿色。而甲基红的酸性成分较多，显橙红色。两种颜色互补得到灰色，变色很敏锐。

另一类是由几种酸碱指示剂与一种惰性染料按一定比例配成。在指示溶液酸度的过程中，惰性染料本身并不发生颜色的改变，只起衬托作用，通过颜色的互补来提高变色敏锐性。

常用的 pH 试纸就是将多种酸碱指示剂按一定比例混合浸制而成，能在不同的 pH 时显示不同的颜色，从而较为准确地确定溶液的酸度。pH 试纸可以分为广泛 pH 试纸和精密 pH 试纸两类，其中的精密 pH 试纸就是利用混合指示剂的原理使酸度的确定能控制在较窄的范围内。

4.5.2　缓冲溶液的应用和选择

缓冲溶液在工业、农业、生物学等方面应用很广，例如，在硅半导体器件的生产过程中，需要用氢氟酸腐蚀以除去硅片表面没有用胶膜保护的那部分氧化膜 SiO_2，反应为

$$SiO_2 + 6HF \rightleftharpoons H_2[SiF_6] + 2H_2O$$

如果单独用 HF 溶液作腐蚀液，水合 H^+ 浓度较大。而且随着反应的进行水合 H^+ 浓度会发生变化，即 pH 不稳定，造成腐蚀的不均匀。因此需应用 HF 和 NH_4F 的混合溶液进行腐蚀，才能达到工艺的要求。又如，金属器件进行电镀时的电镀液中，常用缓冲溶液来控制一定的 pH。在制革、染料等工业以及化学分析中也需应用缓冲溶液。在土壤中，由于含有 H_2CO_3-$NaHCO_3$ 和 NaH_2PO_4-Na_2HPO_4 以及其他有机弱酸及其共轭碱所组成的复杂的缓冲系统，能使土壤维持一定的 pH，从而保证了植物的正常生长。

在实际工作中常会遇到缓冲溶液的选择问题。缓冲溶液的 pH 取决于缓冲对或共轭酸碱对中的值以及缓冲对的两种物质浓度之比值。缓冲对中任一种物质的浓度过小都会使溶液丧失缓冲能力。因此两者浓度之比值最好趋近于 1。如果此比值为 1，则

$$c^{eq}(H^+) = K_a$$

$$pH = pK_a$$

所以，在选择具有一定 pH 的缓冲溶液时，应当选用 pK_a 接近或等于该 pH 的弱酸与其共轭碱的混合溶液。例如，如果需要 pH＝5 左右的缓冲溶液，选用 HAc-Ac^-（HAc-NaAc）的混合溶液比较适宜，因为 HAc 的 pK_a 等于 4.75，与所需的 pH 接近。同样，如果需要 pH＝9、pH＝7 左右的缓冲溶液，则可以分别选用 NH_3-NH_4^+（NH_3-NH_4Cl）、$H_2PO_4^-$-HPO_4^{2-}（KH_2PO_4-Na_2HPO_4）的混合溶液。

━━ 习　题 ━━

1. 是非题（对的在括号内填"＋"号，错的填"－"号）

（1）两种分子酸 HX 溶液和 HY 溶液有同样的 pH，则这两种酸的浓度（mol·

dm^{-3}）相同。

（2）$0.10mol \cdot dm^{-3} NaCN$ 溶液的 pH 比相同浓度的 NaF 溶液的 pH 要大，这表明 CN^- 的 K_b 值比 F^- 的 K_b 值要大。

（3）由 $HAc-Ac^-$ 组成的缓冲溶液，若溶液中 $c(HAc) > c(Ac^-)$，则该缓冲溶液抵抗外来酸的能力大于抵抗外来碱的能力。

2. 往 $1dm^{-3}0.10mol \cdot dm^{-3} HAc$ 溶液中加入一些 NaAc 晶体并使之溶解，会发生的情况是（　　）

（A）HAc 的解离度 α 值增大　　　（B）HAc 的 α 值减少

（C）溶液的 pH 增大　　　（C）溶液的 pH 减小

3. 设氨水的浓度为 c，若将其稀释 1 倍，则溶液中 $c(OH^-)$ 为（　　）

（A）$\frac{1}{2}c$　　　（B）$\frac{1}{2}\sqrt{K_b \cdot c}$　　　（C）$\sqrt{K_b \cdot c/2}$　　　（D）$2c$

4. HAc 溶液中加入下列物质时，HAc 的离解度增大的是（　　）

（A）NaAc　　　（B）HCl　　　（C）冰醋酸　　　（D）H_2O

5. 可与一定量的 NaOH 组成缓冲溶液的是（　　）

（A）HCl　　　（B）HAc　　　（C）NaCl　　　（D）NaAc

6. 摩尔浓度相同的弱酸 HX 及盐 NaX 所组成的混合溶液：（已知：$X^- + H_2O \rightleftharpoons HX + OH^-$ 的平衡常数为 1.0×10^{-10}）（　　）

（A）pH=2　　（B）pH=4　　（C）pH=5　　（D）pH=10

7. 若 pH=3 的酸溶液和 pH=11 的碱溶液等体积混合后溶液呈酸性，其原因可能是

（　　）

（A）生成了一种强酸弱碱性的物质

（B）弱酸溶液和强碱溶液反应

（C）弱酸溶液和弱碱溶液反应

（D）一元强酸溶液和一元强碱溶液反应

8. 醋酸的电离常数为 $K_a^\ominus$，则醋酸钠的 $K_b^\ominus$ 为：（　　）

(A) $\sqrt{K_a^\ominus \cdot K_w^\ominus}$　　　　　　　　(B) $K_a^\ominus / K_w^\ominus$

(C) $K_w^\ominus / K_a^\ominus$　　　　　　　　(D) $\sqrt{K_w^\ominus \cdot K_a^\ominus}$

9. 在下列各系统中，各加入约 $1.00g NH_4Cl$ 固体并使其溶解，对所指定的性质（定性地）影响如何？并简单指出原因。

（1）$10.0cm^3 0.10mol \cdot dm^{-3} HCl$ 溶液（pH）_____

（2）$10.0cm^3 0.10mol \cdot dm^{-3} NH_3$ 水溶液（氨在水溶液中的解离度）_____

（3）$10.0cm^3$ 纯水（pH）_____

10. （1）写出下列各种物质的共轭酸

(a) CO_3^{2-}　　(b) HS^-　　(c) H_2O　　(d) HPO_4^{2-}　　(e) NH_3　　(f) S^{2-}

（2）写出下列各种物质的共轭碱

(a) H_3PO_4　　(b) HAc　　(c) HS^-　　(d) HNO_2　　(e) HClO　　(f) H_2CO_3

11. 在某温度下 $0.1mol \cdot dm^{-3}$ 氢氰酸（HCN）溶液的解离度为 0.007%，试求在该温度时 HCN 的解离常数。

12. 计算 $0.050 \text{mol} \cdot \text{dm}^{-3}$ 次氯酸（HClO）溶液中的 H^+ 浓度和次氯酸的解离度。

13. 已知氨水溶液的浓度为 $0.20 \text{mol} \cdot \text{dm}^{-3}$。

    (1) 求该溶液中的 OH^- 的浓度、pH 和氨的解离度。

    (2) 在上述溶液中加入 NH_4Cl 晶体，使其溶解后 NH_4Cl 的浓度为 $0.20 \text{mol} \cdot \text{dm}^{-3}$。求所得溶液的 OH^- 浓度、pH 和氨的解离度。

    (3) 比较上述 (1)、(2) 两小题的计算结果，说明了什么？

14. 试计算 25℃时 $0.10 \text{mol} \cdot \text{dm}^{-3}$ H_3PO_4 溶液中 H^+ 的浓度和溶液的 pH（提示：在 $0.10 \text{mol} \cdot \text{dm}^{-3}$ 酸溶液中，当 $K_a > 10^{-4}$ 时，不能应用稀释定律近似计算）。

15. 利用书末附录中的数据（不进行具体计算），将下列化合物的 $0.10 \text{mol} \cdot \text{dm}^{-3}$ 溶液按 pH 增大的顺序排列之。

    (1) HAc　　(2) NaAc　　(3) H_2SO_4

    (4) NH_3　　(5) NH_4Cl　　(6) NH_4Ac

16. 取 50.0cm^3 $0.100 \text{mol} \cdot \text{dm}^{-3}$ 某一元弱酸溶液，与 20.0cm^3 $0.100 \text{mol} \cdot \text{dm}^{-3}$ KOH 溶液混合，将混合溶液稀释至 100cm^3，测得此溶液的 pH 值为 5.25。求此一元弱酸的解离常数。

17. 下列几组等体积混合物溶液中哪些是较好的缓冲溶液？哪些是较差的缓冲溶液？还有哪些根本不是缓冲溶液？

    (1) $10^{-5} \text{mol} \cdot \text{dm}^{-3} HAc + 10^{-5} \text{mol} \cdot \text{dm}^{-3} NaAc$

    (2) $1.0 \text{mol} \cdot \text{dm}^{-3} HCl + 1.0 \text{mol} \cdot \text{dm}^{-3} NaCl$

    (3) $0.5 \text{mol} \cdot \text{dm}^{-3} HAc + 0.7 \text{mol} \cdot \text{dm}^{-3} NaAc$

    (4) $0.1 \text{mol} \cdot \text{dm}^{-3} NH_3 + 0.1 \text{mol} \cdot \text{dm}^{-3} NH_4Cl$

    (5) $0.2 \text{mol} \cdot \text{dm}^{-3} HAc + 0.0002 \text{mol} \cdot \text{dm}^{-3} NaAc$

18. 当往缓冲溶液中加入大量的酸或碱，或者用很大量的水稀释时，pH 是否仍保持基本不变？说明其原因。

19. 在烧杯中盛放 20.00cm^3 $0.100 \text{mol} \cdot \text{dm}^{-3}$ 氨的水溶液，逐步加入 $0.100 \text{mol} \cdot \text{dm}^{-3}$ HCl 溶液。试计算：

    (1) 当加入 10.0cm^3 HCl 溶液后，混合液的 pH；

    (2) 当加入 20.0cm^3 HCl 溶液后，混合液的 pH；

    (3) 当加入 30.0cm^3 HCl 溶液后，混合液的 pH。

20. 现有 1.0dm^3 由 HF 和 F^- 组成的缓冲溶液。试计算：

    (1) 当缓冲溶液中含有 0.10mol HF 和 0.30mol NaF 时，其 pH 等于多少；

    (2) 往 (1) 缓冲溶液中加入 0.40g NaOH (s)，并使其完全溶解（设溶解后溶液的总体积仍为 1.0dm^3），问该溶液的 pH 等于多少？

    (3) 当缓冲溶液的 pH = 3.15 时，c^{eq} (HF) 与 c^{eq} (F^-) 的比值为多少？

21. 现有 125cm^3 $1.0 \text{mol} \cdot \text{dm}^{-3}$ NaAc 溶液，欲配制 250cm^3 pH 为 5.0 的缓冲溶液，需加入 $6.0 \text{mol} \cdot \text{dm}^{-3}$ HAc 溶液多少立方厘米？

第 5 章

沉淀溶解平衡

本章要求

1. 掌握溶度积的概念、溶度积与溶解度的换算。
2. 了解影响沉淀溶解平衡的因素，利用溶度积原理判断沉淀的生成及溶解。
3. 掌握沉淀溶解平衡的有关计算。

在第 4 章中，讨论的是弱电解质在溶液中的解离平衡，这是一种单相系统的解离平衡。本章将讨论在难溶电解质饱和溶液中存在的固体和水合离子之间的沉淀溶解平衡，这是一种多相离子平衡（polyphase ionic equilibrium）。沉淀的生成和沉淀的溶解是科研和生产实践中经常使用的一种手段，在工业上应用广泛。

5.1 溶度积

5.1.1 溶度积常数

各种电解质在水中有不同的溶解度，通常将在 100g 水中溶解量小于 0.01g 的电解质称为难溶电解质。难溶电解质在水中会发生一定程度的溶解，当达到饱和溶液时，未溶的电解质固体与溶液中的离子建立起动态平衡，这种状态称之为难溶电解质的溶解沉淀平衡。例如，将难溶电解质 AgCl 固体放入水中，在极性的水分子作用下，表面上的 Ag^+ 和 Cl^- 不断地由固体表面进入溶液，成为水合离子，这就是 AgCl 溶解（dissolution）的过程。同时在溶液中的水合 Ag^+、Cl^- 不断地做无规则运动，部分的 Ag^+ 和 Cl^- 又撞击到 AgCl 的表面，受到固体表面的吸引，重新回到固体表面上来，这就是 AgCl 的沉淀（precipitation）的过程。

当溶解和沉淀的速度相等时，就建立了 AgCl 固体和溶液中 Ag^+ 和 Cl^- 之间的动态平衡，此时溶液为 AgCl 饱和溶液（saturated solution）。这是一种多相平衡，它表示为：

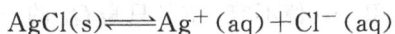

$$AgCl(s) \Longrightarrow Ag^+(aq) + Cl^-(aq)$$

该反应的标准平衡常数为：

$$K^\ominus = c(Ag^+) \cdot c(Cl^-)$$

对于一般的难溶电解质的沉淀溶解平衡可表示为：

$$A_nB_m(s) \Longleftrightarrow nA^{m+}(aq) + mB^{n-}(aq)$$

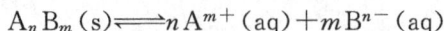

$$K_{sp}^{\ominus} = c^n(A^{m+}) \cdot c^m(B^{n-}) \tag{5-1}$$

式（5-1）表明，在一定温度时，难溶电解质的饱和溶液中，各离子浓度幂的乘积为常数，该常数称为溶度积常数，简称溶度积（solubility product），用符号 $K_{sp}^{\ominus}$ 表示。$K_{sp}^{\ominus}$ 的大小反映了难溶电解质的溶解程度，其值与温度有关，与浓度无关。一些常见难溶电解质的 $K_{sp}^{\ominus}$ 见附录。

严格地说，溶度积应为溶解平衡时离子活度的幂的乘积。但因溶液中难溶电解质的离子浓度很低，故离子浓度与离子活度相差很小，在不要求特别精确计算时，可用离子浓度代替活度而不会引起很大的误差。否则，应用离子活度进行计算。

5.1.2　溶度积和溶解度的相互换算

溶度积 $K_{sp}^{\ominus}$ 和溶解度 s（solubility）都可以用来表示物质的溶解能力。它们之间可以互相换算，可以由溶解度求溶度积，也可以由溶度积求溶解度。溶度积表达式中，离子的浓度用物质的量浓度表示，而溶解度常用各种不同的量度来表示，所以由溶解度求算溶度积时，先要把溶解度换算成物质的量浓度。

【例 5-1】　在 25℃时 AgBr 的 $K_{sp}^{\ominus} = 5.0 \times 10^{-13}$，试计算 AgBr 的溶解度（以物质的量浓度表示）。

解　AgBr 的沉淀溶解平衡为

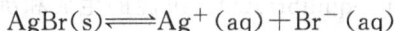

$$AgBr(s) \Longleftrightarrow Ag^+(aq) + Br^-(aq)$$

设 AgBr 的溶解度为 s，则　$c(Ag^+) = c(Br^-) = s$

$$K_{sp}^{\ominus} = c(Ag^+) \cdot c(Br^-) = s^2 = 5.0 \times 10^{-13}$$

$$s = \sqrt{5.0 \times 10^{-13}} = 7.1 \times 10^{-7} \ (mol \cdot L^{-1})$$

即 AgBr 的溶解度为 $7.1 \times 10^{-7} mol \cdot L^{-1}$。

应该指出溶解度与溶度积进行相互换算是有条件的。第一，难溶电解质的离子在溶液中应不发生水解、聚合、配位等反应；第二，难溶电解质要一步完全解离。只有符合这两个条件的难溶电解质，s 与 $K_{sp}^{\ominus}$ 之间才存在以上简单的数学关系。

5.1.3　溶度积原理

难溶电解质溶液中，其离子浓度幂的乘积称为离子积，用 Q_i 表示，对于 A_nB_m 型难溶电解质

$$Q_i = c^n(A^{m+}) \cdot c^m(B^{n-}) \tag{5-2}$$

Q_i 和 $K_{sp}^{\ominus}$ 的表达式相同，但其意义是有区别的，$K_{sp}^{\ominus}$ 表示难溶电解质沉淀溶解平衡时饱和溶液中离子浓度的乘积，对某一难溶电解质来说，在一定温度下 $K_{sp}^{\ominus}$ 为一常数。而 Q_i 则表示任意情况下的离子浓度乘积，其值不定。$K_{sp}^{\ominus}$ 只是 Q_i 的一种特殊情况。

对于某一给定的溶液，溶度积 $K_{sp}^{\ominus}$ 与离子积之间的关系可能有以下三种情况：

$Q_i > K_{sp}^{\ominus}$ 时，溶液为过饱和溶液。平衡向生成沉淀的方向移动，生成沉淀，直到达成新的平衡为止。所以 $Q_i > K_{sp}^{\ominus}$ 是沉淀生成的条件。

$Q_i = K_{sp}^{\ominus}$ 时，溶液为饱和溶液。处于平衡状态，不生成沉淀。若有沉淀存在，其量不增也不减。

$Q_i < K_{sp}^{\ominus}$ 时，溶液为未饱和溶液。若溶液中有难溶电解质固体存在，就会继续溶解，直至饱和为止。所以 $Q_i < K_{sp}^{\ominus}$ 是沉淀溶解的条件。

以上规则称为溶度积原理（solubility product principle）。在实践中常用来判断化学反应中是否有难溶电解质沉淀产生或溶解。

【例 5-2】 将等体积的 4.0×10^{-3} mol·L^{-1} AgNO$_3$ 和 4.0×10^{-3} mol·L^{-1}K$_2$CrO$_4$ 混合，有无 Ag$_2$CrO$_4$ 沉淀产生？已知 $K_{sp}^{\ominus}$(Ag$_2$CrO$_4$) $= 1.12 \times 10^{-12}$。

解 等体积混合后，浓度为原来的一半。c(Ag$^+$) $= 2.0 \times 10^{-3}$ mol·L^{-1}，c(CrO$_4^{2-}$) $= 2.0 \times 10^{-3}$ mol·L^{-1}。

$$
\begin{aligned}
Q_i &= c^2(\text{Ag}^+) \cdot c(\text{CrO}_4^{2-}) \\
&= (2.0 \times 10^{-3})^2 \times 2.0 \times 10^{-3} \\
&= 8.0 \times 10^{-9} > K_{sp}^{\ominus}(\text{Ag}_2\text{CrO}_4)
\end{aligned}
$$

所以有沉淀析出。

要在溶液中除去某种离子，往往采取使其产生沉淀的方法。因此，必须加入一种有足够浓度的沉淀剂溶液，使难溶电解质的离子积大于溶解度，产生沉淀，然后过滤分离。为了沉淀完全，沉淀剂的用量往往比计算值要大一些，一般加过量 20%～25% 沉淀剂。

沉淀作用到达平衡时，余留在溶液中的离子浓度幂的乘积等于溶度积。许多难溶电解质的溶度积很小，因此当沉淀作用达到平衡后，余留在溶液中的离子浓度很低，已不能定性反应检出，也不妨碍其他离子的鉴定，可以认为沉淀已达到完全。定量分析中，沉淀反应后，如离子浓度不超过 10^{-5} mol·L^{-1}，可认为该离子沉淀完全。对于某一种离子，往往有着许多种沉淀剂，沉淀产生的难溶电解质的溶度积也不一样。我们要选择合适的沉淀剂，使沉淀的溶解度达到最低程度，这样离子去除得比较完全。

5.2 沉淀溶解平衡的移动

和弱电解质溶液的解离平衡一样，在难溶电解质的沉淀溶解平衡系统中，加入相同离子、不同离子都会引起多相离子平衡的移动，改变难溶电解质的溶解度。

5.2.1 影响难溶电解质溶解度的因素

5.2.1.1 同离子效应

在难溶电解质的溶液中加入含有相同离子的强电解质，难溶电解质的多相平衡将发生移动。例如在 AgCl 的饱和溶液中加入 NaCl 溶液时，在原来澄清的 AgCl 饱和溶液中仍会有 AgCl 沉淀析出。这是因为 AgCl 饱和溶液中存在着下列平衡：

$$\text{AgCl(s)} \Longrightarrow \text{Ag}^+ + \text{Cl}^-$$

当在溶液中加入与 AgCl 含有相同离子的 NaCl 时，溶液中 Cl^- 浓度增大，平衡将向生成 AgCl 沉淀的方向移动，即有沉淀析出。直到溶液中 $c(Ag^+) \cdot c(Cl^-) = K_{sp}^{\ominus}$，建立新的平衡时沉淀才停止析出。这时 Cl^- 浓度大于 AgCl 溶解在纯水中的 Cl^- 浓度，这是由于加入 NaCl 溶液造成的，而 Ag^+ 浓度则小于 AgCl 溶解在纯水中 Ag^+ 的浓度。AgCl 的溶解度可用达到平衡时的 Ag^+ 的浓度来表示，因此，AgCl 在 NaCl 溶液中的溶解度比在纯水中要小。这种因加入含有相同离子的易溶强电解质，而使难溶电解质溶解度降低的效应，称为**同离子效应**，与酸碱平衡中的同离子效应相同。

【例 5-3】 已知室温下 $BaSO_4$ 在纯水中的溶解度为 1.05×10^{-5} mol·L^{-1}，$BaSO_4$ 在 0.010 mol·L^{-1} Na_2SO_4 溶液中的溶解度比在纯水中小多少？已知 $K_{sp}^{\ominus}(BaSO_4) = 1.1 \times 10^{-10}$。

解 设 $BaSO_4$ 在 0.010 mol·L^{-1} Na_2SO_4 溶液中的溶解度为 x mol·L^{-1}，则溶解平衡时

$$BaSO_4(s) \Longrightarrow Ba^{2+}(aq) + SO_4^{2-}(aq)$$

平衡时浓度/(mol·L^{-1}) $\qquad\qquad x \qquad 0.010 + x$

$$K_{sp}^{\ominus}(BaSO_4) = c(Ba^{2+}) \cdot c(SO_4^{2-}) = x(0.010 + x) = 1.1 \times 10^{-10}$$

因为溶解度 x 很小，所以 $\qquad 0.010 + x \approx 0.010$

$$0.010x = 1.1 \times 10^{-10}$$

$$x = 1.1 \times 10^{-8} (\text{mol·L}^{-1})$$

计算结果与 $BaSO_4$ 在纯水中的溶解度相比较，溶解度为原来的 $1.1 \times 10^{-8}/1.05 \times 10^{-5}$，即约为 0.1%。

5.2.1.2 盐效应

实验表明，在一定温度下，AgCl 等难溶电解质在 KNO_3 溶液中的溶解度比在纯水中大，并且 KNO_3 浓度越大难溶电解质的溶解度也越大。例如 $AgBrO_3$ 在 0.01 mol·L^{-1} KNO_3 溶液中的溶解度要比在纯水中大 15%，这种因加入强电解质使难溶电解质的溶解度增大的效应，称为**盐效应**。

不但加入不同离子的电解质能使沉淀的溶解度增大，就是加入具有同离子的电解质，在产生同离子效应的同时，也能产生盐效应。但盐效应大都要比同离子效应的影响小得多，所以一般可以不考虑盐效应。

5.2.2 沉淀的溶解

降低难溶强电解质饱和溶液中阴离子或阳离子的浓度，使难溶电解质的离子积小于溶度积，则难溶电解质的沉淀就会溶解，直到建立新的平衡状态。通常用来使沉淀溶解的方法有下列几种。

5.2.2.1 生成弱电解质使沉淀溶解

难溶的弱酸盐、氢氧化物等都能溶于酸而生成弱电解质。例如，在含有固体 $CaCO_3$ 的饱和溶液中加入盐酸后，系统中存在着下列平衡的移动：

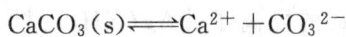

$$CaCO_3(s) \rightleftharpoons Ca^{2+} + CO_3^{2-}$$
$$+$$

$$HCl \longrightarrow Cl^- + H^+$$
$$\Downarrow$$
$$HCO_3^- + H^+ \rightleftharpoons H_2CO_3 \longrightarrow CO_2\uparrow + H_2O$$

由于 H^+ 与 CO_3^{2-} 结合生成弱酸 H_2CO_3，后者又分解为 CO_2 和 H_2O，使 $CaCO_3$ 饱和溶液中的 CO_3^{2-} 离子浓度大大减少，$c(Ca^{2+}) \cdot c(CO_3^{2+}) < K_{sp}^{\ominus}$，因而 $CaCO_3$ 溶解了。这种由于加酸生成弱电解质而使沉淀溶解的方法，称为沉淀的酸溶解。

金属硫化物也是弱酸盐，在酸溶解时，H^+ 和 S^{2-} 先生成 HS^-，HS^- 又进一步和 H^+ 结合成 H_2S 分子，结果 S^{2-} 减少，使 $Q_i < K_{sp}^{\ominus}$，则金属硫化物开始溶解。例如 FeS 的酸溶液可用下列平衡表示：

$$FeS(s) \rightleftharpoons Fe^{2+} + S^{2-}$$
$$+$$
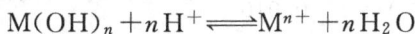
$$HCl \rightleftharpoons Cl^- + H^+$$
$$\Downarrow$$
$$HS^- + H^+ \rightleftharpoons H_2S$$

难溶的金属氢氧化物，如 $Mg(OH)_2$、$Mn(OH)_2$、$Fe(OH)_3$、$Al(OH)_3$ 等都能溶于酸，这是由于 H^+ 与 OH^- 生成 H_2O，使得 OH^- 不断减少，金属氢氧化物不断溶解。金属氢氧化物溶于强酸的总反应式为：

$$M(OH)_n + nH^+ \rightleftharpoons M^{n+} + nH_2O$$

5.2.2.2 通过氧化还原反应使沉淀溶解

有些金属硫化物的 $K_{sp}^{\ominus}$ 数值特别小，因而不能用盐酸溶解。如 CuS 的 $K_{sp}^{\ominus}$ 为 1.27×10^{-36}，如要使其溶解，则 $c(H^+)$ 需达到 $10^6 \ mol \cdot L^{-1}$，这是根本不可能的。如果使用具有氧化性的硝酸，则发生氧化还原反应，使金属硫化物饱和溶液中 S^{2-} 浓度大大降低，离子积小于溶度积，从而金属硫化物溶解。例如 CuS 溶于硝酸的反应如下：

$$CuS(s) \rightleftharpoons Cu^{2+} + S^{2-}$$
$$+$$

$$HNO_3 \longrightarrow S\downarrow + NO\uparrow + H_2O$$

HgS 的溶度积更小，为 6.44×10^{-53}，则需用王水来溶解，即利用浓硝酸的氧化作用使 S^{2-} 的浓度降低，同时利用浓盐酸 Cl^- 的配位作用使 Hg^{2+} 的浓度也降低，反应如下：

$$3HgS + 2HNO_3 + 12HCl =\!=\!= 3H_2[HgCl_4] + 3S\downarrow + 2NO\uparrow + 4H_2O$$

5.2.2.3 生成配合物使沉淀溶解

许多难溶的卤化物不溶于酸，但能生成配离子而溶解，这种以生成配离子而使沉淀溶解的过程叫沉淀的配位溶解。例如 AgCl 不溶于酸，但可溶于 NH_3 溶液，其反应如下：

$$AgCl(s) \rightleftharpoons Ag^+ + Cl^-$$
$$+$$
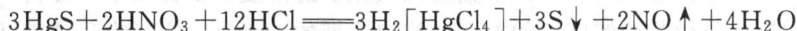
$$2NH_3 \rightleftharpoons [Ag(NH_3)_2]^+$$

由于 NH_3 和 Ag^+ 结合生成稳定的配离子 $[Ag(NH_3)_2]^+$，降低了 Ag^+ 的浓度，使 $Q_i < K_{sp}^{\ominus}$，则固体 AgCl 开始溶解。

难溶卤化物还可以与过量的卤素离子形成配离子而溶解，例如

$$AgI + I^- \longrightarrow AgI_2^-$$

$$PbI_2 + 2I^- \longrightarrow PbI_4^{2-}$$

$$HgI_2 + 2I^- \longrightarrow HgI_4^{2-}$$

$$CuI + I^- \longrightarrow CuI_2^-$$

两性氢氧化物在强碱性溶液中也能生成羟合配离子而溶解，如 $Al(OH)_3$ 与 OH^- 反应，生成配离子 $Al(OH)_4^-$。

5.3 多种沉淀之间的平衡

5.3.1 分步沉淀

在实际工作中，溶液中往往同时存在着几种离子。当加入某种沉淀剂时，沉淀是按照一定的先后次序进行的，这种先后沉淀的现象称为分步沉淀（fractional precipitation）。

例如在浓度均为 $0.010\,mol \cdot L^{-1}$ 的 I^- 和 Cl^- 溶液中，逐滴加入 $AgNO_3$ 试剂，开始只生成黄色的 AgI 沉淀，加入一定量的 $AgNO_3$ 时，才出现白色的 AgCl 沉淀。

在上述溶液中，开始生成 AgI 和 AgCl 沉淀时所需要的 Ag^+ 浓度分别是

$$AgI：c(Ag^+) > \frac{K_{sp}^{\ominus}(AgI)}{c(Cl^-)} = \frac{8.3 \times 10^{-17}}{0.010} = 8.3 \times 10^{-15} \ (mol \cdot L^{-1})$$

$$AgCl：c(Ag^+) > \frac{K_{sp}^{\ominus}(AgCl)}{c(Cl^-)} = \frac{1.8 \times 10^{-10}}{0.010} = 1.8 \times 10^{-8} \ (mol \cdot L^{-1})$$

计算结果表明，沉淀 I^- 所需 Ag^+ 浓度比沉淀 Cl^- 所需 Ag^+ 浓度小得多，所以 AgI 先沉淀。不断滴入 $AgNO_3$ 溶液，当 Ag^+ 浓度刚超过 $1.8 \times 10^{-8}\,mol \cdot L^{-1}$ 时 AgCl 开始沉淀，此时溶液中存在的 I^- 浓度为

$$c(I^-) = \frac{K_{sp}^{\ominus}(AgI)}{c(Ag^+)} = \frac{8.3 \times 10^{-17}}{1.8 \times 10^{-8}} = 4.6 \times 10^{-9} (mol \cdot L^{-1})$$

可以认为，当 AgCl 开始沉淀时，I^- 已经沉淀完全。如果我们能适当地控制反应条件，就可使 Cl^- 和 I^- 分离。

总之，当溶液中同时存在几种离子时，离子积首先达到溶度积的难溶电解质先生成沉淀，离子积后达到溶度积的后生成沉淀。对于同一类型的难溶电解质，溶度积差别越大，利用分步沉淀就可以分离得越完全。

除碱金属和部分碱土金属外，许多金属氢氧化物的溶度积都比较小。在科研和生产实践中，常根据金属氢氧化物溶解度间的差别，控制溶液的 pH 值，使某些金属氢氧化物沉淀出来，另一些金属离子仍保留在溶液中，从而达到分离的目的。

【例 5-4】 在 $1.0\,mol \cdot L^{-1}Co^{2+}$ 溶液中，含有少量 Fe^{3+} 杂质。问如何控制 pH，才能达到除去 Fe^{3+} 杂质的目的？

$$K_{sp}^{\ominus}[Co(OH)_2] = 1.09 \times 10^{-15}, K_{sp}^{\ominus}[Fe(OH)_3] = 4.0 \times 10^{-38}。$$

解 （1）计算使定量 Fe^{3+} 沉淀完全时的 pH：

$$Fe(OH)_3(s) \Longrightarrow Fe^{3+} + 3OH^- \quad K_{sp}^{\ominus}[Fe(OH)_3] = c(Fe^{3+}) \cdot c^3(OH^-)$$

$$c(OH^-) \geqslant \sqrt[3]{\frac{K_{sp}^{\ominus}[Fe(OH)_3]}{c(Fe^{3+})}} = \sqrt[3]{\frac{4.0 \times 10^{-38}}{10^{-6}}} = 3.4 \times 10^{-11} (mol \cdot L^{-1})$$

$$pH > 14.00 - [-lg(3.4 \times 10^{-11})] = 3.53$$

（2）使 Co^{2+} 不生成 $Co(OH)_2$ 沉淀的 pH：

$$Co(OH)_2(s) \Longrightarrow Co^{2+} + 2OH^- \quad K_{sp}^{\ominus}[Co(OH)_2] = c(Co^{2+}) \cdot c^2(OH^-)$$

不生成 $Co(OH)_2$ 沉淀的条件是：

$$即 \quad c(OH^-) \geqslant \sqrt{\frac{K_{sp}^{\ominus}[Co(OH)_2]}{c(Co^{2+})}} = \sqrt{\frac{1.09 \times 10^{-15}}{1.0}} = 3.3 \times 10^{-8} (mol \cdot L^{-1})$$

$$pH < 14 - [-lg(3.3 \times 10^{-8})] = 6.51$$

可见 $Co(OH)_2$ 开始沉淀时的 pH 为 6.51，而 $Fe(OH)_3$ 定量沉淀完全时（Fe^{3+} 浓度小于 $10^{-6} mol \cdot L^{-1}$）的 pH 为 3.53。所以控制溶液的 pH 在 3.53～6.51 之间可除去 Fe^{3+} 而不会引起 $Co(OH)_2$ 沉淀，这样就可以达到分离 Fe^{3+} 和 Co^{2+} 的目的。

许多金属硫化物的溶解度都很小，但它们的溶度积有一定的差别，并各有特定的颜色。因此，常利用硫化物的这些性质来分离和鉴定某些离子。金属硫化物是弱酸 H_2S 的盐，溶液中能否生成硫化物沉淀，除与金属离子浓度有关外，还与 S^{2-} 浓度有关。而溶液中 S^{2-} 浓度又取决于溶液的 pH。因此控制溶液的 pH，就可以使不同的金属硫化物在适当的条件下分步沉淀出来。

【例 5-5】 某溶液中 Zn^{2+} 和 Mn^{2+} 的浓度都为 $0.10 mol \cdot L^{-1}$，向溶液中通入 H_2S 气体，使溶液中的 H_2S 始终处于饱和状态，溶液 pH 应控制在什么范围可以使这两种离子完全分离？

解 根据 $K_{sp}^{\ominus}(ZnS) = 1.6 \times 10^{-24}$，$K_{sp}^{\ominus}(MnS) = 2.5 \times 10^{-13}$ 可知，ZnS 比较容易生成沉淀。

先计算 Zn^{2+} 沉淀完全时，即 $c(Zn^{2+}) < 1.0 \times 10^{-6} mol \cdot L^{-1}$ 时的 $c(S^{2-})$ 和 $c(H^+)$。

$$c(S^{2-}) = \frac{K_{sp}^{\ominus}(ZnS)}{c(Zn^{2+})} = \frac{1.6 \times 10^{-24}}{1.0 \times 10^{-6}} = 1.6 \times 10^{-18} (mol \cdot L^{-1})$$

$$c(H^+) = \sqrt{\frac{K_{a_1}^{\ominus} K_{a_2}^{\ominus} c(H_2S)}{c(S^{2-})}} = \sqrt{\frac{1.4 \times 10^{-21}}{1.6 \times 10^{-18}}} = 3.0 \times 10^{-2} (mol \cdot L^{-1})$$

$$pH = 1.70$$

然后计算 Mn^{2+} 开始沉淀时的 pH

$$c(S^{2-}) = \frac{K_{sp}^{\ominus}(MnS)}{c(Mn^{2+})} = \frac{2.5 \times 10^{-13}}{0.1} = 2.5 \times 10^{-12} (mol \cdot L^{-1})$$

$$c(H^+) = \sqrt{\frac{K_{a_1}^{\ominus} K_{a_2}^{\ominus} c(H_2S)}{c(S^{2-})}} = \sqrt{\frac{1.4 \times 10^{-21}}{2.5 \times 10^{-12}}} = 2.4 \times 10^{-5} (mol \cdot L^{-1})$$

$$pH = 4.62$$

因此只要将 pH 控制在 $1.70 \sim 4.62$ 之间，就能使 ZnS 沉淀完全，而 Mn^{2+} 沉淀又没有产生，从而实现 Zn^{2+} 和 Mn^{2+} 的分离。

5.3.2 沉淀的转化

由一种沉淀转化为另一种沉淀的过程叫做沉淀的转化（inversion of precipitate）。有些沉淀既不溶于水也不溶于酸，也不能用配位溶解和氧化还原的方法将它溶解。这时，可以先将难溶强酸盐转化为难溶弱酸盐，然后再用酸溶解。例如，锅炉中的锅垢不溶于酸，常用 Na_2CO_3 处理，使锅垢中的 $CaSO_4$ 转化为疏松的可溶于酸的 $CaCO_3$ 沉淀，这样就可以把锅垢清除掉了。

【例 5-6】 1.00L 0.100mol·L^{-1} 的 Na_2CO_3 可使多少克 $CaSO_4$ 转化为 $CaCO_3$？

解 设平衡时 $c(SO_4^{2-}) = x \, mol·L^{-1}$

$$CaSO_4(s) + CO_3^{2-}(aq) \Longrightarrow CaCO_3(s) + SO_4^{2-}(aq)$$

平衡浓度/(mol·L^{-1})

$$K^{\ominus} = \frac{c(SO_4^{2-})}{c(CO_3^{2-})} = \frac{c(SO_4^{2-}) \cdot c(Ca^{2+})}{c(CO_3^{2-}) \cdot c(Ca^{2+})} = \frac{K_{sp}^{\ominus}(CaSO_4)}{K_{sp}^{\ominus}(CaCO_3)} = \frac{9.1 \times 10^{-6}}{2.8 \times 10^{-9}} = 3.3 \times 10^3$$

$$K^{\ominus} = \frac{c(SO_4^{2-})}{c(CO_3^{2-})} = \frac{x}{0.1000 - x} = 3.3 \times 10^3$$

解得 $x = 0.10$，即 $c(SO_4^{2-}) = 0.10 \, mol·L^{-1}$

故转化掉的 $CaSO_4$ 的质量为 $136.14 \times 1.00 \times 0.10 = 13.6$ (g)

对于某些锅炉用水来说，虽经 Na_2CO_3 处理，已使 $CaSO_4$ 锅垢转化为易除去的 $CaCO_3$，但 $CaCO_3$ 在水中仍有一定的溶解度，当锅炉中水不断蒸发时，溶解的少量 $CaCO_3$ 又会不断地沉淀析出。如果要进一步降低已经 Na_2CO_3 处理的锅炉水中的 Ca^{2+} 浓度，还可以再用磷酸钠 Na_3PO_4 补充处理，使其生成磷酸钙 $Ca_3(PO_4)_2$ 沉淀而除去：

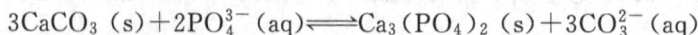

$$3CaCO_3(s) + 2PO_4^{3-}(aq) \Longrightarrow Ca_3(PO_4)_2(s) + 3CO_3^{2-}(aq)$$

这是因为 $Ca_3(PO_4)_2$ 的溶解度为 $1.14 \times 10^{-7} \, mol·L^{-1}$，比 $CaCO_3$ 的溶解度 $7.04 \times 10^{-5} \, mol·L^{-1}$ 更小，所以反应能向着生成更难溶的 $Ca_3(PO_4)_2$ 的方向进行。

一般来说，由一种难溶的电解质转化为更难溶的电解质的过程是很容易实现的；相反，由一种很难溶的电解质转化为不太难溶的电解质就比较困难。但应指出，沉淀的生成或转化除与溶解度或溶度积有关外，还与离子浓度有关。因此当涉及两种溶度积或溶度积相差不大的难溶物质的转化，尤其有关离子的浓度有较大差别时，必须进行具体分析或计算，才能明确反应进行的方向。

阅读资料 水污染及其危害

水是一种宝贵的自然资源。水是一切生命机体的组成物质，约占人体体重的 2/3。每人每天约需 5L 水，没有水就没有生命。水对生物体起着散发热量、调节体温的作用。水在工业生产上作为传递热量的介质、生产的原料或反应介质，工艺过程中的溶剂、洗涤剂、吸收剂等。

引起水体污染的原因来自两个方面：自然污染和人为污染，后者是主要的。**自然污染**主要是自然原因所造成的，如特殊地质条件使某些地区有某种化学元素大量富集，天然植物在腐烂过程中产生某种毒物，降雨淋洗大地和地面后夹带各种物质流入水体。**人为污染**是人类生活和生产活动中给水源带进了污染物，包括生活污水、工业废水、农田排水和矿山排水等。

废渣和垃圾倾倒在水中或岸边或堆积在土地上，经降雨淋洗流入水体也会造成污染。

下面简述几类主要污染物质的来源及危害。

1. 无机污染物

污染水体的无机污染物主要是指重金属、氧化物、酸、碱等。

(1) 重金属　重金属主要包括汞、镉、铅、铬等，此外还有砷。砷虽不是重金属，但毒性与重金属相似，故经常和重金属一起讨论，常称为"金属五毒"。重金属的致害作用在于使人体中的酶失去活性，它们的共同特点是即使含量很小也有毒性，因为它们能在生物体内积累，不易排出体外，因此危害很大。

水中的**汞**来源于汞极电解食盐厂、汞制剂农药厂、用汞仪表厂等的废水。汞中毒后，会引起神经损害、瘫痪、精神错乱、失明等症状，称为**水俣病**。汞的毒性大小与其存在形态有关，+1 价汞的化合物如甘汞 Hg_2Cl_2（难溶于水）毒性小，而 +2 价汞的毒性就大。水中的无机汞在微生物的作用下，会转变成有机汞：

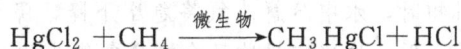

$$HgCl_2 + CH_4 \xrightarrow{微生物} CH_3HgCl + HCl$$

有机汞如甲基氯化汞的毒性更大，1953 年发生在日本的水俣病就是无机汞转变为有机汞，累积性的汞中毒事件。我国规定工业废水中汞的最大允许排放浓度（以 Hg 计）为 $0.05mg \cdot dm^{-3}$。

水中**镉**的主要存在形态是化合态，来源于金属矿山、冶炼厂、电镀厂、某些电池厂、特种玻璃制造厂及化工厂等的废水。镉有很高的潜在毒性，饮用水中含量不得超过 $0.01mg \cdot dm^{-3}$，否则将因积累而引起贫血、肾脏损害，并且使大量钙质从尿中流失，引起骨质疏松。1995 年发生在日本富山县的骨痛病就是镉污染所引起。中毒后骨骼变脆，全身骨节疼痛难忍，最终以剧痛而死亡。我国工业废水中镉的最大允许排放浓度（以 Cd 计）为 $0.1mg \cdot dm^{-3}$。

水中**铅**的主要存在形态为化合态，来源于金属矿山、冶炼厂、电池厂、油器厂等的废水及汽车尾气。铅是重金属污染中数量最大的一种，能毒害神经系统和造血系统，引起痉挛、精神迟钝、贫血等。我国工业废水中铅的最大允许排放浓度（以 Pb 计）为 $1.0mg \cdot dm^{-3}$。

水中**铬**的主要存在形式是铬酸根离子（CrO_4^{2-}）或重铬酸根离子（$Cr_2O_7^{2-}$），来源于冶炼厂、电镀厂及制革、颜料等工业的废水。铬的毒害作用是引起皮肤溃痛、贫血、肾炎等，并可能有致癌作用。Cr^{3+} 是人体中的一种微量营养元素，但过量也会引起毒害。我国工业废水中铬的最大允许排放浓度（以 +6 价 Cr 计）为 $0.5mg \cdot dm^{-3}$。

水中**砷**的主要存在形式是亚砷酸根离子（AsO_3^{3-}）和砷酸根离子（AsO_4^{3-}），AsO_3^{3-} 的毒性比 AsO_4^{3-} 要大。冶金工业、玻璃陶瓷、制革、燃料和杀虫剂生产的废水中都含有砷或砷的化合物。砷中毒会引起细胞代谢紊乱、胃肠道失常、肾衰退等。我国工业废水中砷的最大允许排放浓度（以 As 计）为 $0.5mg \cdot dm^{-3}$。

（2）氰化物、酸和碱　氰化物的毒性很强，在水中以 CN^- 存在。若遇酸性介质，则 CN^- 能生成毒性极强的挥发性氢氰酸 HCN。氰化物主要来源于电镀、煤气、冶金等工业的废水。CN^- 的毒性是由于它与人体中的氧化酶结合，使氧化酶失去传递氧的作用，引起呼吸困难，全身细胞缺氧而窒息死亡。口腔黏膜吸进约 50mg 氢氰酸，瞬间即能致死。我国工业废水中氰化物的最大允许排放浓度（以 CN^- 计）为 $0.5mg \cdot dm^{-3}$。

在水中还有一些金属离子，如 Cu^{2+}、Zn^{2+}、Fe^{3+}、Mn^{2+}、Ca^{2+} 和 Mg^{2+} 等，它们虽然都是人体必要的微量营养元素，但过量时对人体会引起毒害。此外，水中的 Ca^{2+}、Mg^{2+} 还会增加水的硬度。含 Fe^{2+} 或 Fe^{3+} 量高的水不仅要产生水垢，还会形成锈斑。冶金和金属加工时的酸洗工序、合成纤维等工业所排放的酸性废水中含有 H^+ 或其他离子酸，以及氯碱、造纸、印染、制革、炼油等工业所排放的碱性废水含有 OH^-、CO_3^{2-} 等离子均可使废水的 pH 发生变化（pH 过低或过高），会消灭或抑制一些有助于水净化的细菌及微生物的生长，从而影响了水的自净能力（水中某些微生物能分解有机污染物而使水净化），同时也增加了对水下设备和船舶的腐蚀作用。我国规定对酸、碱废水 pH 的最大允许排放标准是大于 6、小于 9。

2. 有机污染物

（1）碳氢化合物、脂肪和蛋白质　城市生活污水和食品、造纸等工业废水中含有大量的碳氢化合物、蛋白质、脂肪等。它们在水中的好氧微生物（指生活时需要氧气的微生物）的参与下，与氧作用分解（通常也称为降解）为结构简单的物质（如 CO_2、H_2O、NO_3^-、SO_4^{2-} 等）时，要消耗水中溶解的氧，所以常常称这些有机物为**耗氧有机物**。

水中含有大量耗氧有机物时，水中溶解的氧将急剧下降，降至低于 $4mg \cdot dm^{-3}$ 时，鱼就难以生存。若水中含氧量太低，这些有机物又会在厌氧微生物（指在缺氧的环境中才能生活的微生物）作用下，与水作用产生甲烷、硫化氢、氨等物质，即发生腐败、使水变质。

（2）杀虫剂、合成洗涤剂和多氯联苯、苯并 [a] 芘等　随着现代石油化学工业的高速发展，产生了多种原来自然界没有的有机毒物，如有机氯农药、有机磷农药、合成洗涤剂、多氯联苯（工业上用于油漆和油墨的添加剂、热交换剂和塑料软化剂等）、苯并 [a] 芘（来源于煤焦油、汽油、煤油、煤、香烟等的不完全燃烧）。这些化合物在水中很难被微生物降解，因而成为难降解有机物。它们被生物吸收后，在食物链中逐步被浓缩而造成严重危害。其中如苯并 [a] 芘、多氯联苯等还有致癌作用。

（3）石油产品　石油在开采、加工、贮运、使用的过程中，原油和各种石油制品进入环境而造成污染可带来严重的后果。这是因为石油成分有一定的毒性，具有破坏生物的正常生活环境，造成生物机能障碍的物理作用。石油比水轻又不溶于水，覆盖在水面上形成薄膜层，一方面阻止大气中的氧在水中溶解，另一方面因石油膜的生物分解和自身的氧化作用，消耗水中大量的溶解氧，致使水体缺氧。同时，油膜堵塞鱼的鳃部，使鱼呼吸困难，甚至引起鱼死亡。若以含油污水灌田，也可因油黏膜黏附在农作物上而使其枯死。

3. 水体的富营养化

流入水体的生活污水、食品等工业废水、农田排水和人畜粪便中，常含有磷、氮等水生植物生长、繁殖所必需的营养元素。对流动的水体，营养元素可随水流而稀释，一般影响不大。但在湖泊、水库、内海、海湾、河口等水体，水流缓慢，停留时间长，既适宜于植物营养元素的富集，又适宜于水生植物的繁殖。在含磷、氮有机物分解过程中，大量消耗水中的溶解氧并释放出养分，而使藻类及浮游生物大量繁殖，以致阻塞水道。由于占优势的浮游生物的颜色不同，水面往往呈现蓝色、红色、棕色或绿色等。这种现象在江河、湖泊中称为"**水华**"，在海中则叫做"**赤潮**"。

水体发生"富营养化"时，还由于缺氧，致使大多数水生动、植物不能生存，致死的动植物遗骸在水底腐烂沉积，使水质不断恶化。

含磷洗衣粉（内含三聚磷酸钠）的使用是造成水体富营养化的重要原因之一，因此我国已于 2000 年禁止生产与出售含磷洗衣粉，以无磷洗衣粉（硅酸钠、硅铝酸钠代替三聚磷酸钠）取代，走"**绿色洗涤**"之路。

4. 热污染

一些热电厂、核电站及各种工业过程中的冷却水，若不采取措施而直接排入水体，均可引起**热污染**。热污染对水体的危害不仅仅是由于温度的提高直接杀死水中某些生物（例如鳟鱼在水温 20℃时，可致死亡），而且，温度升高后，必然降低了水中氧的溶解量。这样不适宜的温度及缺氧的条件，对水中生态系统的破坏是严重的。

此外，还有来自原子能工业和原子反应堆设施的废水，以及核武器制造和核武器试验的**放射性污染**，病毒、病菌、寄生虫等病原微生物引起的污染等。

水是一种可以回收和重复利用的物资。现代水荒并不是由于自然界水分不足以支持人类的发展，而是由于人类使用得过于粗放和无序。一方面有严重的水量浪费，另一方面有水质的严重污染。节水防污并不只是一个科学问题，更是一项关系全社会、需全社会共同参与的重大事业。

习 题

1. 若要比较一些难溶电解质溶解度的大小，是否可以根据各难溶电解质的溶度积大小直接比较？即溶度积较大的，溶解度就较大，溶度积较小的，溶解度也就较小？为什么？

2. 往草酸（$H_2C_2O_4$）溶液中加入 $CaCl_2$ 溶液，得到 CaC_2O_4 沉淀。将沉淀过滤后，往滤液中加入氨水，又有 CaC_2O_4 沉淀产生。试从离子平衡观点予以说明。

3. 试从难溶物质的溶度积的大小及配离子的不稳定常数或稳定常数的大小定性地解释下列现象。

   (1) 在氨水中 $AgCl$ 能溶解，$AgBr$ 仅稍溶解，而在 $Na_2S_2O_3$ 溶液中 $AgCl$ 和 $AgBr$ 均能溶解；

   (2) KI 能自 $[Ag(NH_3)_2]NO_3$ 溶液中将 Ag^+ 沉淀为 AgI，但不能从 $K[Ag(CH)_2]$ 溶液中使 Ag^+ 以 AgI 沉淀形式析出。

4. 要使沉淀溶解，可采取哪些措施？举例说明。

5. 设 $AgCl$ 在水中，在 $0.01mol \cdot dm^{-3} CaCl_2$ 中，在 $0.01mol \cdot dm^{-3} NaCl$ 中以及在 $0.05mol \cdot dm^{-3} AgNO_3$ 中的溶解度分别为 s_0、s_1、s_2 和 s_3，这些量之间的正确关系是

   (A) $s_0 > s_1 > s_2 > s_3$ (B) $s_0 > s_2 > s_1 > s_3$

   (C) $s_0 > s_1 = s_2 > s_3$ (D) $s_0 > s_2 > s_3 > s_1$

6. 下列固体物质在同浓度 $Na_2S_2O_3$ 溶液中溶解度（以 $1 dm^3$ $Na_2S_2O_3$ 溶液中能溶解该

物质的物质的量计）最大的是

(A) Ag_2S　　　(B) AgBr　　　(C) AgCl　　　(D) AgI

7. 根据PbI_2的溶度积，计算在25℃时：

(1) PbI_2在水中的溶解度（$mol \cdot dm^{-3}$）；

(2) PbI_2饱和溶液中Pb^{2+}和I^-的浓度；

(3) PbI_2在$0.010mol \cdot dm^{-3}KI$的饱和溶液中Pb^{2+}的浓度；

(4) PbI_2在$0.010mol \cdot dm^{-3}Pb(NO_3)_2$溶液中的溶解度（$mol \cdot dm^{-3}$）。

8. 应用标准热力学数据计算298.15K时AgCl的溶度积常数。

9. 将$Pb(NO_3)_2$溶液与NaCl溶液混合，设混合液中$Pb(NO_3)_2$的浓度为$0.20mol \cdot dm^{-3}$，问：

(1) 当在混合溶液中Cl^-的浓度等于$5.0 \times 10^{-4}mol \cdot dm^{-3}$时，是否有沉淀生成？

(2) 当混合溶液中Cl^-的浓度多大时，开始生成沉淀？

(3) 当混合溶液中Cl^-的浓度为$6.0 \times 10^{-2}mol \cdot dm^{-3}$时，残留于溶液中$Pb^{2+}$的浓度为多少？

10. 若加入F^-来净化水，使F^-在水中的质量分数为（1.0×10^{-4}）%。问向含Ca^{2+}浓度为$1.0 \times 10^{-4}mol \cdot dm^{-3}$的水中按上述情况加入$F^-$时，是否会产生沉淀？

11. 工业废水的排放标准规定Cd^{2+}降低到$0.10mol \cdot dm^{-3}$以下即可排放。若用加消石灰中和沉淀法除去Cd^{2+}，按理论计算，废水溶液中的pH至少应为多少？

第6章 配位化合物

本章要求

1. 理解配位化合物的组成和结构。
2. 掌握配位化合物的命名。
3. 了解配位平衡及多重平衡的规则。
4. 了解配位化合物的应用。

配位化合物简称配合物，也称络合物，是一类比较复杂的无机化合物。研究配位化合物的化学称为配位化学。配位化学属于无机化学领域，是现代无机化学的一个重要研究领域。

伴随着现代实验手段的发展，尤其是 X 射线晶体衍射技术的发展，现代化学家已经可以充分认识配合物分子的结构，并能够用化学键理论对这些复杂结构加以合理解释。

配合物种类繁多，由于它们在化学、化工、生命科学的许多领域中良好的应用前景和具有特殊功能（如光、电、磁、信息存储等），使配位化学获得很大发展。

下面从配合物的组成、命名、结构、价键理论及其在生物医学等多方面的应用进行介绍。

6.1 配位化合物的组成

配合物由**中心离子**（或原子）和**配体**组成。中心离子通常是过渡金属离子，可以给配体提供空的原子轨道；在中心离子周围直接配位的有化学键作用的分子、离子或基团称为配体。在配体中，与中心离子直接形成配位键的原子称为**配位原子**。配位原子必须能够提供**孤对电子**。

例如，在 $[Co(NH_3)_6]Cl_3$（图 6-1）中，氨分子是配体，N 原子能提供孤电子所以是配位原子。配体与中心离子间的化学键称为配位键（化学式中以符号"→"表示配位键）。

在 $[Co(NH_3)_6]Cl_3$ 中，Cl^- 与 N 之间并未形成配位键，因此，Cl^- 不是配体，Cl 原子也不是配位原子。

以金属离子为中心离子的配合物，配体中通常含有 O、N、S 和卤素原子等配位原子。配体本身可以是中性分子，也可以是带电荷的阴离子或基团。含有 O、N、S 等原子的有机化合物种类繁多，大多可以作

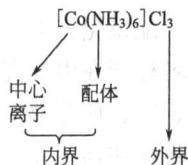

图 6-1 示意图

为配体，因此配合物的种类繁多。

根据配体提供的配位原子数目和配合物空间结构的特性，可以将配体分为以下几类。

（1）单齿配体　只含有一个配位原子，并且该配位原子只与一个中心离子结合的配体称为单齿配体。例如，NH_3、H_2O、Cl^- 和杂环化合物咪唑、吡啶等都可以是单齿配体，也叫单基配体。

（2）多齿配体　也叫多基配体。含有 2 个或 2 个以上配位原子的配体称为多齿配体，如 SO_4^{2-}、乙二胺、邻菲咯啉、乙二胺四乙酸等。以乙二胺四乙酸（简写 EDTA）为例（图 6-2），它的 4 个乙酸根上的氧原子和 2 个氨基上的氮原子都是可以配位的原子。

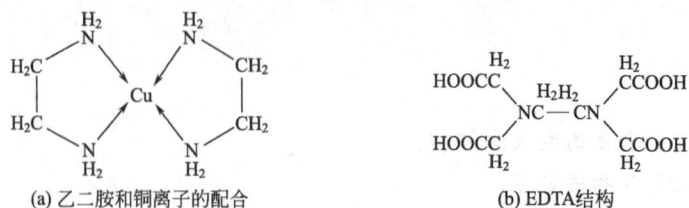

(a) 乙二胺和铜离子的配合　　　　(b) EDTA结构

图 6-2　多齿配体 EDTA

一个多齿配体中如果 2 个或 2 个以上的配位原子与同一个中心离子形成配合键，这种配合物称为螯合物。能提供多齿配体的物质称为螯合剂。

螯合物一般相当稳定。EDTA 是一种螯合剂，它能与许多金属离子形成十分稳定的螯合物。

含 π 键的化合物（如乙烯、丁二烯、苯），分子中形成 π 键的 p 电子（也称 π 电子）可以与金属原子（或离子）形成配位键。在乙烯与金属形成的配合物中，碳原子是配位原子，有很多有机化合物，能以其中的碳原子为配位原子与金属形成配合物，这类配合物（除 CO 为配体的以外）被称为金属有机化合物，通常被看成是有机化合物，而不是属于无机的配合物，本章不做过多的阐述。

6.2　配位化合物的命名

配位化合物的命名方法服从中国化学会制定的《无机化学命名原则》。按照"配位体数目-配体名称-合-中心原子（离子）（氧化数）"的顺序来命名，如 $[Co(NH_3)_6]^{3+}$ 命名为六氨合钴（Ⅲ）配离子。

若与配阳离子（即配离子是正离子）结合的负离子是简单酸根如 Cl^-、S^{2-} 或 OH^-，则该配合物叫做"某化某"；若与配阳离子结合的负离子是复杂酸根如 SO_4^{2-} 等，则叫做"某酸某"；若配合物含有配阴离子（即配离子是负离子），则在配离子后加"酸"字，也叫做"某酸某"，即把阴离子也看成是一个复杂酸根离子。

配位化合物命名方法较一般无机化合物复杂的问题是配离子的命名。配离子命名时，配体名称列在中心离子（或中心原子）之前，用"合"字将二者联在一起。在每种配体前用二、三、四等数字表示配体的数目（配体仅一个的"一"字常被省略），对于较复杂的配体，则将配体均写在括号中，以避免混淆。在中心离子之后用带括号的罗马数字（Ⅰ）、（Ⅱ）等表示中心离子的氧化数。例如：

$[Ag(NH_3)_2]Cl$ 氯化二氨合银（Ⅰ）

$[Cu(en)_2]SO_4$ 硫酸二（乙二胺）合铜（Ⅱ）

$H[AuCl_4]$ 四氯合金（Ⅲ）酸

$K_3[Fe(CN)_6]$ 六氰合铁（Ⅲ）酸钾

若某种配合物中配体不止一种时，不同配体名称之间以中圆点分开。则无机配体排在前，有机配体排在后；在同是无机配体或同是有机配体中，先阴离子而后中性分子；同类配体的名称，按配位原子元素符号的英文字母顺序排列，如先 NH_3 后 H_2O。例如：

$K[PtCl_3(C_2H_4)]$ 三氯·（乙烯）合铂（Ⅱ）酸钾

$[CoCl(NH_3)_3(H_2O)_2]Cl$ 二氯化一氯·三氨·二水合钴（Ⅲ）

$Co_2(CO)_8$ 八羰合二钴

命名中配体的先后顺序如下。

① 先无机后有机。

② 先阴离子后分子。

③ 同类配体中，按配位原子在英文字母表中的次序。

④ 配位原子相同，配体中原子个数少的在前。

⑤ 配体中原子个数相同，则按和配位原子直接相连的其他原子英文字母次序，如 $Cl^- > NH_3 > H_2O > en$。

6.3 配位化合物的结构

形成配合物的中心离子种类很多，可用做配体的化合物种类更是繁多，配体与中心离子配位的方式也多种多样，所以配合物的数量非常庞大，结构多种多样。借助于 X 射线晶体衍射的方法，人们测定了大量的配合物晶体结构，从而认识了配合物分子的结构和其规律。

6.3.1 配合物的空间构型

配合物与中心离子以配位键结合的配位原子的总数叫做配位数。例如，在 $NiCl_2(H_2O)_4$ 中 Ni^{2+} 的配位数是 6，原因是每个 Ni^{2+} 周围有 6 个配位原子，即 2 个配位 Cl 原子和 4 个配位 O 原子（来自 4 个配位水分子）。

配位数取决于中心离子和配体的性质。例如，中心离子核外电子排布的方式，中心离子的半径、配体的大小等。配位数还与合成配合物的实验条件有关，最常见的配位数是 2、4、5、6 等。元素周期表中第一过渡系金属的 +2 价离子，在配合物中经常同时和 4、5 或 6 个配位原子结合，所以这些金属离子常见的配位数是 4、5、6。在稀土元素为中心离子的配合物中，一个稀土离子可与多达 12 个配位原子以配位键结合，稀土元素常见配位数为 8、9、10、12。表 6-1 给出了一些常见金属离子的常见配位数。

表 6-1　一些金属离子的常见配位数

+2 价金属离子	配位数	+3 价金属离子	配位数
Ca^{2+}	6	Al^{3+}	4,6
Mg^{2+}	6	Cr^{3+}	6

＋2价金属离子	配位数	＋3价金属离子	配位数
Fe^{2+}	6	Fe^{3+}	6
Co^{2+}	4,6	Co^{3+}	6
Ni^{2+}	4,6	Au^{3+}	4
Cu^{2+}	4,5,6		
Zn^{2+}	4,6		

配合物中配位原子的空间位置被确定后，将相邻的配位原子用线相连，就得到配位原子围绕中心离子所形成的几何形状，称为配合物的空间构型。注意，我们所说配合物的空间构型，只是指配位原子围成的几何形状，并不包括中心离子。

配合物的空间构型与配位数是密切相关的。例如，配位数为 2 的配合物的空间构型就是直线形。常见的配合物空间构型有直线形、平面四方形、四面体形、四方锥形、三角双锥形、八面体形等。表 6-2 和图 6-3 列举了几种常见的配合物空间构型。

表 6-2　常见的配合物空间构型

配位数	2	4	4	5	6
轨道杂化类型	sp	sp^3	dsp^2 或 sp^2d	dsp^3 或 sp^3d	d^2sp^3 或 sp^3d^2
空间构型	直线型	四面体	平面正方形	三角双锥	正八面体
结构示意图					

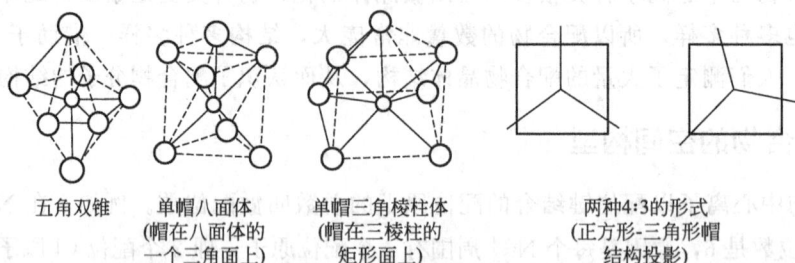

五角双锥　　单帽八面体　　单帽三角棱柱体　　　　　两种4:3的形式
　　　　　（帽在八面体的　（帽在三棱柱的　　　　　（正方形-三角形帽
　　　　　一个三角面上）　矩形面上）　　　　　　　结构投影）

图 6-3　复杂的配合物空间构型

由于配位原子和中心离子的配位键长不等，这些空间构型经常会有一定程度的畸变。配位数相同的配合物，也可能具有不同的空间构型。例如，配位数为 5 的配合物，常见四方锥形（金字塔形）和三角双锥形两种不同的空间构型；配位数为 4 的配合物，常见平面四方形和四面体形两种不同的空间构型。稀土元素为中心离子的配合物中，常见配位数在 7~12 之间，相应的空间构型更为复杂。

6.3.2　配合物的异构现象

按照异构体的一般定义，配合物的异构现象可以理解为分子式相同但结构不同。异构现象在配合物中普遍存在，相对有机化合物的异构而言，配合物的异构方式的内容和形式更为丰富多彩。

配合物的异构可以是与配位键相关的异构现象，大致可分为以下几类。

（1）构造异构现象　多种配体同时存在时，由于配位竞争的原因，配体和中心原子间的配位键不同而造成的配位异构。

例如，具有八面体形空间构型的 Co^{3+} 配合物 $[Co(NH_3)_5Br]SO_4$ 和 $[Co(NH_3)SO_4]Br$，是一对异构体。它们都有 5 个相同的 Co—N 配位键，所不同的是，前者 Br^- 与 Co^{2+} 配位，SO_4^{2-} 不配位；而在后者 SO_4^{2-} 与 Co^{2+} 配位，Br^- 不配位。两者的性质差异显著：$[Co(NH_3)_5Br]SO_4$ 呈暗紫色，室温下不与 $AgNO_3$ 反应，与 $BaCl_2$ 反应生成沉淀；$[Co(NH_3)SO_4]Br$ 呈紫红色，室温下不与 $BaCl_2$ 反应，与 $AgNO_3$ 反应生成沉淀。

有些多齿配体含有不同种类的配原子，在与中心金属离子配位时，可以用不同的配位原子配位，也导致形成配位异构体。例如，硝基 Co^{2+} 中 O 原子和 N 原子都有可能与金属离子配位，这两种配合物的颜色不同，采用硝基的 N 原子配位的化合物显黄色，化学性质较稳定，在避光条件下数月不变性。但在紫外光照下，会变为红色的采用硝基的 O 原子与 Co^{2+} 配位的配合物。红色的配合物很不稳定，放置时又会变为黄色的配合物。

（2）几何异构现象　配体和中心离子形成配位键时由配体空间位置差异导致的异构现象称几何异构，又称顺反异构。例如，具有平面四方形空间结构的 Pt^{2+} 配合物 $[Pt(NH_3)_4Cl_2]$，两个 Cl—Pt 配位键的相对位置不同形成顺氏（cis）与反式（trans）两种异构体。顺氏配合物中，两个 Cl^- 处于相邻的位置；反式配合物中，它们处于相对的位置，如图 6-4 所示。这两种结构都已得到 X 射线晶体衍射实验的证实。

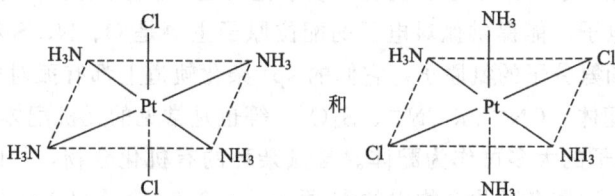

图 6-4　$[Pt(NH_3)_4Cl_2]$ 异构

这两种异构体分别被称为顺铂和反铂，它们的性质差异很大。顺铂为亮黄色或橙黄色的结晶性粉末，别名顺氯氨铂，对多种肿瘤有效，是一个好的抗癌药物，进入人体后能够与 DNA 结合成为 cis-DNA 加合物，它能抑制癌细胞 DNA 的复制，阻止癌细胞的再生。虽然反铂也能与 DNA 形成 trans-DNA，但是由于结构的原因，能够被细胞识别而排除，所以没有抗癌作用。

六配位配合物通常具有八面体形空间构型。当配合物中含有多种不同的配体时，由于不同种类的配体可占据八面体上不同的顶点位置，所以能够形成种类繁多的异构体。例如，Co^{3+} 的两种配合物 cis- $[Co(NH_3)_4Cl_2]Cl$ 见图 6-5。这些异构体也常常表现出不同的性质。

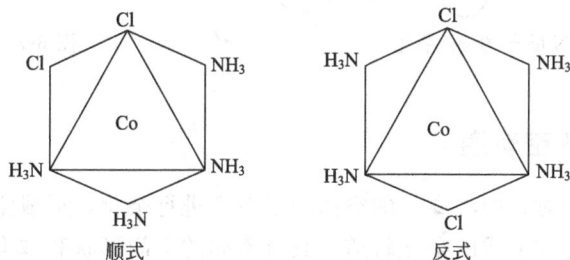

顺式　　　　　反式

图 6-5　$[Co(NH_3)_4Cl_2]$ 异构

6.4 配位化合物的价键理论

从微观方面看，配合物与一般化合物的区别在于它们组成元素的原子间结合方式——化学键不同。配合物的中心离子与配体之间的作用实际上是通过中心离子与配位原子之间的化学键，即配位键实现的。配位键有时用离子键解释（即电价配位键），有时用共价键解释（即共价配位键）。两种解释都只是人们对客观规律的近似理解。事实上，化学家们并无足够的证据来断言某一化学键是离子键还是共价键，有时会认为某一配位键既有离子键成分，也有共价键成分。同时，为了进一步解释配合物的性质，化学家还提出了晶体场理论、配位场理论等化学键理论，这些将在结构化学课程中作详细讨论。这里主要对价键理论做简要介绍。

价键理论认为，配位化合物中的共价配位键是通过中心离子和配位原子的原子轨道相互重叠、两原子共用一对电子而形成的。与有机化合物中的一般共价键不同，配合物的共价配位键中，共用的电子对是由配位原子单方面提供的。中心离子只提供没有电子的空轨道，接受由配位原子提供的孤对电子而形成配位键。也就是说，中心离子的空轨道与配位原子中带有一对电子的轨道重叠，形成金属与配位原子间的共价配位键。中心离子与配位原子形成的配位键通常都是单键，其成键方式是中心离子的空轨道与配位原子的轨道"头对头"重叠。

6.4.1 配位原子的孤对电子

要能与中心离子形成配合物，配位原子的某个原子轨道（或杂化轨道）上必须具有未成键的电子对，这种电子对被称为孤对电子。能提供孤对电子的配位原子主要是 O、N、S 和卤素原子等。例如，水分子的氧原子和氨分子的氮原子，它们的 sp^3 杂化轨道上都有孤对电子（图 6-6），所以水和氨都是常用的配体。CN^-、SCN^-、$S_2O_3^{2-}$ 等也是常见的无机配体。

有机化合物中，含 N、O、S 等原子的大多可作为配体。含氮杂环的有机化合物，如吡啶、咪唑和卟啉等，也是常见的配体。这些杂环化合物中的 N 原子，1 个 2s 轨道和 2 个 2p 轨道形成 3 个 sp^2 杂化轨道，其中 2 个 sp^2 杂化轨道上各有 1 个电子，另一个 sp^2 杂化轨道上则有一对孤对电子，能参与形成配位键，如图 6-7 所示。

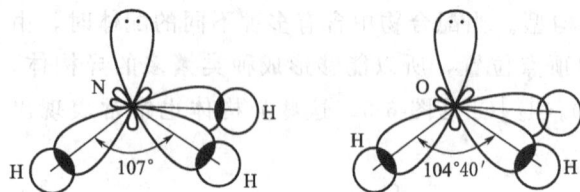

图 6-6 O、N 原子的 sp^3 杂化

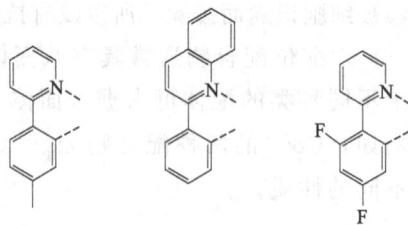

图 6-7 N 原子的 sp^2 杂化

6.4.2 中心离子的空轨道

在形成配位化合物时，中心离子的空的原子轨道进行杂化，形成空的（没有电子的）杂化轨道。不同的杂化方式形成的杂化轨道，具有不同的空间形状和取向。这些空的杂化轨道参与形成配位键，使得配合物具有不同的空间构型。因此配合物的空间构型，可以用中心离

子的杂化轨道类型来解释。

配合物的中心离子（或原子）大多是位于周期表 d 区的金属元素以及 ds 区的副族元素

V　Cr　Mn　Fe　Co　Ni　Cu　Zn
Mo　Tc　Ru　Rh　Pd　Ag　Cd
W　Re　Os　Ir　Pt　Au　Hg

最常见的有 Fe^{2+}、Co^{2+}、Ni^{2+}、Cu^{2+}、Zn^{2+}、Ag^+ 等。这些金属离子的外层都有空着的原子轨道，可经杂化形成空的杂化轨道。中心离子通常用 $(n-1)$d、ns、np、nd 原子杂化，形成杂化轨道。不同的杂化方式形成的空间构型不相同。

例如，在配离子 $[Zn(NH_3)_4]^{2+}$ 中，Zn^{2+} 的第 3 电子层是充满的，第 4 电子层是空的。由 Zn^{2+} 1 个空 4s 轨道和 3 个空 4p 轨道进行杂化，形成 4 个 sp^3 杂化空轨道，这样，Zn^{2+} 就能形成具有正四面体空间构型的配合物。NH_3 分子中的 N 原子，本来就以 sp^3 杂化形成了 4 个 sp^3 杂化轨道，其中 3 个杂化轨道已经用于与 3 个 H 原子成键，剩下的 sp^3 杂化轨道上有一对孤对电子（见图 6-6）。当 4 个 NH_3 分子接近 Zn^{2+} 时，N 原子上带孤对电子的 sp^3 杂化轨道和 Zn^{2+} 的 sp^3 杂化空轨道重叠，并共用 N 原子的孤对电子，形成配位键，所以就形成了具有正四面体构型的 $Zn(NH_3)_4^{2+}$ 配离子。

例如，在配离子 $[Ag(NH_3)_2]^+$ 中，中心离子 Ag^+ 的价电子轨道中 4d 轨道已充满，而 5s 和 5p 轨道是空的。Ag^+ 的 1 个 5s 和 1 个 5p 轨道采用 sp 杂化，用 sp 杂化轨道参与形成配位键，当 2 个 NH_3 分子接近 Ag^+ 时，每一个 NH_3 提供一对孤对电子，形成配位键，形成直线形构型的配合物。

有时，中心离子会先让原先分布在不同轨道上的电子重新排布，集中占据一些轨道，这些空出的轨道和原本就空的外层轨道一起杂化，形成杂化空轨道，用来和配位原子形成配位键，可以形成平面四边形、八面体等空间构型。由于金属原子杂化涉及 d 轨道杂化，此部分普通化学范畴暂不讨论。

形成配合物时，中心离子的电子构型和配体的性质（如离子电荷、离子半径等）共同影响中心离子杂化轨道的类型和配合物的空间构型。由于中心离子的空轨道可以包括 $(n-1)$ d、ns、np、nd 等轨道，杂化方式多种多样，配体也种类繁多，所以中心离子的杂化轨道类型与配合物的空间构型有各种不同情况，表 6-3 列举了一些中心离子常见的杂化方式和对应的配合物的空间构型。

表 6-3　某些配合物的杂化轨道类型与空间构型

配位数	杂化轨道	空间构型	实　例
2	sp	直线形	$[Ag(NH_3)_2]^+$，$[AuCl_2]^-$，$[HgCl_2]$
4	sp^3	四面体形	$[Zn(NH_3)_4]^{2+}$，$[Cu(CN)_4]^{3-}$，$[HgI_4]^{2-}$，$[Ni(CO)_4]$
	dsp^2	平面四边形	$[Ni(CN)_4]^{2-}$，$[Cu(NH_3)_4]^{2+}$，$[AuCl_4]^-$，$[PtCl_4]^{2-}$
6	d^2sp^3	八面体形	$[Fe(CN)_6]^{3-}$，$[PtCl_6]^{2-}$，$[Cr(CN)_6]^{3-}$
	sp^3d^2		$[FeF_6]^{3-}$，$[Cr(NH_3)_6]^{3+}$，$[Ni(NH_3)_6]^{2+}$

最后需要指出，虽然配位键的价键理论较好地解释了过渡金属配合物中常见的四面体、八面体等空间构型，但是在稀土配合物中，配位键基本没有方向性，所以难以用价键理论来解释稀土配合物复杂的不很规则的空间构型。

通常认为稀土配合物中的配位键是具有离子键性质的电价键，配体和中心离子的结合主要靠的是静电作用。中心离子周围如果有空的位置允许配体靠近，那么，当配体靠近到一定程度时，就在配体和金属离子间形成了静电性质的配位键。所以，在稀土配合物中，配位数和配位键方向，主要由稀土离子半径和配体体积决定。

6.5 配位化合物的热力学稳定性和配位平衡

配合物（或配离子）是金属离子的最普遍存在形式之一。因为金属离子的外层轨道是空着的，只要有合适的配体存在，总能与金属离子形成配位键。例如，在大家熟悉的五水硫酸铜晶体中，每个 Cu^{2+} 和 6 个 O 原子配位，其中，4 个 O 原子来自 4 个水分子，另外 2 个 O 原子来自两个不同的 SO_4^{2-} 的 O 原子，晶体中每个 SO_4^{2-} 又通过 Cu—O 配位键连接 2 个 Cu^{2+}，形成无机聚合物的大分子，如图 6-8 所示。换言之，我们经常讲的五个结晶水的硫酸铜，实际上只有一个结晶水，其余四个都通过 O 配位原子与 SO_4^{2-} 配位，是配位水。五水硫酸铜的化学式写成 $[Cu(H_2O)_4SO_4]\cdot H_2O$ 更为合适。

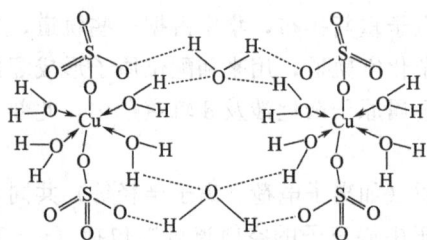

图 6-8 五水硫酸铜结构

金属盐在溶剂中的溶解过程，大多是金属离子与溶剂分子形成配位键的过程。如果溶剂分子含有孤对电子，可以作为配体与金属离子形成配离子，该溶剂就可能是金属盐的良好溶剂。大多数金属盐都能溶解在水、乙醇等含有氧原子的溶剂中，也能溶解在四氢呋喃等含氧原子的溶剂中，但难溶解在四氯化碳、苯等液体中。这种溶解性能的差别，可以用氧原子对金属离子的配位来解释。含有孤对电子的氮原子也是很好的配原子，可以与多种金属离子形成配离子，因此，氨水可以溶解许多不同种类的金属盐，甚至不少在水中不溶或难溶的金属盐。例如，我们知道 AgCl 在水中几乎不溶解，但可以溶解在氨水中，这时因为 Ag^+ 可以和 NH_3 形成配离子 $[Ag(NH_3)_2]^+$，AgCl 的溶解过程就是配离子 $[Ag(NH_3)_2]^+$ 的形成过程；在形成配离子的过程中，Ag^+ 和 Cl^- 之间原来的化学键被破坏，Ag^+ 和 NH_3 间形成新的配位键。上述五水硫酸铜晶体在水中的溶解过程也伴随着 Cu^{2+} 与 SO_4^{2-} 之间的 Cu—O 配位键的破坏和 Cu^{2+} 与水分子之间 Cu—O 配位键的形成。

虽然配体与金属离子形成共价配位键的原理是一样的，但是不同的配体对不同金属离子的配位能力是不同的。例如，$CuSO_4$ 在水中的溶解度比在乙醇中的大，说明了 Cu^{2+} 与水的配位能力强，与乙醇的配位能力较弱；AgCl 在氨水中的溶解度比在水中的大，说明 Ag^+ 与 NH_3 的配位能力强，与水的配位能力较弱。

配体配位能力的差异可以用配位平衡原理来说明。配体在与金属离子形成配位键的同时，形成了的配位键也在断裂。在任何配合物溶液中，同时存在着配合物生成和分解这两个相反的过程：

$$Cu^{2+}+NH_3 \rightleftharpoons Cu(NH_3)^{2+}$$

$$Cu(NH_3)^{2+}+NH_3 \rightleftharpoons Cu(NH_3)_2^{2+}$$

$$Cu(NH_3)_2^{2+}+NH_3 \rightleftharpoons Cu(NH_3)_3^{2+}$$

$$Cu(NH_3)_3^{2+}+NH_3 \rightleftharpoons Cu(NH_3)_4^{2+}$$

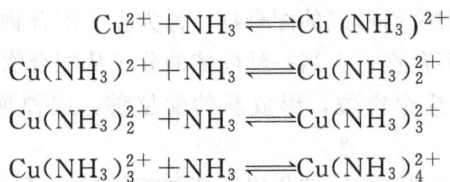

以上正方向过程是 $Cu(NH_3)_4^{2+}$ 分级形成的过程，反方向是逐步分解的过程。可以看到，当 Cu^{2+} 进入氨水溶液时，会形成各级铜氨配合物离子，各级铜氨配合物离子的稳定程度可以用配合物逐级形成时的平衡常数表示。当生成和分解达到平衡时，配合物和配体的浓度关系可用反应平衡常数 K 来表示。

$$K_1 = \frac{[Cu(NH_3)^{2+}]}{[Cu^{2+}][NH_3]} = 2 \times 10^4$$

$$K_2 = \frac{[Cu(NH_3)_2^{2+}]}{[Cu(NH_3)^{2+}][NH_3]} = 5 \times 10^3$$

$$K_3 = \frac{[Cu(NH_3)_3^{2+}]}{[Cu(NH_3)_2^{2+}][NH_3]} = 1.1 \times 10^3$$

$$K_4 = \frac{[Cu(NH_3)_4^{2+}]}{[Cu(NH_3)_3^{2+}][NH_3]} = 2 \times 10^2$$

以上的平衡常数称为配合物各级的稳定常数。平衡常数的数值表示相应配合物的稳定程度。K 值越大，表示平衡常数时的配离子的形成能力越大。将以上各级的稳定常数相乘，可以得到配合物的总稳定常数。上述反应的总反应是：

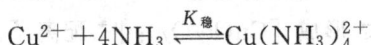

$$Cu^{2+}+4NH_3 \overset{K_稳}{\rightleftharpoons} Cu(NH_3)_4^{2+}$$

用 $K_稳$ 表示：

$$K_稳 = K_1 \times K_2 \times K_3 \times K_4 = 2.2 \times 10^{13}$$

一般我们使用的时候，直接写出总反应的稳定常数即可。例：

$$Ag^+ + 2NH_3 \rightleftharpoons Ag(NH_3)_2^+$$

$$K_稳 = 1.1 \times 10^7$$

$$K_稳 = \frac{[Ag(NH_3)_2^+]}{[Ag^+][NH_3]^2} \quad K_{不稳} = \frac{[Ag^+][NH_3]^2}{[Ag(NH_3)^+]}$$

作为一种化学反应的平衡常数，$K_稳$ 与反应过程的自由能增量 $\Delta_r G_m^\ominus$ 有关：

$$-RT\ln K_稳 = \Delta_r G_m^\ominus$$

因此，这里的自由能增量 $\Delta_r G_m^\ominus$ 是指上述反应的总反应的 $\Delta_r G_m^\ominus$。不同反应的 $\Delta_r G_m^\ominus$ 不同，所以不同配合物具有不同的 $K_稳$ 常数。$K_稳$ 常数越大，表示该配合物的分子越稳定；$K_稳$ 常数越小，表示该配合物越不稳定。通常，配合物的稳定常数 $K_稳$ 会是比较大的值，其结果是在有充足配体存在的溶液中，不参与配位的金属离子浓度变得很低。如上述氨水中 Cu^{2+} 浓度会变得很小。但是，若溶液中 Cu^{2+} 因某种原因（例如电解）而消耗掉，各级铜氨配合物离子会因平衡移动而分解，以维持 Cu^{2+} 浓度不会迅速降低。这种配位平衡的性质，使得配合物在工业上有实际应用的价值。

溶液中若存在多种配体，各种配体都可与中心金属离子配位。例如，把 $[Cu(H_2O)_4SO_4] \cdot H_2O$ 晶体溶解在氨水中，水、氨、SO_4^{2-} 都可能与 Cu^{2+} 配位，溶液中同

时有多种不同的 Cu^{2+} 配合物，如 $[Cu(H_2O)_2(NH_3)_2SO_4]$、$[Cu(H_2O)_3(NH_3)SO_4]$ 等。像这种多种配体与同一金属配位而形成的配合物，称为多元配合物。多元配合物中多种配位键的生成与断裂的过程随时都存在着。当一种配体的分子从配合物上解离下来时，另一种配体有可能占据金属离子上的这个空位，形成新的配位键，这种现象是配位离子的转化引起的。

配合物的制备基本上就是利用配体转化得到新的配合物分子（或离子）。溶液中金属配合物的合成反应，就是配体转化的过程。由于金属离子本来就已经与溶剂分子、酸根阴离子等形成了配位键，所以人们需要创造条件，使新加入的配体与原来（已经和中心离子配位）的配体发生配体交换反应，得到希望的配合物。配体交换反应的速率、配位平衡常数的大小，都对能否成功实现目标配合物的合成有影响。由于提高温度、压力等可加快反应速率，如有必要，可在加压条件下进行溶剂合成。

【思考】 酸碱、沉淀、氧化还原分别会对配位平衡产生怎样的影响？

6.6 配位化合物的应用

配位化学开创了无机化学的研究新领域，对现代科学技术的发展做出了重要的贡献。它为发展原子能、电子工业、空间技术提供了核燃料及超纯物质的制备方法和分析技术，配合物在无机制备、分析化学、有机合成、催化作用等领域都占有重要地位。配合物种类繁多，应用很广，下面从几个方面对配合物的应用作简要介绍。

（1）电镀工业方面 例如，在电镀铜工艺中，一般不直接用 $CuSO_4$ 溶液作电镀液，而常加入配位剂（$K_4P_2O_7$），使之形成 $[Cu(P_2O_7)_2]^{6-}$ 配离子。溶液中存在下列平衡：

$$Cu^{2+} + 2P_2O_7^{4-} \rightleftharpoons [Cu(P_2O_7)_2]^{6-}$$

配离子 $[Cu(P_2O_7)_2]^{6-}$ 比较稳定，它的稳定常数 $K_稳 = 10^9$，因此溶液中游离的 Cu^{2+} 浓度很低，在镀件（阴极）上 Cu 的析出电势代数值减小，若溶液中 Cu^{2+} 在电镀中被消耗掉，配离子 $[Cu(P_2O_7)_2]^{6-}$ 会因平衡移动而解离，Cu^{2+} 浓度维持在相对稳定值，不会迅速降低。这样，可以较好地控制 Cu 的析出速率，从而有利于得到较均匀、较光滑、附着力较好的镀层。

（2）离子的定性和定量鉴定 在分析化学中，配合物常用于离子含量测定、分离、鉴定，或者干扰离子的掩蔽等。例如，EDTA 可以与多种金属离子形成配合物，它可以作为滴定剂测定水中 Ca^{2+} 和 Mg^{2+} 的含量（即水的硬度）。一些金属离子与配位剂形成配合物时会带有特定的颜色和溶解度，这可用来定性鉴定溶液中是否含有某种金属离子。例如，Ni^{2+} 在弱碱性条件下能与丁二肟形成鲜红色的、难溶于水而易溶于乙醚等有机溶剂的螯合物，该法可以鉴定溶液中是否有 Ni^{2+}；再如利用氨水能与溶液中的 Cu^{2+} 反应生成深蓝色的 $[Cu(NH_3)_4]^{2+}$ 和 Fe^{3+} 能与 SCN^- 形成血红色的物质（主要是 $[Fe(SCN)]^{2+}$ 配离子）来检验 Cu^{2+} 和 Fe^{3+} 的存在与否；为验证无水酒精是否含有水，可往酒精中投入白色的无水硫酸铜固体，若变成浅蓝色（配离子 $[Cu(H_2O)_4]^{2+}$ 的颜色），则表明酒精中含有水。

（3）聚合反应的催化剂 配位催化（利用配位反应而产生催化作用）在有机合成、合成橡胶、合成树脂以及地质科学、金属的防锈、环境保护等方面都有重要应用。高分子聚合反应的 Zigler-Nata（齐格勒-纳达）催化剂，其催化机理就涉及烯烃与 $TiCl_3$ 之间的 π 配位。

Ti 原子的配位数在五配位和六配位间变化：五配位时 Ti 原子连接着 4 个 Cl 原子和 1 个烷基配体；当 1 个含双键结构的烯烃靠近 Ti 原子时，Ti 原子采用六配位，双键中的两个 C 原子，1 个与 Ti 原子配位，另一个与原来和 Ti 配位的烷基配体结合形成化学键，这时，烷基配体与 Ti 原子间的配位键断裂，Ti 原子重新回到五配位的状态，只是新的烷基配体比原来的烷基配体多连接了一个聚合了的烯烃单体；然后，下一个烯烃单体靠近 Ti 原子，重新进入六配位的状态，从而导致烷基配体链增长。

（4）具有潜在应用前景的新材料　过去几十年中，化学家们合成了大量新的配合物，其中一些具有潜在的使用价值。

例如，适当的桥联配体与金属离子配位后，可以形成具有三维空间结构的聚合配合物。通过合理设计和尝试，已经合成了一些具有较多空穴的结晶态配合物，这类配合物有可能作为新型的多孔吸附材料或者储氢材料。Zn 与对二甲酸等多齿配体形成的三维立体配合物中，晶体中有占总体积 60% 的空穴。进一步的研究表明，氢气能够在这些空穴中被吸附，饱和吸附后，空穴内氢的密度接近液态氢。

（5）生物体系中的配合物　生物体中的微量金属元素常以配合物的形式存在。如在生物体内各种各样起着特殊催化作用的酶，很多是 Fe^{2+}、Zn^{2+}、Mg^{2+}、Co^{2+}、Mo^{2+}、Mn^{2+}、Cu^{2+}、Ca^{2+} 等金属配合物。这些配合物，在生命过程中发挥着重要作用。

例如，人体内输送 O_2 的血红素是铁的配合物（确切地说是 Fe^{2+} 的卟啉螯合物），血红素分子中，配体卟啉的 4 个 N 原子和 Fe^{2+} 配位形成具有平面结构的螯合物，如图 6-9 所示。

血红素是血红蛋白分子中的辅基，血红素与蛋白质结合，形成血红蛋白。血红蛋白通过肺部获取氧分子形成氧合血红蛋白，当血液流到身体的其他部分，氧合血红蛋白释放出氧气又变成原先的血红蛋白。

血红蛋白晶体的 X 射线结构研究发现，在血红蛋白中，血红素中的 Fe^{2+} 除了与卟啉配位以外，还与血红蛋白中组氨酸上的咪唑配位，形成四方锥的空间结构，使得 Fe^{2+} 偏向咪唑而偏离卟啉环平面。在四方锥结构中与第 5 配原子相对的位置处，存在着另一个组氨酸，但是该组氨酸上的咪唑距离 Fe^{2+} 较远，没有能形成配位键。这样，在 Ni^{2+} 的第 6 配位原子处留着一个较大的空间，

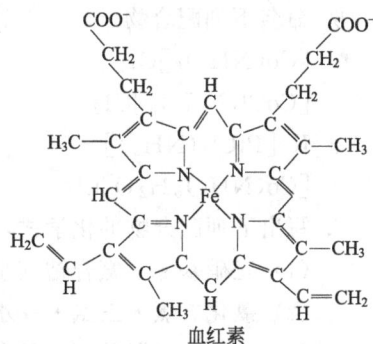

图 6-9　铁的卟啉螯合物

可以容纳 CO_2 这样大小的分子。当血液中 O_2、CO_2 或 CO 分子扩散到这里时，这些分子的氧原子能够和 Fe^{2+} 配位形成八面体构型的配合物，随着血液流动而在器官间输运。形成八面体空间构型后，中心 Fe^{2+} 回到卟啉环平面上，使得第 6 配位原子处的空间显得狭窄，O_2 或 CO_2 分子的配位较弱。由于 CO 分子比 O_2 和 CO_2 分子都小，所以 CO 分子和血红蛋白中血红素 Fe^{2+} 的结合能力很强，配位后就难以从血红素上脱落，使得 O_2 的输运受阻。这就是人们在分子水平上认识到的 CO 中毒原因。

又如，对人体有重要作用的维生素 B_{12} 辅酶为钴的配合物；能在常温、常压下将氮转化为氨的固氮酶是铁和钼的蛋白质配合物；植物进行光合作用所必需的叶绿素是以 Mg^{2+} 为中心离子的配合物等。

在医学上，常利用配位反应治疗人体中某些元素的中毒。例如，钠盐用作铅中毒的解毒剂，使 EDTA 与 Pb^{2+} 形成配合物 $[Pb(EDTA)_2]^{2-}$，随尿液排出体外，从而达到解铅毒

的目的。此外，许多药物本身就是配合物。例如，治疗血吸虫病的酒石酸锑钾，治疗糖尿病的胰岛素（含 Zn 的配合物），第三代抗癌药物二卤茂金属（如二氯茂铁）等。

习 题

1. 关于配合物的说法错误的是（ ）。
   (A) 配体是一种可以给出孤对电子（或 π 电子）的离子或分子
   (B) 配体数是直接与中心离子相连的配体总数
   (C) 广义讲，所有的金属都能形成配位键
   (D) 无机配合物一般来讲溶解度较大

2. 在配合物 $[PtCl_2(NH_3)_2]$ 中，中心离子的电荷数及配位数分别是（ ）。
   (A) +2 和 4　　　(B) +2 和 3　　　(C) +2 和 2　　　(D) +4 和 2

3. 下列物质可以做螯合剂的是（ ）。
   (A) NH_3　　　(B) F^-　　　(C) H_2O　　　(D) EDTA

4. EDTA 与金属离子形成螯合物的配位比一般是（ ）。
   (A) 1∶1　　　(B) 1∶2　　　(C) 1∶4　　　(D) 1∶6

5. 向 $[Cu(NH_3)_4]^{2+}$ 水溶液中通入氨气，则（ ）。
   (A) $K_f^{\ominus}([Cu(NH_3)_4]^{2+})$ 增大　　　(B) $K_f^{\ominus}([Cu(NH_3)_4]^{2+})$ 减小
   (C) $[Cu^{2+}]$ 增大　　　(D) $[Cu^{2+}]$ 减小

6. 命名下列配合物。
   $[Co(NH_3)_6]Cl_2$
   $[CoCl(NH_3)_5]Cl_2$
   $K[PtCl_3(NH_3)]$
   $[Co(NH_3)_5H_2O]Cl_3$

7. 写出下列配合物的化学式：
   (1) 三硝基·三氨合钴（Ⅲ）
   (2) 氯化二氯·三氨·一水合钴（Ⅲ）
   (3) 二氯·二羟基·二氨合铂（Ⅳ）
   (4) 六氯合铂（Ⅳ）酸钾

8. 在含有 $AgNO_3$ 的溶液中，滴加 NaCl 溶液会发生什么现象？如果在此溶液中继续滴加氨水又会发生什么现象？

9. 计算 AgBr 在氨水中的溶解度。

10. 在含有 $2.5 \times 10^{-3} mol \cdot L^{-1} AgNO_3$ 和 $0.40 mol \cdot L^{-1} NaCl$ 的溶液里，如果不使 AgCl 沉淀生成，溶液中最少应加入 CN^- 浓度为多少？

第7章

电化学与氧化还原平衡

本章要求

1. 掌握氧化还原反应的基本概念，能配平氧化还原方程式。
2. 理解电极电势的概念，能用能斯特公式进行有关计算。
3. 掌握电极电势在有关方面的应用。
4. 了解原电池电动势与吉布斯函数变的关系。
5. 掌握氧化还原滴定的基本原理及实际应用。

有一类化学反应，在反应过程中反应物之间发生了电子的转移，这一类反应就是氧化还原反应（redox reaction）。此类反应对于制备新物质、获取化学能和电能都有重要的意义。本章首先讨论有关氧化还原反应的基本知识，在此基础上，判断氧化还原反应进行的方向与程度，计算原电池的电动势，讨论各种条件对电极电势的影响。对于后期学习分析化学中氧化还原滴定法有一个先导学习，同时也便于理解物理化学中关于电导测定方面的内容。

7.1 氧化还原反应的基本概念

7.1.1 氧化值

为了便于讨论氧化还原反应，引入元素的氧化值（又称氧化数，oxidation number）的概念。1970 年国际纯粹和应用化学联合会（IUPAC）较严格地定义了氧化值的概念。氧化值是指某元素各原子的表观电荷数（apparent charge number），这个电荷数是假设把每一个化学键中的电子指定给电负性更大的原子而求得的。

确定氧化值的一般规则如下：

① 在单质中（如 Cu、O_3 等），元素的氧化值为零。

② 在中性分子中各元素的氧化值之和等于零，在多原子离子中氧化值之和等于离子的电荷数。

③ 在共价化合物中，共用电子对偏向于电负性大的元素的原子，原子的"形式电荷数"即为它们的氧化值，如 HCl 中 H 的氧化值为 $+1$，Cl 为 -1。

④ 氧在化合物中的氧化值一般为 -2，在过氧化物中为 -1，在超氧化物中为 $-1/2$。

⑤ 氢在化合物中的氧化值一般为 $+1$，仅在与活泼金属生成的离子型氢化物（如 NaH、

CaH_2）中为－1。

⑥ 碱金属、碱土金属在化合物中的氧化数分别为＋1、＋2。

读者可以简单地把氧化数与中学所学的化合价联系起来，但在后续有机化学的学习中，不能简单地用化合价来判断。

7.1.2 氧化与还原

根据氧化值的概念，反应前后元素的氧化值发生变化的一类反应称为氧化还原反应。氧化值升高的过程称为氧化，氧化值降低的过程称为还原。反应中氧化值升高的物质是还原剂（reducing agent），氧化值降低的物质是氧化剂（oxidizing agent）。

7.2 电极电势

7.2.1 原电池

如果把一块锌放入 $CuSO_4$ 溶液中，则锌开始溶解，而铜从溶液中析出。其离子反应方程式为：

$$Cu^{2+} + Zn = Cu + Zn^{2+}$$

这是一个可自发进行的氧化还原反应，由于氧化剂与还原剂直接接触，电子直接从还原剂转移到氧化剂，无法产生电流。要将氧化还原反应的化学能转化为电能，必须使氧化剂和还原剂之间的电子转移通过一定的外电路，做定向运动，因此可以组装一个原电池来实现上述过程。

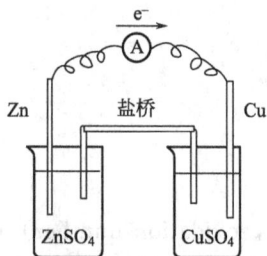

在两个烧杯中分别放入 $ZnSO_4$ 和 $CuSO_4$ 溶液，在盛有 $ZnSO_4$ 溶液的烧杯中放入 Zn 片，在盛有 $CuSO_4$ 溶液的烧杯中放入 Cu 片，将两个烧杯的溶液用一个充满电解质溶液的倒置 U 形管作为盐桥（salt bridge；一般用饱和 KCl 溶液，为使溶液不致流出，常用琼脂与 KCl 饱和溶液制成胶冻。胶冻的组成大部分是水，离子可在其中自由移动），联通两杯溶液。这时如果用一个灵敏电流计（A）将两金属片连接起来，我们可以观察到：

① 电流表指针发生偏移，说明有电流发生。

② 在铜片上有金属铜沉积上去，而锌片被溶解。

③ 取出盐桥，电流表指针回至零点，放入盐桥，电流表指针又发生偏移。说明了盐桥起着使整个装置构成通路的作用。

在原电池中，组成原电池的导体（如铜片和锌片）称为电极，同时规定电子流出的电极称为负极（negative electrode），负极上发生氧化反应；电子进入的电极称为正极（positive electrode），正极上发生还原反应。每一个电极上发生的反应叫做半反应。例如，在 Cu-Zn 原电池中

负极（Zn）：$Zn^{2+} + 2e^- = Zn$ 发生氧化反应

正极（Cu）：$Cu = Cu^{2+} + 2e^-$ 发生还原反应

每一个半电池都是由同一种元素不同氧化值的两种物质所构成。一种是处于低氧化值的

物质（称为还原型物质），例如锌半电池中的 Zn、铜半电池中的 Cu。另一种是处于高氧化值的物质（称为氧化型物质），例如锌半电池中的 Zn^{2+}、铜半电池中的 Cu^{2+}。

这种由同一种元素的氧化型物质和其对应的还原型物质所构成的整体，称为氧化还原电对（oxidation-reduction couples）。氧化还原电对习惯上常用符号［氧化型］／［还原型］来表示。原电池中的半反应可以用通式来表示：

$$氧化型 + ne^- ===还原型$$

式中的 n 表示半反应发生时转移的电子数目。

Cu-Zn 原电池的电池反应为：$Cu^{2+} + Zn ===Cu + Zn^{2+}$

上述原电池可以用下列电池符号表示：

$$(-)Zn|Zn^{2+}(c_1\,mol \cdot L^{-1}) \parallel Cu^{2+}(c_2\,mol \cdot L^{-1})|Cu(+)$$

习惯上把负极（－）写在左边，正极（＋）写在右边。其中，"｜"表示金属和溶液两相之间的相接触界面，"‖"表示盐桥，c 表示溶液的浓度，当溶液浓度为 $1\,mol \cdot L^{-1}$ 时，可省略。

对于电池符号的书写还应当注意：如果氧化还原发生在溶液中，没有可以导电的固体，那么可以给电极加上一个不活泼的金属如 Pt 或石墨 C 作为电极，在书写的时候仍应该注意固体与溶液之间的界面。

例如：$Zn + Fe^{3+} ===Zn^{2+} + Fe^{2+}$，该反应的电池符号写作

$$(-)Zn|Zn^{2+}(c_1\,mol \cdot L^{-1}) \parallel Fe^{2+}(c_2\,mol \cdot L^{-1}),Fe^{3+}(c_3\,mol \cdot L^{-1})|Pt(+)$$

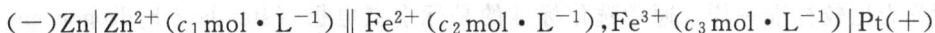

不同的离子之间用"，"隔开。

对于气体参与的反应，无需注明浓度，但应该注明气体的分压，同时也应当注意气体与其他相之间的界面。

例如：氢半电极的写法应当为：$Pt|H_2(p)|H^+(c)$

7.2.2　电极电势简介

在 Cu-Zn 原电池中，把两个电极用导线连接后就有电流产生，可见两个电极之间存在一定的电势差。即构成原电池的两个电极的电势是不相等的。那么电极的电势是怎样产生的呢？

早在 1889 年，德国化学家能斯特（Nernst H. W.）提出了双电层理论，可以用来说明金属和其盐溶液之间的电势差，以及原电池产生电流的机理。按照能斯特的理论，由于金属晶体是由金属原子、金属离子和自由电子所组成，因此，如果把金属放在其盐溶液中，与电解质在水中的溶解过程相似，在金属与其盐溶液的接触界面上就会发生两个不同的过程，一个是金属表面的阳离子受极性水分子的吸引而进入溶液的过程；另一个是溶液中的水合金属离子在金属表面，受到自由电子的吸引而沉积在金属表面的过程。当这两种方向相反的过程进行的速率相等时，即达到动态平衡。

不难理解，如果金属越活泼或溶液中金属离子浓度越小，金属溶解的趋势就越大于溶液中金属离子沉积到金属表面的趋势，达到平衡时金属表面因聚集了金属溶解时留下的自由电子而带负电荷，溶液则因金属离子进入溶液而带正电荷，这样，由于正负电荷相互吸引的结果，在金属与其盐溶液的接触界面处就建立起由带负电荷的电子和带正电荷的金属离子所构成的双电层（图 7-1）。相反，如果金属越不活泼或溶液中金属离子浓度越大，金属溶解趋势就越小于金属离子沉淀的趋势，达到平衡时金属表面因聚集了金属离子而带正电荷，而溶

液则带负电荷，这样，也构成了相应的双电层。这种双电层之间就存在一定的电势差。

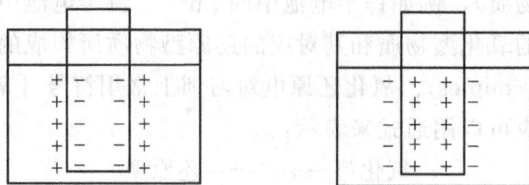

图 7-1　双电层的形成

金属与其盐溶液接触界面之间的电势差，实际上就是该金属与其溶液中相应金属离子所组成的氧化还原电对的电极电势，简称为该金属的电极电势，用符号 φ 表示。每一对氧化还原电对的电极电势数值都不相同，因此，若将两种不同电极电势的氧化还原电对以原电池的方式连接起来，则在两极之间就有一定的电势差，因而产生电流。

7.2.3　标准电极电势

7.2.3.1　标准氢电极

事实上，电极电势的绝对值还无法测定，只能选定某一电对的电极电势作为参比标准，将其他电对的电极电势与它比较而求出各电对平衡电势的相对值，犹如海拔高度是把海平面的高度作为比较标准一样。通常选作标准的是标准氢电极（standard hydrogen electrode, SHE）。

标准氢电极是在 298.15K 时，用涂满铂黑的铂丝作为极板，插入到 H^+（$1\text{mol} \cdot L^{-1}$）溶液中，并向其中通入 H_2（10^5Pa），如图 7-2 所示。

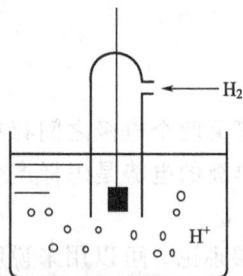

图 7-2　标准氢电极

标准氢电极的电极电势规定为零，用标准氢电极与其他的电极组成原电池，测得该原电池的电动势就可以计算各种电极的电极电势。如果参加电极反应的物质均处在标准态，这时的电极称为标准电极，对应的电极电势称为标准电极电势，用 $\varphi^\ominus$ 表示。所谓的标准态是指组成电极的离子其浓度都为 $1\text{mol} \cdot L^{-1}$，气体的分压为 100kPa，液体和固体都是纯净物质。温度可以任意指定，但通常为 298.15K。如果组成原电池的两个电极均为标准电极，这时的电池称为标准电池，对应的电动势为标准电动势用 $E^\ominus$ 表示，$E^\ominus = \varphi^\ominus_+ - \varphi^\ominus_-$。

7.2.3.2　标准电极电势的测定

电极的标准电极电势可通过实验方法测得。例如，欲测定铜电极的标准电极电势，则应在标准状态组成下列电池：

$$(-)\text{Pt} \mid H_2(100\text{kPa}) \mid H^+(1\text{mol} \cdot L^{-1}) \parallel Cu^{2+}(1\text{mol} \cdot L^{-1}) \mid Cu(+)$$

测定时，根据电势计指针偏转方向，可知电流是由铜电极通过导线流向氢电极（电子由氢电极流向铜电极）。所以氢电极是负极，铜电极为正极。测得此电池的电动势 $E^\ominus$ 为 0.34V。

$$E^\ominus = \varphi^\ominus(Cu^{2+}/Cu) - \varphi^\ominus(H^+/H_2)$$

$$\text{因为} \quad \varphi^\ominus(H^+/H_2) = 0.0000V$$

$$\text{所以} \quad \varphi^\ominus(Cu^{2+}/Cu) = 0.34V$$

用类似的方法可以测得一系列电对的标准电极电势，书后附录表 7 列出的为 298.15K 时一些氧化还原电对的标准电极电势数据。

根据物质的氧化还原能力，对照标准电极电势表，可以看出：

① 电极电势高，其氧化型的氧化能力强；电极电势低，其还原型的还原能力强。

② 电极电势与计量系数无关。

③ 温度虽对电极电势有影响，但一般可忽略。

④ H^+ 和 OH^- 对电极电势的影响很大，若出现酸碱不同的表格，应当分别按照 H^+ 和 OH^- 存在状态考虑。与 H^+ 和 OH^- 无关的，一般查酸表。

7.2.4 能斯特方程式

电极电势的高低，不仅取决于电对本性，还与反应温度、氧化态物质和还原态物质的浓度、压力等有关。离子浓度对电极电势的影响可从热力学推导而得出如下结论。

对于一个任意给定的电极，其电极反应的通式为

$$a \text{ 氧化型} + ne^- = b \text{ 还原型}$$

$$\varphi = \varphi^\ominus + \frac{RT}{nF} \ln \frac{c(\text{氧化型})^a}{c(\text{还原型})^b} \tag{7-1}$$

式中，F 为法拉第常数。

在温度为 298.15K 时，将各常数值代入式(7-1)，其相应的浓度对电极电势的影响的通式为

$$\varphi = \varphi^\ominus + \frac{0.0592}{n} \lg \frac{c(\text{氧化型})^a}{c(\text{还原型})^b} \tag{7-2}$$

此方程式称为电极电势的能斯特方程式，简称能斯特方程式。

应用能斯特方程式时，应注意以下问题。

① 如果组成电对的物质为固体或纯液体时，则它们的浓度不列入方程式中。如果是气体则气体物质用相对压力 $p/p^\ominus$ 表示。

例如：

$$2H^+ + 2e^- \Longrightarrow H_2$$

$$\varphi(H^+/H_2) = \varphi^\ominus(H^+/H_2) + \frac{0.0592}{2} \lg \frac{c^2(H^+)}{p(H_2)/p^\ominus}$$

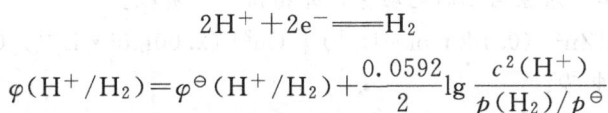

② 如果在电极反应中，除氧化态、还原态物质外，还有参加电极反应的其他物质如 H^+、OH^- 存在，则应把这些物质的浓度也表示在能斯特方程式中。

7.2.5 影响电极电势的因素

从能斯特方程可以看出，氧化态和还原态物质浓度的改变对电极电势有影响，如果电对的氧化态生成沉淀，则电极电势变小，如果还原态生成沉淀，则电极电势变大。若二者同时生成沉淀，（氧化型）＞（还原型），则电极电势变小，反之则变大。另外，介质的酸碱性对含氧酸盐氧化性的影响较大，一般说，含氧酸盐在酸性介质中表现出较强的氧化性。离子生成配合物也会影响电极电势的大小，同生成沉淀一样，氧化态或还原态生成配离子也会影响物质的浓度，从而影响电极电势。

严格地说，式(7-2)中氧化态和还原态的浓度应以活度表示，而标准电极电势是指在一

定温度下（通常为298.15K），氧化还原半反应中各组分都处于标准状态，即离子或分子的活度等于1时（若反应中有气体参加，则分压等于100kPa）的电极电势。在应用能斯特方程式时，为简化起见，往往忽略溶液中离子强度的影响，以浓度代替活度来进行计算，但实际工作中，溶液的离子强度常常是较大的，影响不可忽略。另外，当氧化态或还原态与溶液中其他组分发生副反应（例如沉淀和配合物的形式）时，电对的氧化态和还原态的存在形式也往往随之改变，从而引起电极电势的变化。

因此，用能斯特方程式计算有关电对的电极电势时，如果采用该电对的标准电极电势，则计算的结果与实际情况就会相差较大。比如 Fe^{3+} 参与的反应，系统中除存在 Fe^{3+}、Fe^{2+} 外，还有 $FeOH^{2+}$、$FeCl^{2+}$、$FeCl^+$ 等存在形式，因此实际的电极电势会与标准值有所不同，称为条件电极电势（conditional potential）。它是在特定条件下，氧化型和还原型的总浓度均为 $1mol \cdot L^{-1}$ 或它们的浓度比为 1 时的实际电极电势，但由于条件电极电势的数据目前还较少，对于没有条件电势的氧化还原电对，则只能采用标准电势。关于条件电势的计算，在后续分析化学的学习中还会继续讨论。

7.3　电极电势的应用

电极电势的应用是多方面的。除了比较氧化剂、还原剂的相对强弱外，电极电势主要有下列应用。

7.3.1　计算原电池的电动势

在组成原电池的两个半电池中，电极电势高的半电池是原电池的正极，电极电势低的半电池是原电池的负极。原电池的电动势等于正极的电势减去负极的电势：

$$E = E_{(+)} - E_{(-)}$$

【例 7-1】　计算下列原电池的电动势，并指出正、负极。

$$Zn \mid Zn^{2+}(0.100 mol \cdot L^{-1}) \parallel Cu^{2+}(2.00 mol \cdot L^{-1}) \mid Cu$$

解　先算电极电势：

$$E(Zn^{2+}/Zn) = E^{\ominus}(Zn^{2+}/Zn) + \frac{0.0592V}{2} \lg c(Zn^{2+})$$

$$= -0.762V + \frac{0.0592V}{2} \lg(0.100) = -0.792V$$

$$E(Cu^{2+}/Cu) = E^{\ominus}(Cu^{2+}/Cu) + \frac{0.0592V}{2} \lg(2.00) = 0.346V$$

$$E = E_{(+)} - E_{(-)} = [0.346 - (-0.792)]V = 1.138V$$

根据热力学原理，在恒温恒压条件下，反应体系吉布斯函数的降低值等于体系所能做的最大有用功，在本章节为电功。而一个能自发进行的氧化还原反应，可以设计成一个原电池，在恒温、恒压条件下，电池所做的最大有用功即为电功。电功等于电动势（E）与通过的电量（Q）的乘积。

$$电功 = Q_{电量} \times E_{电池} = nFE_{电池}$$

式中，F 为法拉第（Fataday）常数，等于 $96485C \cdot mol^{-1}$（在具体计算时，本采用近似值 96500）；n 为电池反应中转移电子数。

在标准态下

$$E = E^{\ominus} - \frac{RT}{nF}\ln\frac{\sum c\ (生成物)^a}{\sum c\ (反应物)^b} \tag{7-3}$$

$$E = E^{\ominus} - \frac{0.0592}{n}\lg\frac{\sum c\ (生成物)^a}{\sum c\ (反应物)^b} \tag{7-4}$$

由式(7-3)可以看出，如果知道了参加电池反应物质的浓度，即可计算出该电极的标准电极电势。这就为理论上确定电极电势提供了依据。

7.3.2 判断氧化还原反应进行的方向

恒温恒压下，氧化还原反应进行的方向可由反应的吉布斯函数变化来判断。

根据 $\Delta_r G_m = -nFE = -nF\ [E_{(+)} - E_{(-)}]$ 有：

$\Delta_r G_m < 0$	$E > 0$	$E_{(+)} > E_{(-)}$	反应正向进行
$\Delta_r G_m = 0$	$E = 0$	$E_{(+)} = E_{(-)}$	反应处于平衡
$\Delta_r G_m > 0$	$E < 0$	$E_{(+)} < E_{(-)}$	反应逆向进行

如果是在标准状态下，则可用 $E^{\ominus}$ 进行判断。

所以，在氧化还原反应中，比较氧化剂电对和还原剂电对电极电势的相对大小即可判断氧化还原反应的方向。例如：

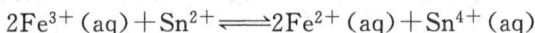

$$2Fe^{3+}\ (aq) + Sn^{2+} \Longrightarrow 2Fe^{2+}\ (aq) + Sn^{4+}\ (aq)$$

在标准状态下，反应是从左向右进行还是从右向左进行？可查标准电极电势数据：

$$E^{\ominus}(Sn^{4+}/Sn^{2+}) = 0.151V \quad E^{\ominus}(Fe^{3+}/Fe^{2+}) = 0.771V$$

反应中 Fe^{3+}/Fe^{2+} 电对是正极，Sn^{4+}/Sn^{2+} 电对是负极，$E^{\ominus}(Fe^{3+}/Fe^{2+}) > E^{\ominus}(Sn^{4+}/Sn^{2+})$，电动势 $E^{\ominus} > 0$，所以反应正向进行。

由于电极电势 E 的大小不仅与 $E^{\ominus}$ 有关，还与参与电极反应的物质的浓度、分压、酸度等因素有关，因此，如果有关物质的浓度不是 $1mol \cdot L^{-1}$ 时，则须按能斯特方程分别算出氧化剂电对和还原剂电对的电势，然后再根据计算出的电势来判断反应进行的方向。但大多数情况下，可以直接用 $E^{\ominus}$ 值来判断，因为一般情况下，$E^{\ominus}$ 值在 E 中占主要部分，当 $E^{\ominus} > 0.2V$ 时，一般不会因浓度变化而使 $E^{\ominus}$ 值改变符号。而 $E^{\ominus} < 0.2V$ 时，氧化还原反应的方向常因参加反应的物质的浓度、分压和酸度的变化而有可能产生逆转。

【例 7-2】 判断下列反应能否自发进行

$$Pb^{2+}\ (aq, 0.10mol \cdot L^{-1}) + Sn(s) \Longrightarrow Pb(s) + Sn^{2+}\ (aq, 1.0mol \cdot L^{-1})$$

解 先计算 $E^{\ominus}$

由附录查得 $\quad Pb^{2+} + 2e^- \Longrightarrow Pb \qquad\qquad E^{\ominus}(Pb^{2+}/Pb) = -0.126V$

$\qquad\qquad\qquad Sn^{2+} + 2e^- \Longrightarrow Sn \qquad\qquad E^{\ominus}(Sn^{2+}/Sn) = -0.136V$

在标准状态时，Pb^{2+} 为较强氧化剂，Sn 为较强还原剂，因此

$$E^{\ominus} = E^{\ominus}(Pb^{2+}/Pb) - E^{\ominus}(Sn^{2+}/Sn) = -0.126V - (-0.136)V = 0.010V$$

从标准电动势 $E^{\ominus}$ 来看，虽大于零，但数值很小，$E^{\ominus} < 0.2V$，所以浓度改变很可能改变 E 值符号，在这种情况下，必须计算 E 值，才能判断反应进行的方向。

$$E = E^\ominus - \frac{0.0592}{n} \lg \frac{\sum c\,(生成物)^a}{\sum c\,(反应物)^b}$$

$$E = 0.01 - \frac{0.0592}{2} V \lg \frac{1.0}{0.1} = (0.010 - 0.030)V = -0.020V < 0$$

所以，此时反应逆向进行。

不少氧化还原反应有 H^+ 和 OH^- 参加，因此溶液的酸度对氧化还原电对的电极电势也有影响，从而有可能影响反应的方向。例如碘离子与砷酸的反应为：

$$H_3AsO_4 + 2I^- + 2H^+ \Longleftrightarrow HAsO_2 + I_2 + 2H_2O$$

其电极反应分别为：

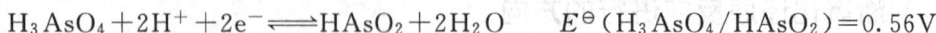

$$H_3AsO_4 + 2H^+ + 2e^- \Longleftrightarrow HAsO_2 + 2H_2O \qquad E^\ominus(H_3AsO_4/HAsO_2) = 0.56V$$
$$I_2 + 2e^- \Longleftrightarrow 2I^- \qquad E^\ominus(I_2/I^-) = 0.536V$$

从标准电极电势来看，I_2 不能氧化 $HAsO_2$，相反 H_3AsO_4 能氧化 I^-。但 $H_3AsO_4/HAsO_2$ 电对的半反应中有 H^+ 参与，故溶液的酸度对电极电势的影响很大。如果使溶液的 pH≈8.00，即 $c(H^+)$ 由标准状态时的 $1mol \cdot L^{-1}$ 降至 $1.0 \times 10^{-8} mol \cdot L^{-1}$，而其他物质的浓度仍为 $1mol \cdot L^{-1}$，则

$$E(H_3AsO_4/HAsO_2) = E^\ominus(H_3AsO_4/HAsO_2) + \frac{0.0592V}{2} \lg \frac{c(H_3AsO_4) \cdot c(H^+)^2}{c(HAsO_2)}$$

$$= 0.56V + \frac{0.0592V}{2} \lg(1.0 \times 10^{-8})^2 = 0.086V$$

而 $E(I_2/I^-)$ 不受 $c(H^+)$ 的影响。这时 $E(I_2/I^-) > E(H_3AsO_4/HAsO_2)$，$E < 0$，反应逆向进行，$I_2$ 能氧化 $HAsO_2$。应注意到，由于此反应的两个电极的标准电极电势相差不大，又有 H^+ 参加反应，所以只要适当改变酸度，就能改变反应的方向。

生产实践中，有时对一个复杂反应系统中的某一（或某些）组分要进行选择性地氧化或还原处理，而要求系统中其他组分不发生氧化还原反应。这就要对各组分有关电对的电极电势进行考察和比较，从而选择合适的氧化剂或还原剂。

【例 7-3】 在含 Cl^-、Br^-、I^- 三种离子的混合溶液中，欲使 I^- 氧化为 I_2，而不使 Br^-、Cl^- 氧化，在常用的氧化剂 $Fe_2(SO_4)_3$ 和 $KMnO_4$ 中，选择哪一种能符合上述要求？

解 由附录查得

$$E^\ominus(I_2/I^-) = 0.536V, E^\ominus(Br_2/Br^-) = 1.087V, E^\ominus(Cl_2/Cl^-) = 1.358V$$
$$E^\ominus(Fe^{3+}/Fe^{2+}) = 0.771V, E^\ominus(MnO_4^-/Mn^{2+}) = 1.51V$$

从上述各电子对的 $E^\ominus$ 值可以看出：

$$E^\ominus(I_2/I^-) < E^\ominus(Fe^{3+}/Fe^{2+}) < E^\ominus(Br_2/Br^-) < E^\ominus(Cl_2/Cl^-) < E^\ominus(MnO_4^-/Mn^{2+})$$

如果选择 $KMnO_4$ 做氧化剂，在酸性介质中 $KMnO_4$ 能将 Cl^-、Br^-、I^- 氧化成 Cl_2、Br_2、I_2，而选用 $Fe_2(SO_4)_3$ 做氧化剂则能符合题意要求。

7.3.3 确定氧化还原反应的平衡常数

对任一氧化还原反应：

$$n_2\text{ 氧化剂}_1 + n_1\text{ 还原剂}_2 \Longrightarrow n_2\text{ 还原剂}_1 + n_1\text{ 氧化剂}_2$$

$$\Delta_r G_m = -RT\ln K^\ominus = -2.303RT\lg K^\ominus$$

$$\Delta_r G_m = -nFE^\ominus$$

得：
$$\lg K^\ominus = \frac{nFE}{2.303RT}$$

当 $T = 298.15\text{K}$ 时，有

$$\lg K^\ominus = \frac{nE^\ominus}{\dfrac{2.303 \times 8.314\text{J}\cdot\text{mol}^{-1}\cdot\text{K}^{-1} \times 298.15\text{K}}{96500\text{J}\cdot\text{mol}^{-1}\cdot\text{V}^{-1}}} = \frac{nE^\ominus}{0.0592\text{V}} = \frac{n(E^\ominus_{(+)} - E^\ominus_{(-)})}{0.0592\text{V}}$$

式中，n 为电池反应的电子转移数。从上式可以看出，氧化还原反应平衡常数的大小与 $E^\ominus_{(+)} - E^\ominus_{(-)}$ 的差值有关，差值越大，$K^\ominus$ 值越大，反应进行得越完全。

【例 7-4】 计算下列反应：

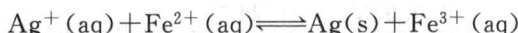

$$Ag^+(aq) + Fe^{2+}(aq) \Longrightarrow Ag(s) + Fe^{3+}(aq)$$

(1) 在 298.15K 时的平衡常数 $K^\ominus$；

(2) 如果反应开始时，$c(Ag^+) = 1.0\text{mol}\cdot\text{L}^{-1}$，$c(Fe^{2+}) = 0.10\text{mol}\cdot\text{L}^{-1}$，求反应达到平衡时的 $c(Fe^{3+})$。

解 (1) $E^\ominus_{(+)} = E^\ominus(Ag^+/Ag) = 0.799\text{V}$　　$E^\ominus_{(-)} = E^\ominus(Fe^{3+}/Fe^{2+}) = 0.771\text{V}$

$$\lg K^\ominus = \frac{n[E^\ominus_{(+)} - E^\ominus_{(-)}]}{0.0592\text{V}} = \frac{0.799 - 0.771}{0.0592} = 0.473$$

$$K^\ominus = 2.97$$

(2) 设达到平衡时 $c(Fe^{3+}) = x\text{mol}\cdot\text{L}^{-1}$

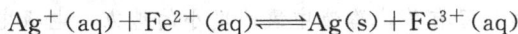

$$Ag^+(aq) + Fe^{2+}(aq) \Longrightarrow Ag(s) + Fe^{3+}(aq)$$

| 初始浓度/$(\text{mol}\cdot\text{L}^{-1})$ | 1.0 | 0.10 | 0 |
| 平衡浓度/$(\text{mol}\cdot\text{L}^{-1})$ | $1.0 - x$ | $0.10 - x$ | x |

$$K^\ominus = \frac{x}{(1.0 - x)(0.10 - x)} = 2.97$$

$$c(Fe^{3+}) = x = 0.073\text{mol}\cdot\text{L}^{-1}$$

通过上述讨论，可以看出由电极电势的相对大小能够判断氧化还原反应自发进行的方向、次序和程度。

7.3.4　计算 K_{sp} 或溶液的 pH

用化学分析方法很难直接测定难溶电解质在溶液中的离子浓度，所以很难应用离子浓度来计算 $K^\ominus_{sp}$。但可以设计相应的原电池，通过测定电池的电动势来计算 $K^\ominus_{sp}$ 数值。例如，要计算难溶盐 AgCl 的 $K^\ominus_{sp}$ 可设计如下电池：

$$(-)\,Ag\,|\,AgCl(s)\,|\,Cl^-(0.010\text{mol}\cdot\text{L}^{-1})\,\|\,Ag^+(0.010\text{mol}\cdot\text{L}^{-1})\,|\,Ag\,(+)$$

由实验测得该电池的电势 $E = 0.34\text{V}$，根据能斯特方程：

$$E_{(+)} = E^\ominus(Ag^+/Ag) + 0.0592\text{Vlg}c(Ag^+)$$

$$E_{(-)} = E^{\ominus}(Ag^+/Ag) + 0.0592Vlgc(Ag^+)$$

$$= E^{\ominus}(Ag^+/Ag) + 0.0592Vlg\frac{K_{sp}^{\ominus}(AgCl)}{c(Cl^-)}$$

$$E = E_{(+)} - E_{(-)} = 0.0592Vlg\frac{c(Ag^+)_{正}}{c(Ag^+)_{负}} = 0.0592Vlg\frac{0.010 \times 0.010}{K_{sp}^{\ominus}(AgCl)} = 0.34V$$

所以 $\qquad\qquad\qquad K^{\ominus}(AgCl) = 1.8 \times 10^{-10}$

不少难溶电解质的 $K_{sp}^{\ominus}$ 是用这种方法测定的。

计算溶液 pH。

例如，某 H^+ 浓度未知的氢电极为：

$$Pt|H_2(100kPa)|HA(0.10mol \cdot L^{-1})$$

求算弱酸 HA 溶液的 H^+ 浓度，可将它和标准氢电极组成原电池，测得电池的电动势，即可求得 H^+ 浓度。若测得电池电动势为 0.168V，即

$$E = E_{(+)} - E_{(-)} = E^{\ominus}(H^+/H_2) - E_{(x)} = 0.0000V - E_{(x)} = 0.168V$$

而 $E_{(x)} = E^{\ominus}(H^+/H_2) + \frac{0.0592V}{2}lg\frac{c^2(H^+)}{p(H_2)/p^{\ominus}} = 0.0592Vlgc(H^+) = -0.168V$

$$pH = -lg(H^+) = \frac{0.168V}{0.059V} = 2.84$$

阅读资料一　电化学腐蚀在桥梁修建工程中的作用

桥梁在使用的过程中会逐渐被环境中的氧化性物质所氧化，导致耐久度降低，其中一个方面为电化学腐蚀，分为两种——析氢腐蚀和吸氧腐蚀。

当桥桩插入水或泥沙中，由于金属与含氧量不同的液体相接触，各部分的电极电势不一样，氧电极的电势与氧的分压有关，溶液中氧浓度小的地方，电极电势低，成为阳极，发生氧化反应而溶解腐蚀；相反的，溶液中氧浓度较大的地方，电极电势较高而成为阴极不会受到腐蚀。

桥梁耐久性检测的系统是 20 世纪 80 年代末，德国亚琛工业大学土木工程研究所首先发明的梯形阳极混凝土结构预埋式耐久性无损失监测传感系统。由浇入混凝土的一组钢筋梯形传感器、一个阴极和互连的引出结构的导线组成，能够测量的是钢筋被腐蚀各阶段的电学参数。

处于海洋环境下的桥梁结构腐蚀多由于 Cl^- 腐蚀造成，通过混凝土表面的空隙逐渐扩散至钢筋表面，达到极限浓度时便可引起钢筋的锈蚀。Cl^- 含量可由 Ag/AgCl 电极测定。

pH 值也是影响钢筋耐腐蚀性的重要参数，在通常情况下，混凝土是一种高碱性环境（pH＞13），钢筋在这种环境下表面形成钝化膜，可有效阻止钢筋发生锈蚀，当 pH 值下降时，钢筋表面的钝化膜容易遭到破坏。因此，对钢筋表面 pH 值的监控是非常重要的。

混凝土的冻融主要是由于环境温度低于混凝土中水分、空隙液的冰点时，混凝土内部结冰，混凝土发生膨胀，温度升高至冰点以上时，结冰融化，该过程反复进行时，可使混凝土发生膨胀。因此，混凝土在冰冻下的使用寿命取决于混凝土在冰冻下的孔隙率及孔中水的饱和程度。

基于以上几种对桥梁腐蚀的因素，桥梁的腐蚀保护措施有：①控制和治理环境污染，减少钝化膜的破坏，减少氯离子对桥梁的腐蚀。②隔离污染环境的侵蚀，对钢筋进行防护，同

时也可以采用保温层对混凝土进行保护。③选用耐蚀材料，改善混凝土配比，减少膨胀-收缩概率，提高桥梁的耐久度。

阅读资料二　电化学处理工业废水的技术

工业废水除了运用生物法和化学絮凝法外，还可以用电化学的方法来处理。

1. 电氧化处理污水

在脉冲电流作用下，电氧化反应器里的特殊电极会产生羟基自由基和活化氧自由基。由于这两种自由基有超强的氧化能力，因此当废水流经电氧化器时，水中的有机污染物将会被氧化降解直到变成无机物（如二氧化碳和水）。这个方法的缺点是：电耗大，完全氧化去除1kg 的 COD 需要耗电 15~25kW·h，平均 20kW·h。显然，对电能紧张地区，很难被企业所接受。针对这个问题，英国一家环境公司对电氧化法进行改良，通过电极的排列、电流的密度及水力停留时间的控制，让电氧化只分解破坏有机物分子结构（如对杂环类多环芳香族化合物开环和破链，提高它们的生化性），而不是把它们完全氧化成无机物。换句话说，电氧化只做预处理，处理后废水再进行生化。这样可使难降解的有机污染物得到经济有效地去除。

2. 电催化-氧化

这个方法是用铁片做电极，铁片之间填充活性炭颗粒作催化剂，在电场作用下，槽内电极材料在高梯度电场的作用下复极化，形成复极粒子（bipolar particles）。通过鼓入空气，经复极粒子催化产生过氧化氢，H_2O_2 和从阳极溶解下来的亚铁离子生成羟基自由基，分化降解水中有机污染物分子。

近期试验研究表明，为了促进有机污染物的降解，在活性炭颗粒表面涂上一层氧化铈膜，可提高催化效果。

目前国内正在开发"三维三相电极处理污水"，它的优点是投资成本小，占地面积少。缺点是电耗特大，去除 1kg 的 COD 需要耗电 40 多千瓦时。另外，活性炭颗粒经常要更换，而且要求不是酸性的废水，一般要调到酸性（pH＞4）才有良好的处理效果。

3. 电絮凝气浮法处理污水

用铁片或铝片做阳极，石墨做阴极，在电场作用下，利用产生的铁或铝离子絮凝水中胶体或悬浮物。它的原理和铁碳床内电解相似，不同的是内电解不需外加电场但需水是酸性的，而电絮凝需外加电场，但对酸碱度没特别要求。电絮凝处理污水如果设计得当，要比直接加聚合铁或铝混凝处理污水便宜多了。此方法在国内已开始火热起来，用于预处理负荷高的废水，但它对有机污染物分子降解氧化能力有限。也就是说，如果水中胶体或悬浮物很少的话，它对 COD 的去除能力有限。

习　题

1. 标出下列分子或离子中 S 的氧化数。

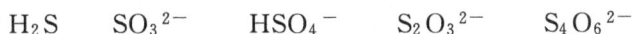

H_2S　　SO_3^{2-}　　HSO_4^-　　$S_2O_3^{2-}$　　$S_4O_6^{2-}$

2. 标出下列 Mn 的氧化数。

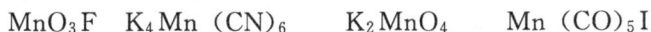

MnO_3F　　$K_4Mn(CN)_6$　　K_2MnO_4　　$Mn(CO)_5I$

3. 配平下列反应，并写出半反应。

(1) $I^- + I_3 \longrightarrow I_2$ （酸性溶液）

(2) $H_2O_2 + PbS \longrightarrow PbSO_4$

(3) $MnO_2 + KClO_3 + KOH \longrightarrow K_2MnO_4 + KCl$

(4) $HNO_3 + P \longrightarrow H_3PO_4 + NO$

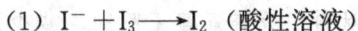

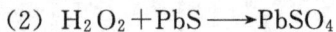

4. 写出下列电池的电池符号。

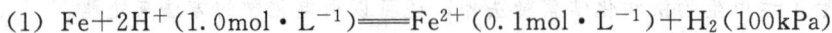

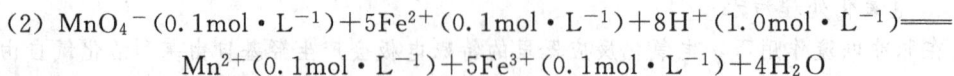

(1) $Fe + 2H^+ (1.0mol \cdot L^{-1}) = Fe^{2+} (0.1mol \cdot L^{-1}) + H_2(100kPa)$

(2) $MnO_4^- (0.1mol \cdot L^{-1}) + 5Fe^{2+} (0.1mol \cdot L^{-1}) + 8H^+ (1.0mol \cdot L^{-1}) =$
$Mn^{2+} (0.1mol \cdot L^{-1}) + 5Fe^{3+} (0.1mol \cdot L^{-1}) + 4H_2O$

5. 标准状态下，Fe^{3+} 能否氧化 I^- 为 I_2？

6. 标准状态下，O_2 能否氧化 Mn^{2+} 为 MnO_2？

7. 判断氧化还原进行的方向。

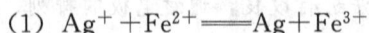

(1) $Ag^+ + Fe^{2+} = Ag + Fe^{3+}$

(2) $2Cr^{3+} + 3I_2 + 7H_2O = Cr_2O_7^{2-} + 6I^- + 14H^+$

(3) $Cu + 2FeCl_3 = CuCl_2 + 2FeCl_2$

8. 由镍和标准氢电极组成的原电池，若 Ni^{2+} 为 $0.01mol \cdot L^{-1}$，原电池的电动势为 $0.315V$，其中镍为负极，计算镍电极的标准电极电势。

第8章

现代价键理论和分子间作用力

本章要求

1. 掌握现代价键理论的要点和 σ 键、π 键的特征。

2. 掌握杂化轨道理论基本要点，杂化类型、特征；掌握等性、不等性杂化概念及应用。

3. 了解分子极性，熟悉分子间力类型、特点、产生原因；了解氢键形成条件、特征、应用。

分子是由原子组成的，它是保持物质基本化学性质的最小微粒，也是参与化学反应的基本单元。分子的性质主要取决于分子的化学组成和分子的结构。分子的结构内容包括分子中原子间的相互作用和原子在空间的排列，即化学键和空间构型。我们知道化学键按成键时电子运动状态的不同，可分为离子键、共价键（包括配位键）和金属键三种基本类型。在这三种类型的化学键中，以共价键相结合的化合物占已知化合物的 90% 以上，本章将在原子结构的基础上着重讨论共价键理论（包括价键理论、杂化轨道理论和分子轨道理论）和对分子构型的初步认识，同时对分子间的作用力作适当介绍。

案例：蛋白质的 α-螺旋结构和 β-折叠

α-螺旋（α-helix）（图 8-1）是蛋白质中最常见、最典型、含量最丰富的二级结构元件。在 α-螺旋中，每个螺旋周期包含 3.6 个氨基酸残基，残基侧链伸向外侧，同一肽链上的每个残基的酰胺氢原子和位于它后面的第 4 个残基上的羧基氧原子之间形成氢键。这种氢键大致与螺旋轴平行。一条多肽链呈 α-螺旋构象的推动力就是所有肽键上的酰胺氢和羧基氧之间形成的链内氢键。在水环境中，肽键上的酰胺氢和羧基氧既能形成内部（α-螺旋内）的氢键，也能与水分子形成氢键。如果后者发生，

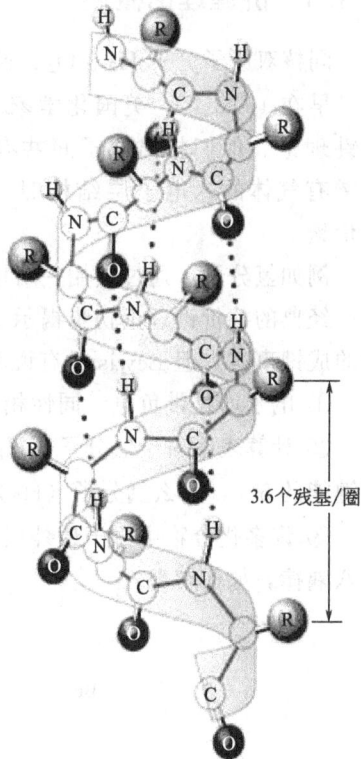

3.6 个残基/圈

图 8-1 蛋白质的 α-螺旋结构

多肽链呈现类似变性蛋白质那样的伸展构象。疏水环境对于氢键的形成没有影响，因此，更可能促进 α-螺旋结构的形成。

蛋白质的 β-折叠（图 8-2）也是种重复性的结构，可分为平行式和反平行式两种类型，它们是通过肽链间或肽段间的氢键维系。可以把它们想象为由折叠的条状纸片侧向并排而成，每条纸片可看成是一条肽链，称为 β 折叠股或 β 股（β-strand），肽主链沿纸条方向形成锯齿状，处于最伸展的构象，氢键主要在股间而不是股内。α-碳原子位于折叠线上，由于其四面体性质，连续的酰胺平面排列成折叠形式。需要注意的是在折叠片上的侧链都垂直于折叠片的平面，并交替地从平面上下两侧伸出。平行折叠片比反平行折叠片更规则且一般是大结构，而反平行折叠片可以少到仅由两个 β 股组成。

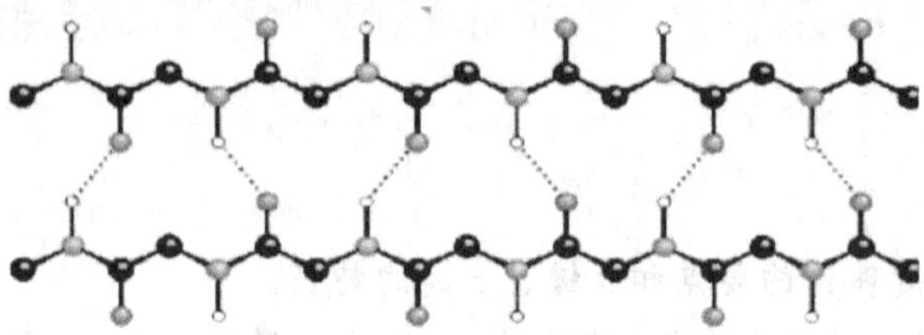

图 8-2　蛋白质的 β-折叠

8.1　现代价键理论

8.1.1　价键理论概述

同核双原子分子 H_2、O_2、N_2 为什么会形成？是什么作用使相同的原子结合成分子？

早在 1916 年，美国化学家 G. N. Lewis 等就提出了原子价的电子理论——经典的共价键理论。他们指出原子间共有电子满足"八隅律"，即原子外层由于共享电子对，满足稀有气体的八电子层结构时，就可以形成共价键，这样分子中原子间的结合力就是共价键。

例如氢分子，通过共用一对电子，每个 H 均成为 He 的电子构型，形成共价键。

经典的共价键理论初步揭示了共价键和离子键的区别，解释了电负性相近的元素之间原子的成键事实。但 Lewis 没有说明这种键的实质，适应性不强。同时不能说明：

① 电子均是带负电，同性相斥，为什么还能形成电子对？

② 计算表明对于氢分子（H_2），共用电子对和原子核的静电作用的结合能只约占共价键键能的 5%，那么氢分子（H_2）中大部分的键能是怎样产生的？

③ 许多化合物中原子最外层电子数超过了或不够 8 个也可以成键。如 PCl_5、BF_3 不符合八隅律，如何解释？

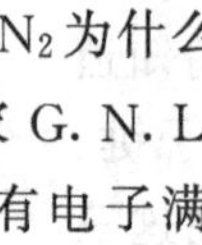

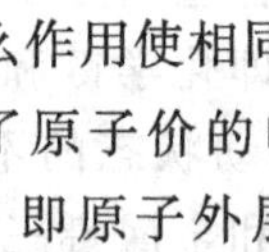

④ 共价键为什么还有方向性和饱和性？

1927年，德国化学家海特勒（W. Heitler）和弗里茨·伦敦（F. London）用量子力学处理氢气分子 H_2，解决了两个氢原子之间化学键的本质问题，使共价键理论从经典的路易斯（Lewis）酸碱理论发展到今天的现代共价键理论。

8.1.1.1 氢分子中的化学键

量子力学计算表明，氢分子的形成是自旋相反的两个具有 $1s^1$ 电子构型的 H 彼此靠近，随着核间距离的减小，两个轨道发生重叠，电子云密集在两核之间为两核共享，两个带正电荷的原子核靠共享的电子对吸引在一起，形成稳定的分子。这种分子中原子间通过电子配对（即原子轨道重叠）结合而形成的化学键称为共价键。

图 8-3 中虚线表示如果两个氢原子自旋平行，H_2 分子能量与核间距的关系。实线则假定两原子自旋反向，当体系能量达到最低点时，核间距为 87pm，如两原子继续靠近，能量再次升高，因此 R_0 位置对应的状态称为 H_2 的基态。如果两原子电子自旋平行，将产生排斥力，体系能量升高，不能形成稳定的化学键，这种不稳定的状态称为推斥态。这种由于自旋相反的两个电子的电子云密集在这两个原子核之间，降低了两核之间

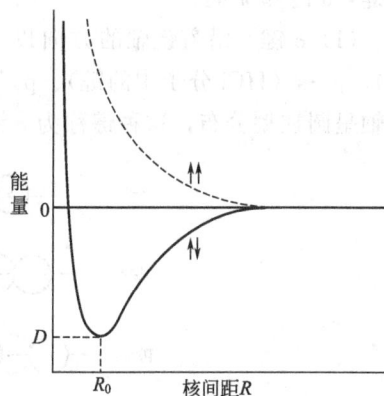
图 8-3　H_2 分子形成过程
能量与核间距的变化

的正电排斥，使体系能量降低，能形成稳定的共价键，共价键的本质就是原子共享电子，被共享的电子就像一个带负电荷的桥，把两个带正电荷的核吸引在一起，从而形成了稳定的分子，讨论氢原子的形成并推广到多原子分子便形成了现代价键理论（valence bond theory. V. B）。

8.1.1.2 现代价键价键理论的要点

将对 H_2 的处理结果推广到其他分子中，形成了以量子力学为基础的现代价键理论（V. B. 法），其要点如下。

① A、B 两原子各有一个成单电子，当 A、B 两原子相互接近时，两电子以自旋相反的方式结成电子对，即两个电子所在的原子轨道能相互重叠，则体系能量降低，形成化学键。若 A、B 两原子各有一个未成对电子，形成共价单键；若有两个或三个未成对电子，则可形成双键或三键，共用电子对超过 2 的称为多重键。

② 自旋方向相反的单电子配对形成共价键后，就不能再和其他原子中的单电子配对。所以，每个原子所能形成共价键的数目取决于该原子中的单电子数目，这就是共价键的饱和性。

③ 成键时，两原子轨道重叠愈多，两核间电子云愈密集，形成的共价键愈牢固，这称为原子轨道最大重叠原理。因此共价键具有方向性。

例如：H_2 中可形成一个共价键，HCl 分子中，也形成一个共价键。对于 N_2 分子，N 原子的电子结构为 $2s^2 2p^3$。

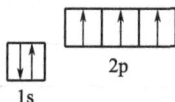

每个 N 原子有三个单电子，所以形成 N_2 分子，N 与 N 原子之间可形成三个共价键，写成：

$$: N \equiv N : \quad \text{或} \quad N \equiv N$$

8.1.1.3 共价键的类型

共价键的形成是由于原子与原子接近时它们的原子轨道相互重叠的结果，根据上述原子轨道重叠的原则，s 轨道和 p 轨道有两类不同的重叠方式，即可形成两类重叠方式不同的共价键：σ 键和 π 键。

(1) σ 键 沿着键轴的方向以"头碰头"的方式发生轨道重叠，如 s-s（H_2 分子中的键）、p_x-s（HCl 分子中的键）、p_x-p_x（Cl_2 分子中的键）等（图 8-4），轨道重叠部分是沿着键轴呈圆柱型分布，这种键称为 σ 键。

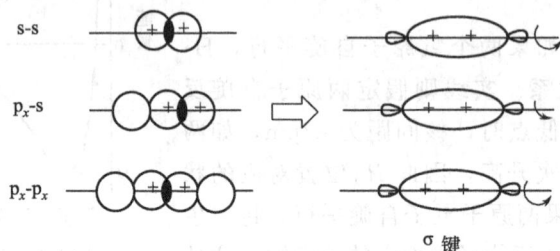

图 8-4 σ 键的形成

σ 键的特点：将成键轨道，沿着键轴旋转任意角度，图形及符号均保持不变。即 σ 键轨道对键轴呈圆柱型对称，或键轴是 n 重轴。

(2) π 键 原子轨道以"肩并肩"（或平行）的方式发生轨道重叠，如 p_x-p_x 成 σ 键后 p_z-p_z、p_y-p_y 的重叠轨道重叠部分通过键轴有一个镜面，镜面上下（或前后）两部分符号相反，所以具有镜面反对称性，这种键称为 π 键。

π 键的特点：成键轨道围绕键轴旋转 180°时，图形重合，但符号相反（图 8-5）。通过键轴，π 键的对称性为：通过键轴的节面呈现反对称（图形相同，符号相反）为"肩并肩"重叠。例如 N_2 分子中，两个原子沿 z 轴成键时，p_z 与 p_z "头碰头"形成 σ 键，此时，p_x 和 p_x、p_y 和 p_y 以"肩并肩"重叠，形成 π 键。所以 N_2 分子中有 1 个 σ 键，2 个 π 键，其结构式可用 $N \equiv N$ 表示。

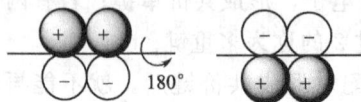

图 8-5 π 键的形成

σ 键的轨道重叠程度比 π 键的轨道重叠程度大，因而 σ 键比 π 键牢固，二者比较见表 8-1。

表 8-1 σ 键和 π 键比较

项目	重叠方式	对称情况	重叠程度	键能	化学活性
σ 键	"头碰头"	沿键轴方向呈圆柱型对称	大	大	不活泼
π 键	"肩并肩"	镜面反对称	小	小	活泼

根据成键原子提供电子形成共用电子对方式的不同，共价键可分为正常共价键和配位共价键。正常共价键——如果共价键是由成键两原子各提供 1 个电子配对成键的，称为正常共价键，如 H_2、O_2、HCl 等分子中的共价键。配位共价键——如果共价键的形成是由成键两原子中的一个原子单独提供电子对进入另一个原子的空轨道共用而成键，这种共价键称为配位共价键（coordinate covalent bond），简称配位键（coordination bond）。通常为区别于正常共价键，配位键用"→"表示，箭头从提供电子对的原子指向接受电子对的原子。例如在 CO 分子中，形成 CO 分子时，与 N_2 相仿，同样用了三对电子，形成三个共价键。不同之处是，其中一对电子在形成共价键时具有特殊性：C 和 O 各出一个 2p 轨道，重叠，而其中的电子是由 O 单独提供的。这样的共价键称为共价配位键。于是，CO 可表示成：C≡O：

配位键必须同时具备两个条件：一个成键原子的价电子层有孤对电子；另一个成键原子的价电子层有空轨道。配位键的形成方式虽和正常共价键不同，但形成以后，两者是没有区别的。关于配位键理论将在配位化合物中作进一步介绍。

8.1.1.4 键参数

化学键的形成情况，完全可由量子力学的计算得出，进行定量描述。但通常用几个物理量加以描述，这些物理量称为键参数。共价键的键参数主要有键能、键长、键角和键的极性。

（1）键能　键能（bond energy）是从能量因素来衡量共价键强度的物理量。对于双原子分子，键能（E）就等于分子的解离能（D）。在 100kPa 和 298.15K 下，将 1mol 理想气态分子 AB 解离为理想气态的 A、B 原子所需要的能量，称为 AB 的解离能，单位为 $kJ \cdot mol^{-1}$。

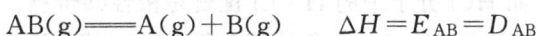

$$AB(g) = A(g) + B(g) \qquad \Delta H = E_{AB} = D_{AB}$$

对于双原子分子，解离能 $D(AB)$ 等于键能 $E(AB)$，但对于多原子分子，则要注意解离能与键能的区别与联系，如 NH_3：

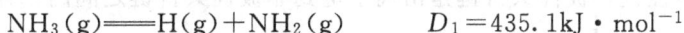

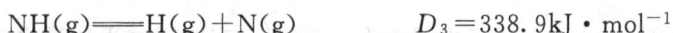

$$NH_3(g) = H(g) + NH_2(g) \qquad D_1 = 435.1 kJ \cdot mol^{-1}$$
$$NH_2(g) = H(g) + NH(g) \qquad D_2 = 397.5 kJ \cdot mol^{-1}$$
$$NH(g) = H(g) + N(g) \qquad D_3 = 338.9 kJ \cdot mol^{-1}$$

同一种共价键在不同的多原子分子中的键能虽有差别，但差别不大。我们可用不同分子中同一种键能的平均值即平均键能作为该键的键能。一般键能愈大，键愈牢固。表 8-2 列出了一些双原子分子的键能和某些键的平均键能。

表 8-2　一些双原子分子的键能和某些键的平均键能 E　　单位：$kJ \cdot mol^{-1}$

分子 名称	键能	分子 名称	键能	共价键	平均 键能	共价键	平均 键能
H_2	436	HF	565	C—H	413	N—H	391
F_2	165	HCl	431	C—F	460	N—N	159
Cl_2	247	HBr	366	C—Cl	335	N=N	418
Br_2	193	HI	299	O—O	143	N≡N	946

（2）键长　分子中两个成键原子的核间平衡距离称为键长（bond length）。光谱及衍射实验的结果表明，同一种键在不同分子中的键长几乎相等。因而可用其平均值即平均键长作为该键的键长。例如，C—C 单键的键长在金刚石中为 154.2pm；在乙烷中为 153.3pm；在

丙烷中为154pm；在环己烷中为153pm。因此将C—C单键的键长定为154pm。就相同的两原子形成的键而言，单键键长＞双键键长＞叁键键长。一般键长越小，键越强。表8-3为碳碳键的键长和键能。

表 8-3　碳碳键的键长和键能

化学键	键长/pm	键能/(kJ·mol^{-1})
C—C	154	345.6
C＝C	133	602.0
C≡C	120	835.1

（3）键角　分子中同一原子形成的两个化学键间的夹角称为键角（在多原子分子中才涉及键角）。如 H_2S 分子，H—S—H 的键角为 92°，决定了 H_2S 分子的构型为"V"字形；又如 CO_2 中，O—C—O 的键角为 180°，则 CO_2 分子为直线形。因而，键角是决定分子几何构型的重要因素。

（4）键的极性　键的极性是由于成键原子的电负性不同而引起的。当成键原子的电负性相同时，核间的电子云密集区域在两核的中间位置，两个原子核正电荷所形成的正电荷重心和成键电子对的负电荷重心恰好重合，这样的共价键称为非极性共价键（nonpolar covalent bond）。如 H_2、O_2 分子中的共价键就是非极性共价键。当成键原子的电负性不同时，核间的电子云密集区域偏向电负性较大的原子一端，使之带部分负电荷，而电负性较小的原子一端则带部分正电荷，键的正电荷重心与负电荷重心不重合，这样的共价键称为极性共价键（polar covalent bond）。如 HCl 分子中的 H—Cl 键就是极性共价键。成键原子的电负性差值愈大，键的极性就愈大。当成键原子的电负性相差很大时，可以认为成键电子对完全转移到电负性很大的原子上，这时原子转变为离子，形成离子键。因此，从键的极性看，可以认为离子键是最强的极性键，极性共价键是由离子键到非极性共价键之间的一种过渡情况。

8.1.2　杂化轨道理论

BF_3 分子中键角为 120°，NH_4^+ 中键角为 109°28′，在成键过程轨道之间的夹角是怎样形成的，如何解释构型的存在呢？CH_4 为什么是正四面体结构？这些问题用一般价键理论难以解释。1931 年由 L. Pauling 等在价键理论的基础上提出了杂化轨道理论（hybrid orbital theory），它实质上仍属于现代价键理论，但它在成键能力、分子的空间构型等方面丰富和发展了现代价键理论。

8.1.2.1　杂化轨道理论的概念及其理论要点

在形成多原子分子的过程中，中心原子的若干能量相近的原子轨道重新组合，形成一组新的轨道，这个过程叫做轨道的杂化，产生的新轨道叫做杂化轨道。例如形成 CH_4 分子时，中心碳原子的 2s 和 $2p_x$、$2p_y$、$2p_z$ 四条原子轨道发生杂化，形成一组（四条）新的杂化轨道，即 4 条 sp^3 杂化轨道，这些 sp^3 杂化轨道不同于 s 轨道，也不同于 p 轨道，有自己的波函数、能量、形状和空间取向。

在杂化过程中形成的杂化轨道的数目等于参加杂化的轨道的数目。杂化实质上是波函数 Ψ 线性组合，得到新的波函数，即杂化轨道的波函数。例如：s 和 p_x 杂化，产生两个杂化轨道，分别用 Φ_1 和 Φ_2 表示

$$\varPhi_1 = \sqrt{\frac{1}{2}}\,\psi_s + \sqrt{\frac{1}{2}}\,\psi_{px} \qquad \varPhi_2 = \sqrt{\frac{1}{2}}\,\psi_s - \sqrt{\frac{1}{2}}\,\psi_{px}$$

杂化轨道中有波函数，也有自身的轨道角度分布：

杂化轨道理论的基本要点如下。

① 原子中只有能量相近的、不同类型的原子轨道［如 ns 与 np；$(n-1)$d、ns 与 np 等］才能杂化；而且杂化只有在形成分子的过程中才会发生，原子若处于孤立状态就不会发生杂化。

② 原子轨道杂化时，一般是使成对电子激发到空轨道而成单电子，其所需的能量完全由成键时放出的能量予以补偿。

③ 杂化轨道的数目等于参与杂化的原子轨道的总数。

8.1.2.2　杂化轨道的类型和分子的空间构型

按参加杂化的原子轨道种类，轨道的杂化有 sp 和 spd 两种主要类型。按杂化后形成的几个杂化轨道的能量是否相同，轨道的杂化可分为等性杂化和不等性杂化。

（1）sp 型等性杂化　等性杂化是指形成的杂化轨道中所含的成分和能量都是相同的。常见的有多种，在此只介绍 sp^n 型的等性杂化及其分子的空间构型。

能量相近的 ns 轨道和 np 轨道之间的杂化称为 sp 型杂化。按参加杂化的 s 轨道、p 轨道数目的不同，sp 型杂化又可分为 sp、sp^2、sp^3 三种杂化。

① sp 杂化。由 1 个 s 轨道和 1 个 p 轨道组合成 2 个 sp 杂化轨道的过程称为 sp 杂化，所形成的轨道称为 sp 杂化轨道。每个 sp 杂化轨道均含有 1/2 的 s 轨道成分和 1/2 的 p 轨道成分。为使相互间的排斥能最小，轨道间的夹角为 $180°$（图 8-6）。当 2 个 sp 杂化轨道与其他原子轨道重叠成键后就形成直线型分子。

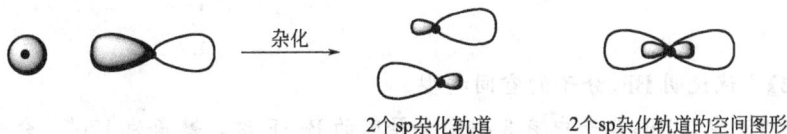

2个sp杂化轨道　　2个sp杂化轨道的空间图形

图 8-6　sp 杂化过程及 sp 杂化轨道的形状

② sp^2 杂化。由 1 个 s 轨道与 2 个 p 轨道组合成 3 个 sp^2 杂化轨道的过程称为 sp^2 杂化。每个 sp^2 杂化轨道含有 1/3 的 s 轨道成分和 2/3 的 p 轨道成分，为使轨道间的排斥能最小，3个 sp^2 杂化轨道呈正三角形分布，夹角为 $120°$（图 8-7）。当 3 个 sp^2 杂化轨道分别与其他 3

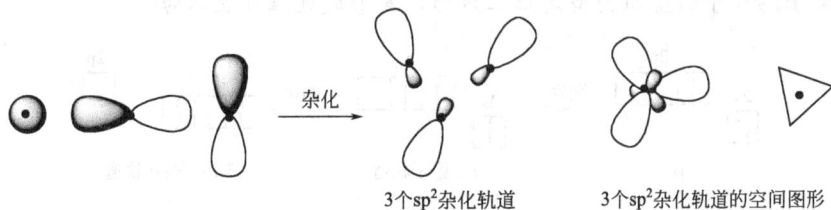

3个sp^2杂化轨道　　3个sp^2杂化轨道的空间图形

图 8-7　sp^2 杂化轨道的空间取向

个相同原子的轨道重叠成键后，就形成正三角形构型的分子。

③ sp³杂化。由1个s轨道和3个p轨道组合成4个sp³杂化轨道的过程称为sp³杂化。每个sp³杂化轨道含有1/4的s轨道成分和3/4的p轨道成分。为使轨道间的排斥能最小，4个顶角的sp³杂化轨道间的夹角均为109°28′（图8-8）。当它们分别与其他4个相同原子的轨道重叠成键后，就形成正四面体构型的分子。

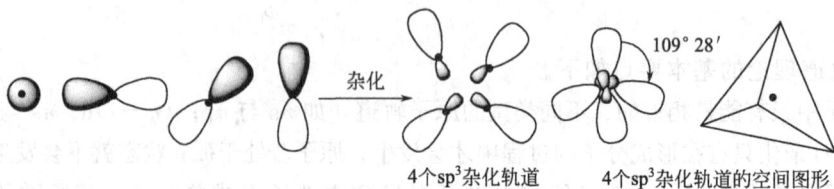

图 8-8　sp³杂化轨道的空间取向

【例 8-1】　试说明 $BeCl_2$ 分子的空间构型。

解　实验测出，$BeCl_2$ 分子中有2个完全等同的 Be—Cl 键，键角为180°，分子的空间构型为直线。Be 原子的价层电子组态为 $2s^2$。在形成 $BeCl_2$ 分子的过程中，Be 原子的1个2s电子被激发到2p空轨道，价层电子组态为 $2s^1 2p_x^1$，这2个含有单电子的2s轨道和 $2p_x$ 轨道进行 sp 杂化，组成夹角为180°的2个能量相同的 sp 杂化轨道，当它们各与2个 Cl 原子中含有单电子的3p轨道重叠，就形成2个 sp-p 的 σ 键，所以 $BeCl_2$ 分子的空间构型为直线，其形成过程可表示为：

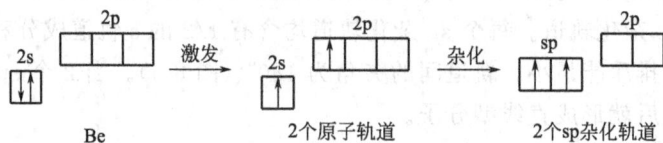

【例 8-2】　试说明 BF_3 分子的空间构型。

解　实验测定，BF_3 分子中有3个完全等同的 B—F 键，键角为120°，分子的空间构型为正三角形。BF_3 分子的中心原子是 B，其价层电子组态为 $2s^2 2p_x^1$。在形成 BF_3 分子的过程中，B 原子的 2s 轨道上的1个电子被激发到 2p 空轨道，价层电子组态为 $2s^1 2p_x^1 2p_y^1$，1个2s轨道和2个2p轨道进行 sp² 杂化，形成夹角均为120°的3个完全等同的 sp² 杂化轨道，当它们各与1个 F 原子的含有单电子的2p轨道重叠时，就形成3个 sp²-p 的 σ 键。故 BF_3 分子的空间构型是正三角形，其形成过程可表示为

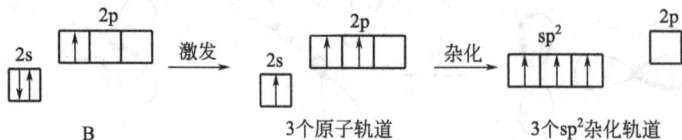

【例8-3】 试解释 CCl_4 分子的空间构型。

解 近代实验测定表明，CCl_4 分子的空间构型为正四面体。其形成过程可表示为

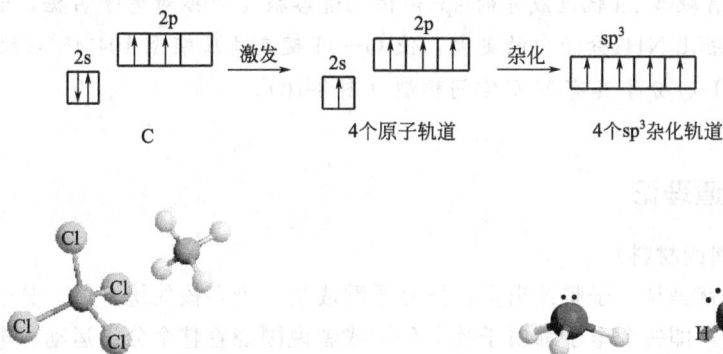

图8-9 CCl_4 分子的空间构型和 sp^3 杂化轨道

图8-10 NH_3 和 H_2O 分子的结构示意图

即中心碳原子以夹角均为 $109°28'$ 的 4 个完全等同的 sp^3 杂化轨道分别与 4 个氯原子的 p 轨道重叠后，形成 4 个 sp^3-p 的 σ 键。故 CCl_4 分子的空间构型为正四面体（图8-9）。

（2）不等性杂化　杂化后所形成的几个杂化轨道所含原来轨道成分的比例不相等而能量不完全相同，这种杂化称为不等性杂化（nonequivalent hybridization）。通常，若参与杂化的原子轨道中，有的已被孤对电子占据，其杂化是不等性的。等性杂化和不等性杂化关键点——每个杂化轨道的状态是否一样。

【例8-4】 试说明 NH_3 分子的空间构型。

解 实验测知，NH_3 分子中有 3 个 NH 键，键角为 $107°$，分子的空间构型为三角锥形（习惯上孤对电子不包括在分子的空间构型中）。N 原子是 NH_3 分子的中心原子，其价层电子组态为 $2s^2 2p_x^1 2p_y^1 2p_z^1$。在形成 NH_3 分子的过程中，N 原子的 1 个已被孤对电子占据的 2s 轨道与 3 个含有单电子的 p 轨道进行 sp^3 杂化，但在形成的 4 个 sp^3 杂化轨道中，有 1 个已被 N 原子的孤对电子占据，该 sp^3 杂化轨道含有较多的 2s 轨道成分，其余 3 个各有单电子的 sp^3 杂化轨道则含有较多的 2p 轨道成分，故 N 原子的 sp^3 杂化是不等性杂化。

当 3 个含有单电子的 sp^3 杂化轨道各与 1 个 H 原子的 1s 轨道重叠，就形成 3 个 sp^3-s 的 σ 键。由于 N 原子中有 1 对孤对电子不参与成键，其电子云较密集于 N 原子周围，它对成键电子对产生排斥作用，使 N—H 键的夹角被压缩至 $107°$（小于 $109°28'$），所以 NH_3 分子的空间构型呈三角锥形（图8-10）。

【例8-5】 试解释 H_2O 分子的空间构型。

解 实验测得，H_2O 分子中有 2 个 O—H 键，键角为 $104°45'$，分子的空间构型为 V 形。中心原子 O 的价层电子组态为 $2s^2 2p_x^2 2p_y^1 2p_z^1$。在形成 H_2O 分子的过程中，O 原

子以 sp^3 不等性杂化形成 4 个 sp^3 不等性杂化轨道，其中有单电子的 2 个 sp^3 杂化轨道含有较多的 2p 轨道成分，它们各与 1 个 H 原子的 1s 轨道重叠，形成 2 个 sp^3-s 的 σ 键，而余下的 2 个含有较多 2s 轨道成分的 sp^3 杂化轨道各被 1 对孤对电子占据，它们对成键电子对的排斥作用比 NH_3 分子中的更大，使 O—H 键夹角压缩至 $104°45'$（比 NH_3 分子的键角小），故 H_2O 分子具有 V 形空间构型（图 8-10）。

8.1.3 分子轨道理论

（注：本节为阅读材料）

分子轨道理论就是从分子整体出发，把分子看成是一个多核的统一体。分子中的电子就在多核体系内运动，即每个电子都属于整个分子或者说围绕着整个分子运动。电子在原子内的运动状态称为原子轨道，同理，电子在分子中的运动状态就称为分子轨道。分子轨道理论是从氢离子 H_2^+ 的量子力学处理发展起来的。通过量子力学处理 H_2^+ 的结果帮助我们建立起分子轨道概念。在这一节中我们只要求了解分子轨道最基本的一些观点和结论，能用它来讨论一些最简单的双原子分子的结构，其中以 O_2 和 N_2 为重点。

8.1.3.1 分子轨道的形成——原子轨道线性组合

分子轨道由原子轨道（波函数）线性组合而成。例如 A、B 两原子的原子轨道（波函数）分别为 ψ_A 和 ψ_B，它们线性组合为：

$$\psi_A + \psi_B = \psi_{(M.O.)} \quad I$$
$$\psi_A - \psi_B = \psi_{(M.O.)} \quad II$$

原子轨道（波函数）的线性组合就相当于波的叠加。所以分子轨道即是由原子轨道（波函数）线性组合成的新的波函数，也即是分子中电子运动的空间状态。

两个原子轨道的波函数相加，分子轨道中两核间电子云密度增大，即有利于成键形成分子，使体系能量降低；两个原子轨道的波函数相减可得反键分子轨道，反键分子轨道中两核间的电子云密度减小，不利于成键，使体系能量升高。

如两个氢原子的 1s 原子轨道经组合形成两个高低不同的分子轨道，一个为成键分子轨道 σ_{1s}，另一个为反键轨道 σ_{1s}^*，其中 σ 表示以"头碰头"方式重叠所形成的分子轨道，如图 8-11 所示；若原子轨道以"肩并肩"的方式重叠所形成的分子轨道，称为 π 分子轨道，如图 8-12 所示。

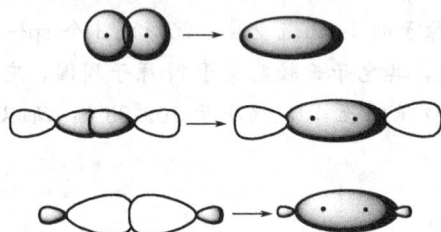

图 8-11　σ 分子轨道

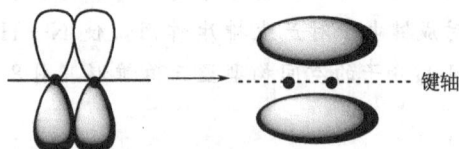

图 8-12　π 分子轨道

8.1.3.2 分子轨道理论的基本要点

① n 个原子轨道组合只能得到 n 个分子轨道，其中包括相同数目的成键分子轨道和反

键轨道。

② 原子轨道有效地组成分子轨道必须符合能量近似、轨道最大重叠及对称匹配这三个成键原则。

③ 分子轨道中电子填充顺序所遵循的规则与原子轨道填充电子顺序相同，即按能量最低、泡利不相容原理和洪特规则填充。

分子轨道能级的高低取决于原子轨道能量及轨道间的相互作用，第一、第二周期元素所组成的同核双原子分子，只有 O_2 和 F_2 分子中成键原子的 2s 与 2p 原子轨道能量差＞15eV，因此其他元素所组成的同核双原子分子中成键原子的 2s 可与 2p 相组合，σ_{2p} 分子轨道能量比 π_{2p} 的高。因而第二周期同核双原子分子轨道能级次序就有如下两种：$\sigma_{1s} < \sigma_{1s}^* < \sigma_{2s} < \sigma_{2s}^* < \sigma_{2p} < \pi_{2p_y} \text{-} \pi_{2p_z} < \pi_{2p_y}^* \text{-} \pi_{2p_z}^* < \sigma_{2p}^*$ 和 $\sigma_{1s} < \sigma_{1s}^* < \sigma_{2s} < \sigma_{2s}^* < \pi_{2p_y} \text{-} \pi_{2p_z} < \sigma_{2p} < \pi_{2p_y}^* \text{-} \pi_{2p_z}^* < \sigma_{2p}^*$。

8.1.3.3 键级

分子轨道理论是把成键电子数与反键电子数之差（即净成键电子数）的一半定义为键级。键级的大小表示两个相邻原子间成键的强度，键级越大，键越强，越稳定。

H_2 分子：分子轨道式 $(\sigma_{1s})^2$，键级 $=(2-0)/2=1$，形成一个 σ 键。

He_2：分子轨道式 $(\sigma_{1s})^2$ $(\sigma_{1s}^*)^2$，键级 $=(2-2)/2=0$，键级为零，表示没有成键，因此 He_2 是不存在的，He 是单原子分子。

N_2 分子：分子轨道 $(\sigma_{1s})^2$ $(\sigma_{1s}^*)^2$ $(\sigma_{2s})^2$ $(\sigma_{2s}^*)^2$ $(\pi_{2p_y})^2$ $(\pi_{2p_z})^2$ $(\sigma_{2p})^2$，键级 $=(10-4)/2=3$，形成一个 σ 键和两个 π 键，这与价键理论的结果一致。

O_2 分子：分子轨道 $(\sigma_{1s})^2$ $(\sigma_{1s}^*)^2$ $(\sigma_{2s})^2$ $(\sigma_{2s}^*)^2$ $(\sigma_{2p})^2$ $(\pi_{2p_y})^2$ $(\pi_{2p_z})^2$ $(\pi_{2p_y}^*)^1$ $(\pi_{2p_z}^*)^1$，键级 $=(10-6)/2=2$。

键级也是分子结构的重要参数，它和键能及键长有密切的关系。一般来说，同一周期和同一区内（s 区或 p 区）元素组成的双原子分子中，键级越高，则键能越大，而键长越短。

8.2 分子间作用力

化学键是原子间强烈的相互作用力，键能为 $100 \sim 500 kJ \cdot mol^{-1}$，它是决定物质化学性质的主要因素。但仅从化学键的性质还不能说明物质全部的性质及其状态，如气体在一定条件下可以凝结为液体，甚至可凝结成固体，这说明在分子与分子间还存在一种相互吸引的作用，即分子间力。早在 1873 年荷兰物理学家范德瓦尔斯（Van de Waals）注意到这种力的存在并进行了卓有成效的研究，所以人们又称分子间力为范德瓦尔斯力。分子间力本质上是一种电性引力，为了说明这种引力的由来，在此先介绍分子的极性和变形性。

8.2.1 分子的极性和分子的极化

8.2.1.1 分子的极性

根据分子中正、负电荷重心是否重合，可将分子分为极性分子和非极性分子（图 8-13）。分子的正电重心和负电重心不重合，分子则为极性分子。

对于双原子分子，分子的极性与键的极性是一致的，即由非极性键构成的分子一定是非极性分子，如 H_2、Cl_2、N_2、O_2 等；由极性键构成的分子一定是极性分子，如 HF、HCl、

图 8-13　极性分子（正负电荷重心不重合）和非极性分子（正负电荷重心重合）

HBr 等。

对于多原子分子，分子的极性与键的极性不一定一致。分子是否有极性，不仅取决于组成分子的元素的电负性，而且与分子的构型有关。例如二氧化碳和甲烷分子，虽然都是极性键，但前者是直线构型，后者是正面体构型，键的极性互相抵消，因此它们为极性分子。而水分子和氨分子，键的极性不能抵消，它们是极性分子。

分子的极性大小用电偶极矩（简称偶极矩）来度量，用 μ 表示。若正电（或负电）重心上的电荷的电量为 q，正负电重心之间的距离为 d（称偶极矩长），则偶极矩（$\vec{\mu}$）为：$\vec{\mu}=qd(\mu)$，偶极矩以德拜（D）为单位，当 $q=1.62\times10^{-19}$ 库仑（电子所带电量），$d=1.0\times10^{-10}$ 时，$\mu=4.8D$。

偶极矩是一个矢量，化学上规定其方向是从正电荷重心指向负电荷重心。偶极矩为零的分子是非极性分子，偶极矩愈大表示分子的极性愈强。

8.2.1.2 分子的极化

无论分子有无极性，在外电场作用下，它们的正负电荷重心都将发生变化。如图 8-14 所示，非极性分子的正负电荷重心本来是重合的（$\vec{\mu}=0$），但在外电场作用下，发生相对位

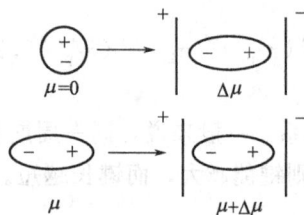

图 8-14　分子的极化产生诱导偶极示意图

移，引起分子变形而产生偶极；极性分子的正负电荷重心是不重合的，分子中始终存在一个正极和一个负极，所以极性分子具有永久偶极，但在外电场作用下，分子的偶极按电场的方向取向，同时使正负电荷重心的距离增大，分子的极性因而增强。这种因外加电场的作用，使分子变形产生的偶极或增大的偶极矩的现象称为分子的极化（图 8-14）。由此而产生的偶极称为诱导偶极，其电偶极矩称为诱导电偶极矩。

分子的极化不仅在外加电场的作用下产生，分子间相互作用时也可产生，这正是分子间存在相互作用的重要原因。

8.2.2 分子间作用力

分子间力相当微弱，一般在几至几十千焦·摩尔$^{-1}$。然而分子间这种微弱的作用力对物质的熔点、沸点、表面张力、溶解性等都有相当大的影响。按作用力产生的原因和特性，这种力分为取向力、诱导力和色散力三种。

8.2.2.1 取向力

取向力发生在极性分子之间。极性分子具有永久偶极，当两个极性分子接近时，因同极相斥，异极相吸，分子将发生相对转动，力图使分子间按异极相邻的状态排列。极性分子的这种运动称为取向，有永久偶极的取向而产生的分子间吸引力称为取向力（图 8-15）。

图 8-15　两个极性分子相互作用示意图

8.2.2.2 诱导力

诱导力发生在极性分子和非极性分子以及极性分子之间。当极性分子与非极性分子接近时，因极性分子的永久偶极相当于一个外加电场，可使非极性分子极化而产生诱导偶极，于是诱导偶极与永久偶极相吸引，如图 8-16 所示。极性分子的永久偶极与非极性分子产生的诱导偶极之间的相互作用称为诱导力。

当两个极性分子相互靠近时，在彼此的永久偶极的影响下，相互极化产生诱导偶极，因此诱导力存在于极性分子与非极性分子之间，也存在于极性分子与极性分子之间。

图 8-16　极性分子与非极性分子相互作用示意图

8.2.2.3 色散力

非极性分子之间也存在相互作用力。由于分子内部的电子在不断地运动，原子核在不断地振动，使分子的正、负电荷重心不断发生瞬间相对位移，从而产生瞬间偶极。瞬间偶极又可诱使邻近的分子极化，因此非极性分子之间可靠瞬间偶极互相吸引产生分子间作用力，由于从量子力学导出的这种力的理论公式与光的色散公式相似，因此把这种力称为色散力。虽然瞬间偶极存在的时间很短，但是不断地重复发生，又不断地互相诱导和吸引，因此色散力始终存在。任何分子都有不断运动的电子和不停振动的原子核，都会不断产生瞬间极偶，所以色散力存在于各种分子之间，并且在范德瓦尔斯力中占有相当大的比重。色散力产生示意图见图 8-17。

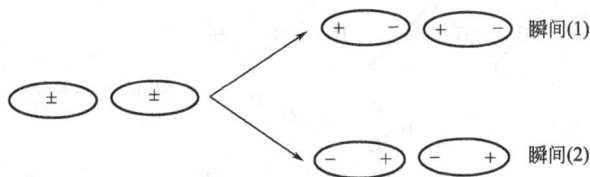

图 8-17　色散力产生示意图

综上所述，在非极性分子之间只有色散力；在极性分子和非极性分子之间，既有诱导力也有色散力；而在极性分子之间，取向力、诱导力和色散力都存在。

范德瓦尔斯力不属于化学键范畴，它有下列一些特点：它是静电引力，其作用能只有几到几十千焦每摩尔，比化学键小 1～2 个数量级；它的作用范围只有几十到几百皮米；它不具有方向性和饱和性；对于大多数分子，色散力是主要的。只有极性大的分子，取向力才比较显著。诱导力通常都很小。

物质的沸点、熔点等物理性质与分子间的作用力有关，一般说来范德瓦尔斯力小的物质，其沸点和熔点都较低。从表 8-6 可见，HCl、HBr、HI 的范德瓦尔斯力依次增大，故其沸点和熔点依次递进。因此在常温下，氯是气体，溴是液体，碘是固体。

8.2.3 氢键

同族元素的氢化物的沸点和熔点一般随分子量的增大而增高，但 HF 的沸点和熔点比 HCl 的沸点和熔点高。这表明在 HF 分子之间除了存在范德瓦尔斯力外，还存在另一种作用力，这就是氢键。

当 H 原子与电负性很大、半径很小的原子 X（如 F、O、N）以共价键结合成分子时，密集于两核间的电子云强烈地偏向于 X 原子，使氢原子几乎变成裸露的质子而具有大的正电荷场强，因而这个 H 原子还能与另一个电负性大、半径小并在外层有孤对电子的 Y 原子（如 F、O、N）产生定向的吸引作用，形成 X—H⋯Y 结构，其中 H 原子与 Y 原子间的静电吸引作用称为氢键（hydrogen bond）。X、Y 可以是同种元素的原子，如 O—H⋯O，F—H⋯F，N—H⋯N，也可以是不同元素的原子，如 N—H⋯O。

氢键的强弱与 X、Y 原子的电负性及原子半径有关。X、Y 原子的电负性愈大、半径愈小，形成的氢键愈强。Cl 的电负性比 N 的电负性略大，但原子半径比 N 大，只能形成较弱的氢键。常见氢键的强弱顺序是：

F—H⋯F，O—H⋯O，O—H⋯N，N—H⋯N，O—H⋯Cl 等

氢键的键能一般在 $42kJ \cdot mol^{-1}$ 以下，它比化学键弱得多，但比范德瓦尔斯力强。氢键与范德瓦尔斯力不同之处是氢键具有饱和性和方向性。所谓饱和性是指 H 原子形成 1 个共价键后，通常只能再形成一个氢键。这是因为 H 原子比 X、Y 原子小得多，当形成 X—H⋯Y 后，第二个 Y 原子再靠近 H 原子时，将会受到已形成氢键的 Y 原子电子云的强烈排斥。氢键的方向性是指以 H 原子为中心的 3 个原子 X—H⋯Y 尽可能在一条直线上，这样 X 原子与 Y 原子的距离较远，形成的氢键稳定。根据上述讨论，可将氢看做是较强的、有方向性和饱和性的范德瓦尔斯力。

氢键不仅在分子间形成，如氟化氢、水和氨水，也可以在同一分子内形成，如硝酸、邻硝基苯酚。分子内氢键虽不在同一条直线上，但形成了稳定的环状结构。

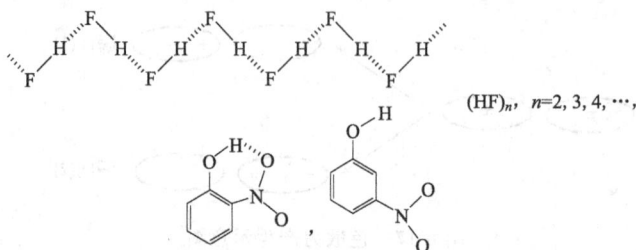

$(HF)_n$，n=2, 3, 4, ⋯，

氢键存在于许多化合物中，它的形成对物质的性质有一定的影响。因为破坏氢键需要能量，所以在同类化合物中能形成分子间氢键的物质，其沸点、熔点比不能形成分子间氢键的高。如第 V 至第 VII 主族元素的氢化物中，NH_3、H_2O、HF 的沸点比同族其他相对质量较大元素的氢化物的沸点高，这种反常行为是由于它们各自的分子间形成了氢键。分子内形成氢键，一般使化合物的沸点和熔点降低。氢键的形成也影响物质的溶解度，若溶质和溶剂间形成氢键，可使溶解度增大；若溶质内形成氢键，则在极性溶剂中的溶解度减小，而在非极性溶剂中的溶解度增大。如邻硝基苯酚可形成分子内氢键，对硝基苯酚不能形成分子内氢键，但它能与水形成氢键，所以邻硝基苯酚在水中的溶解度比对硝基苯酚小。

一些生物高分子物质如蛋白质、核酸中均有分子内氢键。DNA 脱氧核糖核酸分子中，两条多核苷酸链靠碱基（C=O⋯H—N 和 C=N⋯H—N）之间形成的氢键配对而相连，即腺嘌呤（A）与胸腺嘧啶（T）配对形成 2 个氢键，鸟嘌呤（G）与胞嘧啶（C）配对形成 3 个氢键。它们盘曲成双螺旋结构（图）的各圈之间也是靠氢键维系而增强其稳定性，一旦氢键被破坏，分子的空间构型发生改变，生理功能就会丧失。因此对医学生来说，氢键的概念具有相当重要的意义。

习　题

1. 区别下列名词
   (1) 键和键
   (2) 共价键和配位键
   (3) 等性杂化和不等性杂化
   (4) 成键轨道和反键轨道
   (5) 永久偶极和瞬间偶极
   (6) 范德瓦尔斯力和氢键

2. 为什么共价键具有饱和性和方向性。

3. 使用杂化轨道理论说明下列分子或离子的中心原子可能采取的杂化类型及分子或离子的空间构型。

   NH_3　BF_3　NH_4^+　H_3O^+　CH_3Cl　NF_3　BF_4^-

4. 写出下列双原子分子或离子的分子轨道式，指出所含的化学键，计算键级并判断哪个最稳定？哪个最不稳定？

5. 试用分子轨道理论说明超氧化钾 KO_2 中的超氧离子 O_2^- 和过氧化钠 Na_2O_2 中的过氧离子 O_2^{2-} 能否稳定存在？它们和 O_2 比较，稳定性如何？

6. 下列每对分子中，哪个分子的极性较强？简要说明原因。
   (1) HCl 和 HI；(2) H_2O 和 H_2S；(3) NH_3 和 PH_3

7. 乙醇和二甲醚组成相同，但乙醇的沸点比二甲醚的沸点高，为什么？

8. 判断下列各组分子间存在哪种分子间作用力。

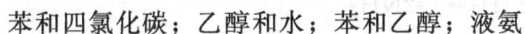

   苯和四氯化碳；乙醇和水；苯和乙醇；液氨

9. 判断下列各组分子间氢键的强弱顺序。

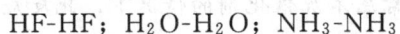

   HF-HF；H_2O-H_2O；NH_3-NH_3

10. 某化合物的分子式为 AB_4，A 属于第Ⅳ主族，B 属于第Ⅶ主族，A、B 的电负性分别是 2.55 和 3.16。试回答下列问题。
    (1) 已知 AB_4 的空间构型是正四面体，推测其可能存在的杂化方式。
    (2) A-B 键的极性如何，AB_4 分子的极性如何？
    (3) AB_4 分子在常温下是液体，该化合物存在什么分子间作用力？
    (4) AB_4 分子与 $SiCl_4$ 分子比较，哪个的熔点、沸点较高？

第9章

化学反应速率

本章要求

1. 掌握浓度与反应速率的关系，反应速率方程式和一级、二级、零级反应的特征。
2. 熟悉化学反应速率的表示方法和活化能的概念、温度与化学反应速率的关系。
3. 了解催化剂与化学反应速率的关系。

案例：上一章研究了化学反应进行的方向和限度问题，解决了一个化学反应能否发生，如果能发生那么进行的程度如何等问题，但是如果深入思考一下，一个能发生的化学反应，它究竟需要多少时间？是快是慢？即化学反应速率也是我们要继续研究的问题。例如，合成氨的反应：

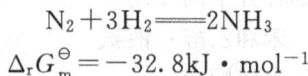

$$N_2 + 3H_2 \rightleftharpoons 2NH_3$$
$$\Delta_r G_m^\ominus = -32.8 kJ \cdot mol^{-1}$$

反应正向自发进行的趋势比较大，但是在常温常压不加催化剂的情况下，此反应是很难进行的，在自然界中这个反应可以在豆科植物根瘤菌的作用下发生，而工业上的合成氨反应也要在人工催化剂的作用下才能进行。那么催化剂是怎么样影响一个化学反应的？在这一章的学习中我们就可以找到答案。

研究化学反应速率的科学称为**化学动力学**（chemical kinetics），化学动力学主要研究化学反应速率理论、化学反应机理以及影响反应速率的因素。本章对上述几方面的内容分别做出简要介绍。

9.1 化学反应速率的表示方法

9.1.1 反应进度

化学反应是一个过程，在反应中吸热或放热多少以及内能和焓的变化值多少都与反应进行的程度有关。所以，我们有必要定义一个物理量来表示反应进行的程度，这就是**反应进度**（extent of reaction），用符号 ξ 表示。

对于任意一个化学反应：

$$eE + fF \rightleftharpoons gG + hH$$

也可以表示为：

$$0 = gG + hH - eE - fF$$

或简写为：
$$0 = \sum_B \nu_B B \qquad (9\text{-}1)$$

式 (9-1) 是任意化学反应的标准缩写式。式中，B 代表相应的反应物或产物；ν_B 代表反应中相应物质 B 的化学计量数；$\sum_B$ 代表反应式中各物质求和。ν_B 是单位为 1 的物理量，可以是整数或简单分数；对于反应物，ν_B 为负值（$\nu_E = -e$，$\nu_F = -f$），对于产物，ν_B 为正值（$\nu_G = g$，$\nu_H = h$）

反应进度表达式如下：
$$\xi = \frac{n_B(\xi) - n_B(0)}{\nu_B} \qquad (9\text{-}2)$$

式中，$n_B(0)$ 表示反应开始，反应进度为 0 时 B 物质的量；$n_B(\xi)$ 为反应在 t 时刻，反应进度为 ξ 时 B 物质的量。显然反应进度的单位是 mol。

若始态反应进度不为 0，则应该表示为反应进度的变化：
$$\Delta\xi = \frac{\Delta n_B}{\nu_B}$$

【例 9-1】 在 I^- 催化下，1.0mol 的 H_2O_2 经 20min 后分解了一半，其反应方程可写成如下两种形式：

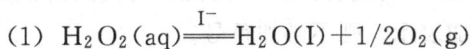

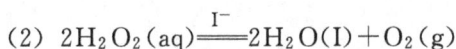

(1) $H_2O_2(aq) \xrightarrow{I^-} H_2O(l) + 1/2 O_2(g)$

(2) $2H_2O_2(aq) \xrightarrow{I^-} 2H_2O(l) + O_2(g)$

分别按 (1)(2) 求算此反应的反应进度。

解 反应在 $t = 0$min 和 $t = 20$min 时不同物质的量是

t/min	$n(H_2O_2)$/mol	$n(H_2O)$/mol	$n(O_2)$/mol
0	1.0	0.0	0.0
20	0.50	0.50	0.25

按 (1) 式求 ξ
$$\xi = \frac{\Delta n(H_2O_2)}{\nu(H_2O_2)} = \frac{0.50 - 1.0}{-1} = 0.05(\text{mol})$$

若按产物 H_2O 或 O_2 进行计算也可得到同样的结果。

按 (2) 式求 ξ，这次我们用反应产物 H_2O 来计算：
$$\xi = \frac{\Delta n(H_2O)}{\nu(H_2O)} = \frac{0.50 - 0.0}{2} = 0.25(\text{mol})$$

若按产物 H_2O_2 或 O_2 进行计算也可得到同样的结果。由此可见，反应进度与反应方程式的写法有关；但对于同一反应方程式，反应进度与用什么反应物种计算无关，故在计算反应进度时，必须写出具体的化学反应方程式。

9.1.2 化学反应速率概述

化学反应速率（rate of chemical reaction）衡量化学反应过程进行的快慢，即反应体系中各物质的数量随时间的变化率。用反应进度（ξ）的概念来表示，则反应速率可以定义为：单位体积内反应进度随时间的变化率。

$$v \equiv \frac{1}{V}\frac{d\xi}{dt}$$

式中，V 为体系的体积。对任意一个化学反应计量方程式，则有

$$d\xi = v_B^{-1} dn_B$$

式中，n_B 为 B 的物质的量；v_B 为 B 的化学计量数，反应进度的单位是 mol。上式也可改写为：

$$v = \frac{1}{V}\frac{dn_B}{v_B dt} = \frac{1}{v_B}\frac{dc_B}{dt}$$

例如前面提到的合成氨的反应

$$v = \frac{1}{v_B}\frac{dc_B}{dt} = -\frac{1}{1}\frac{dc(N_2)}{dt} = -\frac{1}{3}\frac{dc(H_2)}{dt} = \frac{1}{2}\frac{dc(NH_3)}{dt}$$

9.1.3 化学反应的平均速率

平均速率（average rate）是指在一段时间间隔内反应系统中某物质的浓度改变量，即

$$\bar{v} = -\frac{\Delta c(反应物)}{\Delta t} \quad 或 \quad \bar{v} = \frac{\Delta c(生成物)}{\Delta t}$$

随着反应的进行，反应物浓度不断减少，Δc（反应物）为一负值，为使反应速率为正值，故在式中加一负号；若用生成物的浓度增加表示，则不必加负号。

如下列分解反应：

$$H_2O_2(aq) \xrightarrow{\quad\quad} H_2O(l) + 1/2O_2(g)$$

表 9-1 H_2O_2 分解反应的反应速率

t/min	0	20	40	60	80
$c(H_2O_2)/(mol \cdot L^{-1})$	0.800	0.400	0.200	0.100	0.050
$\bar{v}/(mol \cdot L^{-1} \cdot min^{-1})$		0.020	0.010	0.005	0.0025

由表 9-1 可知，在反应刚刚开始的时候，第一个 20min 内，过氧化氢的浓度降低很快，以后逐步减少，因此，表中的 $\bar{v}$ 表示某一个 20min 内的平均速率。

9.1.4 化学反应的瞬时速率

瞬时速率（instantaneous rate）是指时间间隔 Δt 趋近于 0 时的速率。

即：

$$v = \lim \frac{-\Delta c(反应物)}{\Delta t} = -\frac{dc(反应物)}{dt} \quad 或 \quad v = \frac{dc(生成物)}{dt}$$

反应的瞬时速率（即反应速率）可通过作图法求得。表示反应速率需标明采用何种物质浓度的变化来表示，因为若化学计量数不等，则用不同物质表示的同一个反应的速率其值将是不等的。

如图 9-1 所示，在臭氧分解的反应中，从 A 点到 B 点之间时间经过 600s，以氧气的生成为参考对象，则计算得到从 A 点到 B 点 600s 内的平均速率为 $2.5 \times 10^{-6} mol \cdot L^{-1} \cdot s^{-1}$。同样的方法也可以计算 C 到 D 的平均速率。

而 C 点瞬时速率的求算则需要做一条切线在 C 点与氧气浓度变化曲线相切，求出该切线的斜率，则斜率在数值上等于 C 点的瞬时速率。

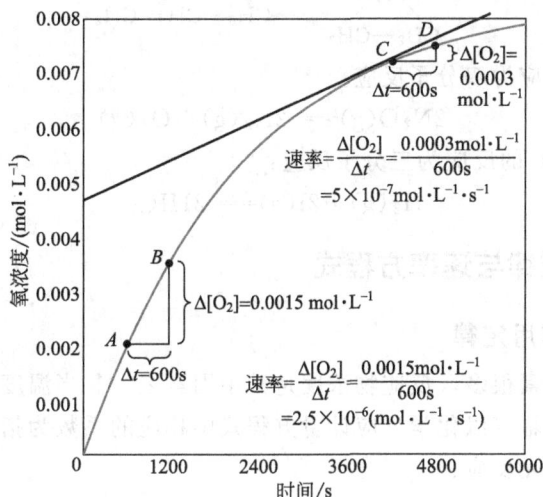

图 9-1　臭氧分解反应中氧气浓度的变化曲线

9.2　反应机理和元反应

9.2.1　简单反应与复合反应

化学计量方程式（chemical stoichiometric formula）只是在计量关系方面表示化学反应进行的情况，并没有表示反应是经过怎样的途径和具体步骤。**反应机理**（reaction mechanism）就是化学反应进行的实际步骤，即实现化学反应的各步骤的微观过程。反应物可以一步就直接转化为生成物的反应称为**简单反应或元反应**（elementary reaction），如：

$$CO(g) + H_2O(g) \longrightarrow CO_2(g) + H_2(g)$$

但是这类反应并不多。许多化学反应并不是按计量方程式一步完成的，而是经历了一系列由简单反应组成的步骤，这类反应称为复合反应，如：

$$H_2(g) + I_2(g) \longrightarrow 2HI(g)$$

它是由两步组成的：

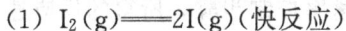

（1）$I_2(g) \longrightarrow 2I(g)$（快反应）

（2）$H_2(g) + 2I(g) \longrightarrow 2HI(g)$（慢反应，速率控制步骤）

实验证明，第二步反应较慢，这一步慢反应限制了整个复合反应的速率，故称速率控制步骤。

9.2.2　元反应和反应分子数

反应物分子直接碰撞，一步就能生成产物的化学反应也称为元反应。元反应中反应物微粒数之和称为**反应分子数**（molecularity of reaction），它是需要同时碰撞才能发生化学反应的微粒数。元反应的反应分子数可以分为单分子反应、双分子反应和三分子反应。

如环丙烷的开环反应是单分子反应：

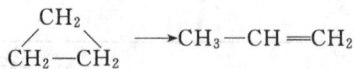

$N_2O(g)$ 的分解反应为双分子反应：

$$2N_2O(g)\!=\!\!=\!\!=\!2N_2(g)+O_2(g)$$

而 $H_2(g)$ 与 $2I(g)$ 的反应为三分子反应：

$$H_2(g)+2I(g)\!=\!\!=\!\!=\!2HI(g)$$

9.2.3 质量作用定律与速率方程式

9.2.3.1 质量作用定律

影响反应速率的因素很多，反应物浓度是其中因素之一。当温度一定时，元反应的反应速率与各反应物的浓度幂（以化学反应计量方程式中相应的系数为指数）的乘积成正比，这就是质量作用定律。如元反应：

$$CO(g)+NO_2(g)\!=\!\!=\!\!=\!CO_2(g)+NO(g)$$

根据质量作用定律，反应速率与反应物浓度之间的关系是：

$$v \infty c(NO_2)c(NO)$$

或写成：

$$v=kc(NO_2)c(CO) \tag{9-3}$$

9.2.3.2 速率方程式

表示反应物浓度与反应速率之间定量关系的数学式称为反应速率方程式，式(9-3) 就是应用质量作用定律直接得到的速率方程式。书写速率方程时要注意以下几点。

① 质量作用定律仅适用于元反应。若不清楚一个反应是否为元反应，则只能根据实验来确定反应速率方程式，而不能根据质量作用定律直接得出。如

$$2N_2O_5(g)\!=\!\!=\!\!=\!4NO_2(g)+O_2(g)$$

实验证明反应速率仅与 $c(N_2O_5)$ 成正比，而不是与 $c^2(N_2O_5)$ 成正比，即

$$v=kc(N_2O_5) \tag{9-4}$$

研究表明，上述反应不是一个元反应而是分步进行的：

a. $N_2O_5 \longrightarrow NO_2+NO_3$（慢，速率控制步骤）

b. $2NO_3 \longrightarrow O_2+2NO_2$（快）

c. $NO+NO_3 \longrightarrow 2NO_2$（快）

第一步反应是元反应，可应用质量作用定律，且又是速率控制步骤，所得的反应速率即可代表总反应速率，从而使 (9-4) 式得到合理的解释。

② 纯固态或纯液态的反应物浓度不写入速率方程式。

③ 在稀溶液中进行的反应，若溶剂参与反应，但因它的浓度几乎维持不变，故也不写入速率方程式。

9.2.3.3 速率常数与反应级数

反应速率方程式中比例系数 k 称为速率常数。对一个指定的化学反应而言，k 是一个与反应物浓度无关的常数。k 的物理意义为：k 在数值上相当于各反应物浓度均为 $1mol \cdot L^{-1}$ 时的反应速率。在相同条件下，k 越大，表示反应速率越大，k 值与反应物本质及温度有关，可通过实验测定。

当一反应速率与反应物浓度的关系具有浓度幂乘积的形式时，化学反应也可以用反应级数进行分类，如：

$$aA + bB \longrightarrow 产物$$

其速率方程式为：

$$v = kc_A^{\alpha} c_B^{\beta} \tag{9-5}$$

α 是对反应物 A 而言的级数，β 是对反应物 B 而言的级数，而总的反应级数 $n = \alpha + \beta$，即反应速率方程式中各反应物浓度方次之和。若 $n = 0$，则为零级反应，$n = 1$，为一级反应，余类推。反应级数均指总反应级数，由实验确定，数值可以是简单的正整数，也可以是分数或负数，负数表示该物质对反应起阻滞作用。

9.3　具有简单级数的反应及其特点

具有简单级数的反应指反应级数为 0、1、2、3 等的反应。由于三级反应为数较少，所以下面主要介绍一级、二级和零级反应。

9.3.1　一级反应

一级反应是指反应速率与反应物浓度的一次方成正比的反应。对反应 $aA \longrightarrow 产物$，则反应速率方程为 $v = -\dfrac{dc_A}{dt} = kc_A$

将上述定积分：

$$-\int_{c_0}^{c} \frac{dc_A}{c_A} = \int_0^t k\, dt$$

得

$$\ln c_A = \ln c_{A_0} - kt$$

或

$$\ln \frac{c_{A_0}}{c_A} = kt \tag{9-6(a)}$$

$$c = c_{A_0} e^{-kt} \tag{9-6(b)}$$

$$\lg \frac{c_{A_0}}{c_A} = \frac{kt}{2.303} \tag{9-6(c)}$$

上述三式均为一级反应的反应物浓度与时间关系的方程式。其中 c_{A_0} 为反应物 A 的初始浓度，c_A 为反应开始 t 时间后反应物 A 的浓度。若以 $\ln c_A$ 对 t 作图，应得一直线，斜率为 $-k$，k 的量纲为 [时间]$^{-1}$。

当反应物浓度由 c_{A_0} 变为 $c_{A_0}/2$ 时，亦即反应物反应掉一半所需的时间称为半衰期，常用 $t_{1/2}$ 表示。代入式 [9-6(a)] 得

$$kt_{1/2} = \ln \frac{c_{A_0}}{c_{A_0}/2} = \ln 2$$

即

$$t_{1/2} = \frac{0.693}{k} \tag{9-7}$$

由上式可以看出，一级反应的半衰期是一个与初始浓度无关的常数。半衰期可以用来衡量反应速率，显然半衰期越大，反应速率越慢。属于一级反应的实例很多，如放射性元素的衰变，大多数的热分解反应，部分农药在环境中的分解等。

图 9-2(a) 是一级反应中以 $\ln c_A$ 对时间 t 作图得到的直线，直线斜率在数值上等于一级反应的反应速率常数。图 9-2(b) 是一级反应的反应物浓度与时间变化关系曲线。

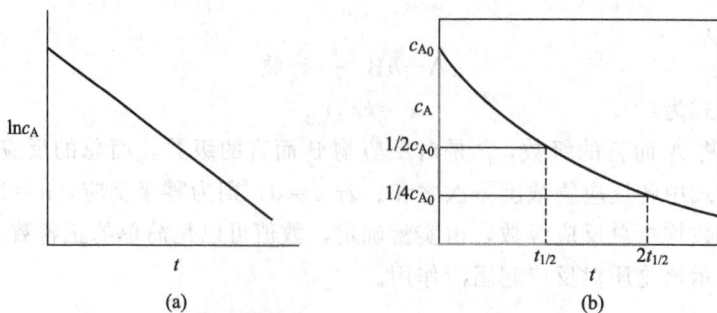

图 9-2 一级反应的直线关系（a）和一级反应的半衰期（a）

【例 9-2】 已知钴 60 衰变的半衰期是 5.26a，放射性钴 60 所产生的 γ 射线广泛用于癌症治疗，放射性物质的强度以居里（Ci）表示，某医院购进一台 20Ci 的钴源，在使用十年后还剩多少？

解
$$t_{1/2} = \frac{0.693}{k}$$

$$k = \frac{0.693}{t_{1/2}} = \frac{0.693}{5.26a} = 0.132a^{-1}$$

将钴的初浓度 20Ci，$k = 0.132a^{-1}$ 代入式 [9-6(a)] 得

$$\ln \frac{20Ci}{c(Co)} = 0.132a^{-1} \times 10a$$

$$c(Co) = 5.3Ci$$

9.3.2 二级反应

二级反应是反应速率与反应物浓度的二次方成正比的反应。二级反应通常有以下 2 种类型

① aA $\longrightarrow$ 产物

② aA + bB $\longrightarrow$ 产物

在第二种类型中，若 A 和 B 的初浓度相等，则在数学处理时可以视作第一种情况，即

$$v = -\frac{dc_A}{dt} = kc_A^2$$

积分可得：

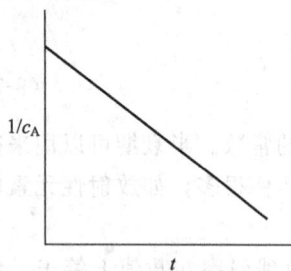

图 9-3 二级反应的直线关系

$$\frac{1}{c_A} - \frac{1}{c_{A_0}} = kt \tag{9-8}$$

以 $1/c$ 对 t 作图，得到一直线，见图 9-3，斜率为 k，k 的量纲是 [浓度]$^{-1}$[时间]$^{-1}$。

由半衰期定义可得

$$t_{1/2} = \frac{1}{kc_{A_0}} \tag{9-9}$$

在溶液中的许多有机化学反应属于二级反应，如一些加成

反应、分解反应、取代反应等。

【例 9-3】 乙酸乙酯在 298K 的皂化反应为二级反应

$$CH_3COOC_2H_5 + NaOH \longrightarrow CH_3COONa + C_2H_5OH$$

若乙酸乙酯与氢氧化钠的初始浓度均为 $0.0100\text{mol} \cdot L^{-1}$，反应 20min 后，碱的浓度变化了 $0.00566\text{mol} \cdot L^{-1}$，试求该反应的速率常数和半衰期。

解 代入二级反应的速率方程：

$$k = \frac{1}{t}\left(\frac{1}{c_A} - \frac{1}{c_{A_0}}\right) = \frac{1}{20}\left(\frac{1}{0.0100 - 0.0056} - \frac{1}{0.0100}\right)$$

$$= 6.52\,\text{mol}^{-1} \cdot L \cdot \text{min}^{-1}$$

$$t_{1/2} = \frac{1}{kc_{A_0}} = \frac{1}{0.0100 \times 6.52} = 15.3\text{min}$$

9.3.3 零级反应

零级反应是反应速率与反应物浓度无关的反应。温度一定时反应速率为一常数。

$$v = -\frac{dc_A}{dt} = kc_A^0 = k$$

$$c_{A_0} - c = kt \qquad (9\text{-}10)$$

以 c 对 t 作图得一直线，如图 9-4 所示，斜率为 $-k$，k 的量纲为 ［浓度］［时间］$^{-1}$。半衰期为

$$t_{1/2} = c_{A_0}/2k \qquad (9\text{-}11)$$

反应物的总级数为零的反应并不多，最常见的是一些在表面上发生的反应。如 NH_3 在金属催化剂钨的表面上发生的分解反应，首先 NH_3 被吸附在钨的表面，然后再进行分解，由于钨表面上活性中心是有限的，当活性中心被占满后，再增加氨的浓度，对速率没有影响，表现出零级反应的特性。简单级数反应的特征见表 9-2。

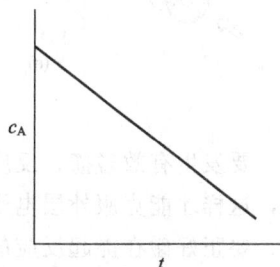

图 9-4 零级反应的直线关系

表 9-2 简单级数反应的特征

反应级数	一级反应	二级反应	零级反应
基本方程式	$\ln c_{A_0} - \ln c_A = kt$	$1/c_A - 1/c_{A_0} = kt$	$c_{A_0} - c_A = kt$
直线关系	$\ln c_A$ 对 t	$1/c_A$ 对 t	c_A 对 t
斜率	k	k	k
半衰期	$0.693/k$	$1/(kc_{A_0})$	$c_{A_0}/(2k)$
k 的量纲	［时间］$^{-1}$	［浓度］$^{-1}$［时间］$^{-1}$	［浓度］［时间］$^{-1}$

9.4 化学反应速率理论简介

化学反应的速率千差万别，有的快到瞬间完成，如火药的爆炸、胶片的感光、离子间的反应等；有的则很慢，以至察觉不出有变化，如常温、常压下氢气和氧气生成水的反应，地

层深处煤和石油的形成等。为了说明这些问题，科学家提出了很多关于化学反应速率的理论，为大多数人所接受的是有效碰撞理论和过渡状态理论。

9.4.1 碰撞理论与活化能

9.4.1.1 弹性碰撞和有效碰撞

反应物之间要发生反应，首先它们的分子或离子要克服外层电子之间的斥力而充分接近，互相碰撞，才能促使外层电子的重排，即旧键的削弱、断裂和新键的形成，从而使反应物转化为产物。但反应物分子或离子之间的碰撞并非每一次都能发生反应，对一般反应而言，大部分的碰撞都不能发生反应，即只有很少数的碰撞才能发生反应。据此，1918 年**路易斯**（W. C. M. Lewis）提出了著名的碰撞理论，他把能发生反应的碰撞叫做**有效碰撞**（effective collision），而大部分不发生反应的碰撞叫做**弹性碰撞**（elastic collision），见图 9-5。

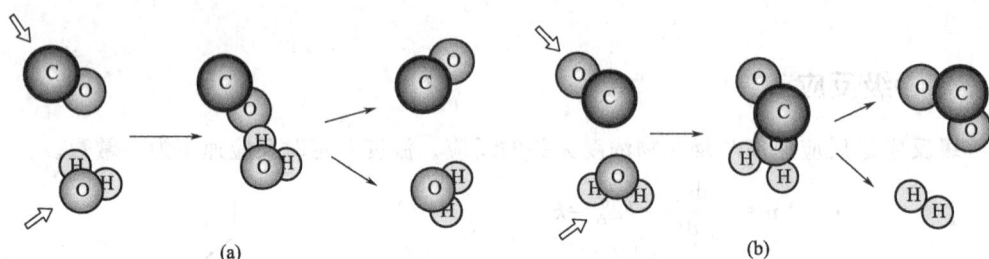

图 9-5　弹性碰撞（a）与有效碰撞（b）

要发生有效碰撞，反应物的分子或离子必须具备两个条件：①需有足够的能量，如动能，这样才能克服外层电子之间的斥力而充分接近并发生化学反应；②碰撞时要有合适的方向，要正好碰在能起反应的部位。一般而言，带相反电荷的简单离子相互碰撞时不存在取向问题，反应通常进行得较快，对分子之间的反应特别是对体积较大的有机化合物分子之间的反应，就必须考虑取向问题，因而它们的反应通常比较慢。如水与一氧化碳的反应，只有当高能量的 $CO(g)$ 分子中的 C 原子与 $H_2O(g)$ 中的 O 原子迎头相碰才有可能发生反应。

$$H_2O(g) + CO(g) \longrightarrow H_2(g) + CO_2(g)$$

9.4.1.2 活化分子与活化能

具有较大的动能并能够发生有效碰撞的分子称为**活化分子**（activated molecule），它只占分子总数中的一小部分。活化分子具有的最低能量与反应物分子的平均能量之差，称为**活化能**（activation energy），用符号 E_a 表示，单位为 $kJ \cdot mol^{-1}$。活化能与活化分子的概念，还可以从气体分子的能量分布规律加以说明。

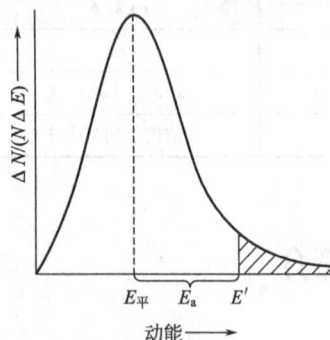

在一定温度下，分子具有一定的平均动能，但并非每一分子的动能都一样，由于碰撞等原因，分子间不断进行着能量的重新分配，每个分子的能量并不固定在一定值。但从统计的观点看，具有一定能量的分子数目是不随时间改变的。以分子的动能 E 为横坐标，将具有一定动能间隔（ΔE）的分子分数（$\Delta N/N$）与能量间隔之比 $\Delta N/(N\Delta E)$ 为纵坐标作图，得到一定温度下气体分子能量分布曲线，见图 9-6 中，$E_{平}$ 是分子

图 9-6　气体分子的能量分布曲线

的平均能量，E'为活化分子所具有的最低能量，活化能 $E_a = E' - E_\Psi$，E'右边阴影部分的面积，即是活化分子在分子总数中所占的比值，即活化分子分数。

一定温度下，活化能越小，活化分子分数越大，单位时间内有效碰撞的次数越多，反应速率越快；反之活化能越大，反应速率越慢。因为不同的反应具有不同的活化能，因此不同的化学反应有不同的反应速率，活化能不同是化学反应速率不同的根本原因。

活化能一般为正值，许多化学反应的活化能与破坏一般化学键所需的能量相近，为40～400kJ·mol^{-1}，多数在 60～250kJ·mol^{-1} 之间，活化能小于 40kJ·mol^{-1} 的化学反应，其反应速率极快，用一般方法难以测定；活化能大于 400kJ·mol^{-1} 的反应，其反应速率极慢，因此难以察觉。

9.4.2　过渡状态理论简介

碰撞理论比较直观地讨论了一般反应的过程，但在具体处理时，把分子当成刚性球体，而忽略了分子的内部结构，因此，对一些比较复杂的反应，如有机化学中的各种反应常不能合理解释。20 世纪 30 年代艾林（H. Eyring）等科学家应用量子力学和统计力学，提出了反应的**过渡状态理论**（transition state theory）。

9.4.2.1　活化络合物

当具有较高动能的反应物 A_2 与 B_2 靠近时，随着 A_2 和 B_2 之间距离的缩短，A—A 与B—B 两个旧键开始变长、松弛、削弱，再进一步靠近时即可形成过渡状态的**活化络合物**（activated complex）即 A_2B_2，然后进一步形成产物 AB：

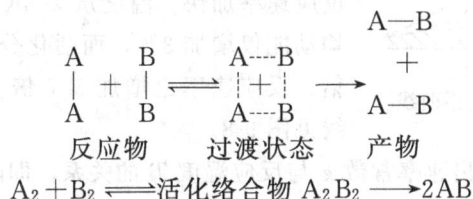

$$
\begin{matrix}
A & & B & & A\text{---}B & & A\text{—}B \\
| & + & | & \rightleftharpoons & |\ \ | & \longrightarrow & + \\
A & & B & & A\text{---}B & & A\text{—}B \\
\text{反应物} & & & \text{过渡状态} & & \text{产物} &
\end{matrix}
$$

$$A_2 + B_2 \rightleftharpoons \text{活化络合物 } A_2B_2 \longrightarrow 2AB$$

过渡状态理论认为，反应物分子的形状和内部结构的变化，在相互靠近时即已开始，而不仅是在碰撞的一瞬间发生变化。活化络合物能与原来的反应物很快地建立起平衡，可认为活化络合物与反应物是经常处于平衡状态，由活化络合物转变为产物的速率很慢，反应速率基本上由活化络合物转变成产物的速率决定。

9.4.2.2　活化能与反应热

活化络合物比反应物分子的平均能量高出的额外能量即是活化能 E_a，如图 9-7 所示。由图可知，活化能是反应的能垒，即是从反应物形成产物过程中的能量障碍，反应物分子必须越过能垒（即一般分子变成活化分子）反应才能进行。活化能越大，能垒越高，反应越慢，反之，反应越快。

活化络合物能量高，不稳定，或是恢复成反应物，或是变成产物。若产物分子的能量比反应物分子的能量低，多余的能量便以热的形式放出，即是放热反应；反之，即是吸热反应。图 9-7 中正反应的活化能小于逆反应的活化能，即 $E_a < E_a'$，正反应为放热反应，化学反

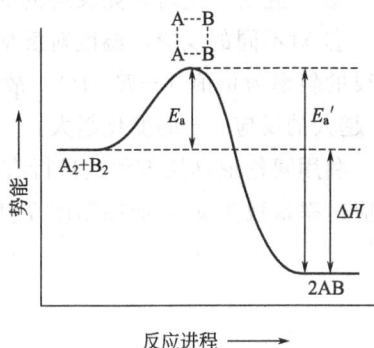

图 9-7　放热反应的势能曲线

应的等压反应热 $\Delta_r H_m$ 等于正反应的活化能与逆反应的活化能之差。

$$\Delta_r H_m = E_a - E_a' \tag{9-12}$$

若 $E_a > E_a'$，正反应为吸热反应。在可逆反应中，吸热反应的活化能大于放热反应的活化能。

过渡状态理论把物质的微观结构与反应速率联系起来考虑，比碰撞理论进了一步。但由于过渡状态的"寿命"极短，确定其结构相当困难，计算方式过于复杂，除一些简单反应外，还存在不少困难，有待进一步解决。

9.5　温度与化学反应速率的关系

温度对反应速率的影响表现在速率常数随温度的变化上，对多数反应而言，温度升高，速率常数增加，反应速率加快。如常温下，氢气与氧气生成水的反应极慢，当温度为 400℃ 时，约需 80 天才能完全化合，在 600℃ 则瞬间完成。

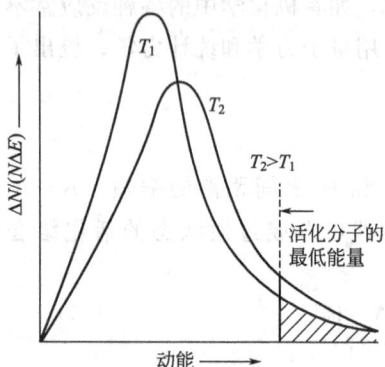

图 9-8　温度与活化能量关系曲线

根据碰撞理论，温度升高，分子平均动能增加，单位时间内分子的碰撞次数增加，反应速率会加快，但这不是主要原因。主要原因是温度升高，可导致更多的分子成为活化分子，活化分子的分数增加，因而反应速率加快。温度从 298K 升至 308K 增加 10K，平均动能仅增加 3%，而活化分子分数增大到原来的 3.7 倍，反应速率也增加 3.7 倍。温度与活化能量关系曲线见图 9-8。

1889 年阿伦尼乌斯提出速率常数 k 与反应温度 T 的关系，即阿伦尼乌斯方程式：

$$k = A e^{-E_a/(RT)} \tag{9-13}$$

式中，A 为常数，称为指数前因子，它与单位时间内反应物的碰撞总数（碰撞频率）有关，也与碰撞时分子取向的可能性（分子的复杂程度）有关；R 为摩尔气体常数（8.314J·mol^{-1}·K^{-1}）；E_a 为活化能；T 为热力学温度。

从阿伦尼乌斯方程式可得出下列三条推论：

① 某反应的活化能 E_a、R 和 A 是常数，温度 T 升高，k 变大，反应加快；

② 当温度一定时，如反应的 A 值相近，E_a 越大则 k 越小，即活化能越大，反应越慢；

③ 对不同的反应，温度对反应速率影响的程度不同。由于 $\ln k$ 与 $1/T$ 呈直线关系，而直线的斜率为负值（$-E_a/R$），故 E_a 越大的反应，直线斜率越小，即当温度变化相同时，E_a 越大的反应，k 的变化越大。

利用阿伦尼乌斯方程式进行有关计算时，常要消去未知常数 A。设某反应在温度 T_1 时反应速率常数为 k_1，而在温度 T_2 时反应速率常数为 k_2，又知 E_a 及 A 不随温度而变，则：

$$\ln k_2 = \frac{-E_a}{RT_1} + \ln A$$

$$\ln k_1 = \frac{-E_a}{RT_2} + \ln A$$

两式相减得：

$$\ln\frac{k_2}{k_1}=\frac{E_a}{R}\left(\frac{T_2-T_1}{T_1T_2}\right) \tag{9-14}$$

利用这一关系式可以确定反应的活化能（E_a）或温度（T）对反应速率常数的影响，也可以在已知 T_1、k_1、T_2、k_2 的情况下，计算温度 T_3 时的反应速率常数 k_3。

9.6 催化剂对化学反应速率的影响

9.6.1 催化剂及催化作用

催化剂（catalyst）是加入少量就能显著地改变反应速率的物质。如常温常压下，氢气和氧气的反应慢得不易察觉，但放入少许铂粉催化剂它们就会立即反应生成水，而铂的化学性质及本身的质量并没有改变。

能使反应速率减慢的物质也称为负催化剂，如阻化剂或抑制剂等。

有些反应的产物可作为其反应的催化剂，从而使反应速率加快，这一现象称为自动催化。例如高锰酸钾在酸性溶液中与草酸的反应，开始时反应较慢，一旦反应生成了 Mn^{2+} 后，反应就自动加速。其反应式为：

$$2KMnO_4+3H_2SO_4+5H_2C_2O_4 \xrightarrow{\quad\quad} 2MnSO_4+K_2SO_4+8H_2O+10CO_2$$

催化剂具有以下基本特点：

① 催化剂的作用是化学作用。由于催化剂参与反应，并在生成产物的同时，催化剂得到再生，因此在化学反应前后的质量和化学组成不变，而其物理性质可能变化，如 MnO_2 在催化 $KClO_3$ 分解放出氧反应后虽仍为 MnO_2，但其晶体变为细粉。

② 少量催化剂就能起显著作用。如在每升 H_2O_2 中加入 $3\mu g$ 的铂，即可显著促进 H_2O_2 分解成 H_2O 和 O_2。

③ 在可逆反应中能催化正向反应的催化剂也同样能催化逆向反应。催化剂能加快化学平衡的到达，但不能使化学平衡发生移动，也不能改变平衡常数的值。因为催化剂不改变反应的始态和终态，即不能改变反应的 ΔG 或 $\Delta G^{\ominus}$，因此，催化剂不能使非自发反应变成自发反应。

④ 催化剂有特殊的选择性（特异性）。一种催化剂通常只能加速一种或少数几种反应，同样的反应物应用不同的催化剂可得到不同的产物。如

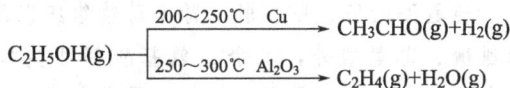

$$C_2H_5OH(g) \begin{array}{c} \xrightarrow{200\sim250℃\quad Cu} CH_3CHO(g)+H_2(g) \\ \xrightarrow{250\sim300℃\quad Al_2O_3} C_2H_4(g)+H_2O(g) \end{array}$$

催化剂能够加快反应速率的根本原因，是由于改变了反应途径，降低了反应的活化能。化学反应 $A+B\longrightarrow AB$，所需的活化能为 E_{a_1}，在催化剂 C 的参与下，反应按以下两步进行

（1）$A+C\longrightarrow AC$

（2）$AC+B\longrightarrow AB+C$

第一步反应的活化能为 E_{a_1}，第二步反应的活化能为 E_{a_2}，催化剂存在下反应的活化能（即 E_{a_1} 和 E_{a_2} 之和）小于 E_a，通过反应催化剂得以再生，在正向反应活化能降低的同时，

逆向反应活化能也降低同样多,故逆向反应也同样得到加速。

在人体中,催化剂也起着极为重要的作用,几乎所有在体内发生的化学反应(生化反应)都是在一种特殊的催化剂——酶的作用下完成的。

9.6.2 生物催化剂——酶

生物体内进行着的许多复杂的化学反应几乎都由特定的**酶**(enzyme)作催化剂,因此生物体内酶的种类不可胜数。大多数酶的本质为蛋白质。如果生物体内缺少了某些酶,则影响有该酶所参与的反应,严重时将危及生命。有酶参加的反应叫做酶促反应,被酶所催化的物质称为**底物**(substrate)。酶除了具有一般催化剂的特点外,尚有下列特征。

① 酶的高度特异性。一种酶只对某一种或某一类的反应起催化作用。如α-淀粉酶作用于淀粉分子的主链,使其水解成糊精;而β-淀粉酶只水解淀粉分子的支链,生成麦芽糖。即使底物分子为对映异构体时,酶一般也能识别,并选择其中之一进行催化。

② 酶有高度的催化活性。对于同一反应而言,酶的催化能力常常比非酶催化高 $10^6 \sim 10^{10}$ 倍。如蛋白质的消化(即水解),在体外需用浓的强酸或强碱,并煮沸相当长的时间才能完成,但食物中蛋白质在酸碱性都不强、温度仅 37℃ 的人体消化道中却能迅速消化,就因为消化液中有蛋白酶等催化剂的结果。

③ 酶通常在一定 pH 范围及一定温度范围内才能有效地发挥作用。因为大多数酶的本质是蛋白质,本身具有许多可解离的基团,溶液 pH 改变,改变酶的荷电状态因而影响酶的活性。酶的活性常常在某一 pH 范围内最大,称为酶的最适 pH,体内大多数酶的最适 pH 接近中性。同样温度升高,反应速率加快,当温度升高到一定程度时,再继续升高,由于酶的变性,失去活性,反应速率会转为下降直至为零。速率最大时的温度称为酶的最适温度,人体内大多数酶的最适温度在 37℃ 左右。

酶催化反应的机理为酶(E)与底物(S)先生成中间络合物(ES),然后继续反应生成产物(P)而使酶再生。

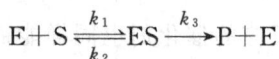

$$E + S \underset{k_2}{\overset{k_1}{\rightleftharpoons}} ES \xrightarrow{k_3} P + E$$

阅读资料 生活中的化学

一、转氨酶与人体健康

转氨酶(transaminase)是催化氨基酸与酮酸之间氨基转移的一类酶。普遍存在于动物、植物组织和微生物中,转氨酶心肌、脑、肝、肾等动物组织以及绿豆芽中含量较高。转氨酶种类很多,体内除赖氨酸、苏氨酸外,其余 α-氨基酸都可参加转氨基作用并各有其特异的转氨酶。在高等动物各组织中,活力最高的转氨酶是谷氨酸:草酰乙酸转氨酶(GOT)和谷氨酸:丙酮酸转氨酶(GPT)。后者催化谷氨酸与丙酮酸之间的转氨作用,前者催化谷氨酸与草酰乙酸之间的转氨作用。GOT 以心脏中活力最大,其次为肝脏;GPT 则以肝脏中活力最大,当肝脏细胞损伤时,GPT 释放到血液内,于是血液内酶活力明显地增加。在临床上测定血液中转氨酶活力可作为诊断的指标。如测定 GPT 活力可诊断肝功能的正常与否,急性肝炎患者血清中 GPT 活力可明显地高于正常人;而测定 GOP 活力则有助于对心脏病变的诊断,心肌梗死时血清中 GOT 活性显示上升。

转氨酶是转换酶中的一类。它可催化氨基酸和 α-氧代酸（α-酮酸）或醛酸之间的氨基转换反应，生成与原来的 α-氧代酸或醛酸相应的 α-氨基酸或 ω-氨基酸，原来氨基酸转变成相应的氧代酸。转氨酶催化的反应都是可逆的。转氨酶可按底物的不同分成 3 大类。L-α-氨基酸（酮酸转氨酶）、ω-氨基酸（酮酸转氨酶）和 D-氨基酸转氨酶。转氨酶的辅基是磷酸吡哆醛或磷酸吡哆胺，两者在转氨基反应中可互相变换。

转氨酶参与氨基酸的分解和合成。氨基酸转氨后生成的酮酸或醛酸可经氧化分解而供能，也可转变成糖类或脂肪酸。相反，酮酸或醛酸也可经转氨酶的作用而生成非必需氨基酸。某些氨基酸之间的互变也有转氨酶参与。

转氨酶水平在 0～40 之间是正常的。如果超出正常范围，在排除由于实验室设备故障和操作错误等因素造成误差的可能后，如果转氨酶水平还高，多半是由病毒性肝炎或其他肝病所致。但要确定是不是病毒性肝炎，还需要做其他检查，结合病史、症状、体征等全面分析。对于健康人来说，转氨酶水平在正常范围内升高或降低，并不意味着肝脏出了问题，因为转氨酶非常敏感，健康人在一天之内的不同时间检查，转氨酶水平都有可能产生波动。

另外，健康人的转氨酶水平也有可能暂时超出正常范围。剧烈运动、过于劳累或者近期吃过油腻食物，都可能使转氨酶暂时偏高。如果在检查转氨酶前一晚加班工作，没睡好觉，或是体检前早餐时吃了油炸的东西，检查结果可能就会超出正常范围。一个人刚刚在操场上跑了几圈，就立刻检查他的转氨酶水平，结果也可能会高出正常范围。

二、飞秒化学

飞秒科学技术的发展已有近 20 年历史，20 世纪 80 年代末泽维尔教授（1999 年诺贝尔化学奖获得者）做了一系列试验，他用可能是世界上速度最快的激光闪光照相机拍摄到一百万亿分之一秒瞬间处于化学反应中的原子的化学键断裂和新形成的过程。这种照相机用激光以几十万亿分之一秒的速度闪光，可以拍摄到反应中一次原子振荡的图像。他创立的这种物理化学被称为飞秒化学，飞秒即 10^{-15} s，即用高速照相机拍摄化学反应过程中的分子，记录其在反应状态下的图像，以研究化学反应。常规状态下，人们是看不见原子和分子的化学反应过程的，现在则可以通过泽维尔教授在 20 世纪 80 年代末开创的飞秒化学技术研究单个原子的运动过程。

泽维尔的实验使用了超短激光技术，即飞秒光学技术。犹如电视节目通过慢动作来观看足球赛精彩镜头那样，他的研究成果可以让人们通过"慢动作"观察处于化学反应过程中的原子与分子的转变状态，从根本上改变了人们对化学反应过程的认识。泽维尔通过"对基础化学反应的先驱性研究"，使人类得以研究和预测重要的化学反应，泽维尔因而给化学以及相关科学领域带来了一场革命。

习　题

1. 解释下列名词
   ①化学反应速率；②元反应；③有效碰撞；④活化能；⑤速率常数；⑥反应级数；⑦半衰期；⑧催化剂；⑨酶。

2. 什么是质量作用定律？应用时要注意什么？

3. 温度升高，可逆反应的正、逆反应的速率都加快，为什么化学平衡还会移动？

4. 通过实验求得反应的速率方程式

在 25℃时对反应 $S_2O_8^{2-}(aq)+2I^-(aq)\Longrightarrow 2SO_4^{2-}(aq)+I_2(aq)$ 进行研究，得到下表所列数据，求反应速率方程式和速率常数 k。

实验序号	初始浓度 $c(S_2O_8^{2-})/(mol \cdot L^{-1})$	初始浓度 $c(I^-)/(mol \cdot L^{-1})$	以 I_2 为基准的反应速率 $v/(mol \cdot L^{-1} \cdot min^{-1})$
1	1.0×10^{-4}	1.0×10^{-2}	0.65×10^{-6}
2	2.0×10^{-4}	1.0×10^{-2}	1.3×10^{-6}
3	3.0×10^{-4}	1.0×10^{-2}	2.0×10^{-6}
4	2.0×10^{-4}	0.50×10^{-2}	0.65×10^{-6}
5	2.0×10^{-4}	2.0×10^{-2}	2.6×10^{-6}

5. 已知在 320℃时反应 $SO_2Cl_2(g)\longrightarrow SO_2(g)+Cl_2(g)$ 是一级反应，速率常数为 $2.2 \times 10^{-5} s^{-1}$。试计算：

(1) 10.0g SO_2Cl_2 分解一半所需时间。

(2) 2.00g SO_2Cl_2 经 2 小时后还剩多少？

6. 气体 A 的分解反应为 $A(g)\longrightarrow$ 产物，当 A 的浓度为 $0.50mol \cdot L^{-1}$ 时，反应速率为 $0.014mol \cdot L^{-1} \cdot s^{-1}$。如果该反应分别属于：（1）零级反应，（2）一级反应，（3）二级反应，则当 A 的浓度等于 $1.0mol \cdot L^{-1}$ 时，反应速率各是多少？

7. 某药物的分解反应为一级反应，在体温 37℃时，反应速率常数 k 为 $0.46h^{-1}$，若服用该药物 0.16g，问该药物在体内多长时间可分解 90%。

8. 蔗糖的水解 $C_{12}H_{22}O_{11}+H_2O\longrightarrow 2C_6H_{12}O_6$ 是一级反应，在 25℃时速率常数为 $5.7 \times 10^{-5} s^{-1}$，试计算：

(1) 浓度为 $1mol \cdot L^{-1}$ 蔗糖溶液水解 10% 需要的时间。

(2) 若反应活化能为 $110kJ \cdot mol^{-1}$，什么温度时其反应速率是 25℃时的十分之一。

9. 在 28℃，鲜牛奶大约 4h 变酸，但在 5℃的冰箱中可保持 48h。假定反应速率与变酸时间成反比，求牛奶变酸反应的活化能。

10. 活着的动植物体内 ^{14}C 和 ^{12}C 两种同位素的比值和大气中 CO_2 所含这两种碳同位素的比值是相等的，但动植物死亡后，由于 ^{14}C 不断衰变（此过程为一级反应）

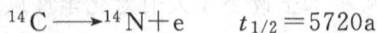

$$^{14}C\longrightarrow ^{14}N+e \qquad t_{1/2}=5720a$$

$^{14}C/^{12}C$ 便不断下降，考古工作者根据 $^{14}C/^{12}C$ 值的变化推算生物化石的年龄，如周口店山顶洞遗址出土的斑鹿骨化石的 $^{14}C/^{12}C$ 值是当今活着的动植物的 0.109 倍，试估算该化石的年龄。

11. 3-戊酮二酸 $CO(CH_2COOH)_2$ 在水溶液中的分解反应，10℃时 $k_{10}=1.08 \times 10^{-4} s^{-1}$，60℃时 $k_{60}=5.48 \times 10^{-2} s^{-1}$，试求反应的活化能及 30℃的反应速率常数 k_{30}。

12. 形成光化学烟雾的化学反应之一是 $O_3(g)+NO(g)\longrightarrow O_2(g)+NO_2(g)$。已知此反应对 O_3 和 NO 都是一级，且速率常数为 $1.2 \times 10^7 mol^{-1} \cdot L \cdot s^{-1}$。试计算当受污染的空气中 $c(O_3)=c(NO)=5.0 \times 10^{-8} mol \cdot L^{-1}$ 时，（1）NO_2 生成的初速率，（2）反应的半衰期，（3）5 个半衰期后的 $c(NO)$。

13. 青霉素 G 的分解为一级反应，实验测定有关数据如下：

T/K	310	316	327
k/h^{-1}	2.16×10^{-2}	4.05×10^{-2}	0.119

求反应的活化能和指前因子 A。

14. 反应 $2HI(g)\longrightarrow H_2(g)+I_2(g)$ 在无催化剂、金催化、铂催化时活化能分别是 $184kJ\cdot mol^{-1}$、$105kJ\cdot mol^{-1}$ 及 $42kJ\cdot mol^{-1}$，试估算 $25℃$ 时金催化及铂催化时反应速率分别为无催化剂时的多少倍？

第10章

误差及数据处理

本章要求

1. 了解误差的种类和消除方法，理解准确度和精密度的关系。
2. 掌握数据处理的方法。
3. 掌握有效数字的运算规则。

在对化学实验结果进行分析的过程中，由于受到分析方法、实验条件和操作人员等因素的影响，即使技术熟练的人用同一方法对同一样品进行分析，也不能得到完全相同的结果。也就是说，分析结果必然存在误差，分析过程中，误差是客观存在的。为了得到尽可能准确可靠的测定结果，就必须分析误差产生的原因，找出其出现的规律；估计误差的大小，评价结果的可靠性；科学地处理实验数据，得出合理的分析结果以及采取适当的方法来提高分析结果的准确度。

10.1 误差的基本概念

10.1.1 误差

10.1.1.1 误差的定义

某一物理量本身具有的客观存在的真实数据值即为该量的真值 μ，真值 μ 虽然是客观存在的，但却是不能直接测量出来的，测量该值所得的测量值 x 一定带有误差 E，测量值 x 减去误差 E 就等于真值 μ。所以误差的定义为：

$$E = x - \mu \tag{10-1}$$

误差表示测量值偏离真值的程度，代表测量值的不确定性。

10.1.1.2 误差的分类

误差有绝对误差与相对误差之分。

（1）绝对误差　绝对误差（absolute error，E_a）是分析结果和真值之间的差值，即

$$E_a = x - \mu \tag{10-2}$$

测量值大于真值时绝对误差为正数，表示结果偏高，也称为正误差；反之，绝对误差为负数时表示结果偏低，称为负误差。绝对误差具有与测量值和真值相同的量纲。

（2）相对误差　绝对误差在真值中所占的比例称为相对误差（relative error，E_r），一般用百分率表示，相对误差没有量纲。

$$E_r = \frac{x - \mu}{\mu} \times 100\% \tag{10-3}$$

准确度表示测量值与真值的接近程度，说明测定的可靠性，所以测量结果的准确度可以用误差大小来表示，误差小，准确度高。虽然绝对误差表示测量值与真实值的绝对差值，但其不能完全反映测量结果的准确度。例如，某分析天平的绝对误差 0.1mg，当分别称取 1g 和 100mg 样品时，相对误差并不相等，前者的相对误差是后者的十分之一。也就是说，同样的绝对误差，当被测定的量较大时，相对误差较小，测定的准确度较高。因此，用相对误差来表示各种情况下测定结果的准确度更为确切。由于真值难以绝对准确地测得，严格来说，只有在不存在系统误差的前提下，测定次数为无限次，这时所得的平均值才能代替真值；但在分析测试工作中不可能测定无限次，故通常把采用可靠方法进行大量测定所得结果的平均值作为测量真值。

10.1.1.3　误差的类型

根据误差产生的原因，可分为系统误差、随机误差、过失三类。

（1）系统误差　系统误差是由某种固定原因造成的，其数值具有重复性、单向性，即在同一原因的影响下，其结果总是偏高或总是偏低，因此也称为可测误差，针对误差产生的原因采取适当的方法可予以消除。产生系统误差的原因主要有以下几种。

① 仪器误差。分析化学中所使用的仪器都存在一定的误差，如仪器的仪表刻度不准，滴定管、容量瓶和移液管等容器的刻度不准等，都会使测定的结果产生误差。此外，玻璃或塑料的容器所含杂质的溶出，也有可能对实验结果造成误差。

② 试剂误差。所用基准物的纯度如果达不到要求，所用化学试剂含有干扰测定的组分和蒸馏水中含有被测组分，必然会造成测定误差，对衡量分析造成的影响尤为严重。

③ 方法误差。指由分析方法本身固有特性引起、由分析系统的化学或物理性质决定的误差，无论分析者操作如何熟练和小心，这种误差总是难免的。在一定条件下，这种误差的数值恒定。例如，在滴定分析中，反应进行不完全、发生副反应、指示剂选择不当、干扰成分的存在、滴定的终点与化学计量点不一致等；重量分析中，沉淀的溶解损失、共沉淀、后沉淀、灼烧时沉淀分解或挥发，称量形式具有吸湿性等，都会产生系统误差。

④ 操作误差。由分析人员的操作引起的误差。例如，在称量时未注意试剂或样品吸湿，洗涤沉淀时洗涤过分或不充分，滴定分析中指示剂的用量不当等。

操作误差从性质上来说不同于方法误差，前者属于操作者处理不当，而后者则属于方法本身的固有特性。例如，在重量分析中，沉淀的溶解损失属于方法误差，但洗涤时使用溶剂过多引起的损失则属于操作误差。从数值上来说，方法误差并不因人而异，但操作误差却因人而异。

⑤ 主观误差。又称个人误差，由分析人员本身的一些主观因素造成。例如，不同人对滴定终点颜色的辨别会有不同；不同人对刻度值的估读习惯必然不同。实际工作中，有人会总想将第二次读数尽量与第一次读数重复，这样带有主观倾向性的读数，容易引起主观误差。

（2）随机误差　随机误差是由一些不确定因素引起的。例如在分析过程中，环境条件和测量仪器的微小波动，温度、湿度的微小变化，电压的瞬间变动等；或者是操作中的微小差异，如滴定管读数的不确定性等，都会对分析结果造成误差。这种误差可大可小，可正可负，无法测量，完全是随机的，因此这种误差也称为偶然误差或不定误差。

若单个看随机误差，它是无规律性的；但就其总体来说，由于有正、负相消的机会，随着变量个数的增加，误差的平均值将趋近于零。这种抵偿正是统计规律的表现，随机误差是可以用概率统计来处理的。

（3）过失　由于分析人员在操作或计算等方面的失误而造成的差错，习惯上称为过失，但过失不属于所讨论的误差。例如，转移液体时丢失，加热时溶液溅失，读错刻度，记错质量，计算错误等。这些由于分析人员粗心大意或者不负责任造成的失误，是完全可以通过掌握规范操作加以纠正和避免的。若发生过失，则应立即重新实验。

10.1.2 偏差

（1）偏差　偏差（deviation，d）指单次测量结果 x 与多次测量结果的平均值 $\overline{x}$ 之间的差值，即

$$d = x - \overline{x} \tag{10-4}$$

偏差 d 又称为绝对偏差，有正、负偏差之分，并且具有与测量值相同的量纲。

（2）相对偏差　与相对误差相似，相对偏差（relative deviation，d_r）亦没有量纲，其定义如下：

$$d_r = \frac{d}{\overline{x}} \times 100\% \tag{10-5}$$

（3）平均偏差　一组测量数据中，各种测量值偏差绝对值的平均值被称作平均偏差（average deviation，d），用 d 表示，量纲与测量值相同：

$$\overline{d} = \frac{|d_1| + |d_2| + \cdots + |d_n|}{n} = \frac{1}{n} \sum_{i=1}^{n} |d_i| \tag{10-6}$$

（4）相对平均偏差 $\overline{d_r}$　平均偏差与测定平均值的百分数即为相对平均偏差，无量纲。

$$\overline{d_r} = \frac{\overline{d}}{\overline{x}} \times 100\% \tag{10-7}$$

平均偏差和相对平均偏差均无正、负号。

精密度是指在多次平行测定中，各次测量值彼此之间的接近程度。如果几次测量值的数值比较接近，表示分析结果的精密度高。很显然，测量结果的精密度可用相对平均偏差来表示。在分析化学中，有时用重复性和再现性表示不同情况下分析结果的精密度。重复性表示同一分析人员在同一分析条件下所得的分析结果的精密度，再现性表示不同分析人员或不同实验室在各自分析条件下，用相同方法所得分析结果的精密度。

10.1.3 标准偏差

在用统计方法处理数据时，常用标准偏差（standard deviation，σ、s）来表示一组测量数据的精密度，标准偏差又称均方根误差。在统计学中，所考察测量值的全体称为总体，自总体中随机抽出的一组测量值称为样本。在大量测量数据情况下，所得的平均值称为总体平均值，用 μ 表示，即代表真值，各测量值（x_i）对于总体平均值 μ 的偏高，用总体标准偏

差 σ 表示，定义为：

$$\sigma = \sqrt{\frac{\sum(x_i - \mu)^2}{n}} \tag{10-8}$$

式中，n 为测定次数。

在有限次测量中，所得的平均值称为样本平均值，用 $\bar{x}$ 表示，而样本的标准偏差则以 s 表示：

$$s = \sqrt{\frac{\sum(x_i - \bar{x})^2}{n-1}} = \sqrt{\frac{\sum d_i^2}{n-1}} \tag{10-9}$$

式中，n 为测量值的个数，又称为样本容量；$(n-1)$ 称为自由度 f，表示 n 个测定值中具有独立偏差的数目，用以校正以 $\bar{x}$ 代替 μ 所引起的误差。s^2 称为样本方差，定义为：

$$s^2 = \frac{\sum(x_i - \bar{x})^2}{n-1} \tag{10-10}$$

当测量次数增加，x 越来越接近 μ，当 $n \to \infty$ 时：

$$\lim_{n \to \infty} \frac{\sum(x - \bar{x})^2}{n-1} = \frac{\sum(x - \mu)^2}{n} \tag{10-11}$$

也即 s 等于 σ。

样本的相对标准偏差又称为变异系数（variation coefficient）：

$$CV = \frac{s}{x} \times 100\% \tag{10-12}$$

采用标准偏差表示精密度的优点是不仅可以避免各次测量值的偏差相加时正负抵消的问题，而且可以强化大偏差的影响，能更好地说明数据的分散程度。

10.1.4　极差

一组测量数据中，最大值（$x_{\max}$）与最小值（$x_{\min}$）之差称为极差（range，R），亦称全距或者范围误差，说明数据的伸展情况。

$$R = x_{\max} - x_{\min} \tag{10-13}$$

10.1.5　公差

"公差"又称"允许差"，它是多次测定所得的一系列数据中最大值与最小值的允许界限，是生产部门为了控制分析精度而规定的依据。一般工业分析只做两次平行测定，如果两次测定结果间的偏差超过允许的公差范围，称为"超差"，该项分析工作必须重做。

公差范围是根据不同试样组成、不同待测组分含量或实际情况对分析结果准确度的不同要求而确定的。一般来说，组成越复杂，含量越低，允许的公差范围越大；对准确度要求越高，允许的相对误差范围越小。例如，对于天然矿石和污水等组成复杂的样品，公差范围大一些，一般的工业分析中允许相对误差在百分之几到千分之几；而相对原子质量的测定对准确度要求较高，允许的相对误差一般在万分之一以下。工业分析中，待测组分含量与公差范围的关系见表 10-1。

表 10-1　待测组分含量与公差的关系

待测组分质量分数/%	90	80	40	20	10	5	1.0	0.1	0.01	0.001
公差(相对误差)/%	0.3	0.4	0.6	1.0	1.2	1.6	5.0	20	50	100

此外，各主管部门还对每一项具体的分析项目规定了具体的公差范围，以绝对误差来表示。例如，对钢铁中碳含量分析的允许公差范围规定见表 10-2。

表 10-2　钢铁中碳含量与公差的关系

碳含量范围/%	0.10～0.20	0.20～0.50	0.50～1.00	1.00～2.00
公差(绝对误差)/%	±0.015	±0.020	±0.025	±0.035

【例 10-1】 测定某水样中 Mg 的含量（$mg \cdot L^{-1}$），得到五个数据：3.01，3.05，2.94，2.98，3.02，计算其平均值、极差、平均偏差、相对平均偏差、标准偏差和相对标准偏差。

解　平均值 $\bar{x} = \dfrac{3.01+3.05+2.94+2.98+3.02}{5} = 3.00 (mg \cdot L^{-1})$

极差　$R = x_{max} - x_{min} = 3.05 - 2.94 = 0.11 (mg \cdot L^{-1})$

平均偏差　$\bar{d} = \dfrac{1}{n}\sum|d_i| = \dfrac{0.01+0.05+0.06+0.02+0.02}{5} = 0.032 (mg \cdot L^{-1})$

相对平均偏差　$\bar{d}_r = \dfrac{\bar{d}}{\bar{x}} \times 100\% = \dfrac{0.032}{3.00} \times 100\% = 1.1\%$

标准偏差　$s = \sqrt{\dfrac{\sum d_i^2}{n-1}} = \sqrt{\dfrac{0.0070}{5-1}} = 0.042 (mg \cdot L^{-1})$

相对标准偏差　$\dfrac{s}{\bar{x}} \times 100\% = \dfrac{0.042}{3.00} \times 100\% = 1.4\%$

【例 10-2】 有甲乙两组测量数据，

甲组：50.3，49.8，49.6，50.2，50.1，50.4，50.0，49.7，50.2，49.7；

乙组：50.1，50.0，49.3，50.2，49.9，49.8，50.5，49.8，50.3，50.1。

判断两组数据的精密度。

解　根据相应公式计算结果见表 10-3：

表 10-3　【例 10-2】数据

组别	$\bar{x}$	$\sum|d_i|$	$\sum d_i^2$	$\bar{d}$	s
甲	50.0	2.4	0.72	0.24	0.28
乙	50.0	2.4	0.98	0.24	0.33

由表 10-3 比较可知，两组数据的平均偏差相等，无法区分二者精密度的高低；而标准偏差则有明显区别，甲组数据的精密度高于乙组。

10.1.6　准确度与精密度的关系

准确度与精密度之间的关系可以用以下例子来进行说明。假设甲、乙、丙、丁四人同时测定尿素中氮的含量，真值为 46.64%，每人进行四次测定，得到实验结果见表 10-4 和图 10-1。

表 10-4　不同分析人员测定尿素中氮含量的结果　　　　　单位：%

序号	甲	乙	丙	丁
1	46.65	46.59	46.62	46.70
2	46.64	46.58	46.60	46.66
3	46.63	46.56	46.53	46.62
4	46.61	46.55	46.50	46.51
平均值	46.63	46.57	46.56	46.62

由图 10-1 可见，甲的 4 个测定值彼此很接近，平均值也很接近真值，因此甲的精密度和准确度都较高。乙的测定值彼此很接近，但与真值相比都明显偏低，因此，乙的精密度虽然比较高，但是准确度不高，可能存在系统误差。丙和丁的测定值彼此之间相差较大，说明精密度都较差；其中丙的平均值与真值相差较大，准确度差；丁的平均值虽然接近真实，但带有偶然性，是大的正、负误差相互抵消的结果，由于各个测定值可靠性较差，其平均值的可靠性差，不能认为其准确度高。

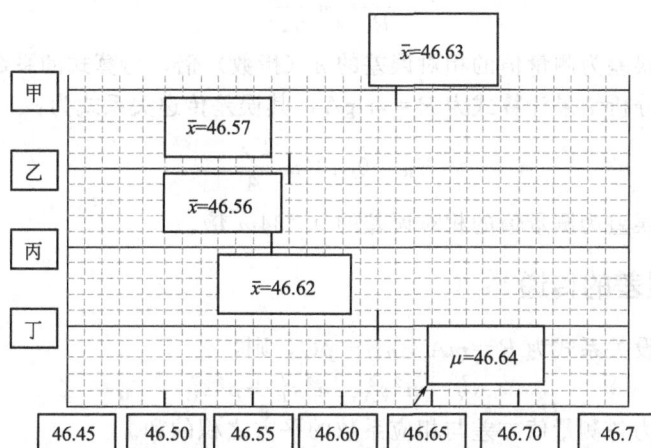

图 10-1　不同分析人员的测定结果

由上面的例子可知，测定结果的精密度高，不一定说明其准确度高；而要使测定结果的准确度高，则必须以较高的精密度为前提；对精密度很差的数据，衡量其准确度是没有意义的。因此准确度是在一定精密度要求下，所得分析结果（一般为多次测定结果的算术平均值）与真值接近的程度。

10.2　误差的传递

每一个分析结果都要通过一系列的测量操作步骤获得，其中每一步骤的测量值都会产生或大或小、或正或负的误差，并最终反映在这些测量值计算的结果上，这就是误差的传递。利用误差传递原理可以解决如下两个问题：第一，各测量值的误差是怎样影响分析结果的；第二，如何控制测量误差，使分析结果达到应有的准确度。

误差传递的方式随系统误差和随机误差而不同。

10.2.1 系统误差的传递

（1）加减法　设分析结果 R 为 A、B、C 三个测量值的代数和，$R=mA+nB-pC$，其中 m、n、p 为系数，若对应测量值 A、B、C 的误差分别为 E_A、E_B、E_C，则分析结果 R 的误差 E_R 为：

$$E_R=mE_A+nE_B-pE_C \tag{10-14}$$

分析结果的绝对误差为各测量值绝对误差与相应系数之积的代数和。

（2）乘除法　设分析结果 R 为 A、B、C 三个测量值的积和商，$R=m\dfrac{AB}{C}$，其中 m 为系数，则分析结果 R 的误差 E_R 为：

$$\frac{E_R}{R}=\frac{E_A}{A}+\frac{E_B}{B}-\frac{E_C}{C} \tag{10-15}$$

即分析结果的相对误差为各测量值相对误差的代数和，与算式的系数 m 无关。

（3）指数　设分析结果计算式为 $R=mA^n$，其误差传递关系式为：

$$\frac{E_R}{R}=n\frac{E_A}{A} \tag{10-16}$$

即分析结果的相对误差为测量值的相对误差的 n（指数）倍，与算式的系数 m 无关。

（4）对数　设分析结果计算式为 $R=m\lg A$，其误差传递关系式为：

$$E_R=0.434m\frac{E_A}{A} \tag{10-17}$$

即分析结果的绝对误差为测量值的相对误差的 $0.434m$ 倍。

10.2.2 随机误差的传递

（1）加减法　设关系式为 $R=mA+nB-pC$，则：

$$s_R^2=m^2s_A^2+n^2s_B^2+p^2s_C^2 \tag{10-18}$$

即分析结果的方差为各测量值方差与相应系数的平方之积的和。

（2）乘除法　设关系式为 $R=m\dfrac{AB}{C}$，则：

$$\left(\frac{s_R}{R}\right)^2=\left(\frac{s_A}{A}\right)^2+\left(\frac{s_B}{B}\right)^2+\left(\frac{s_C}{C}\right)^2 \tag{10-19}$$

即分析结果的相对标准偏差的平方为各测量值相对标准偏差的平方之和，与系数 m 无关。

（3）指数　设关系式为 $R=mA^n$，则：

$$\frac{s_R}{R}=n\frac{s_A}{A} \tag{10-20}$$

即分析结果的相对标准偏差为测量值相对标准偏差的 n 倍，与算式的系数 m 无关。

（4）对数　设关系式为 $R=m\lg A$，则

$$s_R=0.434m\frac{s_A}{A} \tag{10-21}$$

即分析结果的标准偏差为测量值相对标准偏差的 $0.434m$ 倍。

10.2.3 极值误差

对于误差的传递，有时不需要严格运算，可以只估计一下过程中可能出现的最大误差，

即假设每一步产生的误差都是最大的，而且互相累积，此时算得到的误差为极值误差。

对关系式 $R = mA + nB - pC$，其极值误差为：

$$|\varepsilon_R| = m|\varepsilon_A| + n|\varepsilon_B| + p|\varepsilon_C| \tag{10-22}$$

对关系式 $R = m\dfrac{AB}{C}$，其相对极值误差为：

$$\left|\frac{\varepsilon_R}{R}\right| = \left|\frac{\varepsilon_A}{A}\right| + \left|\frac{\varepsilon_B}{B}\right| + \left|\frac{\varepsilon_C}{C}\right| \tag{10-23}$$

例如，分析天平读数误差为 ±0.1mg。在称取一个样品时，天平共平衡两次：一次是天平调零，一次是最后读数；获得一个样品质量时，相当于两次读数的差值，因此其极值误差为：

$$|\varepsilon_m| = |\pm 0.1| + |\pm 0.1| = 0.2 \text{(mg)}$$

这个 0.2mg 的极值误差即为分析天平的称量误差。同样 50mL 规格的滴定管的读数误差为 ±0.01mL，两次读数误差的极值误差为 0.02mL。

事实上，各测量值之间正、负误差有时可相互抵消一部分，出现最大误差的可能性较小，用极值误差表示不尽合理，但可用它粗略估计在最不利情况下可能出现的最大误差。

10.3　有效数字的表示与运算规则

在定量分析中，分析结果所表达的不仅仅是试样中待测组分的含量，还反映了测量的准确程度。因此，在实验数据的记录和结果的计算中，数据位数的保留不是随意的，而是要根据测量仪器、分析方法的准确度来决定，这就涉及有效数字。

10.3.1　有效数字

有效数字是在测量中能得到的有实际意义的数字，包含所有准确数字和一位可疑数字。例如，分析天平可以称到 0.1mg，如果试样质量称得 1.5602g，则其中前四位数字是准确数字，最后一位 "2" 是可疑数字，有效数字共有 5 位；滴定分析中，滴定结束后滴定管的读数是 25.68mL，因为 50mL 规格的滴定管的最小刻度是 0.1mL，故其小数点后第二位数字 8 是估计值，25.68 是 4 位有效数字。超出仪器的准确度而记录下来的数字是无意义数字，不是有效数字。

判别某数据有效数字的位数可按照以下原则来进行。

①"0" 是不是有效数字，要根据其在数字中的位置来确定。处于非零数字前的 0 不计入有效数字，处于两个非零数字之间的 0 和非零数字之后的 0 计入有效数字。例如，20.08 是 4 位有效数字，0.079 是 2 位有效数字，0.500 是 3 位有效数字。在改换单位时，要注意不能改变有效数字的位数。例如，从有效数字的角度来说，$5.7\text{g} = 5.7 \times 10^3 \text{mg}$，而 $5.1\text{g} \neq 5700\text{mg}$。当数字后的 0 含义不清时，最好用指数形式表示。例如，同样是 1000，如果是 2 位有效数字，则应写成 1.0×10^3，3 位有效数字则应写成 1.00×10^3，4 位有效数字则应写成 1.0000×10^3。

② 计算式中的系数、倍数、分数或常数（如 π、e 等），可以看成具有无限多位有效数字。

③ 数字第一位为 9 的，可以多计一位有效数字。例如 9.15×10^4 和 98.2% 可认为是 4 位有效数字。

④ 对数的有效数字位数取决于尾数部分的位数。例如 $\lg K = 10.34$ 是 2 位有效数字；$pH = 11.02$，则 $[H^+] = 9.5 \times 10^{-12}$，也是 2 位有效数字。

10.3.2 数字的修约规则

在处理数据过程中，有时根据有效数字位数的需要必须去掉多余的数字，这种操作被称为"数字修约"。目前一般采取的修约方法为"四舍六入五成双"。这种方法规定：在需要保留位数的下位数是 4 和 4 以下就舍去；是 6 或 6 以上就在上位数加"1"；是 5 则必须根据上位数是奇数还是偶数来决定舍去还是进位，奇数则进，偶数则舍，即要使上位数成为偶数；但若 5 后面还有其他不为 0 的数字，则必须进位。

【例 10-3】 将下列各数修约为三位有效数字：9.1578，1.754，2.175，1.145，1.7450001。

解 9.1578 的第四位数为 7，应进位，修约为 9.16；

1.754 的第四位数为 4，应舍去，修约为 1.75；

2.175 的第四位数为 5，而上位数为 7，是奇数，应进位，修约为 2.18；

1.145 的第四位数为 5，而上位数为 4，是偶数，不进位，修约为 1.14；

1.7450001 的第四位数为 5，但因为后面有不为零 0 的数字，故应进位，修约为 1.75。

修约数字时，必须一次修约到所需要的位数，不能分次修约。例如将 2.1549 修约成 3 位有效数字时，应一次修约成 2.15，而不能先修约成 2.155，再修约成 2.16。

在修约标准偏差时，一般要使其值变得更大些，通常只进不舍。例如，$s = 0.111$，修约成两位为 0.12，修约成一位则为 0.2。

10.3.3 有效数字运算规则

在进行计算的过程中，涉及的各测量值的有效数字可能不同，为了保证最终的结果仍保留 1 位可疑数字，应遵守以下运算规则。

(1) 加减运算 在加减运算中，计算结果有效数字的保留取决于各数据中绝对误差最大者，即以数据中小数点后位数最少的数字为根据，把其他数据修约为含同样小数位数后进行运算。例如，$50.1 + 1.46 + 0.5521$，由于每个数据中最后一位数字有 ± 1 的绝对误差，这 3 个数据中以 50.1 的绝对误差 ± 0.1 最大，故结果的有效数字应根据 50.1 来进行修约，按小数点后 1 位报，将计算器算出的结果 52.1121 修约为 52.1。

(2) 乘除运算 在乘除运算中，计算结果有效数字的保留取决于各数据中相对误差最大者，即以数据中有效数字位数最少的数据为根据，把其他数据修约为含同样有效数字位数后进行运算。例如，$\dfrac{2.1 \times 2.577}{50.6}$，这 3 个数的相对误差分别为：

$$\frac{\pm 1}{21} \times 100\% = \pm 5\%; \quad \frac{\pm 1}{2577} \times 100\% = \pm 0.04\%; \quad \frac{\pm 1}{506} \times 100\% = \pm 0.2\%$$

其中 2.1 的相对误差最大，故结果只能保留 2 位有效数字，将计算器算出的结果 0.106950593 修约为 0.11。

运算时，先修约再计算或先计算再修约，两种情况下得到的结果有时会不一样。为了避免出现此种情况，保证既提高运算速度又不使修约误差累积，可在运算过程中将参与运算的各数修约到比该数应有的有效数字位数多一位（多取的数字称为安全数字），然后进行计算。在连续多步的计算中，在得到最终结果之前，分步的计算结果亦要多保留一位有效数字，以避免出现修约误差累积。

如上面加减运算的例子中 50.1＋1.46＋0.5521，如果先修约至小数点后 1 位，计算结果将变为 50.1＋1.5＋0.6＝52.2，这样造成修约误差累积；而如果采用安全数字，将其先修约成 50.1＋1.46＋0.55＝52.11，计算结果再修约成 52.1，这样就可避免修约误差。使用安全数字的方法同样适用于乘除运算，这是目前大家常采用的方法。此外，在使用计算器做连续运算时，过程中可以不必对每一步的计算结果进行修约，但应注意根据其准确度要求，正确保留最后结果的有效数字。

10.3.4　分析结果有效数字位数的确定

在实际测量中表示分析结果时，组分含量＞10% 的，一般要求有四位有效数字；1%～10% 之间的，一般要求有三位有效数字；＜1% 的微量组分，一般要求两位有效数字。表示误差大小时，有效数字常取 1～2 位。有关化学平衡的计算，一般保留 2～3 位有效数字。pH 值的有效数字一般保留 1～2 位。

此外，分析结果中平均值的置信区间，其有效数字除遵守上述计算原则外，还要考虑平均值的标准偏差的数值，要将结果修约到标准偏差能影响到的那位。例如，$\bar{x}=36.6\%$，$s_{\bar{x}}=0.2\%$，$n=4$，置信度为 95% 时，$t_{0.05,3}=9.18$，置信区间应表示为 $36.6\pm9.18\times0.2=36.6\pm0.7(\%)$，而不应表示为 $36.6\pm0.64(\%)$ 或 $36.6\pm0.6(\%)$。

10.4　随机误差的正态分布

10.4.1　频数分布

随机误差的正负和大小在测量中难以预料，但当取得大量数据后，可以发现随机误差服从统计规律。例如，有一矿石试样，在相同条件下用分光光度法测量其中铜的百分含量，共有 100 个测量者，见表 10-5。

表 10-5　铜含量测定数据　　　　　　　　　　　　　单位：%

1.36	1.49	1.43	1.41	1.37	1.40	1.32	1.42	1.47	1.39
1.41	1.36	1.40	1.34	1.42	1.42	1.45	1.35	1.42	1.39
1.44	1.42	1.39	1.42	1.42	1.30	1.34	1.42	1.37	1.36
1.37	1.34	1.37	1.46	1.44	1.45	1.32	1.48	1.40	1.45
1.39	1.46	1.39	1.53	1.36	1.48	1.40	1.39	1.38	1.40
1.46	1.45	1.50	1.43	1.45	1.43	1.41	1.48	1.39	1.45
1.37	1.46	1.39	1.45	1.31	1.41	1.44	1.44	1.42	1.47
1.35	1.36	1.39	1.40	1.38	1.35	1.42	1.43	1.42	1.42
1.42	1.40	1.41	1.37	1.46	1.36	1.37	1.27	1.47	1.38
1.42	1.34	1.43	1.42	1.41	1.41	1.44	1.48	1.55	1.37

这些数据看起来似乎杂乱无章，但若整理一下，就可看出某种规律：

上面的数据有两个极值，即 1.27 和 1.55，可求出极差 $R = 1.55 - 1.27 = 0.28$，为方便起见取 $R = 0.30$；为避免某些数据在分组时跨属两组，组距精度提高一位，把 [1.265, 1.565] 区间范围分成 10 组，组距为 0.03；数出各组中包含的数据个数，称为频数，频数与数据总和之比称为相对频数，于是得到频数分布表（表 10-6）。

表 10-6　频数分布表

分组	频数	相对频数	分组	频数	相对频数
1.265～1.295	1	0.01	1.445～1.475	15	0.15
1.295～1.325	4	0.04	1.475～1.505	6	0.06
1.325～1.355	7	0.07	1.505～1.535	1	0.01
1.355～1.385	17	0.17	1.535～1.56	1	0.01
1.385～1.415	24	0.24	共计	100	1
1.415～1.445	24	0.24			

从表 10-5 很容易看出，频数与相对频数出现两头小、中间大的分布，即靠近中间值出现的数据较多，过高或过低的数据较少。根据频数分布表，可以画出相对频数分布直方图，如图 10-2 所示，它较频数分布表更易看出测量值的分布，即波动与集中的分布规律。

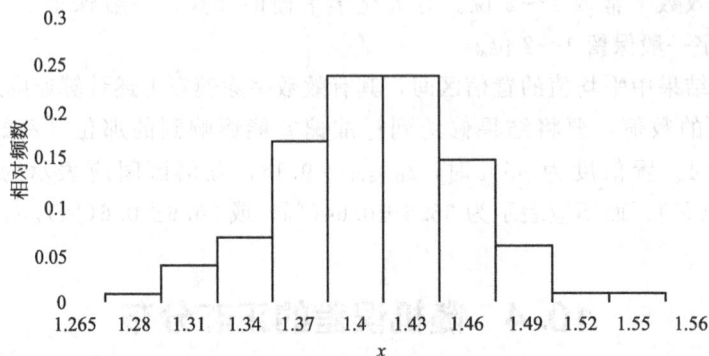

图 10-2　相对频数分布直方图

10.4.2　正态分布

如果对一个试样进行测定的次数或得到测量值的数量足够大，在分组时组距可以变得很小，则上述直方图就可以趋近于一条平滑的曲线。当进行无限次测量时，其极限形式是一条平滑曲线，此曲线称为正态分布曲线，又称高斯（Gauss）分布曲线，见图 10-3。图中横坐标为测量值，纵坐标为概率密度。

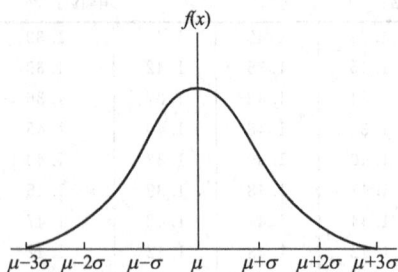

图 10-3　测量值的正态分布曲线

图 10-3 中的正态分布曲线，其数学表达式为：

$$y = f(x) = \frac{1}{\sigma \sqrt{2\pi}} e^{-(x-\mu)^2 / 2\sigma^2} \qquad (10\text{-}24)$$

式中，y 表示概率密度；x 表示测量值；μ 为总体平均值，即无限次测量数据的平均值（没有系统误差时就是真值），对应于曲线峰顶的横坐标值；$x-\mu$ 表示随机误差；σ 是总体标准偏差，它是从总体平均值 μ 到曲线拐点间的距离，其大小影响曲线峰形的宽窄。由式(10-24)及图 10-3 可见：

① 分布曲线的最高点位于 $x=\mu$ 处，说明大多数数据集中在总体平均值附近，体现了测量值集中的趋势。

② 当 $x=\mu$ 时，$y_{\max}=\dfrac{1}{\sigma\sqrt{2\pi}}$，即概率密度的最大值（$y_{\max}$）取决于 σ。精密度越高，即 σ 值越小时，y 值越大，曲线越尖锐，说明测量值的分布越集中；而精密度越低，即 σ 值越大时，y 值越小，曲线越平坦，说明测量值的分布越分散。

③ 分布曲线以直线 $x=\mu$ 为轴线左右对称，说明正误差和负误差出现的概率相等。

④ 当 x 趋向于 $\pm\infty$ 时，y 趋于 0，即分布曲线以 x 轴为渐近线，说明小误差的出现概率大，大误差的出现概率小，出现极大误差的概率趋近于零。

由以上分析可知，正态分布曲线中的两个参数 μ 和 σ 决定了曲线的位置和形状，这两个参数一经确定，正态分布曲线也就确定，因此可以用符号 $N(\mu,\sigma^2)$ 来表示任一正态分布曲线。但不同的总体有不同的 μ 和 σ，曲线的位置和形状会相应改变，这种复变函数在实际应用中很不方便，因此通过引入变量 u：

$$u=\frac{x-\mu}{\sigma} \qquad (10\text{-}25)$$

即横坐标改为各次测量误差与总体标准偏差的比值，这时正态分布曲线表达式可以简化为：

$$y=\Phi(u)=\frac{1}{\sqrt{2\pi}}e^{-u^2/2} \qquad (10\text{-}26)$$

由此所得的曲线称为标准正态分布曲线，用符号 $N(0,1)$ 表示。图 10-4 即为标准正态

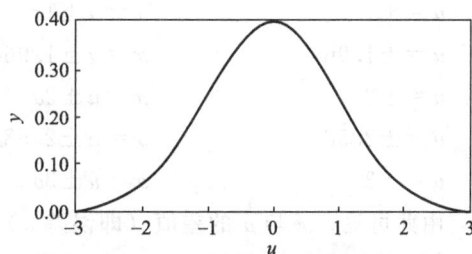

图 10-4　标准正态分布曲线

分布曲线，曲线的最高点位于 $u=0$，这时 $y_{\max}=\dfrac{1}{\sqrt{2\pi}}$ 为一恒定值，曲线的形状与 σ 无关。

10.4.3　随机误差的区间概率

随机误差的正态分布曲线与横坐标 $-\infty$ 至 $+\infty$ 之间所夹的面积代表各种误差出现的概率总和，其值为 1，即概率 P 为：

$$P=\int_{-\infty}^{+\infty}\frac{1}{\sqrt{2\pi}}e^{-u^2/2}\mathrm{d}u=1 \qquad (10\text{-}27)$$

随机误差在某一特定误差范围内出现的概率，对应曲线段下面所包含的面积，也就是正态分布曲线的区间积分。误差在对应的 $\pm u$ 区间出现的概率为：

$$P=\int_{-u}^{+u}\frac{1}{\sqrt{2\pi}}e^{-u^2/2}\mathrm{d}u \qquad (10\text{-}28)$$

对于标准正态分布，不同 u 值对应的积分可查相关的概率积分表。表 10-7 列出了 $|u|$ 值的单侧积分表（即从 0 到 u 的积分）；当考虑 $\pm u$ 即双侧问题时，需将表值乘以 2。

表 10-7　u 值表（单侧）

$|u|$	P[①]	$|u|$	P[①]	$|u|$	P[①]
0.0	0.0000	1.1	0.3643	2.2	0.4861
0.1	0.0398	1.2	0.3849	2.3	0.4893
0.2	0.0793	1.3	0.4032	2.4	0.4918
0.3	0.1179	1.4	0.4192	2.5	0.4938
0.4	0.1554	1.5	0.4332	2.6	0.4953
0.5	0.1915	1.6	0.4452	2.7	0.4965
0.6	0.2258	1.7	0.4554	2.8	0.4974
0.7	0.2580	1.8	0.4641	2.9	0.4981
0.8	0.2881	1.9	0.4713	3.0	0.4987
0.9	0.3159	2.0	0.4773	∞	0.5000
1.0	0.3413	2.1	0.4821		

①$P = \int_0^u \dfrac{1}{\sqrt{2\pi}} e^{-u^2/2} du$。

由表 10-6 可查出下列指定范围分析结果出现的概率：

随机误差 u 出现的区间	测量值 x 出现的区间	概率/%
$u = \pm 1$	$x = u \pm 1\sigma$	68.26
$u = \pm 1.96$	$x = u \pm 1.96\sigma$	95.00
$u = \pm 2$	$x = u \pm 2\sigma$	95.46
$u = \pm 2.58$	$x = u \pm 2.58\sigma$	99.00
$u = \pm 3$	$x = u \pm 3\sigma$	99.74

由此可见，x 与 μ 的差值（即误差 u）大于 3σ 的数据出现的概率为 $(100-99.74)\% = 0.26\%$，即随机误差超过 $\pm 3\sigma$ 的测量值出现的概率仅占 0.26%，说明大误差出现的概率很小。在实际工作中如果某个测量值的误差在 $\pm 3\sigma$ 之外，很可能是由于过失造成的，则这些测量值可以舍去。

【例 10-4】　已知某水泥试样中 Fe 的百分含量为 5.65%，测定的标准偏差为 0.10，（1）分析结果落在 $(5.65 \pm 0.20)\%$ 范围内的概率为多少？（2）小于 5.40% 的数据出现的概率为多少？

解　（1）分析结果落在 $(5.65 \pm 0.20)\%$ 范围内，即　$|x - \mu| = 0.20$

$$|u| = \frac{|x - \mu|}{\sigma} = \frac{0.20}{0.10} = 2.0$$

由表 10-7 查得面积为 0.4773，则概率为 $2 \times 0.4773 = 0.9546$，即 95.46%。

（2）考虑 $x = 5.40\%$ 时对应的 u

$$x - \mu = 5.40 - 5.65 = -0.25, u = \frac{x - \mu}{\sigma} = \frac{-0.25}{0.10} = -2.5$$

由于只考虑小于 5.40% 的数据出现的概率，需求 $u < -2.5$ 时的概率，在图 10-4 中曲线左侧 $u \geqslant -2.5$ 时面积为 0.4938，则 $u < -2.5$ 时面积为 $0.5000 - 0.4938 = 0.0062$，即分析结果小于 5.40% 的概率为 0.62%。

10.5　少量数据的统计处理

分析化学中常通过样本研究总体，由于测量值的数量有限，μ 和 σ 无从知晓，能否用样本标准偏差 s 代替 σ？英国统计学家兼化学家戈塞特（Gosset）用 t 分布解决了这一问题，使不致因 s 代替 σ 而引起对正态分布的偏离。

10.5.1　t 分布曲线

10.5.1.1　平均值的精密度

从正态分布曲线可以看出，算术平均值 $\bar{x}$ 可以较好地体现测量数据的集中趋势，因此有必要知道 $\bar{x}$ 的精密度。从随机误差传递公式，可以求得平均值的标准偏差 $s_{\bar{x}}$ 与单次测量的标准偏差 s 之间的关系如下：

$$s_{\bar{x}} = \frac{s}{\sqrt{n}} \tag{10-29}$$

从式(10-29)可以看出，$s_{\bar{x}}$ 是 s 的 $\dfrac{1}{\sqrt{n}}$ 倍。当 n 越大时，$s_{\bar{x}}$ 与 s 的比值就越小，即随着测量次数的增加，平均值的精密度相应提高。当 n 足够大时，再增加测量次数，$s_{\bar{x}}/s$ 减小并不明显（即精密度的提高并不明显）。因此，在实际工作中，为了节省劳力和时间，一般只平行测定 3～4 次。

10.5.1.2　t 分布曲线

Gosset 定义统计量 t：

$$t = \frac{\bar{x} - \mu}{s_{\bar{x}}} = \frac{\bar{x} - \mu}{s}\sqrt{n} \tag{10-30}$$

以 t 代替标准正态分布中的 u。

t 分布曲线如图 10-5 所示，其中 f 表示自由度，$f = n - 1$。它与正态分布曲线相似，区别在于 t 分布曲线随自由度 f 而改变。当 f 趋于 ∞ 时，t 分布就趋于正态分布。与正态分布一样，曲线下与横坐标所夹面积，表示平均值在该区间出现的概率，其大小既与 t 值有关，也与 f 值有关。

对某一 $|t|$ 值，即区间 $[-t, t]$ 内曲线对应的面积，就是平均值落在 $\mu \pm \dfrac{ts}{\sqrt{n}}$ 范围内的

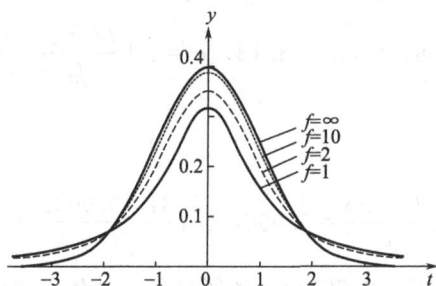

图 10-5　t 分布曲线

概率，此概率 P 称为置信度，而落在该范围以外的概率 $\alpha = 1 - P$，则称为显著性水平。不同置信度 P（或显著性水平 α）和不同 f 值对应的 $t_{\alpha,f}$ 值，列于表 10-8。应用表值时需加脚注，注明显著性水平和自由度，例如 $t_{0.05,9}$ 是指置信度为 95%（显著性水平为 0.05）、自由度为 9 时的 t 值。

表 10-8 $t_{\alpha,f}$ 值表（双边）

| $f = n - 1$ | 置信度 P、显著性水平 α | | | $f = n - 1$ | 置信度 P、显著性水平 α | | |
| | $P = 0.90$ | $P = 0.95$ | $P = 0.99$ | | $P = 0.90$ | $P = 0.95$ | $P = 0.99$ |
	$\alpha = 0.10$	$\alpha = 0.05$	$\alpha = 0.01$		$\alpha = 0.10$	$\alpha = 0.05$	$\alpha = 0.01$
1	6.31	12.71	63.66	11	1.80	2.20	3.11
2	2.92	4.30	9.92	12	1.78	2.18	3.06
3	2.35	3.18	5.84	13	1.77	2.16	3.01
4	2.13	2.78	4.60	14	1.76	2.14	2.98
5	2.02	2.57	4.03	15	1.75	2.13	2.95
6	1.94	2.45	3.71	20	1.72	2.09	2.84
7	1.90	2.36	3.50	30	1.70	2.04	2.75
8	1.86	2.31	3.36	40	1.68	2.02	2.70
9	1.83	2.26	3.25	∞	1.64	1.96	2.58
10	1.81	2.23	3.17				

10.5.2 平均值的置信区间

用样本研究总体时，样本平均值 $\overline{x}$ 并不等于总体均值，但可以肯定，只要消除了系统误差，在某一置信度下，一定存在着一个以样本均值 $\overline{x}$ 为中心，包括总体均值 μ 在内的某一范围，称为平均值的置信区间。由 t 的定义式得：

$$\mu = \overline{x} \pm \frac{ts}{\sqrt{n}} \tag{10-31}$$

式中，$\pm \dfrac{ts}{\sqrt{n}}$ 称为置信区间，其大小取决于测定的标准偏差、测定次数和置信度的选择。置信区间越小，平均值 $\overline{x}$ 越接近于总体平均值。

【例 10-5】 对某一钢样含磷量平行测定了 4 次，平均值为 0.0087%，已知标准偏差 $s = 0.0022\%$，求置信度分别为 95% 和 99% 时平均值的置信区间。

解　$\overline{x} = 0.0087\%$，$s = 0.0022\%$，$n = 4$，$f = 4 - 1 = 3$

当 $P = 95\%$，查表 10-8，$t_{0.05,3} = 3.18$，$\mu = \overline{x} \pm \dfrac{t_{0.05,3}s}{\sqrt{n}} = 0.0087 \pm \dfrac{3.18 \times 0.0022}{\sqrt{4}} = 0.0087 \pm 0.0035(\%)$

当 $P = 99\%$，查得

$t_{0.01,3} = 5.84$，$\mu = \overline{x} \pm \dfrac{t_{0.01,3}s}{\sqrt{n}} = 0.0087 \pm \dfrac{5.84 \times 0.0022}{\sqrt{4}} = 0.0087 \pm 0.0065(\%)$

计算结果表明，$(0.0087 \pm 0.0035)\%$ 区间内包含总体平均值的可能性为 95%，在

（0.0087±0.0065）％区间包含总体平均值的可能性为99％。前面的话也可以这样理解：（0.0087±0.0035）％区间内有95％的把握包含总体平均值，而（0.0087±0.0065）％区间内有99％的把握包含总体平均值。由此可见，提高置信度时，置信区间变宽，也就是说，在较宽的范围内包含总体平均值的把握较大。

10.6 数据的评价——显著性检验、异常值的取舍

10.6.1 显著性检验

在实际分析工作中，分析工作者常常用标准方法与自己所用的分析方法进行对照实验，然后用统计学方法检验两种结果是否存在显著性差异。若存在显著性差异而又肯定测定过程中没有错误，可以认定自己所用的方法有不完善之处，即存在较大的系统误差。在统计学上，这种情况称为两批数据来自不同总体。若不存在显著性差异，即差异只是来源于随机误差，或者说，两批数据来自同一总体，可以认为分析者所用的分析方法与标准方法一样准确。如用同一方法分析试样和标准试样、两个分析人员或两个实验室对同一试样进行测定，结果的差异亦需进行统计检验或显著性检验。

显著性检验的一般步骤是：首先做一个否定的假设，即假设不存在显著性差异，或所有样本来源于同一种总体；其次确定一个显著性水平，通常采用$\alpha=0.1$、0.05、0.01等数值，分析工作中多取0.05的显著性水平，其意义是当差异出现的机会有95％以上时，前面的假设就取消，承认有显著性差异存在；最后是计算统计量和作出判断。下面介绍F检验法和t检验法。

10.6.1.1 F检验法

该法用于检验两组数据的精密度——即标准偏差s是否存在显著性差异。F检验是先求得两组数据的方差s^2；然后以方差值大的做分子、方差值小的做分母，求出统计量F：

$$F=\frac{s^2_{\text{大}}}{s^2_{\text{小}}} \tag{10-32}$$

把求得的F值与表10-9的值比较，若F值小于表值，则两组数据的精密度不存在显著性差异；若F值大于表值，则两组数据的精密度存在显著性差异。

表 10-9 F 值表（单侧，置信度95％）

F	1	2	3	4	5	6	7	8	9	10	∞
1	161.4	199.5	215.7	224.6	230.2	234.0	236.8	238.9	240.5	241.9	254.3
2	18.51	19.00	19.16	19.25	19.30	19.33	19.35	19.37	19.38	19.40	19.50
3	10.13	9.55	9.28	9.12	9.01	8.94	8.89	8.85	8.81	8.79	8.53
4	7.71	6.94	6.59	6.39	6.26	6.16	6.09	6.04	6.00	5.96	5.63
5	6.61	5.79	5.41	5.19	5.05	4.95	4.88	4.82	4.77	4.74	4.36

F	1	2	3	4	5	6	7	8	9	10	∞
6	5.99	5.14	4.76	4.53	4.39	4.28	4.21	4.15	4.10	4.06	3.67
7	5.59	4.74	4.35	4.12	3.97	3.87	3.79	3.73	3.69	3.64	3.23
8	5.32	4.46	4.07	3.84	3.69	3.58	3.50	3.44	3.39	3.35	2.93
9	5.12	4.26	3.86	3.63	3.48	3.37	3.29	3.23	3.18	3.14	2.71
10	4.96	4.10	3.71	3.48	3.33	3.22	3.14	3.07	3.02	2.98	2.54
∞	3.84	3.00	2.60	2.37	2.21	2.10	2.01	1.94	1.88	1.83	1.00

表 10-9 中所列 F 值在作单侧检验时，即检验某组数据精密度是否高于等于（或低于等于）另一组数据精密度时，置信度为 95%（显著性水平 $\alpha = 0.05$）；而在检验两组数据精密度是否有显著性差异，即一组数据精密度可能高于、等于、低于另一组数据的精密度时，为双侧检验，这时显著性水平为单侧检验时的两倍，即 0.10，因而置信度 $P = 1 - 0.01 = 0.90$，或 90%。

> **【例 10-6】** 甲、乙两人分析同一试样，甲测了 4 次，标准偏差为 0.12；乙测了 5 次，标准偏差为 0.10。问：(1) 甲、乙的精密度是否存在显著性差异？(2) 甲的精密度是否显著高于乙？
>
> **解** $s_{甲} = 0.12$，$f_{甲} = 4 - 1 = 3$；$s_{乙} = 0.10$，$f_{乙} = 5 - 1 = 4$
>
> $$F = \frac{s_{大}^2}{s_{小}^2} = \frac{s_{甲}^2}{s_{乙}^2} = \frac{0.12^2}{0.10^2} = 1.44$$
>
> $f_{大} = f_{甲} = 3$，$f_{小} = f_{乙} = 4$；查表得 $F_{表} = 6.59$，可见 $F < F_{表}$。
>
> 第一问属双边检验，说明甲乙的精密度不存在显著性差异，此时的置信度为 90%；第二问属单边检验，因不存在显著性差异，故甲的精密度不高于乙，此时的置信度为 95%。

10.6.1.2　t 检验法

t 检验法用于判断样本平均值是否存在系统误差，其方法是以计算所得的统计量值 t 和选定的置信度与表 10-8 中的 $t_{\alpha, f}$ 值比较，若存在显著性差异，则被检验方存在较大的系统误差。分析化学中置信度常取 95%。

(1) 平均值与标准值的比较　这种检验通常是要评价一种分析方法或操作过程的可靠性，将得到的分析结果的平均值与试样的标准值比较，检验两者有无显著性差异。

检验的步骤如下。

① 计算分析数据的平均值 $\bar{x}$ 和标准偏差 s；

② 根据公式 $t = \dfrac{|\bar{x} - \mu|}{s}\sqrt{n}$，计算相应的 t 值；

③ 根据要求的置信度和测定次数查表 10-8，得 $t_{\alpha, f}$ 值；

④ 比较 t 和 $t > t_{\alpha, f}$：若 $t > t_{\alpha, f}$，表示有显著性差异，存在系统误差，被检验的方法或

操作过程需要改进；若 $t < t_{a,f}$，表示无显著性差异，不存在系统误差，被检验的方法或操作过程可以被采用。

【例 10-7】 采用某种新方法测定基准物质明矾中铝的质量分数，得到下列 9 个分析数据：10.74%，10.77%，10.77%，10.77%，10.81%，10.82%，10.73%，10.86%，10.81%。已知明矾中铝含量的标准值（以理论值代替）为 10.77%。试问采用该新方法后，是否引起系统误差（置信度为 95%）？

解 已知：$n = 9$，$f = 9 - 1 = 8$，求得平均值、标准偏差及 t 值分别为

$$\overline{x} = 10.79，\quad s = 0.042\%$$

$$t = \frac{|\overline{x} - \mu|}{s}\sqrt{n} = \frac{|10.79\% - 10.77\%|}{0.042\%}\sqrt{9} = 1.43$$

查表 10-7，当 $P = 0.95$，$f = 8$ 时，$t_{0.05,8} = 2.31$，$t < t_{0.05,8}$，所以测定值 $\overline{x}$ 与标准值 μ 之间不存在显著性差异，该新方法不存在系统误差。

【例 10-8】 用一新方法对标准试样进行分析，有关数据如下：$n = 6$，$\overline{x} = 14.70\%$，$s = 0.045\%$，标准值是 14.74%，分别取置信度为 90% 与 95%，判断此方法是否存在系统误差。

解 已知 $n = 6$，$\overline{x} = 14.70\%$，$s = 0.045\%$，$\mu = 14.74\%$，则

$$t = \frac{|\overline{x} - \mu|}{s}\sqrt{n} = \frac{|14.70\% - 14.74\%|}{0.045\%}\sqrt{6} = 2.18$$

当 $P = 0.90$，$f = 5$ 时，$t_{0.10,5} = 2.02$，$t > t_{0.10,5}$，存在显著性差异；

当 $P = 0.95$，$f = 5$ 时，$t_{0.05,5} = 2.57$，$t < t_{0.05,5}$，不存在显著性差异。

【例 10-8】的计算结果表明，所取置信度不同可导致检验结果的不同。从前面【例 10-5】的计算可以知道，当要求平均值的置信区间有较高把握（高置信度）包含总体平均值时，置信区间必然较大，因此取高置信度表示容许差异出现的概率小；若把置信度定得过高，会使本身显著性的差异不被发觉，若定得过低，则会使本身非显著性的差异判断为显著性差异。因此综合这两方面的因素，分析化学中常取的置信度是 95%。

（2）两组数据平均值的比较　实际分析工作中两种分析方法、两个实验室或两个分析人员测定的两组数据经常出现差别，判断这两个平均值之间是否存在显著性差异，也采用 t 检验法。假设两组测量数据，测量次数分别为 n_1、n_2，平均值分别为 $\overline{x}_1$、$\overline{x}_2$，标准偏差分别为 s_1、s_2。先用 F 检验法验证两组数据精密度有无显著性差异，如果证明它们之间没有显著性差异，则可认为 $s_1 \approx s_2$，两组测量数据来自同一总体，可以用下式求得合并标准偏差 s_p：

$$s_p = \sqrt{\frac{(n_1 - 1)s_1^2 + (n_2 - 1)s_2^2}{(n_1 - 1) + (n_2 - 1)}} \tag{10-33}$$

或

$$s_p = \sqrt{\frac{\sum(x_{1i} - \overline{x}_1)^2 + \sum(x_{2i} - \overline{x}_2)^2}{(n_1 - 1) + (n_2 - 1)}} \tag{10-33(a)}$$

然后计算 t 值：

$$t = \frac{|\overline{x}_1 - \overline{x}_2|}{s_p}\sqrt{\frac{n_1 n_2}{n_1 + n_2}} \qquad (10\text{-}34)$$

在一定置信度下，查得表值 $t_{\text{表}}$（总自由度 $f = n_1 + n_2 - 2$）。若 $t > t_{\text{表}}$，表示两组平均值存在显著性差异；若 $t < t_{\text{表}}$，表示不存在显著性差异。

【例 10-9】 用两种方法测定某试样中 Na_2CO_3 的百分含量，方法 1 测得 $n_1 = 6$，$\overline{x}_1 = 42.34\%$，$s_1 = 0.09\%$；方法 2 测得 $n_2 = 5$，$\overline{x}_2 = 42.44\%$，$s_2 = 0.11\%$。试问两种方法之间是否存在显著性差异？（置信度 90%）

解 $n_1 = 6$，$\overline{x}_1 = 42.34\%$，$s_1 = 0.09\%$；$n_2 = 5$，$\overline{x}_2 = 42.44\%$，$s_2 = 0.11\%$

先检验两种方法的精密度：$F = \dfrac{s_{\text{大}}^2}{s_{\text{小}}^2} = \dfrac{0.11^2}{0.09^2} = 1.49$

查表 10-9 得：$F_{\text{表}} = 5.19$，$F < F_{\text{表}}$，说明两种方法的标准偏差无显著性差异，故可求得合并标准偏差：

$$s_p = \sqrt{\frac{(n_1 - 1)s_1^2 + (n_2 - 1)s_2^2}{(n_1 - 1) + (n_2 - 1)}} = \sqrt{\frac{(6-1) \times 0.09^2 + (5-1) \times 0.11^2}{(6-1) + (5-1)}} = 0.10(\%)$$

于是：
$$t = \frac{|\overline{x}_1 - \overline{x}_2|}{s_p}\sqrt{\frac{n_1 n_2}{n_1 + n_2}} = \frac{|42.34 - 42.44|}{0.10}\sqrt{\frac{6 \times 5}{6 + 5}} = 1.65$$

查表 10-8 得：$t_{0.10,9} = 1.83$　$t < t_{\text{表}}$，故两种方法不存在显著性差异。

10.6.2 异常值的取舍

一组数据中，可能有个别数据与其他数据差异较大，称为异常值（或可疑值）。除确定是由于过失所造成的异常值可以舍弃外，异常值是舍去还是保留，应该用统计学的方法来判定，不能凭主观意愿决定取舍。常用的异常值取舍方法有 $4\overline{d}$ 检验法、Q 检验法和格鲁布斯检验法。

（1）$4\overline{d}$ 检验法　在校正了系统误差之后，若一总体服从正态分布，$x - \mu$ 大于 $\pm 3\sigma$ 的测量值出现的概率很小，其误差往往不是随机误差所致，应舍去。又因为总体的标准偏差 σ 与总体平均偏差 δ 之间的关系是 $\delta \approx 0.8\sigma$，用样本平均偏差 $\overline{d}$ 代替 δ，则 $4\overline{d} \approx 3\sigma$，这样，便可将异常值与 $\overline{x}$ 之差是否大于 $4\overline{d}$ 作为异常值取舍的根据。

$4\overline{d}$ 检验法方法简单，不必查表，但只适用于处理要求不高的数据，若 $4\overline{d}$ 检验法与其他检验法得出的结论相矛盾时，应用其他检验法为准。

应用 $4\overline{d}$ 检验法时，先把异常值除外，求出余下测量值的 $\overline{x}$ 和 $\overline{d}$，若异常值与 $\overline{x}$ 之差的绝大值大于 $4\overline{d}$，异常值舍弃，否则保留。

【例 10-10】 测定矿石中 Fe_2O_3 含量，4 次结果分别为 12.73%、12.68%、12.56%、12.66%，用 $4\overline{d}$ 检验法 12.56% 进行检验，问是否应该保留该数据？

解 把 12.56% 除外，求得
$$\overline{x} = 12.69\%, \quad \overline{d} = 0.027\%, \quad 4\overline{d} = 0.11\%$$

$|12.56\% - 12.69\%| = 0.13\% > 4\overline{d}$，所以 12.56% 应舍去。

（2）Q 检验法　此法是将数据从小到大排列，如 $x_1<x_2<\cdots<x_n$，按下列计算统计 Q，Q 称为舍弃商。

$$Q=\frac{x_2-x_1}{x_n-x_1}\quad x_1\text{ 为异常值}$$

或

$$Q=\frac{x_n-x_{n-1}}{x_n-x_1}\quad x_n\text{ 为异常值}$$

式［10-35(a)］的分母是极差，分子是异常值与近邻值之差，将 Q 与 $Q_{\bar{\text{表}}}$ 值比较，若 $Q>Q_{\bar{\text{表}}}$ 异常值应舍弃，否则保留。Q 值与置信度和测量次数有关，见表 10-10。

表 10-10　Q 值表

测定次数 n		3	4	5	6	7	8	9	10
置信度	90%（$Q_{0.90}$）	0.94	0.76	0.64	0.56	0.51	0.47	0.44	0.41
	95%（$Q_{0.95}$）	0.98	0.85	0.73	0.64	0.59	0.54	0.51	0.48
	99%（$Q_{0.99}$）	0.99	0.93	0.82	0.74	0.68	0.63	0.60	0.57

【例 10-11】　测定某溶液的浓度 c（$\text{mol}\cdot\text{L}^{-1}$），结果分别为 0.1014，0.1012，0.1016，0.1025，用 Q 检验法判断 0.1025 是否应弃去？（$P=90\%$）

解　$$Q=\frac{0.1025-0.1016}{0.1025-0.1012}=0.69<Q_{0.90}(4)=0.76$$

数据 0.1025 应保留。

（3）格鲁布斯检验法（G 检法）　该法用到正态分布中反映测量值集中与波动的两个参数 $\bar{x}$ 和 s，因而可靠性较高。应用此法时，在计算全部数据的 $\bar{x}$ 和 s 后，同 Q 检验法一样，将测量值从小到大排列，确定检验 $\bar{x}_1$ 或 x_n，由下式求统计量 T 值

$$T=\frac{\bar{x}-x_1}{s}\quad \bar{x}_1\text{ 为异常值}$$

或

$$T=\frac{\bar{x}_n-x}{s}\quad \bar{x}_n\text{ 为异常值}$$

把 T 与 $T_{\bar{\text{表}}}$ 值比较，若 $T\geqslant T_{\alpha,n}$，异常值舍弃，否则保留。

$T_{\alpha,n}$ 值与测定次数和显著性水平有关，如表 10-11 所示。

表 10-11　$T_{\alpha,n}$ 值表

测量次数 n	置信度（P）			测量次数 n	置信度（P）		
	90%	95%	99%		90%	95%	99%
3	1.15	1.15	1.15	8	2.03	2.13	2.22
4	1.46	1.48	1.49	9	2.11	2.21	2.32
5	1.67	1.71	1.75	10	2.18	2.29	2.41
6	1.82	1.89	1.94	15	2.41	2.55	2.71
7	1.94	2.02	2.10	20	2.56	2.71	2.88

【例 10-12】 对【例 10-11】中的数据用格鲁布斯法判断 0.1025 是否应舍去？（$P=95\%$）

解

$$\overline{x}=\frac{0.1014+0.1012+0.1016+0.1025}{4}=0.1017$$

$$s=0.00058, T=\frac{0.1025-0.1017}{0.00058}=1.39$$

查表得 $T_{0.05,4}=1.46$，$T<T_{0.05,4}$，数据应保留。

如果异常值不止一个，则应逐一检验，在后续检验时不应包括前面已判定应舍去的数值。

10.7 回归分析

在分析化学中，常利用浓度（或含量）与一可测物理量间的线性关系来测定组分含量，例如在分光光度法中，先配制浓度已知且不同的一系列标准溶液，在直角坐标系上绘出吸光度与浓度的关系曲线，即为标准曲线；使用绘制标准曲线的同样方法测定未知样的吸光度，根据测定值可以在标准曲线上直接查出被测组分浓度。分析化学中的标准曲线是一条直线，但由于实验误差等因素的存在，各数据点往往对该直线有所偏离，这就需要用数理统计的方法，找出对各数据点误差最小的直线，较好的办法是对数据进行回归分析，求得回归方程，在分析测定中两个变量的一元线性回归方程用得最为普遍。

10.7.1 一元线性回归方程

用 x 表示浓度，y 表示物理量测量值，若两变量之间存在线性相关关系，则一元线性回归方程为：

$$y=a+bx$$

在分析工作中，测量点（x_i，y_i）的波动主要来自测量值的偏差，可用最小二乘法求出直线方程（回归线）。回归线是 x，y 线性关系的最佳曲线，a、b 分别为回归直线的截距和斜率。依最小二乘法，用求极值的方法可求得 a、b 的计算公式：

$$b=\frac{n\sum x_i y_i-(\sum x_i)(\sum y_i)}{n\sum x_i^2-(\sum x_i)^2} \tag{10-35}$$

或

$$b=\frac{\sum(x_i-\overline{x})(y_i-\overline{y})}{\sum(x_i-\overline{x})^2} \tag{10-35(a)}$$

$$a=\frac{1}{n}\sum y_i-b\frac{1}{n}\sum x_i=\overline{y}-b\overline{x} \tag{10-36}$$

式中，$\overline{x}$，$\overline{y}$ 分别为 x 和 y 的平均值。

10.7.2 相关系数

回归线是否有实际意义，即线性关系是否存在，可由相关系数 r 确定，其值由式(10-37)给出。

$$r = b\sqrt{\frac{\sum(x_i - \overline{x})^2}{\sum(y_i - \overline{y})^2}} = \frac{\sum(x_i - \overline{x})(y_i - \overline{y})}{\sqrt{\sum(x_i - \overline{x})^2 \sum(y_i - \overline{y})^2}} \tag{10-37}$$

相关系数 r 的物理意义如下。

① $|r| = 1$ 时，表示测量点都在回归线上，变量 y 与 x 是完全线性关系。

② $r = 0$ 时，表示 y 与 x 完全没有线性相关关系。

③ $|r|$ 在 0～1 之间，则表示有一定线性相关关系，$b > 0$ 时，$r > 0$，y 随 x 的增大而增大，则称 y 与 x 正相关；$b < 0$ 时，$r < 0$，y 随 x 的增大而减小，称 y 与 x 负相关，r 的绝对值越大，线性关系越好。

关于相关系数 r，只有 $|r|$ 足够大时，x 与 y 之间才是显著线性相关的，求得的回归直线才有意义，此时的 r 值称为临界值，不同置信度和测量次数下，相关系数的临界值见表 10-12，其中 n 为测量次数，若计算出的相关系数大于等于表中相应的数值，就可认为 x 与 y 之间存在线性关系，否则认为 x 与 y 之间不存在线性关系（在分析测定中，置信度多取 95%）。

表 10-12　相关系数临界值

	$f = n - 2$	1	2	3	4	5	6
置信度	90%	0.988	0.900	0.805	0.729	0.669	0.622
	95%	0.997	0.950	0.878	0.881	0.755	0.707
	99%	0.9998	0.990	0.959	0.917	0.875	0.834
	99.9%	0.99999	0.999	0.991	0.974	0.951	0.925

10.8　提高分析结果准确度的方法

为了提高分析结果的准确度，在实际工作中应注意以下问题。

(1) 选择合适的分析方法　各种分析方法的准确度和灵敏度不同，必须根据被测组分的具体含量和特定的要求来选择方法，对于组分含量高、分析准确度要求高的试样，一般采用化学分析法测定，而对组分含量低、分析灵敏度要求高的试样，则应选择仪器分析法测定。

比如，要测定铁矿石中的铁含量，由于其含量较高，而且对分析准确度要求较高，应选择滴定分析法，而测定天然水中的铁含量，由于其含量较低，用化学分析法无法测定，这时就应选择用分光光度法等灵敏度高的仪器分析方法。

(2) 减少测量误差　各测量值的误差会影响最后的分析结果，为保证分析结果的准确度，要十分注意在每一步的操作中减少测量误差。例如，在称取样品时，一般的分析天平有 0.0002 的称量误差，为使测量时的相对误差小于 0.1%，试样的称取量不能太少，从相对误差的计算可以得到：

$$相对误差 = \frac{绝对误差}{试样质量} \times 100\%$$

$$试样质量 = \frac{绝对误差}{相对误差} = \frac{0.0002g}{0.001} = 0.2g$$

可见称取分析试样的质量必须大于 0.2g。

在滴定分析中，常用的 50mL 滴定管读数的误差为 ±0.01mL，每个数据都通过两次读数差减得到，极值误差为 ±0.02mL。为了使测量体积的相对误差小于 0.1%，要求消耗的溶液体积至少为：

$$滴定体积 = \frac{0.02\text{mL}}{0.001} = 20\text{mL}$$

若准确度要求不同，则对称量和体积测量误差的要求也会不同，例如在仪器分析中，由于被测组分含量较低，相对误差可以允许达到 2%，如果称取的试样量为 0.5g，试样的称量误差小于 $0.5 \times 2\% = 0.01$g 就可以了。

（3）减少随机误差　在消除和修正的系统误差的前提下，减少随机误差可以提高测定的准确度，在分析过程中，随机误差是无法避免的，但根据统计学原理，通过增加测定次数，可提高平均值的精密度。一般化学分析中，对同一试样，只平行测定 3~5 次；测量次数超过 10 次意义不大。

（4）消除系统误差　为了提高分析结果的准确度，需要发现和清除系统误差。由于系统误差是由固定原因造成的，因此只要找到这一原因就可消除系统误差，为了发现并消除或校正系统误差，可以选用以下几种方法：

① 对照实验。对照实验是检验某分析方法或测定过程中是否存在系统误差及系统误差大小的有效方法，其做法是：使用纯试剂，用被检验的方法和过程进行测定，看测定结果与理论计算值是否相符；对于实际样品，则采用含量已知的标准试样进行对照实验，或者是选用标准方法与欲检验方法对被测试样同时进行测定，以测得的结果求出校正值。

② 回收实验。回收实验多用于检验低含量测定的方法或条件是否存在系统误差，实验方法是在被测试样中加入已知量的被测组分，与原试样同时进行平行测定，按式（10-38）计算回收率：

$$回收率 = \frac{添加组分试样测定值 - 原试样测定值}{组分添加量} \times 100\% \tag{10-38}$$

一般来说，回收率在 95%~105% 之间认为不存在系统误差，即方法可靠。

③ 空白实验。由于试剂、蒸馏水、实验器皿等含有被测组分或干扰物质而导致系统误差时，常用空白实验进行校正。空白实验的方法是：在不加待测组分的情况下，按照与待测组分分析相同的条件和步骤进行测定，所得的结果称为空白值。在试样测定中扣除空白值，可消除此类系统误差。

④ 仪器校正。在对测定数据要求严格的测定中，仪器校正、量器刻度、砝码等标出值与实际值的细小差异也会影响测定的准确度，应进行校正并求出校正值，在测定值中加入校正值，可消除此类系统误差。

⑤ 校正分析结果。如果分析方法本身造成系统误差，可用其他分析方法对结果进行校正。例如用电解法测定铜含量的时候不能将溶液中全部的铜析出，则可用分光光度法测出电解后溶液中残留的铜，将其结果加到电解法得到的结果中去，即可得到铜的较准确结果。

【思考题】　指出在下列情况下，各会引起哪种误差？如果是系统误差，应该采用怎样的方法减免？

（1）砝码被腐蚀；

（2）天平的两臂不等长；

（3）容量瓶和移液管体积不准确；

（4）试剂中含有微量的被测组分；

（5）天平的零点有微小变动；

（6）读取滴定体积时最后一位数字估计不准；

（7）滴定时不慎从锥形瓶中溅出一滴溶液；

（8）标定盐酸溶液用的 NaOH 标准溶液中吸收了 CO_2。

习 题

1. 下列各数中，有效数字位数为二位的是（ ）。

    （A）$c(H^+)=0.0003mol \cdot L^{-1}$ （B）pH$=10.42$

    （C）$\omega=19.906\%$ （D）4000

2. 可用下列中哪种方法减小分析测定中的偶然误差？（ ）

    （A）进行对照试验   （B）进行空白试验

    （C）进行仪器校准   （D）增加平行试验的次数

3. 根据有效数字计算规则计算：

    $1.683+37.42\times7.33\div21.4-0.056=$ _____。

    $0.0325\times5.103\times60.06\div139.8=$ _____。

4. 重量法测定 Ba 的质量分数，得到如下数据：37.45%，37.20%，37.50%，37.30%，37.25%。

    （1）计算此结果的平均值、平均偏差、标准偏差、变异系数。

    （2）求置信度分别为 95% 和 99% 的置信区间。

    $t_{0.05,4}=2.78$ $t_{0.01,4}=4.60$

5. 测定铁矿石中铁的质量分数（以 $\omega_{Fe_2O_3}$ 表示），5 次结果分别为：67.48%，67.37%，67.47%，67.43% 和 67.40%。计算：（1）平均偏差；（2）相对平均偏差；（3）标准偏差；（4）相对标准偏差。

6. 要使在置信度为 95% 时的测量值置信区间不超过 $\pm s$，问至少要平行测定几次？（$t_{0.05,4}=2.78$，$t_{0.05,5}=2.57$，$t_{0.05,6}=2.45$，$t_{0.05,7}=2.37$）

7. 一个同学用一个新方法测定了一个标准试样，将数据按照大小排列如下：40.15%，40.16%，40.18%，40.20%，已知该试样标准值为 40.19%（显著水平 0.05），求

    （1）用 G 检验法判断极端值是否该舍去？

    （2）用 t 检验法判断该方法是否可行？

8. 用碘量法测铜合金中铜的质量分数 $\omega(Cu)$，6 次测量结果如下：60.60%，60.64%，60.58%，60.65%，60.57%，60.32%，

    （1）用 G 检验法判断有无过失？（显著性水平 0.05）

    （2）估算铜含量的质量分数范围。（$P=0.95$）

    （3）若铜的质量分数标准值为 60.58%，试问测定有无系统误差？ （显著性水平 0.05）

9. 用重量法测 $BaCl_2$ 的质量分数 $\omega(Ba)$ 为 56.10%、56.15%、56.09%，改用络合滴定法测结果为 56.01%、55.96%、55.89%，问在 95% 的水平下，此滴定结果能否作为一种新的方法用来测定？（$F_{0.95,2,2}=19.00$，$t_{0.05,4}=2.78$）

第11章

现代分离和分析方法介绍

本章要求

1. 了解现代分离技术和常用的分析方法。
2. 了解分离和分析在工作中的应用。

对待分离样品进行有效的分离与富集是准确分析测定目标组分的关键。传统的成分分离与富集技术更多依赖于溶剂萃取法、色谱分析和重结晶等方法，这些方法都存在着需要大量溶剂、成本高、产率低、分离周期长的不足。随着现代科学技术的发展，近年来发展的膜分离技术、超声分离技术、固相（微）萃取法、超临界萃取、加压溶剂萃取、微波萃取等现代富集方法的应用，成为样品前处理方法的发展方向。

11.1 膜分离技术

膜分离技术是 20 世纪初出现，20 世纪 60 年代后迅速崛起的一门分离新技术。

顾名思义，膜分离技术是利用一张特殊制造的、具有选择性透过性能的薄膜，在外界能量或化学位差的推动下对混合物中溶质和溶剂进行分离、分级、提纯和富集的一种分离新方法。与其他传统的分离方法相比，膜分离具有以下特点。

① 由于膜具有选择性，它能选择地透过某些物质，而阻挡另外一些物质的透过。选择合适的膜，可以有效地进行物质的分离、提纯和浓缩。

② 分离过程不发生相变化，与有相变化的分离法相比，能耗要低。

③ 膜分离技术整个分离过程在密闭系统中进行，无需加热，无化学变化，无二次污染，特别适用于热敏性物质（如药品、酶等）的分离、分级和浓缩等。

④ 分离装置无运动部分，结构简单，操作容易，便于操作和自动控制。

目前，膜分离技术作为一种新兴的高效分离技术，已被广泛应用于化工、环保、电子、轻工、纺织、石油、食品、医药、生物技术、能源工程等领域。

11.1.1 膜分离技术的分类与基本原理

膜分离技术中的膜包括微滤膜（$0.1\sim20\mu m$）、超滤膜（$0.001\sim0.1\mu m$）、反渗透膜

（0.0001～0.005μm）、纳滤膜（0.001～0.005μm）、电渗析膜等。它们对应不同的反应机理，有不同的设备和不同的应用对象。

（1）微滤　微滤主要是根据筛分原理以压力差作为推动力的膜分离过程。在给定压力下（50～100kPa），溶剂、盐类及大分子物质均能透过孔径为 0.1～20μm 的对称微孔膜，只有直径大于 50μm 的微细颗粒和超大物质分子被截留，从而使溶液或水得到净化。微滤技术是目前所有膜技术中应用最广、经济价值最大的技术，主要用于悬浮物分离、制药行业的无菌过滤等。

（2）超滤　超滤和微滤一样，也是利用筛分原理以压力差为推动力的膜分离过程（图 11-1）。同微滤过程相比，超滤过程受膜表面孔的化学性质的影响较大。在一定的压力（100～1000kPa）条件下溶剂或小分子量的物质透过孔径为 0.001～0.1μm 的对称微孔膜，而直径在（5～50μm）之间的大分子物质或微细颗粒被截留，从而达到了净化的目的。超滤只用于浓缩、分级、大分子溶液的净化等。

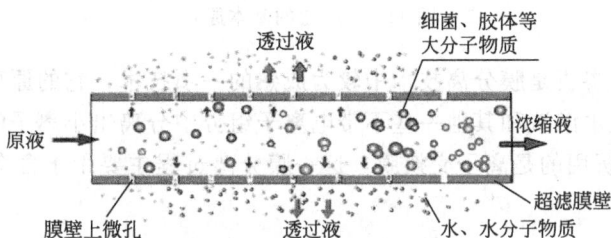

图 11-1　超滤的原理

（3）反渗透　反渗透过程主要是根据溶液的吸附扩散原理，以压力差为主要推动力的膜过程（图 11-2）。在浓溶液一侧施加一外加压力（1000～10000kPa），当压力大于溶液的渗透压时，就会迫使浓溶液中的溶剂反向透过孔径为 0.0001～0.005μm 的非对称膜流向稀溶液一侧，这一过程叫反渗透。反渗透过程主要用于低分子量组分的浓缩、水溶液中溶解的盐类的脱除等。

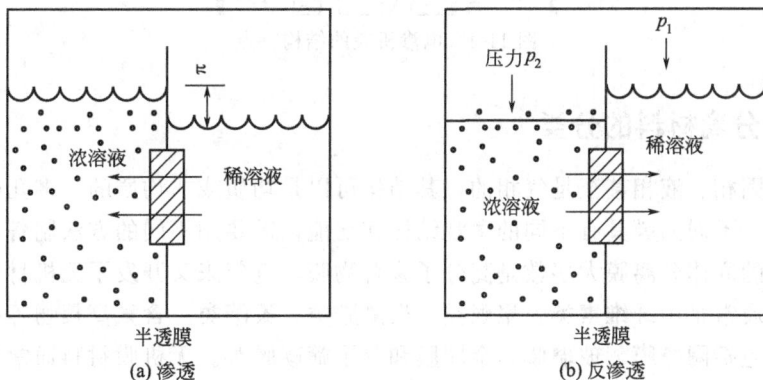

图 11-2　反渗透原理

（4）纳滤　纳滤是膜分离技术的一个新兴领域，纳滤膜（nanofiltration membranes）是 20 世纪 80 年代末期问世的一种新型分离膜，其截留分子量介于反渗透膜和超滤膜之间，为 200～2000，由此推测纳滤膜可能拥有 1nm 左右的微孔结构，故称之为"纳滤"。纳滤也是根据吸附扩散原理以压力差作为推动力的膜分离过程，它兼有反渗透和超滤的工作原理

（图 11-3）。在此过程中，水溶液中低分子量的有机溶剂被截留，而盐类组分则部分透过非对称膜。纳滤能使有机溶质同时浓缩和脱盐，而在渗透过程中溶质损失极少。纳滤膜能截留易透过超滤膜的那部分溶质，同时又可使被反渗透膜所截留的盐透过，堪称为当代最先进的工业分离膜。由于它具有热稳定性、耐酸、耐碱和耐溶液等优良性能，所以在工业领域有着广泛的用途。

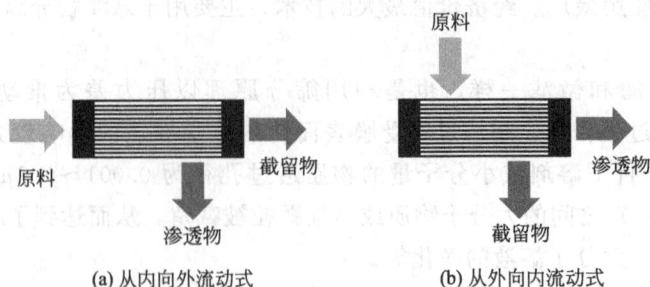

(a) 从内向外流动式　　(b) 从外向内流动式

图 11-3　纳滤的基本原理

　　(5) 电渗析　电渗析是膜分离技术中较为成熟的一项技术，它的原理是利用离子交换和直流电场的作用，从水溶液和其他一些不带电离子组分中分离出小离子的一种电化学分离过程（图 11-4）。电渗析用的是离子交换膜，这一膜分离过程主要用于含有中性组分的溶液的脱盐及脱酸。

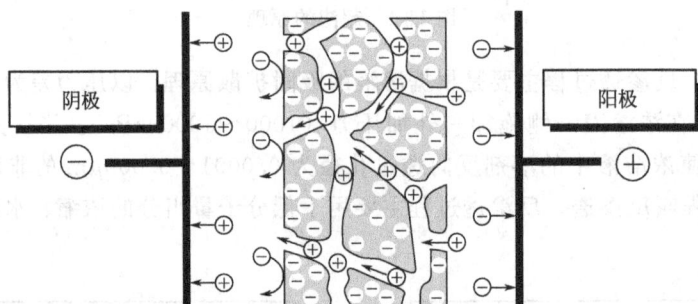

图 11-4　电渗析膜的结构特点

11.1.2　膜分离材料的分类

　　膜可以是固相、液相甚至是气相的，其结构可以是均质或非均质的、多孔或无孔的、荷电的或中性的。不同的膜具有不同的微观结构和功能，需要用不同的方法制备。

　　目前使用的固体分离膜大多数是高分子聚合物膜，近年来又开发了无机材料分离膜。高分子聚合物膜通常是用纤维素类、聚砜类、聚酰胺类、聚酯类、含氟高聚物等材料制成。无机材料分离膜包括陶瓷膜、玻璃膜、金属膜和分子筛碳膜等。无机膜材料通常具有非常好的化学和热稳定性，但无机材料用于制膜还很有限，目前无机膜的应用大都局限于微滤和超滤领域。

11.1.3　膜分离技术的应用

　　至今膜分离技术已经在国民经济的各行各业中确立了自己的地位，下面对它在各个领域中的应用做一简略的介绍。

（1）在化工及石油化工中的应用　在此领域已开发应用的主要四大膜分离技术为反渗透、超滤、微滤、电渗析，这些膜过程的装置设计都较成熟，已有大规模的工业应用和市场。

微滤和超滤分离在化工生产中的应用尤为常见，广泛用于水中细小微粒，包括细菌、病毒及各种金属沉淀物的去除等。电渗析在化工中的应用也较为广泛，如自然水的纯化、海水脱盐等。

在石油化工生产中，膜技术被广泛用于有机废气的处理、脱除天然气中的水蒸气、酸性气体、天然气中氦的提取、催化裂化干气的氢烃分离等。

尽管此项技术还有许多理论与实践问题有待于进一步研究探讨，但作为一门新兴科学在不远的将来终究会在化工及石油化工中发挥巨大的作用。

（2）在食品工业中的应用

① 利用膜分离技术对植物蛋白进行浓缩、提纯和分离。如采用超滤和反渗透相结合的方法进行大豆乳清的分离回收；采用超滤和反渗透技术处理花生，可将花生蛋白和花生油全部提取且无废料；采用超滤法从菜籽粕中制取菜籽浓缩蛋白和分离蛋白等。

② 利用膜分离技术加工乳制品。如农场采用反渗透就地对牛奶进行预浓缩后加工成炼乳等制品；制造干酪前用超滤对牛奶进行组分分离；电渗析除乳清灰分；利用膜生物反应器将乳糖转换为成品（例如乳胶）等。

③ 利用膜分离技术对卵蛋白进行浓缩。如采用膜分离技术和喷雾干燥组合的生产工艺，可有效除去卵蛋白中引起变色的葡萄糖和无机盐分子。

④ 利用膜分离技术对动物血浆进行浓缩。如采用超滤技术，以板框式超滤装置来浓缩动物全血，目前已可将其干物质含量从 18％～21％提高到 28％～30％。

⑤ 利用膜分离技术对明胶进行浓缩和提纯。动物的骨骼和肌肉组织中含有明胶，采用超滤法目前可将明胶浓缩到固形物含量达 15％。

⑥ 在含酒精饮料（硬饮料）加工中的应用，如采用超滤技术可除去酒中含有的不溶性蛋白、多糖、胶体和细菌等，从而达到提高酒的澄清度，保持酒的色、香、味，同时达到无热除菌的目的。在非酒精饮料（软饮料）加工中的应用，如用超滤澄清法，可将果蔬汁中的蛋白质、淀粉、果胶以及一些悬浮颗粒全部除去，同时还可除去部分杂菌，而其风味物质、糖和维生素等可得以保留；采用反渗透浓缩法进行橙汁、番茄汁的浓缩，生产速溶咖啡等；超滤净化饮料用水和矿泉水。

⑦ 膜分离技术在处理淀粉废水中的应用。如采用超滤法可从马铃薯淀粉废水中回收蛋白质，该方法采用醋酸纤维素管式膜，在蛋白质的凝固点下进行超滤运转，同时以含酶洗剂对膜进行清洗。

⑧ 膜分离技术在制糖工业中的应用。如采用反渗透法可对甜菜制糖厂的稀糖汁进行浓缩，处理含糖废水，既可将水回收再利用，又能提高原料的利用率；采用超滤法可进行糖汁的净化，得到含糖量很高的清澈透过液及富含蛋白质和果胶的浓缩液。

⑨ 膜分离技术在食用油加工中的应用。如超滤可用于油脂的脱胶精炼和脱色、回收油料种子蛋白；反渗透可用于处理油厂锅炉用水、从废水中回收油脂、回收催化剂；超滤和反渗透相结合可用于回收溶剂。

⑩ 膜分离技术在食品添加剂生产中的应用。如采用超滤与反渗透相结合可生产红曲色

素及其他色素；采用超滤膜反应器可连续生产环糊精；采用 YM 内压管式超滤装置对甜叶菊苷水处理液进行净化处理；采用 PVC 膜管式超滤器进行明胶浓缩等。

膜分离技术用于食品加工有很多优点，与传统方法相比，不会因加热而产生色、香、营养成分等质量指标的恶化；节省能源、设备占地面积小；更重要的是由于分离膜性能的提高，能在很高的精度水平下分离各种成分。

(3) 在医药工业和医疗设备方面的应用

① 利用微滤技术进行药物澄清：除去微粒、细菌、大分子杂质等，或脱色。

② 利用超滤和反渗透技术进行药液精制和浓缩：提取有效成分、有效部位、有效单体；除去药液水分或小分子，尤其适用于热敏成分药液的浓缩。

③ 利用反渗透技术制备灭菌水、除热原水和注射水等。

④ 渗析技术在医药科学中的典型应用是人工模拟肾脏进行血液的透析分离。

⑤ 利用亲和膜技术，通过在膜上固载特定的功能配位基。如氨基酸、酶、抗体等，利用这些功能配位基选择性地实现物质的特异性分离，目前已应用于肝素、尿激酶、单克隆体、胰蛋白酶等生物大分子的纯化和分离。

⑥ 在医疗设备方面除了药物控制释放的膜技术外，模拟人工肺、人工肾都应用了膜分离技术，现在带有膜过滤器的注射器也广泛被人们所接受。

另外，用纳滤膜进行药物的浓缩和提纯，用渗透汽化技术提取生物医药是两项新近投入使用的技术。随着新的膜材料的出现以及膜成本的降低，膜技术将会在医药和医院中起到更重要的作用。

(4) 在生物技术中的应用　在生物技术方面，膜技术也有各种应用，其中应用最广泛的是微滤和超滤膜技术。如从植物或动物组织萃取液中进行酶的精制，从发酵液或反应液中进行产物的分离、浓缩等，另外，把酶或微生物固定于膜表面，使其发挥生物活性功能，同时通过膜分离有用微生物，使过去的间歇式酶反应、分离过程能连续进行。膜技术应用于蛋白质加水分解或糖液生产，有助于稳定产品质量、提高收率和降低成本。

目前，膜技术用于生物技术中存在的最主要问题是：与色谱法比较，其分离精度不高；不能同时进行多组分的分离；膜上面容易形成附着层、使膜的通量显著下降，膜清洗困难；膜的耐用性差等。

(5) 在环境工程中的应用　膜分离技术在环境工程中的地位越来越突出，应用膜分离技术来处理工业废水、废气已经被证明是卓有成效的，在不少废水处理中膜分离技术能实现闭路循环，在消除污染的同时变废为宝，取得了较大的经济效益和社会效益。

11.2　超声分离

超声萃取（sonication-assisted extraction，SAE）是由 Johnson 等在 1967 年提出的。SAE 提取的作用有两个方面：通过空化作用使分子运动加快，同时将超声波的能量传递给样品，使组分脱附和溶解加快。

11.2.1　超声萃取的原理

超声波是弹性介质中的一种机械波，频率为 20kHz～50MHz。利用超声振动能量可以改变物质组织结构、状态、功能或加速这些改变的过程。近年来，超声技术已得到了越来越广泛的应用。现在普遍认为其机械效应、空化效应和热效应是超声技术在物质提取中的三大理论依据。

（1）机械效应——加速介质质点运动　超声波在媒质中传播可使媒质质点在其传播空间内进入振动状态，强化溶质扩散、传质，此即超声波的机械效应。超声波的机械作用在其传播的波阵面上将引起介质质点的运动，使介质质点运动获得巨大的加速度和动能，迅速逸出被萃取物基体而游离于水中，从而达到分离的效果。

（2）空化效应　当大量的超声波作用于提取介质，当振动处于稀疏状态时，在某些地方形成局部的暂时负压区，引起液-固体界面的断裂，形成空泡或气泡并瞬时闭合。这种空泡和气泡在液体中形成并随后迅速闭合的形象，称为空化现象。空化中产生的极大压力造成被破碎物细胞及整个生物体破裂，这个破碎过程是一个物理过程，浸提过程中无化学反应，被浸提的生物活性物质在短时间内保持不变，而且整个破裂过程在瞬间完成，提高了破碎速度，缩短了破碎时间，极大地提高了提取效率。

（3）热效应　超声波在媒质内传播过程中，其振动能量不断地被媒质吸收转变为热能，引起整体加热、边界处的局部高温高压等。这种吸收声能而引起的温度升高是稳定的。所以超声波可以使被萃取物内部的温度瞬时升高，加速溶解。

11.2.2　超声萃取的特点

与常规萃取技术相比，超声萃取快速、价廉、高效。在某些情况下，甚至比超临界流体萃取和微波辅助萃取还好，超声萃取具有如下突出特点。

① 无需高温，不破坏热不稳定物质的性质；常压萃取，安全性好，操作简单易行，维护保养方便。

② 萃取效率高，有效成分易于分离、净化。

③ 超声萃取与溶剂和目标萃取物的性质（如极性）关系不大。因此，可供选择的萃取溶剂种类多、目标萃取物范围广泛。

④ 原料处理量大，萃取工艺成本低，能耗小，综合经济效益显著。

11.2.3　影响因素

超声技术已广泛地应用于物质提取中并发挥了它的优势，但应用时还应注意以下几个问题，否则将会影响所提得的化学成分产率。

① 参数的选择。提取不同的物质，不同的参数（如频率、声强度、提取时间等）会有不同的结果；即使是提取同一物质，若选用的参数不当就不能较好地提取有效成分；在超声萃取中能否找到适宜的参数是提高提出率的关键。

② 溶剂的选择。超声萃取过程和传统法一样，必须结合欲提成分的性质，选择适合的溶剂、浓度和用量。溶剂的浓度、用量过大，若不能回收就会造成浪费。若浓度、用量过小，就会造成目标萃取物所含成分提取不完全，影响化学成分产率。例如在提取极性较小的农药时，如有机氯农药，可用非极性溶剂来提取，常用的有正己烷、苯等溶剂，也可以用极性溶剂丙酮、乙腈来提取；而对极性较强的有机磷等农药，则必须采用极性较强的溶剂，如氯仿、丙酮来提取。

总之，从以上可以看出，在超声萃取过程中，要提高提取率必须在实验中总结经验，探索最佳条件，只有这样才能提高效率，降低成本。

11.2.4 应用

早在20世纪50年代，人们就把超声波用于提取花生油和啤酒花中的苦味素、鱼组织的鱼油等。目前，超声萃取技术已广泛用于药物、中草药、食品、农业、环境、工业原材等样品中有机组分或无机组分的提取。

(1) 在天然植物和药物活性成分提取中的应用 超声萃取技术的萃取速度和萃取产物的质量使得该技术成为天然产物和生物活性成分提取的有力工具。特别是生物活性成分的提取已涉及几大类天然化合物（生物碱、皂苷、苷类、糖类、萜类及挥发油等），例如动物组织浆液的毒质、饲料中的维生素A、维生素D和维生素E、紫杉叶组织中的紫杉醇、大豆异黄酮的提取、头发样品中的鸦片制剂、迷迭香中的抗氧化剂等。

(2) 在环境样品有机污染物提取中的应用 超声萃取技术用于环境样品预处理主要集中在土壤、沉积物及污泥等样品中有机污染物的提取分离上。被提取的有机污染物包括有机氯农药、多环芳烃、多氯联苯、苯、硝基苯、有机锡化合物、除草剂、杀虫剂等。

(3) 在食品分析及化工产品分析中的应用 超声萃取也用于食品样品的预处理，例如：测定午餐肉脂肪含量的国家标准（GB/T 5009.6）酸水解法，样品消化需70~80℃水浴加热40~50min，然后手摇提取脂肪，操作费时繁琐，人为因素影响较大，不易掌握。利用超声波对酸水解测定午餐肉中脂肪含量的方法进行了改进，超声萃取样品不需加热，缩短了样品消化时间，可对大批量样品的脂肪含量进行同时测定。超声萃取在化工产品分析中的应用相对较少。

11.3 固相萃取

11.3.1 固相萃取的原理

固相萃取（solide phase extraction，SPE）是利用吸附剂将液体样品中的目标化合物吸附，与样品的基质和干扰化合物分离，然后再用洗脱液洗脱，达到分离或者富集目标化合物的目的。

SPE实质上是一种液相色谱分离，其主要分离富集机理、固定相和溶剂的选择模式也与液相色谱有相似之处。

(1) 固相萃取的分类 SPE根据其原理主要分为反相SPE(RP-SPE)、正相SPE(NP-SPE)和离子交换SPE(IE-SPE)。

① RP-SPE所用的吸附剂和目标化合物通常是非极性或极性较弱的，吸附剂极性小于洗脱液的极性，主要通过目标物的碳氢键同硅胶表面的官能团产生非极性的范德华力或色散力来保留目标物。

② NP-SPE所用的吸附剂都是极性的，并且吸附剂极性往往大于洗脱液的极性，主要通过目标化合物的极性官能团与吸附剂表面的极性官能团的极性相互作用（氢键、π-π键相互作用、偶极-偶极相互作用、偶极-诱导偶极相互作用以及其他的极性-极性作用）来保留溶于非极性介质的极性化合物。

③ IE-SPE所用的吸附剂是带电荷的离子交换树脂，主要通过目标物的带电荷基团与键

合硅胶上的带电荷基团相互静电吸引实现吸附。

（2）固相萃取模式的选择　选择固相萃取分离模式和吸附剂时，应考虑以下几点。

① 凡是极性基体中含有待分析脂溶性化合物的都可以用反相柱处理。

② 对于含有极性基团的脂溶性化合物，可用极性的键合固定相处理。

③ 对于含有可电离的离子基团的有机物，如果碳键很长或碳数很多，可直接用反相固定相处理；如果在反相柱中保留很少，则可采用反相离子对萃取；对于含有多种离子基团的有机物，则用离子交换固定相。

④ 如果样品组分中同时含有离子型化合物和中性分子，可采用离子对 SPE 萃取，当然也可以分别处理。

⑤ 非极性基体中的极性化合物，要用正相固定相萃取，其中基体也可以是弱于所萃取物的弱极性溶液。

⑥ 对于离子型的化合物，如无机离子等，包括反相离子对 SPE 不能解决的，就要采用离子交换 SPE 固定相。对于阴离子要选择适当的阴离子交换 SPE 固定相；对于阳离子要选择相应的阳离子交换 SPE 固定相。

⑦ 固定相选择还受样品洗脱液的制约。样品洗脱液强度相对该固定物应该较弱，弱极性洗脱液会增加分析物在固定相上的吸附，如果洗脱液极性太强，分析物在固定相中没有吸附将直接洗脱下来。

11.3.2　固相萃取（SPE）装置与操作步骤

（1）固相萃取的装置　SPE 装置一般由柱管、烧结垫及固定相三部分组成，其中固定相是 SPE 柱中最重要的部分。最常见的固定相是键合的硅胶材料，也有很多非硅胶基的固定相被广泛应用。图 11-5 所示是固相萃取柱的通常结构。

（2）固相萃取的操作步骤　见图 11-6。

① 预处理（预洗与活化）。预洗是用强溶剂预先淋洗小柱，以消除小柱在生产或储存过程中可能带入的污染物，当洗脱溶剂的洗脱力强于活化溶剂时一般要实施这一步。如果产品包装密封并明确注明已进行预洗就无需这一步。

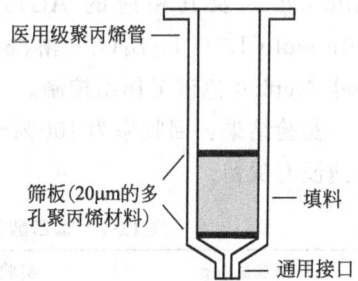

图 11-5　SPE 柱结构

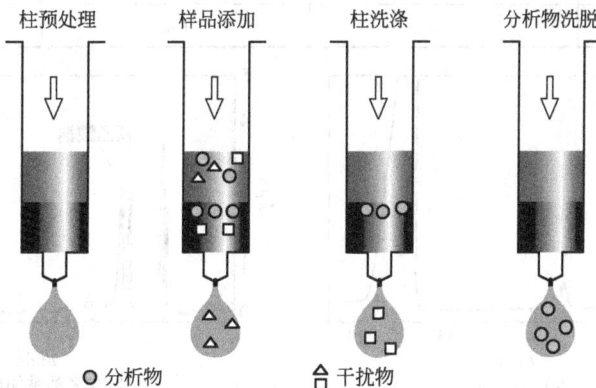

图 11-6　SPE 吸附模式的基本步骤

活化是首先用洗脱能力较强的溶剂润湿吸附剂，而后再以洗脱能力较弱的溶剂润湿小柱，从而保证样品在小柱上有足够的保留。

② 上样。选择强度相对较弱的溶剂溶解样品。液体样品被加到 SPE 小柱上后，不保留或弱保留的组分随溶剂流出，待测组分和其他强保留组分保留在吸附柱上。

③ 冲洗。用不会把待测组分洗脱出来的溶剂（样品溶剂或稍强溶剂）淋洗小柱，随后通常采用抽真空或高速离心来排除残余溶剂。

④ 淋洗。用尽量少的较强溶剂将待测组分洗脱出来，而剩余较强的基体组分仍然保留在填料中。对于收集到的淋洗液，可进一步吹干，用适当溶剂定容，也可用于直接进样。

11.3.3　固相萃取的应用

固相萃取与传统的液-液萃取相比，具有操作时间短、样品量小、不需萃取溶剂、适于分析挥发性与非挥发性物质、重现性好等优点。SPE 法可用于环境化学、生物化学、食品农药残留、医药卫生、临床化学、法医学等领域中微量或痕量复杂目标物样品的分离、富集和分析。

下面列举两个应用固相萃取分析的实例。

（1）血液样品中氟乙酸钠的测定　使用 C_{18} 固相萃取柱（100mg，Agilent 公司）分析血液样品中的氟乙酸钠。在使用前，用 3.0mL 无水甲醇活化固相萃取柱，然后用等体积的水淋洗，流出液注进离子色谱仪进行空白分析。分别量取 1.0mL 1.0mg·L^{-1}、5.0mg·L^{-1}、10.0mg·L^{-1} 3 种浓度的氟乙酸钠标准溶液过 C_{18} 固相萃取小柱，然后用水洗脱并定容到 3.0mL，在 DX 型离子色谱仪（Dionex 公司）上测定其回收率。

离子色谱条件：分析柱采用美国 Dionex 公司的 Ion Pac AS11 阴离子交换（250mm×4mm i.d.）及其相应的 AG11 保护柱（50mm×4mm i.d.），抑制器电流为 50mA。2.0mmol·L^{-1} $Na_2B_4O_7$ 为淋洗液，流速为 1.0mL·min^{-1}，室温。数据的采集和处理均由 Peak Net6.0 色谱工作站控制。

实验结果：回收率为 100%～108%（见表 11-1 和图 11-7），说明 C_{18} 固相萃取柱对氟乙酸钠没有保留。

表 11-1　氟乙酸钠经过 C_{18} 固相萃取柱的回收率测定结果（$n=3$）

添加量/μg	实验结果/μg	回收率/%	RSD/%
1.0	1.02	102	0.69
5.0	5.01	101	3.8
10.0	108	108	0.93

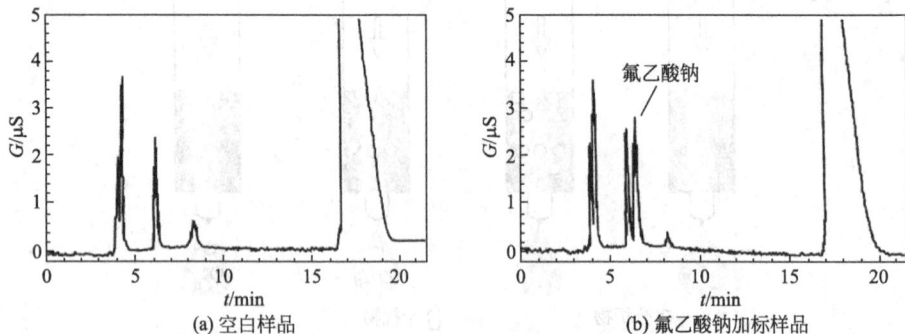

图 11-7　测定血液样品中氟乙酸钠的色谱图

（2）固相萃取-高效液相色谱法测定环境水样中的多环芳烃　使用 Waters SPE 真空提取装置，Waters Porapak Sep-Park C_{18} 固相萃取小柱（1mL·30mg^{-1}，30μm）先用 15mL 甲醇活化，再用 30mL 水洗去小柱上残留的甲醇。小柱活化和样品富集的流速均为 10mL·min^{-1}。环境水样用 0.45μm 微孔滤膜过滤后用氢氧化钠调 pH 值到 13，以 10mL·min^{-1} 的流速通过小柱。收集第一次通过小柱后的水样，用磷酸调 pH 值 2.0～3.5 后以 10mL·min^{-1} 通过小柱，在该条件下酚类物质在小柱上有较好的保留，故可富集水中的酚类物质。样品富集结束离心脱水，用 5mL 四氢呋喃以 10mL·min^{-1} 流速洗脱，把小柱上的酚完全洗下来，用水定容到 10mL，取 40μL，进行 HPLC 分析。

HPLC 分析条件：Waters Nova-Pak-C_{18} 液相色谱柱（3.9mm×150mm，5μm）；以 1％的醋酸乙腈溶液（A）、0.05mol·L^{-1} 磷酸二氢钾缓冲液（B）作流动相，流速为 1.0mL·min^{-1}。

在上述色谱条件下，标样和水样的实验结果见色谱图 11-8。用该方法测定了自来水、工业废水、湖水、河水、地下水等水样中的酚类物质，结果令人满意。

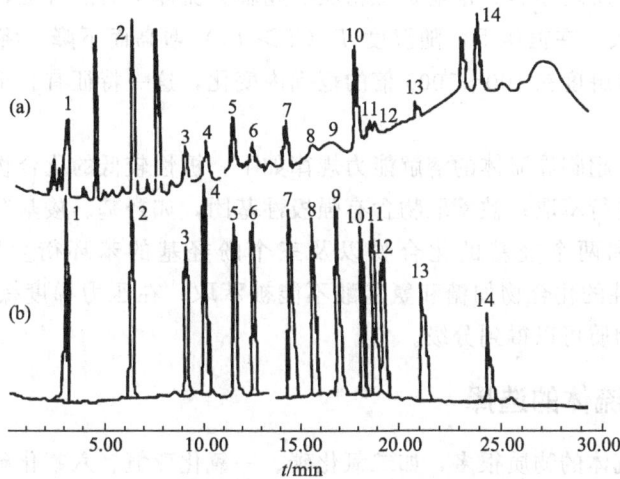

图 11-8　酚标准色谱图（b）及水样色谱图（a）

1—儿茶酚；2—苯酚；3—4-硝基苯酚；4—4-甲基苯酚；5—2-氯苯酚；6—2-硝基苯酚；

7—2,4-二硝基苯酚；8—2,4-二甲基苯酚；9—4-氯-3-甲基苯酚；10—2,4-二氯苯酚；

11—4,6-二硝基-2-甲基苯酚；12—2,4,6-三甲基苯酚；

13—2,4,6-三氯基苯酚；14—五氯苯酚

11.4　超临界流体萃取

超临界流体萃取（supercritical fluid extraction，SFE）于 20 世纪 70 年代开始用于工业生产中有机化合物的萃取，它是用超流体作为萃取剂，从各种组分复杂的样品中，把所需的组分分离提取出来的一种分离提取技术。超临界流体萃取用于色谱样品处理中，可从复杂样品中将欲测组分分离提取出来，制备成适合于色谱分析的样品。

11.4.1　基本原理

所谓超临界流体（supercritical fluid），是指处于临界温度（T_c）和临界压力（P_c）之

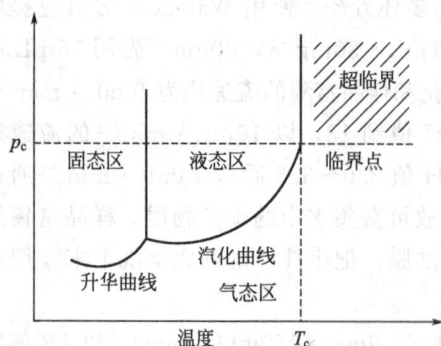

图 11-9　纯物质的温度-压力相图

上，性质介于气体和液体之间的一种物理状态（图11-9）。超临界流体兼有气体、液体的双重特性，其密度接近于液体，具有较大的溶解能力；其扩散系数接近于气体，传质非常快，因而可以作为萃取溶剂。在临界点附近，超临界流体温度和压力的微小变化，都会引起流体物理化学性质，如密度、介电常数、扩散系数、黏度和溶解度的巨大变化，导致溶剂和溶质的分离。

与气体和液体相比较，超临界流体的密度为 $0.2\sim0.9\mathrm{g\cdot mL^{-1}}$，接近于液体，比气体高出百倍以上。其流动性和黏度低，接近于气体。扩散系数比气体小，约为气体的百分之一，而较液体大百倍。一般地，超临界流体的密度越大，其溶解能力就越大，反之亦然。也就是说物质在超临界流体中的溶解度，在恒温下随压力 p（$p>p_c$）升高而增大；在恒压下，随温度 T（$T>T_c$）增高而下降。将温度和压力适宜变化时，可使物质的溶解度在 $100\sim1000$ 倍的范围内变化，这一特征有利于从物质中萃取某些易溶解的成分。

实验结果表明，超临界流体的溶解能力规律如下：极性较低的化合物，如碳氢化合物等可以在低压范围内进行萃取；被萃取物含有强极性基团，如羟基、羧基等会使得萃取困难。

具有一个羧基和两个羟基的化合物以及三个酚羟基的苯环衍生物可以被萃取；在 40MPa 以下，强极性的化合物如糖和氨基酸不能被萃取；在压力梯度操作中，具有挥发性差异和极性差异的物质可以得到分级。

11.4.2　超临界流体的选择

可作为超临界流体的物质很多，如二氧化碳、一氧化亚氮、六氟化硫、乙烷、甲醇、氨和水等，见表11-2。但出于安全、经济和环保的考虑，选择时应考虑以下几点要求。

① 超临界流体的萃取剂应该是化学性质稳定，无毒性和无腐蚀性，不易燃和不易爆炸的。

② 超临界流体的操作温度应接近于常温，以便节约能源，并使操作温度低于待分离成分的分解温度。

③ 超临界流体的操作压力应尽可能低，以降低压缩机的动力消耗。

④ 对于待分离成分要有较高的选择性和较高的溶解度。

⑤ 来源广泛、价格便宜。

表 11-2　几种常用超临界流体萃取溶剂及其临界参数

物质	物质临界温度 T_c/℃	临界压力 p_c/MPa	临界密度 ρ_c/(g·cm⁻³)
二氧化碳	31.06	7.39	0.448
乙烷	32.4	4.89	0.203
乙烯	9.5	5.07	0.20
丙烯	92	4.67	0.23
水	374.2	22.0	0.344

物质	物质临界温度 T_c/℃	临界压力 p_c/MPa	临界密度 ρ_c/(g·cm⁻³)
氨	132.3	11.7.28	0.24
苯	288.9	4.89	0.302
甲苯	318	4.11	0.29

二氧化碳是超临界流体萃取中最常见的萃取剂，非常适用于弱极性物质的萃取，尤其适用于天然产物和生理活性物质的提取和分离。因 CO_2 是非极性分子，故主要用于萃取低极性和非极性的化合物。向超临界流体 CO_2 中加入一定量的水、甲醇、乙醇、乙酸乙酯等极性物质或它们的混合物（称为夹带剂或提携剂），对分离物质的特定组分有较强的影响，对提高其溶解度，增加抽出率或改善选择性具有较大的作用。夹带剂的使用可使超临界流体 CO_2 萃取剂更有效地对物质进行分离提纯，适用范围进一步扩大。

11.4.3　萃取过程与装置

（1）萃取过程　超临界流体萃取大致可以分为以下三步：①欲萃取组分从样品基体中释放出来，并扩散、溶解到超临界流体中；②欲萃取组分从萃取器转移至分离系统；③将欲萃取组分与超临界流体分离。超临界流体的萃取流程如图 11-10 所示。

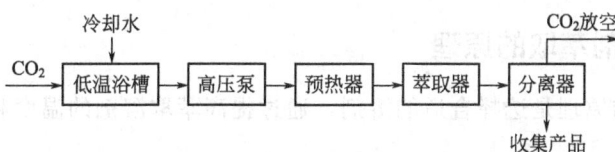

图 11-10　超临界流体 CO_2 萃取实验流程图

（2）萃取装置

① 萃取器。萃取器的体积依据萃取样品体积选择，但都必须能耐高温高压，接头和密封材料都必须是化学惰性的物质，在操作条件下不变形。液体样品的入口（由毛细管导入）必须在萃取器底部，出口在上部。

② 分离器。SFE 所用分离器通常是一根去活性的熔融硅毛细管或金属毛细管，内径以 $15\sim30\mu m$ 为宜，毛细管出口一端制成卷曲状或变细，以确保管内流体密度（或溶质溶解度）不变。

③ 收集技术。SFE 有三种收集技术，即通过压力变化、温度变化或者吸附剂吸附。吸附剂吸附收集后需用适当的溶剂洗脱或者用加热解吸附。

11.4.4　超临界萃取技术的应用

（1）在天然香料工业中的应用　20 世纪 80 年代以来，超临界萃取技术在天然香料的工业分离提取上有广泛应用。传统的提取方法使部分不稳定的香气成分受热变质，但在超临界条件下，可以使整个分离过程在常温下进行，天然香料萃取物的主要成分——精油和特征的呈味成分同时被抽出，萃取效率高，并且 CO_2 无毒、无残留现象。

（2）在食品方面的应用　超临界萃取技术在食品工业中的应用发展迅速，现在国内外市场上已出现了用该技术制取具有高附加值的天然香料、色素和风味物质等高质量的食品添加剂。如应用超临界萃取技术提取动植物油脂、色素、香料及食品脱臭，还可提取其他风味物质，如大蒜中的大蒜素、大蒜辣素，生姜中的姜辣素；胡椒中的胡椒碱及辣椒中的辣椒素等。

（3）在中药研究与开发中的应用　在医药工业中，超临界流体萃取技术很大程度上避免了传统提药制药过程中的缺陷，提取物中不存在有害健康的残留溶剂，同时具有操作条件温和及不致使生物活性物质失活变性的优点，而且对环境保护也具有十分重要的作用。SEF-CO_2不是简单地纯化某组分，而是将有效成分进行选择性分离，更有利于发挥复方优势、新药开发。

除了以上所列，SFE 在生物碱、农药残留分析、天然产物等方面都有非常良好的应用。

11.5　加速溶剂萃取

加速溶剂萃取（accelerated solvent extraction，ASE）是一种采用常规溶剂，在较高的温度（50～200℃）和压力（10.3～2006MPa）下用溶剂对固体或半固体样品进行萃取的样品前处理方法。它是近年来发展较快的一种新的液-固萃取技术，具有萃取速度快、萃取效率高、可萃取的样品量范围宽、所用萃取溶剂量少以及易于自动化等特点。

11.5.1　加速溶剂萃取的原理

加速溶剂萃取的原理是选择合适的溶剂，通过提高萃取溶剂的温度和压力来加速萃取速度，提高萃取效率。

提高萃取溶剂的温度可以降低萃取溶剂的黏度，增加溶剂进入样品基体的扩散速度，降低溶剂和样品基体之间的表面张力，溶剂更好地"浸润样品基体"，提高样品中欲分析组分在萃取溶剂中的溶解度，所以，提高溶剂温度可以加快萃取速度，提高萃取效率。

为了提高萃取溶剂的温度，就要提高萃取体系的压力，以使萃取溶剂在高温下仍能保持液态。萃取体系压力的提高，也加速了萃取溶剂向样品基体孔隙的渗透，提高萃取速度。所以加速溶剂萃取又称加压溶剂萃取。但是，萃取体系压力的提高对提高萃取效率没有作用。

11.5.2　加速溶剂萃取的装置与流程

美国 Dionex 公司推出的 ASE 系列加速溶剂萃取仪主要由溶剂瓶（带多元溶剂自动混合器）、泵、气路系统、加温炉、不锈钢萃取池和收集瓶组成（图 11-11）。

其工作程序如下。手工将样品装入萃取池，放到圆盘式传送装置上，以下步骤将完全自动先后进行：圆盘传送装置将萃取池送入加热炉腔并与相对编号的收集瓶连接，泵将溶剂输送到萃取池（20～60s），萃取池在加热炉被加温和加压（5～8min），在设定的温度和压力下静态萃取 5min，多步小量向萃取池加入清洗溶剂（20～60s），萃取液自动经过滤膜进入收集瓶，用氮气吹洗萃取池和管道（60～100s），萃取液全部进入收集瓶待分析。全过程仅需 13～17min。

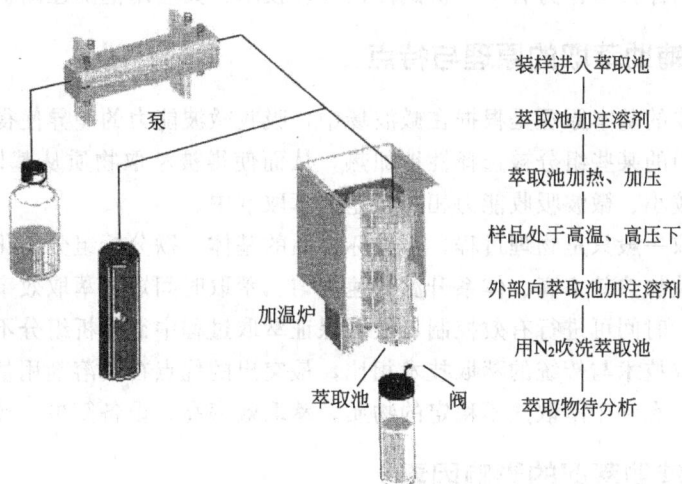

图 11-11　加速溶剂萃取装置与工作流程图

11.5.3　萃取过程的主要影响因素与特点

　　ASE 萃取过程的主要影响因素是压力和温度，在一定压力下，升高温度可提高萃取速率。另一影响因素是静态萃取时间（即一定温度压力下萃取过程持续的时间，一般小于10min）。静态萃取时间越长，萃取效率越高。对难提取的样品还可以通过增加静态萃取循环次数的方式来提高萃取效率，多数样品一个循环就可以得到较高的回收率。ASE 还用冲洗和氮吹技术保证萃取溶剂全部回收到收集瓶中，减少损失，保证回收率。

　　与索氏提取超声、微波、超临界和经典的分液漏斗振摇等公认的成熟方法相比，加速溶剂萃取具有如下突出优点：有机溶剂用量少，10g 样品一般仅需 15mL 溶剂；快速，完成一次萃取全过程的时间一般仅需 15min；基体影响小，对不同基体可用相同的萃取条件；萃取效率高，选择性好。现已成熟的用溶剂萃取的方法都可用加速溶剂萃取法代替，且使用方便，安全性好，自动化程度高。

11.5.4　应用

　　尽管加速溶剂萃取是近年才发展的新技术，但由于其突出的优点，已受到分析化学界的极大关注。加速溶剂萃取已在环境、药物、食品和聚合物工业等领域得到广泛应用。特别是环境分析中，已广泛用于土壤、污泥、沉积物、大气颗粒物、粉尘、动植物组织、蔬菜和水果等样品中的多氯联苯、多环芳烃、有机磷（或氯）、农药、苯氧基除草剂、三嗪除草剂、柴油、总石油烃、二噁英、呋喃、炸药（TNT、RDX、HMX）等的萃取。

11.6　微波辅助萃取

　　微波辅助萃取（microwave assisted extraction，MAE）是利用微波能强化溶剂萃取效率，即利用微波加热来加速溶剂对固体样品中目标萃取物（主要是有机化合物）的萃取过程。1986 年，匈牙利学者 Ganzler K 等利用微波萃取土壤、食品、饲料等固体物中的有机物，此后，微波制样技术作为有机分析试样预处理技术，其应用范围逐渐扩展。

11.6.1　微波辅助萃取的原理与特点

微波辅助萃取的基本原理是根据在微波场中，吸收微波能力的差异使得基体物质的某些区域或萃取体系中的某些组分被选择性地加热，从而使得被萃取物质从基体或体系中分离，进入到介电常数较小、微波吸收能力相对较差的萃取剂中。

微波辅助萃取一般只是物理过程，不破坏样品的基体，欲分析组分的化学状态也不会发生改变。由于微波加热效率高、体系升温快速均匀、萃取时间短、萃取效率高，又由于萃取时的温度、压力、时间可进行有效控制，故可保证萃取过程中欲分析组分不会分解。

微波辅助萃取技术与传统的萃取技术相比，最突出的优点在于溶剂用量少、快速，可同时测定多个样品，有利于萃取热不稳定的物质，萃取效率高，设备简单，操作容易。

11.6.2　微波辅助萃取的影响因素

微波辅助萃取效率主要受萃取溶剂、溶剂参数、试样与基体物质等因素的影响。

（1）萃取溶剂的影响　萃取溶剂的选择对萃取结果的影响至关重要。首先要求溶剂必须有一定的极性以吸收微波能进行内部加热；其次所选溶剂对目标萃取物必须具有较强的溶解能力；此外，溶剂的沸点及其对后续测定的干扰也是必须考虑的因素。已报道的用于微波辅助萃取的溶剂有：甲醇、乙醇、异丙醇、丙酮、乙酸、甲苯、二氯甲烷、四氯甲烷、己烷、异辛烷、2,2,4-三甲基戊烷、四甲基胺等有机溶剂和硝酸、盐酸、氢氟酸、磷酸等无机溶剂，以及己烷-丙酮、二氯甲烷-甲醇、水-甲苯等一些混合溶剂。

（2）萃取温度、体积、溶剂体积、样品量对微波辅助萃取或微波强化萃取的影响　萃取温度应低于萃取溶剂的沸点，不同的物质其最佳萃取回收温度不同；微波辅助萃取时间与被测样品量、溶剂体积和加热功率有关，一般情况下为 $10 \sim 15 min$。对于不同物质，最佳萃取时间不同。但由于微波辅助萃取或微波强化萃取速度较快，故萃取时间对萃取效率的影响并不显著。萃取回收率随萃取时间的延长有所增加，但增加幅度不大。

（3）试样中的水分或湿度的影响　因为水分能有效吸收微波能而产生温度差，所以处理物料中含水量的多少对萃取回收率的影响很大。因此对于不含水分的物料，要采取加湿的方法，使其具有适宜的水分。

（4）基体物质的影响　基体物质对微波辅助萃取结果的影响可能是因为基体物质中含有对微波吸收较强的物质，或是某种物质的存在导致微波加热过程中发生化学反应。

微波辅助萃取最佳回收率取决于样品基体、提取温度和溶剂，与其他溶剂提取法比较，样品基体的影响较大，而取样量减少并不降低方法的精密度，并且在相同条件下可提取多个样品，增加了样品的流通量。

11.6.3　微波辅助萃取设备概况简介

应用于微波辅助萃取的设备分为两类：一类为微波萃取罐，另一类为连续微波萃取线。两者的区别在于一个是分批处理物料，另一个是连续方式工作的萃取设备。微波辅助萃取体系根据萃取罐的类型可分为两大类——密闭型微波萃取体系和开罐式萃取体系；根据微波作用于萃取体系（样品）的方式，可分为发散式微波萃取体系和聚焦式微波萃取体系。

11.6.4 微波辅助萃取的应用

(1) 多环芳烃（PAHs）的萃取 PAHs 是一类广泛存在于环境中的有机污染物，由于 PAHs 具有致癌和诱变性，对人类危害较大，所以 PAHs 的分析测定引起了人们的高度重视。关于测定 PAHs 的样品前处理技术，从经典的索氏抽提到超声萃取、超临界流体萃取、固相微萃取及 MAE 等均有报道。由于 MAE 具有快速、溶剂消耗量少、节省能源等优点，其发展速度尤为迅速，其 PAHs 的萃取回收率可达到 90% 以上。

(2) 多氯联苯（PCBs）及农药残留的分析 采用微波皂化萃取气相色谱法测定生物样品中的 PCBs，可以得到良好的效果。为消除有机氯农药（OCPs）对测定土壤中 PCBs 的干扰，采用微波碱解法将土壤样品中的 OCPs 碱解，在优化后的条件下能完全消除滴滴涕（DDT）、滴滴滴（DDD）的干扰，DDE、艾氏剂（Aldrin）、狄氏剂（Dieldrin）的干扰也减少，经浓硫酸处理后狄氏剂的干扰完全消除。

(3) 药物中有效成分的提取 MAE 技术应用于中草药的有效成分和植物细胞中活性物质的提取是它一个新的应用领域。目前，MAE 技术在该领域的应用报道还不多，主要应用有从灵芝、云芝、猴头等高等真菌菌丝体中提取多糖，从中药中提取白藜芦醇，从茶花粉、银杏叶、人参、喜树果等植物组织中提取药用成分等。但由于微波加热的特点所限，微波在生物细胞内有效成分的提取方面还存在着许多问题。首先，只适用于对热稳定的产物，如寡糖、多糖、核酸、生物碱、黄酮、苷类等中药成分，而对热敏性物质，如蛋白质、多肽、酶等微波加热易导致它们变性失活；其次，要求被处理的对象具有良好的吸水性或者要求待分离的成分处于富含水的部位，否则，待分析的成分难以迅速释放出来。

11.7 紫外可见吸收光谱

11.7.1 方法概述

紫外可见吸收光谱法（ultraviolet-visible absorption spectrometry，UV-Vis）是基于物质分子（气、液、固态均可，但主要是液态）对近紫外至可见光波段（200～800nm）辐射的吸收特性而建立起来的分析测定方法。该吸收光谱由价电子在分子轨道间的跃迁产生，广泛地应用于无机物质的测定和定性分析。

测定紫外线可见吸收光谱的基本流程如图 11-12 所示。光源发出的连续辐射经单射器后获得波长为 λ 的入射光，通过待测样品（浓度及光程固定）后进入检测器，测定该波长单色光通过待测样品前后的光强 I_{λ_0} 和 I_{λ_t}，并以吸光度 A 表示其吸收程度。转动单色器可使不同波长的入射光分别通过待测样品进入检测器，因此可测得待测样品在不同波长下的吸光度。以入射光的波长为横坐标，相应的吸光度为纵坐标绘制曲线，即可获得该样品的紫外线

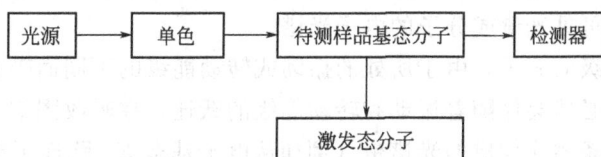

```
光源 → 单色 → 待测样品基态分子 → 检测器
                    ↓
               激发态分子
```

图 11-12 紫外线可见吸收光谱简单示意

可见吸收光谱。

有机化合物的紫外可见吸收光谱之间存在一定差异，这是因为体现吸收光谱特征的要素，如吸收峰数目（峰数）、吸收峰位置（吸收峰值所对应的波长或频率，通常以 λ_{max} 表示）及强度、吸收谱带的形状等均与物质分子内部结构密切相关，因此可利用紫外可见吸收光谱进行物质的定性和结构解析。但紫外可见吸收光谱极为简单，特征性不强，在物质定性和结构解析方面的应用比较有限，通常仅作为其他方法如红外光谱（IR）、核磁共振（NMR）、质谱（MS）等的辅助手段。

紫外可见吸收光谱最重要的应用是物质的定量分析，其基础是朗伯-比尔（Lambert-Beer）定律。紫外可见吸收光谱在物质定量方面具有以下特点。

① 应用广泛。可用于绝大多数元素（除少数放射性元素和惰性元素）和大部分有机化合物的测定。

② 灵敏度比较高。一般可测定浓度为 $10^{-6} \sim 10^{-5}$ mol·L^{-1}（$1 \sim 10$ mol·L^{-1}）的物质，新型显色剂及多元配合物的应用可使灵敏度进一步提高。

③ 具有一定的选择性。

④ 具有较高的准确度。测定的相对误差通常在 1‰～3‰ 内，是仪器分析方法中准确度最高的方法之一，常被用作标准方法，若采用示差分光光度法测量，其准确度可与化学分析法媲美。

⑤ 仪器简单，操作简便快速，分析成本低，易于推广普及，如在医院的常规化验中，约 95％ 的定量分析都是采用该法。

此外，在平衡常数测定、主客体配比及组合常数的求算等研究中也经常会用到紫外可见光谱法。

11.7.2　基本原理

11.7.2.1　紫外可见吸收光谱的产生

由量子力学可知，分子内部存在三种量子化的运动状态，即电子相对于原子核的运动，原子核间的相对振动和分子作为整体绕中心的转动，每种运动状态都有对应的量子化能级，如图 11-14 所示。不同能级的能量间隔不同，其中转动能级间隔最小（ΔE_r 通常小于 0.05eV），振动能级间隔其次（ΔE_v 在 $0.05 \sim 1$eV 之间），电子能级间隔最大（ΔE_e 在 $1 \sim 20$eV 之间）。不同状态分子的能量差 ΔE 可以表示为三种能级变化的总和，即

$$\Delta E = \Delta E_e + \Delta E_v + \Delta E_r \tag{11-1}$$

当某频率入射光的能量 $h\nu$ 恰好等于 ΔE 时便会被分子吸收。微观上的表现是低能量状态的分子跃迁至相应的高能量状态，宏观上的表现则是该辐射透过后强度降低，产生相应的吸收光谱。

显然，要引起分子内部电子能级的跃迁，入射光的能量应该在 $1 \sim 20$eV，可以计算出该能量的光位于紫外线可见光谱区（$100 \sim 800$nm）。因此涉及分子外层电子能级跃迁而产生的吸收光谱称为紫外线可见光谱或分子的电子光谱。

处于同一电子能级的分子，由于所处的振动或转动能级的不同而带有不同的能量，因此分子的电子能级跃迁必然会伴随着振动和转动能级的跃迁。在吸收图谱上的体现是任一电子能级跃迁均是由若干条谱线构成的光谱带（例如从电子基态 E_0 跃迁至电子第一激发态 E_1，对应于图 11-13 中的 C），光谱带的位置主要由电子能级间隔决定，光谱带中相邻谱线的间

隔由转动能级间隔决定。假设电子能级间隔为5eV，转动能级间隔为0.005eV，可以算出该电子跃迁所获得是250nm处、间隔为0.25nm的一系列谱线。此外分子间隔碰撞引起的分子各种能级的细微变化，也会导致谱线变宽和谱线间的融合。因此分子的电子光谱通常呈现为一条连续变化的吸收带，即所谓的带状光谱。

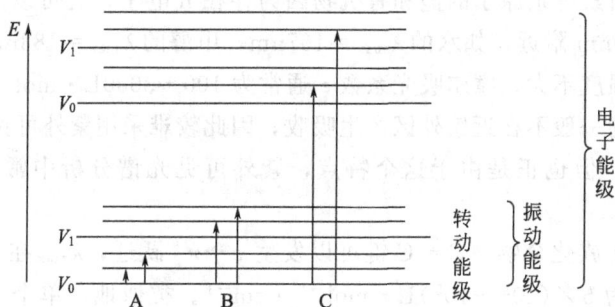

图 11-13　分子能级和转动跃迁（A）、振动跃迁（B）、电子跃迁（C）

11.7.2.2　有机化合物的紫外可见吸收光谱

紫外可见吸收光谱的产生虽然包含了振动和转动能级的变化，但主要还是电子能级的变化。因此各种化合物紫外可见吸收光谱的特征体现了分子中电子在各能级间跃迁的内在规律。物质对紫外可见光的特征吸收可用最大吸收波长 λ_{max} 表示，λ_{max} 取决于分子基态和激发态之间的能量差。

有机化合物的紫外可见吸收光谱是由分子中价电子的跃迁产生的。根据分子轨道理论，有机化合物中存在三种类型的价电子：即形成单键的 σ 电子，形成双键的 π 电子和未参与成键的 n 电子（也称孤对电子）。与之相对应的也存在五种分子轨道：即成键轨道 σ、π，非成键轨道 n 和反键轨道 σ^*、π^*，其能量顺序为 $\sigma < \pi < n < \pi^* < \sigma^*$。分子处于基态时，各电子均处在相应的成键轨道上（n 电子处在 n 轨道上）。当入射光能量与能级间隔匹配时，电子就会吸收能量从成键轨道（或 n 轨道）跃迁至反键轨道，从而形成相应的吸收光谱。

分子轨道能量的相对大小和不同类型电子跃迁所需要吸收能量的大小如图 11-14 所示，可以看出跃迁时能量高低顺序为：$\sigma \to \sigma^* > \sigma \to \pi^* > \pi \to \sigma^* > n \to \sigma^* > \pi \to \pi^* > n \to \pi^*$。

其中 $\sigma \to \pi^*$ 和 $\pi \to \sigma^*$ 两种类型跃迁所需能量较高且属于禁阻跃迁，一般不考虑。下面将根据电子跃迁类型来讨论有机化合物中较为重要的一些紫外吸收光谱，由此可以看出紫外吸收光谱和分子结构的关系。

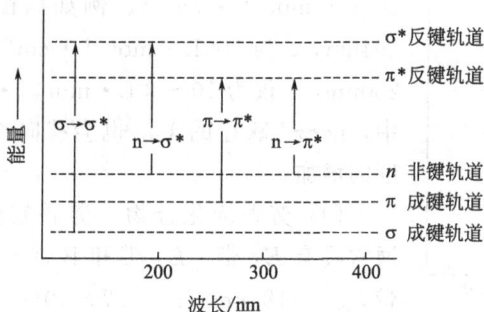

图 11-14　分子中电子能级及跃迁示意图

(1) 饱和的有机化合物　饱和烃的分子中只有 C—C 键和 C—H 键，显然只能发生 $\sigma \rightarrow \sigma^*$ 跃迁，这类跃迁所需的能量最大，相应的吸收波长最短，处于 200nm 以下的远紫外区，如甲烷的 $\lambda_{max}=125nm$，乙烷的 $\lambda_{max}=135nm$。远紫外区又称为真空紫外区，无法利用常规的紫外可见光谱仪进行研究。

含有氧、氮、卤素等杂原子的饱和有机物因为存在 n 电子，还可以发生 $n \rightarrow \sigma^*$ 的跃迁，其吸收峰通常在 200nm 附近，如水的 $\lambda_{max}=167nm$，甲醇的 $\lambda_{max}=183nm$。$n \rightarrow \sigma^*$ 属于禁阻跃迁，因此吸收峰强度不大，摩尔吸光系数 ε 通常为 $100 \sim 3000 L \cdot mol^{-1} \cdot cm^{-1}$。

饱和有机化合物一般不在近紫外区产生吸收，因此较难采用紫外可见吸收光谱法直接对这类物质进行分析。但也正是由于这个特点，紫外可见光谱分析中常采用这类物质作为溶剂。

(2) 不饱和脂肪族化合物　C＝C 键可以发生 $\pi \rightarrow \pi^*$ 跃迁，λ_{max} 在 $170 \sim 200nm$，该跃迁的 ε 较大，通常为 $5 \times (10^3 \sim 10^5) L \cdot mol^{-1} \cdot cm^{-1}$。类似地，单个 C≡C 或 C≡N 键 $\pi \rightarrow \pi^*$ 跃迁的 ε 也较大，但 λ_{max} 均小于 200nm。如果分子中存在两个或两个以上双键（包括三键）形成的共轭体系，则随着共轭体系的延长，$\pi \rightarrow \pi^*$ 跃迁所需能量降低，λ_{max} 明显地移向长波长并伴随着吸收强度的增加（表 11-3）。但如果分子中存在的多个双键之间没有形成共轭，其所呈现的吸收仅为所有双键吸收的单纯叠加。

表 11-3　多烯化合物的 $\pi \rightarrow \pi^*$ 跃迁

项目	化合物 H(CH＝CH)$_n$H	溶剂	λ_{max}/nm	ε_{max}/(L·mol^{-1}·cm^{-1})
$n=1$	己烯	蒸气	162	10000
$n=2$	1,3-丁二烯	蒸气	210	—
		己烷	217	20900
$n=3$	1,3,5-己三烯	异辛烯	268	42700
$n=4$	1,3,5,7-辛四烯	环己烷	404	—
$n=5$	1,3,5,7,9-癸五烯	异辛烷	434	121000
$n=11$	β-胡萝卜素	己烷	480	139000

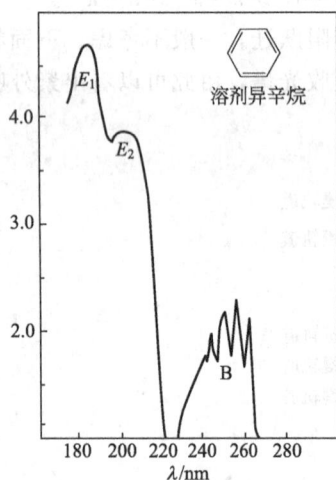

图 11-15　苯的紫外吸收光谱
（溶剂为异辛烷）

C＝O，N＝N，N＝O 等基团同时存在 π 电子和 n 电子，因此除可以发生具有较强吸收的 $\pi \rightarrow \pi^*$ 跃迁外，还可以发生 $n \rightarrow \pi^*$ 跃迁。该跃迁所需能量最低，处在近紫外或可见光区，但属于禁阻跃迁，吸收强度较低，ε 一般为 $10 \sim 100 L \cdot mol^{-1} \cdot cm^{-1}$。例如丙酮 $\pi \rightarrow \pi^*$ 跃迁的 $\lambda_{max}=194nm$，ε 为 $900 L \cdot mol^{-1} \cdot cm^{-1}$；$n \rightarrow \pi^*$ 跃迁的 $\lambda_{max}=280nm$，ε 仅为 $10 \sim 30 L \cdot mol^{-1} \cdot cm^{-1}$。若处在共轭体系中，$n \rightarrow \pi^*$ 跃迁的 λ_{max} 也会移向长波长，并伴随着吸收强度的增加。

(3) 芳香族化合物　芳香族化合物为环状共轭体系，通常具有 E_1 带、E_2 带和 B 带三个吸收峰。例如苯的 E_1 带 $\lambda_{max}=184nm$（$\varepsilon=4.7 \times 10^4 L \cdot mol^{-1} \cdot cm^{-1}$），$E_2$ 带 $\lambda_{max}=204nm$（$\varepsilon=6900 L \cdot mol^{-1} \cdot cm^{-1}$），B 带 $\lambda_{max}=255nm$（$\varepsilon=230 L \cdot mol^{-1} \cdot cm^{-1}$）（图 11-15）。

E_1 带和 E_2 带是由苯环结构中三个乙烯环状共轭系统的跃迁产生的，吸收强度大，是芳香族化合物的特征吸收；B 带是由 $\pi \to \pi^*$ 跃迁和苯环的振动重叠引起的，吸收较弱，但经常带有许多精细结构，可用来鉴别芳香族化合物。当苯环上有取代基或处在极性溶剂中时，B 带的精细结构会减弱。对于稠环芳烃，随着苯环的数目增多，E_1、E_2 和 B 带均会向长波方向移动。当苯环上的—CH 基团被氮原子取代后，相应的氮杂环化合物（如吡啶、喹啉）的吸收光谱与相应的碳化合物极为相似，即吡啶与苯相似，喹啉与萘相似。此外，由于引入含有 $n \to \pi^*$ 电子的 N 原子，这类杂环化合物还可能产生吸收带。

由上面的讨论可知，对有机化合物的 $n \to \pi^*$ 分析而言，最有用的是基于 $\pi \to \pi^*$ 和跃迁而产生的吸收光谱，因此实现这两类跃迁所有需要吸收的能量相对较小，λ_{max} 一般都处于 200nm 以上的近紫外区，甚至可能在可见光区。除此之外，有机化合物还可以产生电荷转移吸收光谱，即在光能激发下，某一化合物中的电荷发生重新分布，导致电子从化合物的一部分（电子给体）迁移到另一部分（电子受体）而产生的吸收光谱。

11.7.2.3 无机化合物的紫外可见吸收光谱

无机化合物的紫外可见吸收光谱主要有电荷转移光谱和配位体场吸收光谱两种类型。

（1）电荷转移光谱　与有机化合物一样，许多无机配合物也可以在外来辐射的作用下发生类似的电子转移过程，从而产生电荷转移光谱，如：

$$M^{n+} - L^{b-} \longrightarrow M^{(n+1)+} - L^{(b-1)-} \qquad [Fe^{3+} - SCN^-]^{2+} \xrightarrow{h\nu} [Fe^{2+} - SCN]^{2+}$$

其中，M 为中心离子（例中为 Fe^{3+}），是电子受体；L 是配体（例中为 SCN^-），是电子给体。通常中心离子的氧化性越强或配体的还原性越强（或相反情况），产生电荷转移跃迁所需的能量越小。许多水和离子，不少过渡金属离子与配体作用时都可产生电荷转移吸收光谱。这类吸收光谱处在近紫外或可见区，吸收强度很大（$\varepsilon > 10^4 \, L \cdot mol^{-1} \cdot cm^{-1}$），因此在定量分析中广泛应用。

（2）配位体场吸收光谱　过渡金属配合物除能产生转移吸收外，还能产生配位体场吸收。可以看出，与电荷转移跃迁相比，配位体场跃迁需要更小的能量，通常处在可见光区，但吸收强度较弱（ε 一般为 $10^{-3} \sim 10^{-1} \, L \cdot mol^{-1} \cdot cm^{-1}$），因此较少用于定量分析，主要用于无机配合物的结构及其键合理论的研究。

配位体长吸收光谱有 d-d 跃迁和 f-f 跃迁两种类型，依据配位场理论，在无配位场存在时，五种 d 轨道的能量是简并的；当过渡金属离子处于配位体形成的负电子场中时，5 个简并的 d 轨道会分裂成能量不同的轨道。不同配位体场，如八面体场、四面体场、平面四边形长中形成的能级分裂不同，但能量间隔都不大。如果轨道是未充满的，能量轨道上的电子吸收外来能量后，将会跃迁到高能量的轨道，从而产生吸收光谱。由于该光谱必须在配位体的配位场作用下才可能产生，因此称为配位体场吸收光谱。

依据配位场理论，在无配位场存在时，五种 d 轨道的能量是简并的；当过渡金属离子处于配位体形成的负电子场中时，5 个简并的 d 轨道会分裂成能量不同的轨道。不同配位体场，如八面体场、四面体场、平面四边形场中形成的能级分裂不同，但能量间隔都不大。如果轨道是未充满的，能量轨道上的电子吸收外来能量后，将会跃迁到高能量的轨道，从而产生吸收光谱。由于该光谱必须在配位体的配位场作用下才可能产生，因此称为配位体场吸收光谱。

11.7.2.4 常用术语

如前所述，由于化合物中不同种类电子所发生的不同跃迁，因而产生了不同的吸收光谱。根据电子及分子轨道的种类可将紫外可见光谱中的吸收峰加以分类，一般将吸收峰对应的波长位置称为吸收带。下面将紫外可见光谱中吸收带类型和常用术语分别进行阐明，以便更好地进行光谱解析。

（1）吸收带的类型　紫外可见光谱中常见的吸收带分类见表11-4。

表 11-4　吸收带的划分

跃迁类型	吸收带	特征	ε_{max}
$\sigma \rightarrow \sigma^*$	远紫外区	远紫外区测定	
$n \rightarrow \sigma^*$	端吸收	紫外区短波长端至远紫外区的强吸收	
	E_1	芳香环的双键吸收	>200
$\pi \rightarrow \pi^*$	K(E_2)	共轭多烯、—C═C—C═O— 等的吸收	>10000
	B	芳香环、芳香杂环化合物的芳香环吸收。有的具有精细结构	>100
$n \rightarrow \pi^*$	R	含 CO、NO_2 等 n 电子基团的吸收	<100

（2）生色团和助色团　生色团是指含有非键或 π 键电子，能吸收外来辐射引发 $n \rightarrow \pi^*$ 和 $\pi \rightarrow \pi^*$ 跃迁的结构单元（如 C═C、C═N、C═O 等）。如果分子中含有数个生色团，但它们彼此之间不发生共轭，则该化合物的吸收光谱理论上是这些个别生色团的简单加和；如果这些生色团发生共轭，则原来各自孤立的生色团吸收带就不再存在，而代之一个新的吸收带。新吸收带的 λ_{max} 将移向波长，并通常伴随吸收增长的现象。

助色团是指含有非键电子对的基团。当它们与生色团或饱和烃相连时，能使其吸收峰向长波方向移动，并可提高吸收强度。其助色本质是因为和生色团中的电子发生相互作用，形成非键电子与 π 键的共轭，即 $p-\pi$ 共轭，降低了 $n \rightarrow \pi^*$ 跃迁所需的能量。常见助色团的大致助色能力如下：

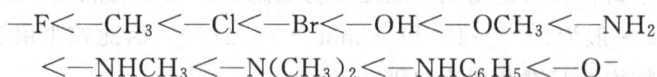

$$—F < —CH_3 < —Cl < —Br < —OH < —OCH_3 < —NH_2$$
$$< —NHCH_3 < —N(CH_3)_2 < —NHC_6H_5 < —O^-$$

（3）红移和蓝（紫）移　由于化合物的结构改变（如引入助色团或发生共轭作用）或改变溶剂等而引起的吸收峰向长波方向移动的现象称为红移，反之称为蓝移。

（4）增色和减色效应　由于化合物的结构改变或其他原因而引起的吸收强度增强的现象称为增色效应，反之称为减色效应。

11.7.2.5 影响紫外可见吸收光谱的因素

紫外可见吸收光谱易受分子结构和测定条件等多种因素的影响，其核心是对分子中共轭结构的影响。具体的影响表现为谱带位移、谱带强度的变化、谱带精细结构的出现或消失等，下面将分别进行讨论。

（1）共轭效应　共轭体系增大，λ_{max} 红移，吸收强度增加。形成共轭体系后，π 轨道发生重组，结果使得最高成键轨道能量升高，最低反键轨道能量降低，因此发生 $\pi \rightarrow \pi^*$ 跃迁所需能量降低，λ_{max} 红移，吸收强度增加。显然，共轭体系越长，该效应越大。

（2）立体化学效应　立体化学效应是指因空间位阻、构象、跨环共轭等因素导致吸收光谱的红移或蓝移，并常伴随着增色或减色效应，其本质是分子共轭程度受到影响所致。

空间位阻会妨碍分子内共轭的生色团同处一个平面，导致共轭效果变差，引起蓝移和减色。跨环共轭是指两个生色团本身不共轭，但由于空间的排列，使其电子云能相互作用产生共轭效果而引起红移和增色。

（3）溶剂的影响　化合物的紫外可见光谱通常是在溶液中测定的，溶剂的性质可能会对吸收峰位置、形状和强度有所影响，因此必须加以考虑。

首先，化合物溶剂化后分子的自由转动将受到限制，使得由转动引起的精细结构消失；若溶剂的极性较大，化合物的振动也将受到限制，使得由振动引起的精细结构消失，吸收谱带仅呈现为宽的带状包峰。

其次，溶剂极性的增大往往会使化合物中的 $\pi \rightarrow \pi^*$ 跃迁红移，$n \rightarrow \pi^*$ 跃迁蓝移，这种现象称为溶剂效应。如图 11-16 所示，在 $\pi \rightarrow \pi^*$ 跃迁中，由于分子激发态的极性大于基态，与极性溶剂间的静电作用更强，能量降低程度也大于基态，因此跃迁时所需能量减小，吸收谱带的 λ_{max} 发生红移；而在 $n \rightarrow \pi^*$ 跃迁中，由于 n 电子可与极性溶剂形成氢键，使得基态分子增大而更为显著。

由上面的讨论可知，溶剂对紫外可见吸收光谱的影响很大。因此在吸收光谱图上或数据表中必须注明所用的溶剂；与已知化合物的谱图作对照时也应注意所用的溶剂是否相同。进行紫外可见光谱分析时，必须正确地选择溶剂。选择溶剂时应该注意下列几点：

图 11-16　溶剂极性对 $n \rightarrow \pi^*$
和 $\pi \rightarrow \pi^*$ 跃迁能量的影响

① 溶剂应能很好地溶解试样且为惰性，即所配制的溶液应具有良好的化学和光化学稳定性。

② 在溶解度允许的范围内，尽量选择极性较小的溶剂。

③ 溶剂在样品的吸收光谱区应无明显吸收。

④ pH 值的影响。

对于酸碱性的化合物，溶剂 pH 值大小将会影响其解离情况，因此也会对其紫外可见光谱产生影响，例如酸碱指示剂的变色现象，本质就是不同 pH 值下解离不同而进一步影响其结构产生的。

11.7.3　紫外可见分光光度计

用于测定吸光度的仪器称为分光光度计，紫外可见分光光度计可测的波长范围通常为 $200 \sim 1000nm$，也有波长范围 $200 \sim 400nm$ 的紫外分光光度计和波长范围 $350 \sim 800nm$ 的可见分光光度计。紫外可见分光光度计的种类和型号繁多，但就其基本结构而言，均由 5 个部分组成，即光源、单色器、吸收池、检测器和信号指示系统（图 11-17）。

光源 → 单色器 → 吸收池 → 检测器 → 信号指示系统

图 11-17　紫外可见分光光度计基本结构示意图

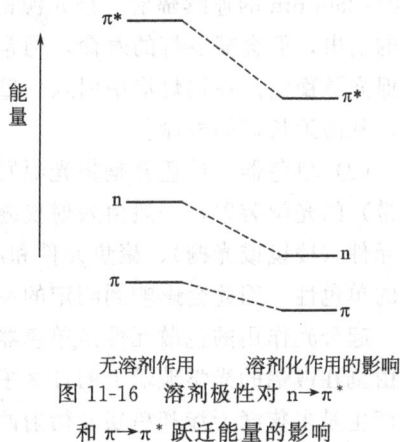

11.7.3.1 紫外可见分光光度计的基本部件

（1）光源　对光源的基本要求是：在仪器操作所需的光谱区域内能发射足够强度和稳定的连续辐射，辐射强度随波长的变化尽可能小，并且使用寿命长。紫外及可见区的常用光源有热辐射光源和气体放电光源两类。

紫外可见区主要采用氢灯、氘灯和氙灯等放电灯。氢气在低压（约 1.3kPa）时以电激发的方式可以在 160~375nm 范围内发出连续而稳定的光谱（受石英窗口的限制，有效范围为 200~350nm）。氘灯和氢灯的特性相似，辐射强度比氢灯高 2~3 倍且寿命较长，但成本较高。氙灯可在 200~1000nm 范围内发射高强度的连续光谱，最大值在 500nm 左右，可同时用于紫外可见区，但光源欠稳，价格偏高。

可见区的常用光源为钨灯和碘灯等热辐射光源。加热到白炽灯态的钨灯丝可以发出 320~2500nm 的连续辐射。该光源的辐射能随波长不同变化较大，升高温度可以增加辐射能的输出，但会减少灯的寿命，通常工作温度为 2700K 左右。此外，必须严格控制电压以确保光源稳定。在钨灯泡中引入少量碘蒸气，可防止高温工作时钨蒸气在灯泡内壁的不断沉积，从而延长灯的寿命。

（2）单色器　单色器是将光源发出的复合光分解成单色光（严格说应是具有一定宽度的谱带）的光学装置，一般由入射狭缝、准光气（透镜或凹面反射镜使入射光成平行光）、色散元件（棱镜或光栅）、聚焦元件和出射狭缝等几部分组成。其性能的优劣直接影响到入射光的单色性，因此会影响到测定的灵敏度、选择性及校准曲线的线性关系等。

起分光作用的色散元件是单色器的核心部分，现代光谱仪器大多采用光栅。平面反射光栅由刻在镀铝的光学玻璃上的许多平行等距、间距很小并具有反射面的沟槽构成。光栅光谱的产生是多狭缝干涉和单狭缝衍射两者联合作用的结果，其中多狭缝干涉决定谱线出现的位置，单狭缝衍射决定谱线的强度分布。

光源发出的复合光经过入射狭缝、光栅分光和物镜聚焦后通过出射狭缝才能获得所谓的单色光。狭缝由两片经过精密加工、具有锐利边缘的金属片组成，其两边必须保持互相平行，并且处于同一平面上。

光栅或棱镜均属于色散型的波长选择器，此外还有滤光片及干涉仪等非色散型波长选择器，本章不再具体介绍。

（3）吸收池　紫外可见吸收光谱法中通常测定的是液体试样，需要吸收池（又称为比色皿）盛装后放在光度计相应的液体池槽中。对吸收池的要求主要是能透过相关辐射，因此紫外光区必须用石英吸收池，可见光区可用石英或玻璃吸收池，有时也采用塑料池。

为减少入射光的反射损失，吸收池的窗口应完全垂直于光束。典型的可见和紫外光吸收池的光程长度为 1cm，有些仪器也配有其他规格的吸收池。吸收池与参比池的匹配程度及是否被污染等，对所测吸光度的准确性有直接的影响，因此在测定时应注意以下几点：参比池和吸收池应是一对经校正好的匹配吸收池；使用前后都应该将吸收池洗净，测量时不能用手接触透光口，已匹配好的吸收池不能用炉子或火焰干燥，以免引起光程长度上的改变等。

（4）检测器　将待测光强转化为电信号并进行测量的装置称为检测器，所基于的原理是光电效应（紫外可见光区）或热点效应红外区。对检测器的基本要求是灵敏度高、信噪比低、响应快且与光强呈线性关系。

（5）信号指示系统　信号指示系统的作用是放大检测信号并以适当方式指示或记录下来，常用的信号指示系统有检流计、数字显示仪和微型计算机等。目前仪器的信号指示系统大多采用微型计算机，它既可控制仪器操作，又能进行数据处理，并大大提高了仪器的精度、灵敏度和稳定性。

11.7.3.2　紫外可见分光光度计的类型

按光学系统可将紫外可见分光光度计分为单光束、双光束、双波长和多道分光光度计。

（1）单光束分光光度计　单光束分光光度计的光路示意图见图 11-18，一束经过单色器的光，依次通过参比溶液和试样溶液，以进行光强度测量。单光束分光光度计的测量结果受电源波动的影响较大，因此必须保证光源和检测系统有较高的稳定度。该类型的仪器特别适用于只在一个波长处作吸收测量的定量分析。

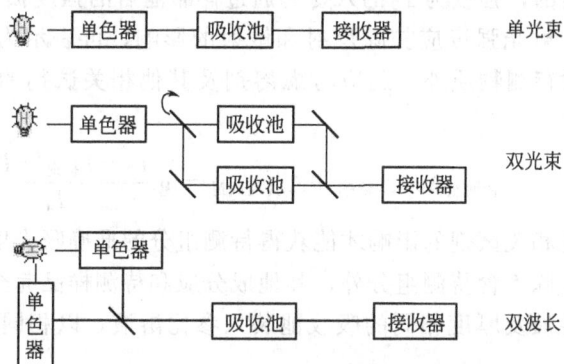

图 11-18　单光束、双光束、双波长分光光度计光路示意

（2）双光束分光光度计　单光束分光光度计的光路示意图见图 11-18，光源发出的光经单色器后被斩波器转变为交替的两束光，分别通过参比池和样品池，然后在参比池与检测器之间的斩波器控制下，两束透射光交替聚焦到同一检测器上，两束光强的比值即为透过率。由于两束光基本同时通过样品池和参比池，因此可消除光源强度变化带来的误差。

（3）双波长分光光度计　单光束和双光束分光光度计，就测量波长而言，都是单波长的。双波长分光光度计的光路示意图见图 11-18，由同一光源发出的光被分成两束，分别经过两个单色器，因此可同时得到两个不同波长（λ_1 和 λ_2）的单色光。在斩波器的作用下，λ_1 和 λ_2 交替地照射同一溶液进入检测器被检测，所得信号是两波长处吸光度的差值 $\Delta A = A_{\lambda_1} - A_{\lambda_2}$。若两个波长保持 1～2nm 的固定间隔扫描时，所得信号将是一阶导数光谱，即吸光度对波长的变化曲线。

双波长分光光度计不仅能测定高浓度试样及多组分混合试样，而且能测定一般分光光度计不宜测定的浑浊试样。双波长法测定相互干扰的混合试样时，双波长操作较单波长简单，且准确度高。用双波法测量时，两个波长的光通过同一吸收池，这样可以消除因吸收池的参数不同、位置不同、污垢及制备参比溶液等带来的误差，使测定的准确度显著提高。另外，双波长分光光度计是同一光源得到的两束单色光，故可以减小因光源电压变化产生的影响，得到高灵敏和低噪声的信号。

11.7.3.3　紫外可见分光光度计的校正

仪器在验收及使用一段时间后需要对其重要的性能指标进行检查和验证。紫外可见分光光度计的性能指标主要是指波长和吸光度的准确程度，可用以下方法进行校正。

（1）波长校正　波长可采用辐射光源法进行校正。如氢灯（486.13nm、656.28nm）、氘灯（486.00nm、656.10nm）或石英低压汞灯（253.65nm、435.88nm、546.07nm）。

镨钕玻璃或钬玻璃都有若干特征吸收峰，亦可用来进行波长校正。前者用于可见光区，后者对紫外可见均适用。

（2）吸光度校正　吸光度通常采用盐类溶液进行校正，其中 K_2CrO_4 最为常用。将 0.0400g K_2CrO_4 溶于 1L 0.05mol·L^{-1} 的 NaOH 溶液中，以 1cm 吸收池，在 25℃ 测其吸收曲线，以此吸光度作为标准。

11.7.3.4　吸光度的测定

吸光度的准确测定，是紫外可见吸收光谱分析测定的基础。通常待测组分是以溶液状态装入吸收池中进行测定的，强度为 I_0 的入射光通过样品池后的强度损失 $I_0 - I_t$ 并不完全是吸收引起的，实际的入射光强度应扣除反射和散射的影响，可表示为 $I_0 - I_{折射} - I_{散射}$，因此溶液中吸光物质（除待测物质外，还应考虑溶剂及其他相关试剂的吸收）的吸光度可表示为

$$A_{试样} = A_{待测组分} + A_{溶剂} + A_{其他试剂} = \lg \frac{I_0 - I_{折射} - I_{散射}}{I_t} \tag{11-2}$$

可见需扣除溶剂及其他相关试剂的影响才能获得待测组分的准确吸光度。实际测量中可用参比溶液（原则上其组成除不含待测组分外，其他成分应和待测样品完全一致）进行校正。选择与试样测定时光学性质及厚度相同的吸收池装入参比溶液，以相同的光强 I_0 照射，其吸光度可表示为

$$A_{参比} = A_{溶剂} + A_{其他试剂} = \lg \frac{I_0 - I_{折射} - I_{反射}}{I_{t(参比)}} \tag{11-3}$$

两次测定的吸光度差即为待测组分的吸光度，可表示为

$$A_{待测组分} = A_{试样} + A_{参比} = \lg \frac{I_{t(参比)}}{I_t} \tag{11-4}$$

式(11-4)表明，只要把通过参比池的光强作为入射光强，就可以实现待测组分吸光度的准确测定。若使用单光束仪器，需先将参比池放入光路，调整仪器使透光率为100%（即吸光度为0），再将样品池放入光路即可获得相应吸光度；若使用双光束仪器，将参比池与样品池同时放入相应光路，直接测定即可。

11.7.3.5　定量分析

紫外可见吸收光谱法的定量依据是吸收定律，即朗伯-比尔定律。这是一个由实验得出的定律，它指出：当一束单色光通过某均匀介质时，光强的减弱同入射光的强度、吸收介质的厚度以及光路中吸光微粒的数目成正比。用数学表达式可表达为：

$$A = -\lg(I_t/I_0) = -\lg T = klc \tag{11-5}$$

式中，A 为吸光度（无量纲）；T 为透过率（无量纲）；I_0 为入射光的强度；I_t 为透过光的强度；k 为比例系数，入射波长确定时是一个与温度及溶液性质有关的常数；c 为吸光物质的浓度；l 为吸收介质的厚度，又称光程（实际测量时指吸收池的厚度，为固定值），单位为 cm，式(11-5)表明测量条件一定时，A-c 之间成线性关系，由此可实现定量测定。

（1）吸收系数　式(11-5)中的比例系数 k 的值及单位与 c 的单位有关。当 c 以 mol·L^{-1} 为单位时，吸收系数用符号 ε 表示，称为摩尔吸光系数，单位为 L·mol^{-1}·cm^{-1}，此时式(11-5)可表示为

$$A = \varepsilon lc$$

这是朗伯-比尔定律最常见的表达形式。ε 在特定波长和溶剂的情况下是吸收物质的一个特征参数，在数值上等于吸光物质浓度为 $1\,mol\cdot L^{-1}$、液池厚度为 1cm 时溶液的吸光度。它是物质吸光能力量度的重要指标，可作为定性分析的参考和估量定量分析方法的灵敏度。显然，ε 越大，测定方法的灵敏度越高。当 $\varepsilon < 10^4\,L\cdot mol^{-1}\cdot cm^{-1}$ 时，测量的浓度范围约为 $10^{-4} \sim 10^{-3}\,mol\cdot L^{-1}$，属于较低灵敏度；$\varepsilon = 10^4 \sim 10^5\,L\cdot mol^{-1}\cdot cm^{-1}$ 时，测量的浓度范围为 $10^{-6} \sim 10^{-5}\,mol\cdot L^{-1}$，属于中高灵敏度。

ε 一般是通过测定已知浓度的稀溶液的吸光度，由式(11-5)计算求得。由于 ε 与入射光波长有关，因此表示某物质溶液的 ε 时，常用下标注明入射光波长。在吸收光谱中有时用 ε 或 $\lg\varepsilon$ 代替 A，并以最大摩尔吸光系数（$\varepsilon_{\max}$）表示吸光强度。

当 c 以 $g\cdot L^{-1}$ 为单位时，比例系数 k 称为吸光系数，以符号 a 表示，单位为 $L\cdot g^{-1}\cdot cm^{-1}$。当化合物组成成分不明且摩尔质量 M 亦不知道的情况下，c 可用 $g\cdot(100mL)^{-1}$ 表示，此时比例系数 k 称为比吸光系数，用符号 $E_{1cm}^{1\%}$ 表示。$E_{1cm}^{1\%}$ 是指物质的质量分数为 1%，l 为 1cm 时的吸光度，其与 a、ε 的关系可用下式表示：

$$E_{1cm}^{1\%} = 10a = 10\varepsilon/M \tag{11-6}$$

（2）偏离朗伯-比尔定律的因素　由式(11-5)可知，当光程 l 固定时，以吸光度 A 对浓度 c 作图，应得到一条通过原点的直线。但实际工作中，特别是当 c 较大时，该直线往往发生弯曲现象，即产生对朗伯-比尔定律的偏离。比较常见的是直线向浓度 c 轴弯曲的负偏离现象。引起偏离朗伯-比尔定律的因素很多，通常可归为两类：样品性质的影响与仪器的影响，分别叙述如下。

① 样品性质的影响。朗伯-比尔定律只适用于稀溶液。当试样浓度过高（$> 0.01\,mol\cdot L^{-1}$）或处在高浓度电解质中时容易发生对朗伯-比尔定律的偏离。原因是高浓度时吸光质点间彼此比较接近，会互相影响对方的电荷分布，使得它们对给定波长的吸收能力发生改变，从而发生对朗伯-比尔定律的偏离。吸光系数与折射率有关，如果溶液浓度改变引起折射率发生较大变化时，也会发生对朗伯-比尔定律的偏离。

由吸光物质等构成的溶液体系，常因条件的变化而发生吸光组合的缔合、解离、互变异构、配合物的逐级形成以及与溶剂之间的相互作用等，从而形成新的化合物或改变吸光物质的浓度，这都将导致对朗伯-比尔定律的偏离。当亚甲基蓝阳离子的二聚体（$\lambda_{\max}$ 蓝移至 610nm）生成，使得亚甲基蓝阳离子单体浓度降低。因此在分析测定中，必须控制好溶液的条件，使被测组分以一种形式存在，就可以克服上述因素对朗伯-比尔定律的偏离。

另外，当试样为胶体、乳状液或有悬浮物质存在时，入射光会因散射而造成非吸收损失，也会引起吸光度变化，产生对朗伯-比尔定律的正偏差。

② 仪器的影响。只有采用绝对的单色光入射时，吸收体系才会严格地遵守朗伯-比尔定律。而实际上通过波长选择器从连续光源中分离出的所谓单色光，只是包括所需波长的波长带，这就造成了对朗伯-比尔定律的偏离。为了方便讨论，现假定入射光由测量波长 λ_1 和干扰波长 λ_2 两种波长光组成，溶液吸光质点对 λ_1 和 λ_2 的吸收都遵从朗伯-比尔定律。

对 λ_1：
$$A_1 = \lg\frac{I_{01}}{I_{t1}} = \varepsilon_1 lc \Longrightarrow I_{t1} = I_{01}10^{-\varepsilon_1 lc}$$

对 λ_2：
$$A_1 = \lg\frac{I_{02}}{I_{t2}} = \varepsilon_2 lc \Longrightarrow I_{t2} = I_{02}10^{-\varepsilon_2 lc}$$

总的入射光强度为 $I_{01} + I_{02}$，透射光强为 $I_{t1} + I_{t2}$，该光通过溶液后的吸光度为：

$$A = \lg \frac{I_{01} + I_{02}}{I_{t1} + I_{t2}} = \lg \frac{I_{01} + I_{02}}{I_{01} 10^{-\varepsilon_1 lc} + I_{02} 10^{-\varepsilon_2 lc}}$$

若 $\varepsilon_1 = \varepsilon_2$ 时，上式可表示为 $A = \varepsilon_1 lc$，即符合朗伯-比尔定律；若 $\varepsilon_1 \neq \varepsilon_2$ 时，则 $A \neq \varepsilon_1 lc$，即发生对朗伯-比尔定律的偏离，ε_1 和 ε_2 相差越大，偏离现象越严重。以上讨论表明，只要入射光带宽内的 ε 基本一致，即使不是单色光，也可以保证不会产生太大的偏离。因此在实际测定时，通常会选择吸光物质的 λ_{max} 作为测定波长，此处曲线比较平坦，ε 数值大且变化小，既能保证测定有较高的灵敏度，又不会对朗伯-比尔定律产生较大偏离。在保证一定入射光强的前提下，应选用较小的出射狭缝以控制尽可能窄的有效宽带，同时应尽量避免使用尖锐的吸收峰进行定量分析。

11.7.3.6 定量方法

紫外可见吸收光谱法主要用于单组分的测定，下面介绍一些常用的定量方法。

(1) 直接计算法　不少体系的 ε（或其他表示方式）已被测定，可从有关手册上查到，因此就可根据式(11-11)直接计算获得试样含量。该法准确度不高，测定时的条件应和 ε 所标注的条件一致。

(2) 比较法（单标对照法）　在相同条件下，平行测定试样溶液（c_x）和一个标准溶液（c_s，且 c_x 与 c_s 应尽可能接近）的吸光度 A_x 和 A_s，则试样溶液中待测溶液的浓度 c_x 可由以下公式求算

$$c_x = c_s \times \frac{A_x}{A_s} \tag{11-7}$$

该法简单方便，但仅使用一个标准溶液，可引起误差的偶然因素较多，准确度也不高。

(3) 标准曲线法　根据朗伯-比尔定律，紫外可见吸收光谱法的标准曲线应该是一条通过原点的直线，但在实际测定中经常发生不过原点的现象。相关因素较为复杂，难以一概而论。通常可能原因如下：样品池与参比池不完全匹配；参比溶液选择不当；显色化合物离解程度较大或由于其他一些配位剂的存在导致待测物质显色不完全等。标准曲线见图 11-19。

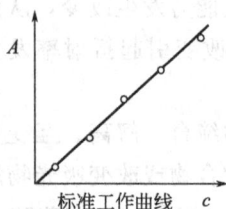
图 11-19　标准曲线

(4) 标准加入法　该法比较繁琐，仅在样品数量较少时采用。有时也可仅加标一次，直接利用下列公式进行计算

$$\frac{A_x}{c_x} = \frac{A_{x+s}}{c_x + c_s} \Longrightarrow c_x = \frac{A_x}{A_{x+s} - A_x} c_x \tag{11-8}$$

(5) 目视比色法　顾名思义，就是用眼睛比较溶液颜色深浅而确定物质含量的方法，因此要求待测物质必须有颜色，即要在可见区有吸收。该法不需要专门的仪器，操作简单方便。体系适当时，灵敏度也不低，但准确度较差（相对误差为 5%～20%），非常适合大批试样初筛。

11.7.3.7 显色反应

具有共轭双键或芳香性的有机化合物及个别无机物（如 $KMnO_4$、$K_2Cr_2O_7$ 等）在近紫外或可见区有较强的吸收，即有较高的摩尔吸光系数（$\varepsilon > 10^4 \, L \cdot mol^{-1} \cdot cm^{-1}$），因此可直接进行定量测定。但是绝大多数金属离子或部分有机物（如氨基酸、糖类化合物等）在紫外可见区没有吸收或吸收强度很低，因此无法直接测定或测定灵敏度很低。这时就必须通过适当反应使待测物质转化为能在紫外可见区具有较强吸收的物质再进行测定。这种反应称为

显色反应（虽然大部分产物均具有颜色，但反应后能在近紫外区产生强吸收，亦称为显色），所用的试剂称为显色试剂。配位反应、氧化还原反应以及增加生色基团的衍生化反应都是常见的显色反应类型，其中配位反应的应用最为广泛。许多有机显色剂与金属离子能形成稳定性好、具有特征颜色的螯合物，其灵敏度与选择性都比较高，具体请参见《现代化学试剂手册第四分册：无机离子显色剂》（化学工业出版社）一书。

显色反应一般应满足下列要求：①反应的生成物必须在紫外或可见区有较强的吸光能力，即 ε 较大，且反应有较高的选择性；②反应生成物组成恒定，稳定性好，显色条件易于控制等，以保证测量结果有较好的重现性；③对照性要好，显色反应中显色剂通常是大量的，为了避免显色剂的吸收对测定产生影响，显色前后的 λ_{max} 相差应在 60nm 以上。实际上能同时满足上述测定条件的显色反应并不是很多，因此在初步确定好显色剂后，需认真仔细地研究显色反应的条件。

为了获得更高的灵敏度和选择性，显色反应也常用于可直接测定的物质，如考马斯亮蓝染色法测蛋白质和二苯胺显色法测定核酸等。

11.7.3.8 定量分析条件的选择

（1）测量条件的选择（测定浓度的选择） 读数误差是分光光度法误差的主要来源，一般分光光度计透过率 T 的读数误差 ΔT 为 0.2%～2%（对于确定的仪器，ΔT 为定值）。由于透过率 T 与待测溶液浓度 c 呈负对数关系，因此不同 T 值时，相同 ΔT 引起的浓度误差是不同的。

如果分光光度计的读数误差固定，若要求浓度测量的相对误差小于 5%，则需将待测溶液的透光率控制在 10%～70% 范围内（对应吸光度范围是 0.15～1.0）。实际测量中，可以通过调节待测溶液的浓度或选择适当厚度的吸收池等方式以满足上述条件。显然降低读数误差 ΔT，能使可用透光率（吸光度）范围扩大，一些配有光电倍增管为检测器的高档分光光度计即使在吸光度高达 2.0 甚至 3.0 时，仍可保证浓度测量相对误差小于 5%。尽管如此，可明显地看出吸收光谱法的线性范围不宽，仅为 1～2 个数量级。

测量波长的选择：无干扰时，测量应选择在 λ_{max} 处。

出射狭缝宽度的选择：中低档仪器的出射狭缝宽度是固定的，若可以调节时，应在确保一定入射光强度时，选择较小的狭缝宽度。

（2）显色反应条件的选择 对显色反应影响较大的因素有显色剂的用量、溶液 pH、温度及反应时间等，这些影响因素的最佳取值均是通过实验确定的。通常采用的是单因素变化法，即在其他影响因素固定的前提下，改变待考察因素，测定相应吸光度并绘制成曲线，根据测定数据和曲线的形状来确定该影响因素的最佳取值范围。

① 显色剂用量。生成配合物的显色反应可表示为：M（待测组分）$+n$R（显色剂）$=\!=\!=$ MR_n（有色配合物）。由配位平衡可知，稳定常数大的显色反应和加入过量的显色剂，有利于待测物质的完全转化。但显色剂过多，有时会发生副反应，生成多种不同组成的显色物质。具体用量可由吸光度-显色剂用量关系曲线（图 11-20）来确定。其中（a）、（b）是比较常见的情况，只需将显色剂的用量控制在曲线平坦部分，所对应的浓度即可保证有色配合物的组成固定。（c）表明形成了逐级配合物（如 Fe^{3+} 与 SCN^- 的配位），这时显色剂必须过量很多或者进行严格控制。

② 溶液的 pH 值。溶液酸度对显色反应的影响是多方面的。如多数显色剂都是有机弱酸或弱碱，溶液的 pH 值直接影响到显色剂的离解程度，从而影响显色反应的完全程度。又

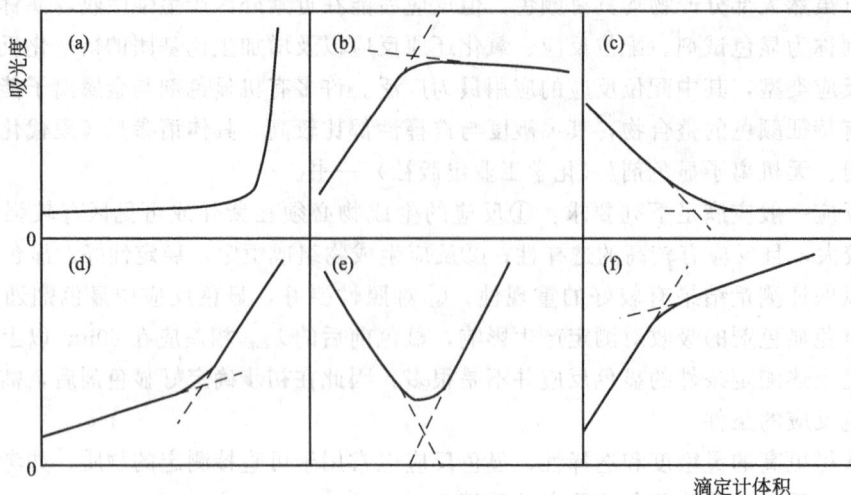

图 11-20　光度滴定

如许多显色剂本身就是酸碱指示剂，配位反应后的颜色必须与显色剂本身的颜色有显著的不同。二甲酚橙在 pH>6.3 时呈紫红色，pH<6.3 时呈黄色，与金属离子的配合物则呈红色，因此只适用于 pH<6.3 的条件。此外 pH 值还影响配合物的组成（如 Fe^{3+} 与磺基水杨酸的配位）及待测离子的水解情况。

因此最适 pH 范围也是由吸光度-pH 关系曲线来确定的，选择曲线平坦部分所对应的 pH 即可，可用相应的缓冲溶液来进行控制。

③ 显色时间、温度及其他。

④ 由于反应速率不同，完成反应所需的时间常有很大差别，因此，测定时应尽量要求能在室温下快速完成显色反应，例如 Fe^{2+} 与邻菲啰啉、Fe^{3+} 与磺基水杨酸的反应迅速，且能稳定较长时间。但有时候显色反应速率较慢，需经过一段时间后才能稳定；有时候显色化合物也会因长时间放置而褪色，因此必须求出适宜的显色时间，例如硅钼蓝生成后最好在 1h 内测定完毕。温度对显色反应也有影响，升高温度可提高反应速率或溶解度，例如硅钼蓝的生成如果在沸水中则只需 30s，但则也可能引发副反应，因此也必须确定适宜的温度范围。这两个条件最适值的确定与 pH 的选择类似。

此外，溶剂的选择也很重要，它可以直接影响化合物的颜色、溶解度及稳定性。如有机配位剂与金属离子所形成的有色物质在水中溶解度通常比较小，如果采用适当有机溶剂萃取后测定可大大提高灵敏度和选择性。

11.7.3.9　参比溶液的选择

由前述讨论可知，参比溶液的选择对于吸光度的准确测定是至关重要的。参比溶液选择的基本原则是除了不含待测的有色物质外，其组成应尽量接近被测试液。通常可按以下方法选择。

① 溶剂参比。当试样、试剂、显色剂对测定波长的光几乎没有吸收时，可选择溶剂作为参比溶液（如蒸馏水），这样可消除溶剂、吸收池等因素的影响。

② 试剂参比。当显色剂或其他试剂在测定波长处有吸收时，可用空白溶液（也称试剂空白，配制时完全按照显色反应的相同条件，只是不加待测样品）作参比，这样可以消除试剂与溶剂的影响。

③ 试样参比。当试样基体在测定波长处有吸收，但不与显色剂发生显色反应时，可按与显色反应相同的条件处理试样，但不加显色剂。这种参比试剂适用于试样中有较多的共存组分，加入显色剂量不大，且显色剂在测定波长处无吸收的情况。

11.7.3.10 干扰及消除方法

在紫外可见光谱分析法中，体系内存在的干扰物质的影响主要有以下几种情况：干扰物质本身或与显色剂作用后在测定波长下也有吸收；干扰物质与显色剂或被测物质形成稳定的配合物，使显色反应完成度降低或不能进行；显色条件下，干扰物质水解形成沉淀，造成溶液浑浊而干扰吸光度的测定。可以采用以下几种方法来消除这些干扰。

① 加入适当的掩蔽剂。选取的原则是掩蔽剂不与待测离子作用，其自身以及与干扰物质的产物在测定条件下无吸收。常用的掩蔽方法较多，如配位掩蔽、氧化还原掩蔽及沉淀掩蔽等，可视情况选用。

② 控制酸度法。根据配合物的稳定性不同，可以利用控制酸度的方法提高反应的选择性并保证主反应进行完全。如双硫腙可与 Hg^{2+}、Pb^{2+}、Cu^{2+}、Ni^{2+}、Cd^{2+} 等十余种离子形成有色配合物，其中与 Hg^{2+} 形成的配合物最稳定，在 $0.5mol \cdot L^{-1} H_2SO_4$ 介质中仍能定量进行，而上述其他离子在此条件下不发生反应。

③ 根据配合物的稳定性不同实现分离。如钢铁中微量钴的测定，常用钴试剂为显色剂。钴试剂除与 Co^{2+} 有灵敏度反应外，还可与共存的 Ni^{2+}、Zn^{2+}、Mn^{2+}、Fe^{2+} 等反应。但上述反应在弱酸中完成后如果加入强酸酸化，只有钴的配合物能够稳定地存在，因此可消除其他离子的干扰。

④ 选择合适的测定波长。若显色物质存在多个吸收峰且在 λ_{max} 处存在干扰时，可选择吸收次强的峰以避开干扰，但测定灵敏度会降低。

⑤ 分离。当以上办法均不奏效时，可采用预先分离的方法，如沉淀、萃取、离子交换、蒸发和蒸馏以及色谱分离等。但分离方法通常比较费时，而且容易引起准确度和精密度等指标的下降。

此外，还可以利用化学计量学的方法实现多组分的同时测定，以及利用导数光谱法、双波长光谱法等技术来消除干扰。

11.7.3.11 提高灵敏度及选择性的方法

可以通过以下几种途径进一步提高分光光度法的灵敏度和选择性：①合成或改进新的高灵敏度、高选择性的有机显色剂。②分离富集和测定相结合，如用有机溶剂萃取显色产物，再进行光度测定。③采用三元（或多元）配合物显色体系。通常的显色反应只有一种显色剂，如加入两种或以上显色剂则可能形成三个（或多个）组分的混合配合物。例如当 pH=0.6~2 时，Ti^{4+} 与 H_2O_2 能显色生成 $[TiO(H_2O_2)]^{2+}$ 黄色配合物（$\lambda_{max}=420nm$），如果再加入二甲酚橙，则会生成 $n(Ti^{4+}) : n(H_2O_2) : n(二甲酚橙)=1 : 1 : 1$ 的红色配合物（$\lambda_{max}=530nm$）。该体系可大大提高测定的选择性、灵敏度及显色产物的稳定性。三元配合物主要有三元离子缔合物、三元混配配合物和三元胶束（增溶）配合物等类型。

11.7.4 其他定量光度分析法

11.7.4.1 光度滴定法

根据滴定过程中溶液吸光度变化来确定终点的方法称为光度滴定法。以特定波长下吸光

度 A 对滴定剂体积 V 作图，即可获得光度滴定曲线。若滴定反应进行得完全，滴定曲线由两条直线组成，它们的交点就是终点；若反应不完全，则在终点附近为曲线，需延长两条曲线的直线部分，使其相交获得终点。

与利用指示剂颜色变化目视确定终点的滴定方法相比，光度滴定法有以下优点。

① 可以测定反应不够完全的体系。如对硝基酚的 $pK_a = 7.15$，间硝基酚的 $pK_a = 8.39$，采用指示剂法既不能测定总量，也不可以分步测定，但是可以采用光度法测定。

图 11-20 简单示范了反应终点吸光度的变化情况。

② 可以测定溶解度较小的试样。

③ 对目视法难以判断终点的体系，如被测物本身有颜色或者被测溶液底色较深的体系，选择适当的测量波长，有可能用光度法测定。

只有在滴定过程中溶液吸光度发生变化的体系，才能使用光度滴定法。另外为了保证测定的准确度，必须对滴定过程中溶液的体积变化进行校正。

11.7.4.2 双波长分光光度法

双波长分光光度法是在传统单波长分光光度法的基础上发展起来的，其仪器结构和特点参见图 11-19。该法在提高灵敏度、分辨重叠吸收谱带和消除浑浊背景干扰方面具有独到之处。

浑浊样品由于散射的缘故造成背景吸收很大，在单波长仪器中无法选择合适的参比溶液消除，但在双波长仪器中可以选择两个适当的波长（λ_1 和 λ_2）交替通过同一份试样，可得

$$\Delta A = A_{\lambda_2} - A_{\lambda_1} = \varepsilon_{\lambda_2} lc + A_b(\lambda_2) - \varepsilon_{\lambda_1} lc - A_b(\lambda_1) \qquad (11\text{-}9)$$

式中，A_b 表示由散射造成的背景吸收，由于散射程度受波长变化影响不大，因此可以认为 $A_b(\lambda_2) \approx A_b(\lambda_1)$，$\Delta A = (\varepsilon_{\lambda_2} - \varepsilon_{\lambda_1}) lc = \Delta\varepsilon lc$，即所测吸光度差值 ΔA 与试样浓度成正比，从而消除了背景的影响。

类似地，双波长法也可用于相互干扰的两组分体系的测定。如果干扰组分的吸收曲线在测量波长范围内无吸收峰，即仅出现陡坡，不存在吸光度相等的两个不同波长时，可以采用系数倍率法进行测定，此处不再详述。

11.7.5 其他应用

11.7.5.1 定性分析

紫外可见吸收光谱法主要用于不饱和有机化合物，尤其是共轭体系的鉴定，以此推断未知物的骨架结构。由于光谱简单特征性不强，使得该法的应用具有一定的局限性，但可作为其他定性及结构分析方法如红外光谱、核磁共振波谱法和质谱法的有效辅助手段。

在相同测量条件（溶剂、pH 值等）下，比较未知物（需经提纯）与已知标准物的紫外可见图谱，若两者谱图完全相同（包括吸收曲线的形状、吸收峰的个数、λ_{max} 的位置及相应的 ε_{max} 等），则可初步认为是同一化合物。若无标准物质，也可借助于前人以实验结果为基础而汇编的各种有机化合物的紫外可见光谱图或有关电子光谱数据表查得。

应当注意，分子或离子对紫外可见光的吸收只是它们含有的生色基团和助色基团的特征，而不是整个分子或离子的特征，仅靠紫外可见吸收光谱来确定未知物的结构是困难的。当采用物理和化学的方法已判断出某化合物的击中可能结构时，也可以参照一些经验规则（如 Wordwoard-Fieser 规则和 Scotte 规则）来计算化合物 λ_{max} 并与实验值进行比较，然后

确定物质的结构，较为详细的论述可参阅相关书籍。

11.7.5.2　有机化合物分子结构的推断

根据化合物的紫外可见吸收光谱可以推测化合物所含的官能团。例如某化合物在 $220\sim800nm$ 范围内没有吸收峰，则它可能是脂肪族烃类化合物、胺、腈、醇、羧酸、氟代烃或氯代烃，不含双键或环状共轭体系，没有醛、酮或溴、碘等基团；如果在 $210\sim250nm$ 有强吸收带，则可能是含 2 个双键的共轭体系。如果化合物在 $270\sim350nm$ 范围内仅出现弱的吸收带，表明该物质只含非共轭的、具有 n 电子的生色团，如羰基、硝基等。如在 $250\sim300nm$ 有中等强度吸收带并具有一定的精密结构，则表示有苯环的特征吸收。

紫外可见吸收光谱还可以用来确定某些化合物的构型与构象，例如乙酰乙酸乙酯存在酮式-烯醇式互变异构体：

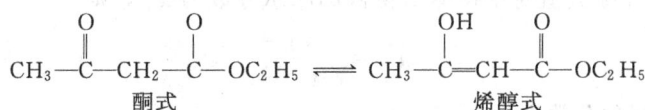

$$CH_3-\overset{O}{\overset{\|}{C}}-CH_2-\overset{O}{\overset{\|}{C}}-OC_2H_5 \Longleftrightarrow CH_3-\overset{OH}{\overset{|}{C}}=CH-\overset{O}{\overset{\|}{C}}-OC_2H_5$$
$$\text{酮式} \qquad\qquad\qquad \text{烯醇式}$$

酮式没有共轭双键，仅在 244nm 处有弱吸收，而烯醇式具有共轭双键，在 245nm 处有强的 K 带吸收，因此可以根据它们的紫外可见吸收光谱判断其存在与否。

又如 1,2-二苯乙烯具有顺式和反式两种异构体，即

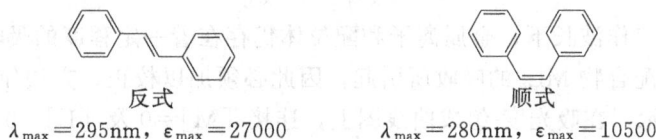

$$\text{反式} \qquad\qquad\qquad\qquad \text{顺式}$$
$$\lambda_{max}=295nm,\ \varepsilon_{max}=27000 \qquad \lambda_{max}=280nm,\ \varepsilon_{max}=10500$$

生色团或助色团必须处在同一平面上才能产生最大的共轭效应。由上面的结构式可知，反式异构体因空间位阻较小，因此 λ_{max} 和 ε_{max} 均大于顺式异构体，据此可判断其顺反式的存在。

以上讨论表明，紫外可见吸收光谱可以提供未知分子中可能具有的生色团、助色团以及共轭程度等信息，这对有机化合物的鉴别往往是很有用的。

11.7.5.3　配合物组成及稳定常数的测定

紫外可见吸收光谱法是研究配合物组成（配合比）和测定配合稳定常数最常用的方法之一，下面对常用的摩尔比法和等摩尔连续变化法进行简单介绍。

对配合物 ML_n，在溶液中存在着配合及解离反应，其反应式为

$$M+nL \Longleftrightarrow ML_n$$

达到平衡时

$$K_稳=\frac{[ML_n]}{[M][L]^n} \tag{11-10}$$

式中，$K_稳$ 为配合物稳定常数；$[M]$ 为达平衡时溶液中金属离子浓度，$mol\cdot L^{-1}$；$[L]$ 为达平衡时溶液中配位体浓度，$mol\cdot L^{-1}$；$[ML_n]$ 为平衡时配位化合物浓度，$mol\cdot L^{-1}$；n 为配合物的配位数。

在 $[M]+[L]$ 为一定值的条件下，改变 $[M]$ 和 $[L]$，则当 $[L]/[M]=n$ 时，配合物浓度可达最大值，也即

$$\frac{d[ML_n]}{d[M]}=0 \tag{11-11}$$

配合物的形成常伴有明显的颜色变化。如果在可见光的某个波长区域，对配合物 ML_n 有很强的吸收，而金属离子和配位体几乎不吸收，则可用前述的分光光度法原理来测定配合物组成及其稳定常数。

(1) 等摩尔连续递变法测定配合物组成　等摩尔连续递变法为一基本的物理化学分析方法。其原理为：配制一系列的溶液，使得金属离子和配位体的总的物质的量不变，而依次改变两个组分摩尔分数的比值，则这一系列溶液称为等摩尔系列溶液。测定这一系列溶液吸光度 A 的变化，再作组成-吸光度图（x-A 图），即可如式(11-12)所表明，从图中曲线的极大点求得配合物的组成。

为实验方便起见，操作时常取相同物质的量浓度的金属离子溶液和配位体溶液，维持总体积数不变，按金属离子和配位体不同的体积比配制一系列溶液，则体积比也相当于摩尔分数的比值。假定 A 在极大值时配位体 L 溶液的摩尔分数为 x_L，则

$$x_L = \frac{V_L}{V_M + V_L}$$

因此，金属离子的摩尔分数为

$$x_M = 1 - x_L$$

故配位数

$$n = \frac{x_L}{x_M} = \frac{x_L}{1 - x_L} \tag{11-12}$$

由于在选定的工作波长下，金属离子和配位体仍存在着一定程度的吸收，故所得到的吸光度并不完全是由配合物 ML_n 的吸收所引起，因此必须加以校正，方法如下。

如图 11-21 所示，在吸光度-组成曲线图上，连接 [M]=0 及 [L]=0 两点的直线 MN，则直线上所表示的不同组成的吸光度值可认为是由于金属离子和配位体的吸收所引起的。因此，校正后该溶液组成下配合物浓度的吸光度值 ΔA 应为实验所得到的吸光度值 A 减去相应组成直线上的吸光度值 A_0，即 $\Delta A = A - A_0$。然后再作 ΔA-组成曲线，即可从曲线极大点求得配合物的实际组成，如图 11-22 所示。

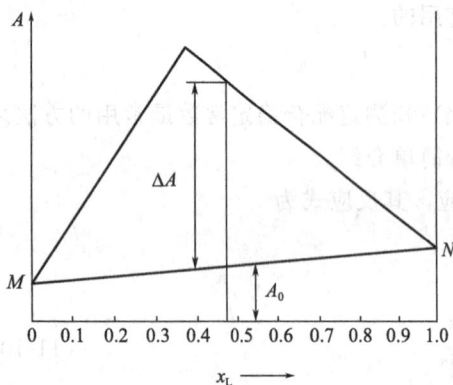

图 11-21　校正前的吸光度-组成曲线

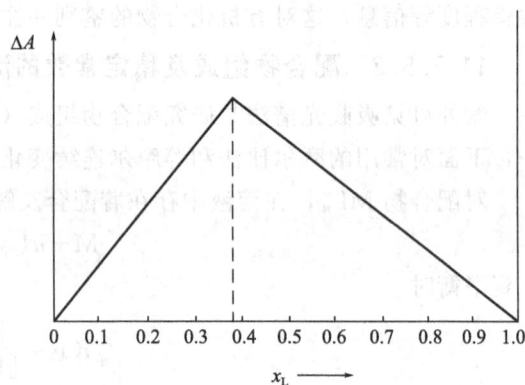

图 11-22　校正后的吸光度-组成曲线

(2) 稳定常数的测定　在测定配合物组成后，即可根据下述方法求算配合物的稳定常数。设开始时金属离子和配位体的浓度分别用 a、b 表示，达到平衡时配合物的浓度为 x，因此有

$$K = \frac{x}{(a - x)(b - nx)^n} \tag{11-13}$$

由于吸光度已校正，故可认为溶液的吸光度正
比于配合物的浓度。配制两组金属离子和配位
体总的物质的量不同的系列溶液，在同一个坐
标图上分别作两组溶液的吸光度-组成图，可
得两条曲线，在这两曲线上找出吸光度相同的
两点，如图 11-23 所示：过纵轴上的任一点作
横轴的平行线，交两曲线于 C、D 两点，此两
点所对应的溶液的配合物 ML_n 浓度应相同。
现设对应于 C、D 两点溶液中的金属离子和配
位体的浓度分别为 a_1，b_1 和 a_2，b_2，则从式
(11-13) 可得

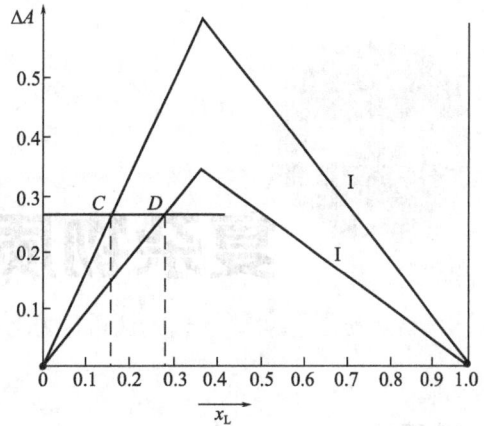

图 11-23　两系列溶液的吸光度-组成曲线

$$K=\frac{x}{(a_1-x)(b_1-nx)^n}=\frac{x}{(a_2-x)(b_2-nx)^n} \qquad (11\text{-}14)$$

解上述方程，可求得 x，然后由式(12-5) 可计算配合物的稳定常数 $K_稳$。

11.7.5.4　解离常数的测定

分析化学中所用的指示剂或显色剂多为有机弱酸碱，若它们的酸色型和碱色型的吸收曲线不
重叠，就可以采用分管光度法测定其解离常数。该法特别适用于溶解度较小的有机弱碱。

现以一元弱酸 HL 为例，在溶液中存在以下平衡关系：

$$HL \Longrightarrow H^+ + L^-$$

$$K_a=\frac{[H^+][L^-]}{[HL]} \Longrightarrow pK_a=pH+\lg\frac{[HL]}{[L^-]} \qquad (11\text{-}15)$$

由式(11-15) 可知，在某一确定 pH 下，只要知道 $[HL]/[L^-]$，就可以计算出 pK_a。
配制一系列分析浓度 c 相等但 pH 值不同的 HL 溶液，在某一确定波长下，用 $1.0cm$ 比色皿
测定各溶液的吸光度，并用酸度计测量各溶液的 pH 值。已知 $c=[HL]+[L^-]$，根据两种
型体的摩尔分布系数，各溶液的吸光度可表示为

$$A=\varepsilon_{HL}[HL]+\varepsilon_{L^-}[L^-]=\varepsilon_{HL}\frac{[H^+]c}{K_a+[H^+]}+\varepsilon_{L^-}\frac{K_a c}{K_a+[H^+]} \qquad (11\text{-}16)$$

在高酸度时，可认为溶液中仅存在 HL 型体，此时式(11-16) 可以表示为

$$A_{HL}=\varepsilon_{HL}[HL]\approx\varepsilon_{HL}\cdot c \Longrightarrow \varepsilon_{HL}=A_{HL}/c \qquad (11\text{-}17)$$

同理，在碱性条件下，可认为溶液中仅存在 L^- 型体，此时式(11-17) 可以表示为

$$A_{L^-}=\varepsilon_{L^-}[L^-]\approx\varepsilon_{L^-}c \Longrightarrow \varepsilon_{L^-}=A_{L^-}/c \qquad (11\text{-}18)$$

将式(11-17) 和式(11-18) 代入式(11-16)，整理可得

$$K_a=\frac{[H^+][L^-]}{[HL]}=\frac{A_{HL}-A}{A-A_{L^-}}[H^+] \text{ 或 } pK_a=pH+\lg\frac{A-A_{L^-}}{A_{HL}-A} \qquad (11\text{-}19)$$

式(11-19) 是利用紫外可见光谱法测定一元弱酸解离常数的基本公式。式中，A_{HL}、
A_{L^-} 分别为弱酸完全以 HL、L^- 存在时的溶液的吸光度；A 为某一确定 pH 值时溶液的吸
光度，均可由实验测定，代入后即可求出 pK_a 值。也可将式(11-19) 改写为

$$\lg\frac{A-A_{L^-}}{A_{HL}-A}=pK_a-pH \qquad (11\text{-}20)$$

该式是一个线性方程，可用线性拟合或作图法求出 pK_a。

第12章

复杂物质分析示例

本章要求

1. 了解一些物质的检测分析方法。
2. 了解化学在生物、给水排水和环境中的应用。

复杂物质的分析程序包括：试样的采集、试样的制备、试样的分解、干扰组分的分离、测定方法的选择、数据处理以及报告分析结果等。关于试样的采集、试样的制备、试样的分解，具体的试样应按规范的要求和操作去做。

由于在实际分析工作中，遇到的问题是千变万化的，所以不存在适用于任何试样、任何组分的通用测定方法。因此，要完成不同的分析任务，需要选择各种不同的测定方法。分析方法的选择应根据测定目的和要求、待测组分的含量范围、待测组分的性质、共存组分的影响以及实验室的条件等因素来确定。而在具体的现有方法中应优先选用国家或行业标准分析方法，次之可选用行业统一分析方法或行业规范。当尚无上述标准时，常参照经过验证的ISO、美国 EPA 和日本 JIS 方法体系等其他等效分析方法，当然该方法的检出限、准确度和精密度应能达到质控要求。

而当欲分析的对象尚无如上的分析方法时，也可采用经过验证的新方法，其检出限、准确度和精密度不得低于常规分析方法。

本章主要以水泥熟料中的组分分析、农药残留量的分析和废水试样全分析为例，剖析复杂物质分析的程序。

12.1 水泥熟料的分析

12.1.1 概述

水泥熟料是由水泥生料经 1400℃以上高温煅烧，再加适量石膏而成，其主要化学成分的质量分数及其控制范围见表 12-1。

表 12-1 熟料水泥的化学成分

化学成分	含量范围/%	一般控制范围/%	化学成分	含量范围/%	一般控制范围/%
SiO_2	18～24	20～22	CaO	60～67	
Fe_2O_3	2.0～5.5	3～4	MgO	≤4.5	62～66
Al_2O_3	4.0～9.5	5～7	SO_2	≤3.0	

水泥熟料主要为硅酸三钙（$3CaO \cdot SiO_2$）、硅酸二钙（$2CaO \cdot SiO_2$）、铝酸三钙（$3CaO \cdot Al_2O_3$）和铁铝酸四钙（$4CaO \cdot Al_2O_3 \cdot Fe_2O_3$）等化合物的混合物。水泥熟料易被酸分解（一般采用 1∶1 HCl），生成硅酸和可溶性的氯化物，硅酸在水溶液中绝大部分以溶胶状态存在，其化学式以 $SiO_2 \cdot nH_2O$ 表示。在用浓酸和加热蒸干等方法处理后，能使绝大部分硅酸溶胶脱水成水凝胶析出，因此可以利用沉淀分离的方法把硅酸与水泥中的铁、铝、钙、镁等其他组分分开。从表 12-1 可知，水泥熟料中的铁、铝、钙、镁、硅的含量均在常量范围，所以应选择化学分析法，即硅的测定采用重量分析法，铁、铝、钙、镁则采用配位滴定法测定。

12.1.2 不同水泥熟料成分的分析

12.1.2.1 SiO_2 的测定

试样用 HCl 分解后，即可析出无定形硅酸沉淀，但沉淀不完全，而且吸附严重。采用加热蒸发至近干和加固体 NH_4Cl 两种措施，使溶胶状态的硅酸尽可能全部析出。蒸干脱水是将溶液控制在 $100 \sim 110℃$ 温度下蒸发至近干。如超过 $110℃$ 时，溶液中的铁、铝等离子易水解生成难溶性碱式盐而混在硅酸凝胶中。这样，会使二氧化硅的含量偏高，而铁、铝的氧化物含量偏低，故加热蒸干时，要用水浴以控制温度。加入固体氯化铵是因为氯化铵易水解生成 $NH_3 \cdot H_2O$ 和 HC1，在加热时它们易挥发逸出，从而消耗了水，故能促进硅酸水溶胶的脱水作用。含水硅酸的组成不固定，沉淀必须经高温灼烧才能得到成分固定的、雪白而又疏松的粉末状 SiO_2，经恒重，根据沉淀的质量计算 SiO_2 的质量分数。而将沉淀分离时的原液和洗液合并后定容，所得溶液即为测定铁、铝、钙、镁的试液。

12.1.2.2 铁、铝的连续测定

上述试液中，铁、铝、钙、镁均以离子形式存在，都能与 EDTA 生成稳定配合物，而且稳定性有显著不同，其中 $lgK_{FeY} = 25.1$，$lgK_{AlY} = 16.1$，$lgK_{CaY} = 10.69$，$lgK_{MgY} = 8.69$。由于 $lgK_{FeY} - lgK_{AlY} = 25.1 - 16.1 = 9.0 > 5$，所以测定熟料中的 Fe^{3+}、Al^{3+} 时，可通过控制溶液酸度，先后测定 Fe^{3+} 和 Al^{3+}，Ca^{2+}、Mg^{2+} 存在不干扰测定。测定 Fe^{3+} 时，可控制溶液 pH＝$1.8 \sim 2.0$，以磺基水杨酸为指示剂，在溶液温度为 $60 \sim 70℃$ 时，用 EDTA 标准溶液滴定。测定 Al^{3+} 时，由于 Al^{3+} 与 EDTA 的配位作用缓慢，所以，一般先加入一定过量的 EDTA 标准溶液，加热煮沸，使 Al^{3+} 与 EDTA 充分配位，然后在溶液酸度为 pH＝4.3（Al^{3+} 与 EDTA 的配合完全的最小 pH 值为 4.2）时，以 PAN 为指示剂，用 $CuSO_4$ 标准溶液返滴定过量的 EDTA 溶液，当溶液呈现紫红色时为终点。根据反应物之间的关系计算出铁、铝的含量，通常以它们氧化物的质量分数来表示结果。

测定铁时，溶液酸度控制恰当与否对测定铁的结果影响很大。在 pH＝1.5 时，结果偏低；pH＞3 时，由于 Fe^{3+} 开始水解，往往无滴定终点，共存的 Ti^{3+}、Al^{3+} 影响也增大，使结果偏高。另外，磺基水杨酸与 Fe^{3+} 的配合物颜色也与酸度有关，在 pH＝$2 \sim 2.5$ 时，此化合物为红紫色，而磺基水杨酸本身为无色，Fe^{3+} 与 EDTA 的配合物为黄色，所以，终点时溶液由红紫色变为黄色。滴定时，溶液的温度以 $60 \sim 70℃$ 为宜。当温度高于 $75℃$ 时，Al^{3+} 也可能与 EDTA 反应，使 Fe_2O_3 测定值偏高，而 Al_2O_3 测定值偏低；当温度低于 $50℃$

时，则反应速度缓慢，不易得到准确的终点，终点时温度应在 60℃ 左右。滴定至临近终点时，应放慢滴定速度，注意操作，仔细观察。当滴定至溶液呈淡紫红色时，每加一滴，应摇动片刻，必要时再加热，小心滴定至亮黄色。如果此处滴定不准，不但影响铁的测定，还影响铝的测定结果。此法不宜测定铁含量太高的试样，因为铁含量较高时，由于形成 Fe-EDTA 配合物的黄色过深而影响终点的判断。

测定铝时，以 PAN 为指示剂，用 $CuSO_4$ 返滴定剩余的 EDTA，终点往往不清晰，应该注意操作条件。近终点时，要充分摇动和缓慢滴定，滴定温度控制在 80～85℃ 为宜。温度过低，PAN 指示剂和 Cu-PAN 在水中溶解度降低；温度太高，终点不稳定。为改善终点，可加入适量乙醇。由于滴定采用 PAN 为指示剂，滴定过程中溶液里有 3 种有色物质，即淡黄色的 PAN、蓝色的 Cu-EDTA、深红色的 Cu-PAN，终点时溶液颜色变化是否敏锐，关键是蓝色 Cu-EDTA 浓度的大小。因此实验中 EDTA 不能过量太多，通常采用的是每 100mL 溶液加入 $0.02mol \cdot L^{-1}$ EDTA 标准溶液过量 10mL 左右。值得注意的是，若试样中含微量二氧化钛，则在上述条件下，实际测定的是氧化铝和二氧化钛的总量，应扣除二氧化钛量（含量低，可用仪器分析法测得）后才是氧化铝量。

12.1.2.3 CaO 的测定

在 pH＞13 的强碱性溶液中，以三乙醇胺为掩蔽剂，钙黄绿素-甲基百里香酚蓝 (CMP) 混合液为指示剂，用 EDTA 标准溶液滴定。根据 EDTA 标准溶液的浓度和滴定消耗的体积，计算 CaO 的质量分数。在 pH＞13 的强碱性溶液中，Mg^{2+} 生成 $Mg(OH)_2$ 沉淀，$Mg(OH)_2$ 沉淀会吸附 Ca^{2+}，造成结果偏低。因此滴定前需加水稀释试样溶液，降低 Mg^{2+} 浓度，减少 $Mg(OH)_2$ 沉淀对 Ca^{2+} 的吸附。临近终点时，滴定速度也要慢，而且要充分摇动溶液，否则测定钙的结果会偏低。当 pH 值调至 13 后（可用 pH 试纸检验），应立即滴定，以防止溶液吸收 CO_2 生成 $CaCO_3$ 沉淀。

Fe^{3+}、Al^{3+} 的干扰用三乙醇胺掩蔽，但三乙醇胺应先在酸性溶液中加入，然后再将溶液调节至碱性。否则，已水解的 Fe^{3+}、Al^{3+} 不易被掩蔽。

12.1.2.4 MgO 的测定

在 pH＝10 的氨-氯化铵缓冲溶液中，以三乙醇胺、酒石酸钾钠为掩蔽剂，酸性铬蓝 K-萘酚绿 B 为指示剂，用 EDTA 标准溶液滴定溶液中的钙镁总量，由钙镁总量减去钙的量（即差减法）可求得 MgO 的质量分数。

实验中应先加入酒石酸钾钠将铁掩蔽后再加三乙醇胺，原因是三乙醇胺与 Fe^{3+} 的配合物会破坏酸性铬蓝 K 指示剂。

12.1.2.5 分析结果的允许误差

根据我国的国家标准《水泥化学分析方法》(GB/T 176—2008)规定，上述测定项目分析结果的允许误差范围见表 12-2。

表 12-2 分析结果的允许误差范围

测定项目	同一实验室	不同实验室	测定项目	同一实验室	不同实验室
SiO_2	0.15%	0.20%	CaO	0.25%	0.40%
Fe_2O_3	0.15%	0.20%	MgO＜2.0%	0.10%	0.25%
Al_2O_3	0.20%	0.30%	SO_2＜2.0%	0.20%	0.30%

12.2 农药残留的分析

在我国，农药在蔬菜、水果等产品中为防治虫害、提高产量起着不可替代的作用，近年来，由于害虫抗药性的增强，使用农药的种类和施用次数不断增加，有时会发生残留在蔬菜表面的农药毒害人体的事件。农药残留分析作为监控农药污染的有效方法，对加强流通领域各环节的把关、有效抑制农药的违规作用、确保广大消费者的健康有着重要的意义。

12.2.1 样品前处理技术

在样品前处理方面，经典的磺化法、液-液萃取、索氏提取、共沸蒸馏法由于易引进误差，费时费工且对环境有污染，已开始被加速溶剂萃取（ASE）、固相萃取（SPE）和凝胶渗透色谱（GPC）等替代。

12.2.2 样品检测技术

目前，多达70%的农药残留量检测是使用气相色谱法来进行的。使用时，多种农药可以一次进样得到完全分离、定性和定量分析，操作简便，分析速度快，分离效率高，灵敏度高，应用范围广。最常用的有热导池检测器（TCD）、氢火焰离子化检测器（FID）（分析各类农药）、火焰光度检测器（FPD）（分析含P、S的农药）、电子捕获检测器（ECD）（分析含卤农药和含—NO、—CN或—CO—共轭体系的农药）、氮磷检测器（NPD，又称碱焰离子化检测器AFID）（分析含N、P的农药）五种。HPLC多采用紫外检测器或二极管阵列检测器（分析对紫外光有较强吸收的农药）、蒸发光散射检测器（分析对紫外光无吸收、吸收较弱或仅有末端吸收的农药）。

气相色谱-质谱联用技术（GC-MS）是将气相色谱仪和质谱仪串联起来，成为一个整体使用的分离检测技术。它既有气相色谱的高分离性能，又具有质谱准确鉴定化合物结构的特点，可达到同时定性、定量检测的目的，用于农药代谢物、降解物的检测和多残留检测具有突出的优点。

液相色谱-质谱技术（LC-MS）是一种通过内喷式和粒子流式接口技术将液相色谱与质谱连接起来，用于分析热不稳定、分子量较大、难以用气相色谱分析的化合物的新方法。它具有检测灵敏度高、选择性好、定性定量分析同时进行、结果可靠等优点。LC-MS对简单样品可进行分析前净化并具备多残留分析的能力，用于对初级检测呈阳性反应的样品进行在线确认，其优势明显。

12.2.3 试样分析示例

（1）杭白菊中有机氯农药残留的分析

① 样品预处理。将杭白菊样品于60℃干燥4h，粉碎成细粉，取2.0000g，置于250mL具塞锥形瓶中，加水20mL浸泡过夜，加丙酮40mL超声处理30min，加氯化钠6g、正己烷30mL，振荡萃取30min，置离心机中，3000r·min^{-1}离心10min，移出有机相；再用约20mL正己烷清洗下层液及残渣，3000r·min^{-1}离心10min合并有机相，并用硫酸磺化数次至酸层呈无色或淡黄色，有机相过无水硫酸钠柱后，置旋转蒸发仪中浓缩至近干。用正己烷

分数次溶解并转移至 5mL 具塞刻度试管中，40℃下用氮气流将溶液浓缩至 2mL。

② 仪器与试剂。Agilent 6890N 气相色谱仪，Agilent 微电子捕获检测器（µECD）。

③ 色谱条件。色谱柱 HP-5（30m×0.32mm×0.25µm）；进样口温度 280℃；检测器温度 325℃；升温程序 110℃（保持 1min）→以 15℃ · min^{-1} 速率升至 205℃→以 5℃ · min^{-1} 速率升至 220℃→以 25℃ · min^{-1} 速率升至 270℃→以 5℃ · min^{-1} 速率升至 280℃ 保持 1.67min；载气（氮气）流量 1.0mL · min^{-1}；不分流进样；进样量 1.0µL。结果如图 12-1 所示。

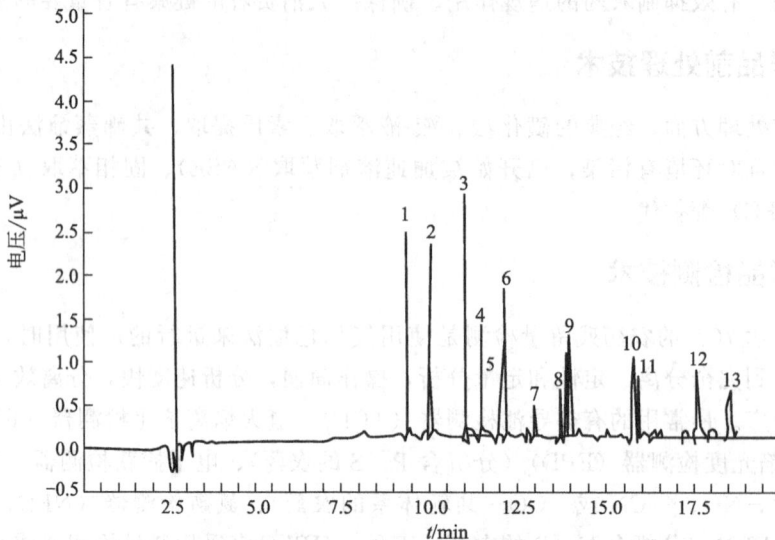

图 12-1　13 种有机氯农药的气象色谱分析

1—α-六六六；2—β-六六六；3—艾氏剂；4—γ-六六六；5—三氯杀螨醇；6—γ-六六六；
7—α-氯丹；8—β 氯丹；9—p,p-DDT；10—狄氏剂；11—o,p'-DDT；
12—p,p'-DDE；13—p,p'-DDD

（2）蔬菜中有机磷农药残留的分析

① 样品预处理。准确称取 25.0g 试料放入匀浆机中，加入 50.0mL 乙腈，在匀浆机中高速匀浆 2min 后用滤纸过滤，滤液收集到装有 5～7g NaCl 的 100mL 具塞量筒中，剧烈振荡后在室温下静置分层。从 100mL 具塞量筒中吸取 10.00mL 乙腈溶液放入 150mL 烧杯中，将烧杯放在 80℃水浴，在缓缓通氮气或空气流下蒸发近干，加入 2.0mL 丙酮，转移至 15mL 刻度离心管中，再用约 3mL 丙酮分 3 次冲洗烧杯，并转移至离心管，最后准确定容至 5.0mL 待测。

② 仪器与试剂。SC-2000 型气相色谱仪，匀浆机，氮吹仪等。

③ 色谱条件。毛细色谱柱（30m × 0.53mm × 0.5µm）；FID 检测器，检测器温度 250℃，进样口温度 220℃；载气为氮气，载气流速 30mL · min^{-1}，燃气为氢气，流速 60mL · min^{-1}；助燃气为空气流速 96mL · min^{-1}；进样量 5µL。结果如图 12-2 所示。

（3）大白菜中拟除虫菊酯类农药残留的分析

① 样品预处理。分别取不少于 1000g 的蔬菜水果样品，切碎后放入食品加工器中粉碎、混匀、制成待测样，备用。准确称取 25.00g 试样放入打浆瓶中，加入 50.00mL 乙腈，高速匀浆 1min 后用滤纸过滤，滤液收集到装有 5～7g NaCl 的 100mL 具塞量筒中，盖上塞子，

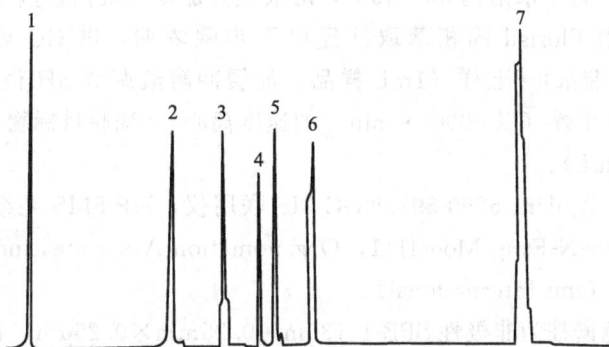

图 12-2　蔬菜中有机磷农药残留气相色谱检测

1—敌敌畏；2—甲拌磷；3—乐果；4—对氧磷；5—对硫磷；6—喹硫磷；7—伏杀硫磷

剧烈振荡 1min，室温下静置 10min，使乙腈相和水相分层。吸取 10.00mL 乙腈相溶液，放入 200mL 烧杯中，置于 70℃ 水浴锅上加热，杯内缓缓通入氮气，蒸发近干，加入 2.0mL 正己烷溶解。转移至用 5.0mL 淋洗液（乙酸乙酯：正己烷＝5：95）和 5.00mL 正己烷预淋过的弗罗里硅土柱，将 10mL 淋洗液分 2 次洗涤烧杯后再转移至弗罗里硅土柱中，用 10mL 刻度试管接收洗脱液。将盛有淋洗液的刻度试管置于氮吹仪上，水浴温度 50℃ 氮吹蒸发至小于 5mL，用正己烷准确定容至 5.00mL，旋涡混合器混匀，移入样品瓶中，待测。

② 仪器与试剂。气相色谱仪（Agilent 6890N-ECD），匀浆机，氮吹仪。乙腈，丙酮，乙酸乙酯，正己烷，氯化钠，均为分析纯。弗罗里硅土柱（1g·6mL^{-1}）。

③ 色谱条件。色谱柱 HP-5（30m×0.32mm×0.25μm）；进样口温度 220℃；检测器温度 300℃；柱温 100℃（保持 1min），15℃·min^{-1} 上升至 230℃（保持 15min），载气为氮气；流速 2.0mL·min^{-1}；恒流模式。结果如图 12-3 所示。

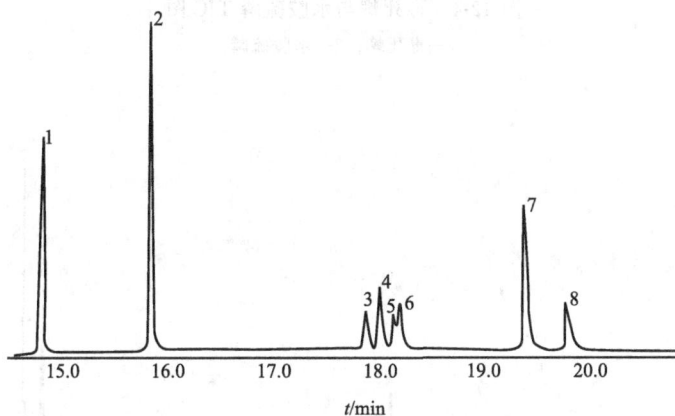

图 12-3　拟除虫菊酯类农药在大白菜中残留的气相色谱检测

1—甲氰菊酯；2—三氟氯氰菊酯；3~6—氯氰菊酯异构体；7,8—氰戊菊酯异构体

（4）GC-MS 对 8 种农药的系统分析及三种农药的同时定性与定量分析

① 样品预处理。将新鲜蔬菜用食品搅碎机搅碎混匀，称取 20.0g 于匀浆机的玻璃瓶中，加入 40mL 乙腈，高速匀浆 3min，过滤，放入装有 5g NaCl 的 100mL 具塞量筒内，盖上塞子，剧烈振荡 2min，在室温下静置 10min，让乙腈和水相分层，吸取 10mL 乙腈相溶液

（上层）于小烧杯中，置于水浴内 30～40℃，溶液上方加氮气吹扫，蒸发至近干，加入 2mL 丙酮溶解，溶解液用 Florisil 固相萃取柱经以下步骤浓缩，供 GC-MS 分析。小柱活化（1mL 甲醇，1mL 蒸馏水）→上样（1mL 样品，加缓冲溶液调节 pH 值到 6.0）→淋洗杂质（2mL 蒸馏水）→小柱干燥（以 4000r·min^{-1} 的速度离心）→洗脱目标物（3mL 乙酸乙酯）→浓缩（氮吹浓缩至 1mL）。

② 仪器与试剂。Agilent 6890-5973NGC-MS 联用仪，HP-5MS 毛细管色谱柱及质谱工作站；氮吹仪（Meyer-N-Evap Model111，Organomation Associates Inc.）；匀浆机（Omn-iMixer Model17105，Omi International）。

③ 色谱条件。色谱柱为非极性 SPB-1（30m×0.25mm×0.25μm）石英毛细管柱；进样方式为不分流进样；进样口温度 230℃；柱前压选择 150kPa 恒压模式；柱温选择 90～250℃（2min）；扫描方式为 SIM。检测结果如图 12-4 和图 12-5 所示。方法的线性范围、检测限、回收率和精确性见表 12-3、表 12-4。

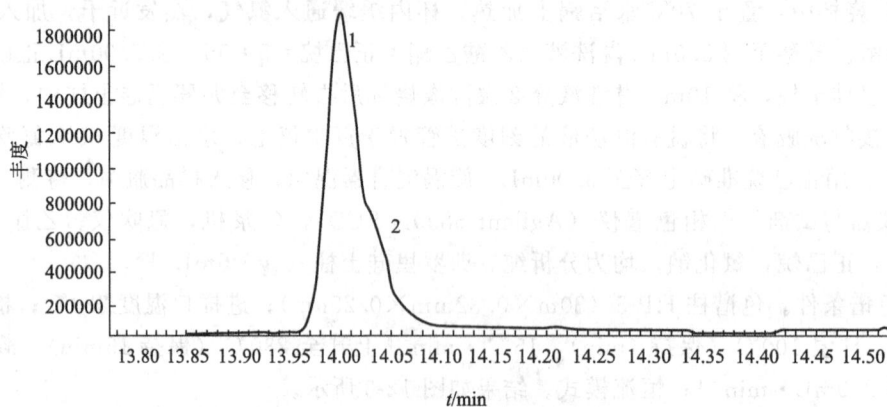

图 12-4　毒死蜱与水胺硫磷 TIC 图
1—毒死蜱；2—水胺硫磷

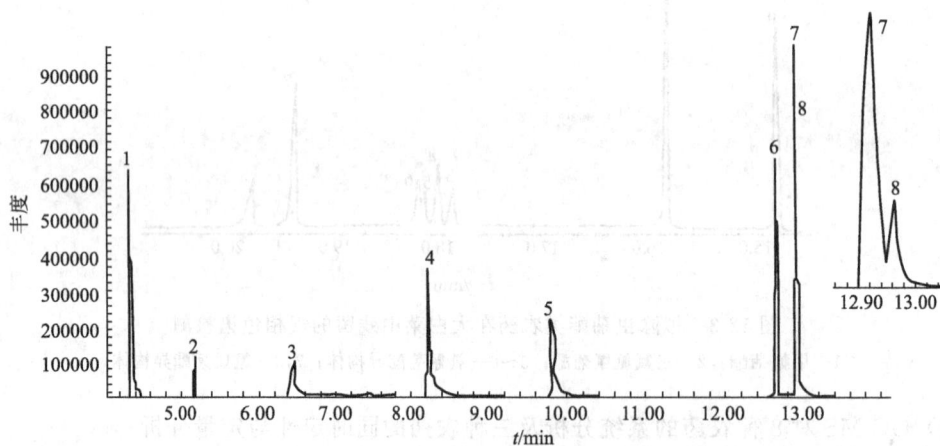

图 12-5　8 种农药混合标准溶液 SIM 谱图
1—敌敌畏；2—水杨酸乙丙酯；3—乙酰甲胺磷；4—氧化乐果；5—乐果；
6—马拉硫磷；7—毒死蜱；8—水胺硫磷

表 12-3　8 种农药的标准曲线方程及其最低检测浓度

农药	保留时间/min	线性范围 /(mg·L^{-1})	回归方程	相关系数	检出度 /(μg·kg^{-1})
敌百虫	6.83	0.50~100	$y=1.40\times10^3 x+1.88\times10^3$	0.9992	50
敌敌畏	4.36	0.10~100	$y=1.07\times10^5 x-1.54\times10^5$	0.9980	10
毒死蜱	12.93	0.10~100	$y=1.80\times10^5 x-6.08\times10^5$	0.9927	10
乐果	9.85	0.50~100	$y=2.35\times10^5 x-2.62\times10^5$	0.9999	30
水胺硫磷	12.97	0.05~100	$y=2.31\times10^5 x-2.21\times10^5$	0.9996	10
辛硫磷	4.54	0.50~100	$y=1.06\times10^5 x-6.82\times10^4$	0.9999	50
氧乐果	8.25	0.50~100	$y=3.25\times10^5 x-8.00\times10^5$	0.9982	50
乙酰甲胺磷	6.45	0.50~100	$y=1.53\times10^5 x-8.52\times10^5$	0.9945	50

表 12-4　8 种农药的回收率和偏差

农药	农药加入量 /(mg·L^{-1})	测定平均值(n=5) /(mg·L^{-1})	回收率/%	相对标准偏差 RSD/%
敌百虫	1.00	0.812	81.2	4.92
敌敌畏	1.00	0.985	98.5	3.52
毒死蜱	1.00	0.859	85.9	4.65
乐果	1.00	0.835	83.5	4.13
水胺硫磷	1.00	0.992	99.2	3.31
辛硫磷	1.00	0.784	78.4	4.81
氧乐果	1.00	0.763	76.3	5.36
乙酰甲胺磷	1.00	0.756	75.6	6.91

12.3　废水试样的分析

废水通常是指被污染了的水。其产生的原因是由于排入水体的污染物在数量上超过了该物质在水体中的本底含量和水体的环境含量,从而导致水体的物理特性、化学特性和生物特性发生不良变化,造成水质变差的现象。

废水试样的分析项目很多,其中表征废水污染的物理性质指标主要包括水温、嗅和味、浊度、水中总固体、悬浮性固体、溶解性固体、色度、电导率、氧化还原电位等。此外,废水试样的化学性质指标主要包括金属元素有机污染物和非金属无机污染物等测定项目。

12.3.1　金属离子的分析

水体中金属元素的测定一般可以分为可过滤(可溶性)金属、不可过滤(悬浮态)金属及金属总量的测定。

可过滤金属:能通过 0.45μm 滤膜的滤液中的金属。

不可过滤金属:不能通过 0.45μm 滤膜并残留在滤膜上的金属。

金属总量:可过滤金属和不可过滤金属的总和。指存在于水体中的无机结合态和有机结合态、可过滤态和悬浮态的金属总和。

12.3.1.1　水样的预处理

水样中金属含量的测定需经过过滤(0.45μm 滤膜)、酸化(用 HNO$_3$酸化至 pH＜2)

和消解（加浓 HNO_3 和 HCl 在电加热板上加热煮沸）等步骤处理样品，在这些过程中所用的水和试剂均要进行杂质含量水平的检验。方法空白须小于方法检出限，否则需进行提纯。所选用的容器必须是适宜的。

12.3.1.2 水样的检测

经过上述步骤处理后的水样，可采用以下方法进行检测。

① 原子吸收分光光度法可测定的元素有 60～70 种，目前在水和废水中测定的主要金属成分有 Cd(228.8nm)、总 Cr(357.9nm)、Cu(324.7nm)、Fe(348.2nm)、Mn(279.5nm)、Ni(232.0nm)、Pb(233.3nm)、Co(240.7nm)、Zn(213.9nm)、Be、Hg(253.7nm)、K、Na、Ca(422.7nm)、Mg(285.2nm) 等。

② 用等离子体原子发射光谱仪（ICP-AES）测定。ICP 最为常见的就是氩等离子体 ICP，现在主要有单道顺序扫描和全谱直读型两大类。全谱直读主要有中阶梯光栅型及帕邢-龙格型两种。采用的检测器主要有二维 CCD 检测、一维线性 CCD 及二维 CID 检测器。等离子体原子发射光谱法大致能测 70 多种元素，相对原子吸收光谱法，它的最大优点就是能多元素同时测定。

12.3.2 非金属无机污染物的分析

废水中的无机污染物除了重金属离子外，还包括砷（As）、硒（Se）、F^-、CN^-、S^{2-} 和 NH_3 等非金属无机污染物。

电位法（EP）是常用的用于测定非金属无机污染物的方法。这是一种以测定溶液（电池）两电极间电位差或电位差的变化为基础的分析技术，分为直接电位法和电位滴定法两种。

① 直接电位法常用于水中 pH 值的测定，还可以测定水中 F^-、CN^-、S^{2-}、NH_3、NH_3-N 和 Cl^- 等。

② 电位滴定法是用指示电极的电位"突跃"来代替指示剂的变色以确定终点，可以测定的项目有酸度、游离 CO_2、浸蚀性 CO_2、氯化物、硫化物和碱度等。

12.3.3 有机污染物的分析

废水中的有机污染物是指以碳水化合物、蛋白质、脂肪、氨基酸等形式存在的天然有机物质及某些其他可生物降解人工合成的有机物质。

12.3.3.1 挥发酚的测定

挥发酚一般多指沸点在 230℃ 以下的酚类，而沸点在 230℃ 以上的酚为不挥发酚。测定挥发酚的主要方法如下。

① 4-氨基安替比林分光光度法在 pH 值为 9.8～10.2 的介质和铁氰化钾存在下，酚类化合物与 4-氨基安替比林（4-AAP）反应生成橙红色的吲哚酚安替比林染料，在 510nm 处有最大吸收（若用氯仿萃取，最大吸收移至 460nm）。

② 溴化滴定法在含过量新生态溴（溴化钾和溴酸钾共存时产生）的溶液中，酚与溴反应生成溴代三溴酚。剩余的溴与碘化钾作用释放的碘，用硫代硫酸钠反向滴定，最终计算出酚的含量。

12.3.3.2 石油类的测定

水中石油类物质主要有矿物油和植物油两大类，其测定方法如下。

① 重量法。以硫酸酸化水样，用石油醚萃取矿物油，蒸发除去石油醚后，称其质量，即可得到石油试样的含量。

② 光度法。用四氯化碳萃取水中的油性物质，测定总萃取物，然后将萃取液用硅酸镁吸附，经脱除动植物油等极性物质后，测定石油类的含量。

12.3.4 痕量有机污染物的测定

由于水中有机污染物的含量一般比较低，目前的检测方法一般还不能直接进样进行测定。痕量有机污染物的检测需要将待测组分从水样中提取出来，使用 GC、GC/MS、HPLC 法分析。

12.3.4.1 气相色谱法 (GC)

常见的有顶空 HS-GC 法、液-液萃取 SE-GC 法和吹扫捕集 PT-GC 法。

① 苯系物。用 CS_2 等有机溶剂萃取，无水 Na_2SO_4 脱水干燥，用 3m×4mm 填充柱，填料为 (3mol·L^{-1} 有机皂土/101 白色载体)：(2.5mol·L^{-1} DNF/101 白色载体) = 36：65，FID 检测器。

② 硝基苯类。用苯萃取，无水 Na_2SO_4 脱水干燥，2m×(2~3)mm 填充柱，填充 3mol·L^{-1} PEGA/Chromosorbm HPGD-80 目，ECD 检测器。

③ 不挥发性卤代烃。用石油醚-乙醚 (2:1) 萃取，用 2m×3mm 柱，填充 10mol·L^{-1} OV-101/Chromsorbe，ECD 检测器。

12.3.4.2 高效液相色谱法 (HPLC)

HPLC 适用于难挥发性有机污染物的分析，如 N-甲基氨基酸酯杀虫剂、草甘膦、百草枯、敌草快等，用 HPLC 荧光检测器检测。此外，酚类包括苯酚、间甲酚、2,4-二氯酚、对硝基酚和五氯酚等除用 GC-FID 检测外，也可用 HPLC 技术检测。苯胺类 (苯胺、2,4-二硝基苯胺、对硝基苯胺)、亚硝胺类 (N-亚硝二甲胺、N-亚硝基二正丙胺)、醛类、酮类及水中多环芳烃等都采用高效液相色谱技术。

12.4 水的净化与废水处理

生活用水、工业用水、渔业用水、农业灌溉用水等都是有特定用途的水资源。人们对这些水中污染物或其他物质的最大容许浓度作出规定，称为水质标准。表 12-5 列出我国的生活用水的水质标准。

表 12-5 我国生活饮用水水质标准

分类	序	名称	标准
感官性状指标	1	色	色度不超过 15 度，并不得呈现其他异色
	2	浑浊度	不超过 5 度
	3	臭和味	不得有异臭、异味
	4	肉眼可见物	不得含有

水质标准			标准
分类	序	名称	
化学指标	5	pH	6.5～8.5
	6	总硬度	不超过 250mg·L^{-1}
	7	铁	不超过 0.3mg·L^{-1}
	8	锰	不超过 0.1mg·L^{-1}
	9	铜	不超过 1.0mg·L^{-1}
	10	锌	不超过 1.0mg·L^{-1}
	11	挥发酚类	不超过 0.002mg·L^{-1}
	12	阴离子合成洗涤剂	不超过 0.3mg·L^{-1}
毒理学指标	13	氟化物	不超过 1.0mg·L^{-1} 适宜浓度 0.05～1.0mg·L^{-1}
	14	氰化物	不超过 0.05mg·L^{-1}
	15	砷	不超过 0.04mg·L^{-1}
	16	硒	不超过 0.01mg·L^{-1}
	17	汞	不超过 0.001mg·L^{-1}
	18	镉	不超过 0.01mg·L^{-1}
	19	铬（六价）	不超过 0.05mg·L^{-1}
	20	铅	不超过 0.1mg·L^{-1}
细菌学指标	21	细菌总数	1mL 水中不超过 100 个
	22	大肠菌群	1L 水中不超过 3 个
	23	游离性余氯	在接触 30min 反应后不低于 0.3mg·L^{-1}。集中式给水除出厂水应符合上述要求外,管网末梢不低于 0.05mg·L^{-1}

对于生活饮用水应尽量采用少受污染的水源（如地表水或地下水）。经过粗滤、混凝、消毒等步骤处理后,可达饮用标准;若需要进一步提高水的纯度,可再用离子交换、电渗析或蒸馏等方法处理,从而制得纯净水。

对于要返回到环境中的工业废水和生活污水也应加以处理,使其达到国家规定的排放标准,再行排放。根据处理的程度一般分为三个级别:一级处理应用物理处理方法,即用格栅、沉淀池等构筑物,去除污水中不溶解的污染物等;二级处理应用生物处理方法,即主要通过微生物的代谢作用,将污水中各种复杂的有机物氧化降解为简单的物质;三级处理是用化学反应法、离子交换法、反渗透法、臭氧氧化法或活性炭吸附法等去除磷、氮、盐类和难降解有机物,以及用氯化法消毒等一种或几种方法组成的污水处理工艺。

下面简单介绍几种与化学有关的水处理方法。

（1）混凝法

水中若有很细小的淤泥及其他污染物微粒等杂质存在,它们往往形成不易沉降的胶态物质悬浮于水中,此时可加入混凝剂使其沉降。铝盐和铁盐是最常用的混凝剂。以铝盐为例,铝盐与水的反应可生成 $Al(OH)^{2+}$、$Al(OH)_2^+$ 和 $Al(OH)_3$ 等,它们可从三个方面发挥混凝作用:①中和胶体杂质的电荷;②在胶体杂质微粒之间起黏结作用;③自身形成氢氧化物的絮状体，在沉淀时对水中胶体杂质起吸附卷带作用。

影响混凝过程的因素有 pH、温度、搅拌强度等。其中以 pH 最为重要。采用铝盐作为混凝剂时，pH 应该控制在 6.0～8.5 的范围内。采用铁盐时，pH 控制在 8.1～9.6 时效果最佳。

在混凝过程中，有时还同时投加细黏土、膨润土等作为助凝剂。其作用是形成核心，使沉淀物围绕核心长大，增大沉淀物密度，加快沉降速度。

新型的无机高分子混凝剂如聚氯化铝 $[Al_2(OH)_nCl_{6-n}xH_2O]_m$，由于价廉、净水效果好，得到普遍采用。有机高分子絮凝剂，如聚丙烯酰胺（俗称 3♯絮凝剂）能强烈快速地吸附水中胶体颗粒及悬浮物颗粒形成絮状物，大大加快了凝聚速率。

在实际操作中，有时是用复合配方的混凝剂，净化的效果更为理想。例如，投加铁盐和聚丙烯酰胺的复合配方处理毛皮工业废水，要比单一药剂的效果更好。

（2）化学法

① 以沉淀反应为主的处理法。对于有毒有害的金属离子可加入沉淀剂与其反应，使生成氢氧化物、碳酸盐或硫化物等难溶物质而除去，常用的沉淀剂有 CaO、Na_2CO_3、Na_2S等。例如，硬水软化方法之一，是用石灰-苏打（CaO-Na_2CO_3）使水中的 Mg^{2+}、Ca^{2+} 转变为 $Mg(OH)_2$、$CaCO_3$ 沉淀而除去。若欲除去酸性废水中的 Pb^{2+}，一般可投加石灰水，使生成 $Pb(OH)_2$ 沉淀。废水中残留的 Pb^{2+} 浓度与水中的 OH^- 浓度（即 pH）有关。根据同离子效应，加入适当过量的石灰水，可使废水中残留的 Pb^{2+} 进一步减小，但石灰水的用量不宜过多，否则会使两性的 $Pb(OH)_2$ 沉淀部分溶解。

又如，含 Hg^{2+} 的废水中加入 Na_2S，可使 Hg^{2+} 转变成 HgS 沉淀而除去。用 FeS 处理含 Hg^{2+} 的废水，发生以下反应：

$$FeS(s)+Hg^{2+}(aq)\Longrightarrow HgS(s)+Fe^{2+}(aq)$$

该反应的平衡常数 $K^{\ominus}$ 值相当大（约 7.9×10^{33}，读者可自行计算），因此，沉淀转化程度很高，且成本低。

近年来，在沉淀法的基础上发展了吸附胶体浮选处理含金属离子废水的新技术。该法是利用胶体物质 $[$ 如 $Fe(OH)_3$ 胶体 $]$ 为载体，可使重金属离子（如 Hg^{2+}、Cd^{2+}、Pb^{2+} 等）吸附在载体上，然后加表面活性剂（或称为捕收剂，如十二烷基磷酸钠与正己醇以 1：3 比例的混合物），使载体疏水，则重金属离子会附着于预先在加压下溶解的空气所产生的气泡表面上，浮至液面而除去。

② 以氧化还原反应为主的处理法。利用氧化还原反应将水中有毒物质转变成无毒物、难溶物或易于除去的物质是水处理工艺中较重要的方法之一。常用的氧化剂有 O_2（空气）、Cl_2（或 $NaClO$）、H_2O_2、O_3 等，常用的还原剂有 $FeSO_4$、Fe 粉、SO_2、Na_2SO_3 等。例如，水处理中常用曝气法（即向水中不断鼓入空气），使其中的 Fe^{2+} 氧化，并生成溶度积很小的 $Fe(OH)_3$ 沉淀而除去。又如，Cl_2 可将废水中的 CN^- 氧化成无毒的 N_2、CO_2 等。

处理 $Cr_2O_7^{2-}$ 时，可加入 $FeSO_4$ 作还原剂，使发生以下反应：

$$Cr_2O_7^{2-}+6Fe^{2+}+14H^+\Longrightarrow 2Cr^{3+}+6Fe^{3+}+7H_2O$$

然后再加 $NaOH$，调节溶液的 pH 为 6～8，使 Cr^{3+} 生成 $Cr(OH)_3$ 沉淀而从污水中除去。

（3）离子交换法　离子交换法在硬水软化和含重金属离子的污水处理方面得到广泛应用。其原理是利用离子交换树脂与水中杂质离子进行交换反应，将杂质离子交换到树脂上去，达到使水钝化的目的。

离子交换树脂是不溶于水的合成高分子化合物，有阳离子交换树脂和阴离子交换树脂。它们均由树脂母体（有机高聚物）及活性基团（能起交换作用的基团）两部分组成。阳离子交换树脂含有活性基团如磺酸基（—SO_3H）能以 H^+ 与溶液中的阳离子发生交换。阴离子交换树脂中含有的基团如季铵基 $\{—N(CH_3)_3OH\}$ 能以 OH^- 与溶液中的负离子发生交换。若以 R 表示树脂母体部分，则阳离子交换树脂可表示为 R—SO_3H 剂，阴离子交换树脂可表示为 R—$N(CH_3)_3OH$。水中杂质离子（正离子以 M^+ 表示，负离子以 X^- 表示）与离子交换树脂的交换反应分别可表示如下：

$$R—SO_3H+M^+ \rightleftharpoons R—SO_3M+H^+$$
$$R—N(CH_3)_3OH+X^- \rightleftharpoons R—N(CH_3)_3X+OH^-$$

离子交换过程是可逆的，离子交换树脂使用一段时间后，R—SO_3H 转变成 R—SO_3M，R—$N(CH_3)_3OH$ 转变成 R—$N(CH_3)_3X$，丧失了交换能力。此时的树脂就需要进行化学处理，使其恢复交换能力，这一过程称为离子交换树脂的再生。

（4）电渗析法和反渗透法　电渗析法和反渗透法都是应用薄膜分离新技术的水处理工艺，可用于海水淡化。电渗析法的原理是在外加直流电源作用下，水中的正、负离子分别向阴、阳两极迁移。在阴、阳两极之间布置若干对离子交换膜［一张阳离子交换膜（简称阳膜）和一张阴离子交换膜（简称阴膜）称为一对］，由于阳膜只允许正离子通过，阴膜只允许负离子通过，在电场作用下，水中的正离子向阴极迁移过程中能透过阳膜而不能通过阴膜，负离子向阳极迁移过程中能透过阴膜而不能通过阳膜。待处理水经这样处理后，造成了淡水区和浓水区，如图 12-6 所示，把淡水引出，可得到较纯的水或称为除盐水。

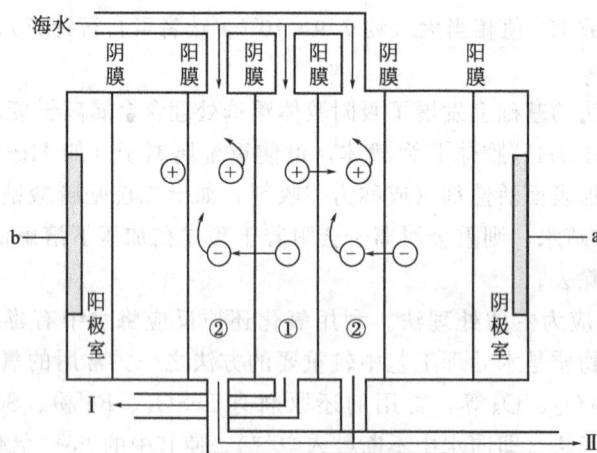

图 12-6　电渗析示意图
Ⅰ—淡水；Ⅱ—浓水；a—电源负极；b—电源正极

反渗透法是应用一种强度足以经受所用的高压力，同时又只能让水分子透过，不让待处理水中杂质离子透过的薄膜（半透膜），在相当大的外加压力下，能将纯水从含杂质离子的水中分离出来的方法。孔径范围在 0.1～1nm 之间，如图 12-7 所示。

反渗透具有能耗低、无污染、无残留等众多优点，广泛应用于给水工程中，我国香港以

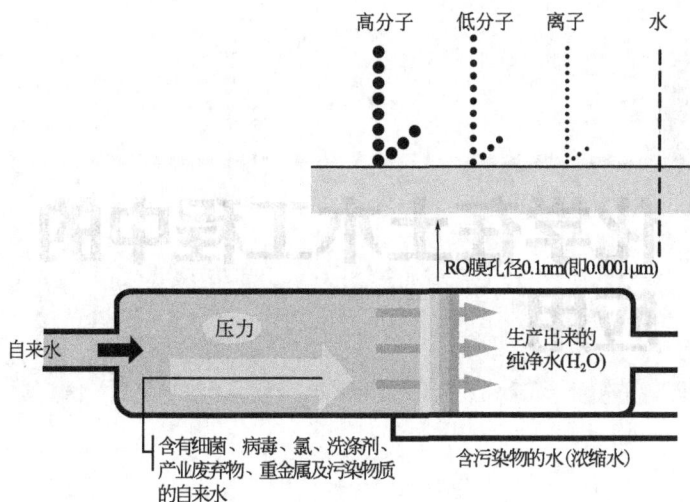

高分子　低分子　离子　水

RO膜孔径0.1nm(即0.0001μm)

自来水

压力

生产出来的
纯净水(H₂O)

含有细菌、病毒、氯、洗涤剂、
产业废弃物、重金属及污染物质
的自来水

含污染物的水(浓缩水)

图 12-7　反渗透示意图

及葡萄牙等地区国家的淡水供应即为反渗透膜处理海水得到的，现其更多用在直饮水的处理上。唯一需要注意的是，反渗透膜因为其孔径细小，容易产生浓差极化现象而发生堵塞。

第13章

化学在土木工程中的应用

本章要求

1. 了解化学在土木工程中的应用。
2. 了解化工材料的基本特性。

大学化学作为土木工程专业的一门必修基础课，其作用不言而喻。现在根据化学反应基本原理，就电化学腐蚀在桥梁工程领域的危害与防护进行初步的讨论，并列举一些可能在施工过程中使用到的化学材料，简单叙述其性质，加深对化学知识的理解，提高分析解决问题的能力。

13.1　桥梁的腐蚀和防护

桥梁作为交通的枢纽，正在发挥着越来越重要的作用。但是我国某些地区的气候条件极为恶劣，所修建的桥梁普遍存在差异（腐蚀相当严重），那么保证桥梁的持久耐用性，就必须对桥梁进行防护，防止桥梁腐蚀。

13.1.1　桥梁的电化学腐蚀的原理及条件

（1）电化学腐蚀　当金属与电解质溶液接触时，由电化学作用而引起的腐蚀称为电化学腐蚀。电化学腐蚀较之化学腐蚀危害更大，覆盖面更大，金属在大气中的腐蚀、在土壤及海水中的腐蚀和在电解质中的腐蚀都是电化学腐蚀。当钢筋暴露于潮湿的空气中时，因为表面的吸附作用，使钢筋表面覆盖一层水膜，而它却能溶解空气中的 SO_2 和 CO_2 气体，这些气体溶于水后电离出 H^+、SO_3^{2-}、CO_3^{2-} 等离子。而钢筋中的石墨、渗碳体等电杂质的电极电势较大，钢筋的电极电势较小。这样，就产生了下列电极反应：

阳极　$Fe-2e\!=\!\!=\!Fe^{2+}$　　　$Fe^{2+}+2OH^-\!=\!\!=\!Fe(OH)_2$

阴极　$2H^++2e\!=\!\!=\!H_2$

总反应为　$Fe+2H_2O\!=\!\!=\!Fe(OH)_2+H_2$

生成的 $Fe(OH)_2$ 在空气中被氧化成棕色铁锈 $Fe_2O_3\cdot xH_2O$。由于此过程有氢气放出，故又称之为金属的析氢腐蚀。若钢筋置于弱酸性或中性介质中，且氧气供应充分，则 O_2/OH^- 电对的电极电势大于 H^+/H_2 电对的电极电势。阴极上是 O_2 得到电子：

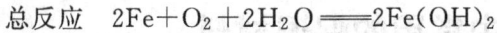

阳极　$2Fe \Longrightarrow 2Fe^{2+} + 4e$

阴极　$O_2 + 2H_2O + 4e \Longrightarrow 4OH^-$

总反应　$2Fe + O_2 + 2H_2O \Longrightarrow 2Fe(OH)_2$

然后，$Fe(OH)_2$ 进一步氧化为 $Fe_2O_3 \cdot xH_2O$。这种过程因需要消耗氧，故称为吸氧腐蚀。

而当桥桩插入水或泥沙中时，由于金属与含氧不同的液体相接触，各部分的电极电势就不一样，氧电极的电势与氧的分压有关，溶液中氧浓度小的地方，电极电势低，成为阳极，发生氧化反应而溶解腐蚀；相反的，溶液中氧浓度较大的地方，电极电势较高而成为阴极不会受到腐蚀。

(2) 混凝土中钢筋的腐蚀条件（电化学腐蚀必须满足的 3 个基本条件）

① 钢筋表面存在 2 个具有不同电位值的电极。

② 钢筋表面存在有电解质液薄膜。

③ 钢筋表面存在氧化物质。

根据桥梁的腐蚀化学原理，可以对桥梁入水部分进行电化学监测，同时针对性地采取一些措施来保护桥梁。

13.1.2　桥梁耐久性检测的主要内容及研发的相应传感器

德国亚琛工业大学土木工程研究所 20 世纪 80 年代末，首先发明了梯形阳极混凝土结构预埋式耐久性无损失监测传感系统，由浇入混凝土的一组钢筋梯形传感器、一个阴极和互连的引出结构的导线组成，能够测量的是钢筋被腐蚀各阶段电学参数。

Cl^- 含量：处于海洋环境下的桥梁结构腐蚀多由于 Cl^- 侵蚀造成，通过混凝土表面的空隙逐渐扩散至钢筋表面，达到极限浓度时便可引起钢筋的锈蚀。Cl^- 含量可由 $Ag/AgCl$ 电极测定。

pH 值：pH 值是影响钢筋耐蚀性的重要参数。在通常情况下，混凝土处于高碱性环境（pH＞13），钢筋在这种环境下表面形成钝化膜，可有效阻止钢筋发生锈蚀。当 pH 值下降时，钢筋表面钝化膜容易遭到破坏。因此，对钢筋表面 pH 值的监测是非常必要的。

温度：混凝土的冻-融破坏主要是由于在环境温度低于混凝土中水分、空隙液的冰点时，混凝土内部结冰，混凝土发生膨胀，温度升高至冰点以上时，结冰融化，该过程反复进行时，可使混凝土发生膨胀。因此，混凝土在冰冻下的使用寿命取决于混凝土的孔隙率及孔中水的饱和程度。

13.1.3　桥梁的腐蚀防护措施

(1) 针对桥梁所处的腐蚀环境和腐蚀特性的防护

① 控制和治理环境污染。

② 隔离污染环境的侵蚀。

③ 选用耐蚀材料。

④ 选用先进制造技术。

⑤ 使用保护涂层。

（2）钢筋的腐蚀防护　防止混凝土内钢筋被氧化物腐蚀有以下两种基本的方式。一种是控制好混凝土原材料中氧化物的含量，在钢筋混凝土中不得掺用氯化钙、氯化钠等氯盐；一种是对钢筋进行防护，防护有两种方法：a. 使用钢筋涂层；b. 使用阻锈剂。

13.2　市政工程中常用的保温材料

13.2.1　保温材料概述

工业设备和管道的保温主要是采用良好的绝热措施和材料，最早应用于美国国家航天局研制的太空服隔热衬里上。绝热材料具有热导率低、密度小、柔韧性高、防火防水等特性。其常温热导率为 0.018W/(K·m) 且绝对防水，保温性能是传统材料 3～8 倍。

气凝胶毡具有可调节硬度、裁剪便利、密度小、耐受高温、绝对疏水、是无机材料、绿色环保等优越特性，其可替代玻璃纤维制品、石棉保温毡、硅酸盐纤维制品等不环保、保温性能差的传统柔性保温材料。

硅酸钙绝热制品国内 20 世纪 70 年代研制成功，具有抗压强度高、热导率小、施工方便、可反复使用的特点，在电力系统应用较为广泛。国内大部分普遍为小作坊式生产，之后相继从美国引进四条生产线，工艺技术先进，速溶速甩成纤、干法针刺毡，质量稳定，可耐温 800～1250℃。特点：耐酸，耐高温，一般化工管道温度要求 1000℃ 以上的，必须用这种材料。该材料溶温在 2000℃ 左右。

目前的保温材料主要产品为聚苯乙烯泡沫塑料和聚氨酯泡沫塑料，但建筑领域应用存在问题。多用于钢丝网夹芯板材、彩色钢板复合夹心板材，虽然有一定限制，但发展较快，随着建筑防火对材料要求越来越严格，对该材料应用提出了新课题。

保温材料可收集多余热量，适时平稳释放，梯度变化小，有效降低损耗量，室温可趋近于恒定，冬季保温效果好。在新楼装饰和旧楼改造中，可克服墙面裂缝、结露、发霉、起皮等先天不足弊病；而且安全可靠，与基底整体黏结，随意性好，无空腔，避免负风压撕裂和脱落。可有效克服板材拼接后边肋、阳角外翘变形、面砖脱落等问题。材料中有机物与主墙基底存在的游离酸反应形成化合物，渗入主墙微孔隙中，形成共同体，确保干态黏结性，并改善湿态黏结保值率，具有极好的黏结性。选用漂珠、水镁石纤维（管状纤维）等原材料，其结构中形成封闭的憎水性微孔隙空腔结构，作为相变材料载体，可确保相变材料的长期实用性。

13.2.2　保温材料主要分类

（1）软瓷保温　软瓷保温材料以天然泥土、石粉等无机物为原料，经分类混合、复合改性，在光化异构及曲线温度下成型。抗震、抗裂、耐冻融、抗污自洁等性能都非常优秀。

（2）墙体保温　专指用于建筑墙体的一类保温材料，根据使用位置可分为外墙保温材料、内墙保温材料、屋面保温材料；根据保温材料的内在成分可分为无机保温材料和有机保温材料。

（3）硅酸铝保温　硅酸铝保温材料又名硅酸铝复合保温涂料，是一种新型的环保墙体保温材料。符合国家建筑标准，是众多房地产商、工程承包商、装饰工程商的必需材料。硅酸铝复合保温涂料是以天然纤维为主要原料，添加一定量的无机辅料经复合加工制成的一种新型绿色无机单组分包装干粉保温涂料，施工前将保温涂料用水调配后刷在被保温的墙体表面，干燥后可形成一种微孔网状具有高强度结构的保温绝热层。

（4）外墙保温　外墙保温可以使用硅酸盐保温材料、陶瓷保温材料、胶粉聚苯颗粒、钢丝网水泥泡沫板（舒乐板）、挤塑板 XPS、硬泡聚氨酯现场喷涂、硬泡聚氨酯保温板、发泡水泥板、A 级无机防火保温砂浆等。

（5）酚醛泡沫材料　酚醛泡沫材料属高分子有机硬质铝箔泡沫产品，是由热固性酚醛树脂发泡而成，它轻质、防火、遇明火不燃烧、无烟、无毒、无滴落，使用温度范围广（−196～＋200℃），低温环境下不收缩、不脆化，是暖通制冷工程理想的绝热材料，由于酚醛泡沫闭孔率高，则热导率低，隔热性能好，并具有抗水性和水蒸气渗透性，是理想的保温节能材料。由于酚醛具有苯环结构，所以尺寸稳定，变化率＜1％，且化学成分稳定，防腐抗老化，特别是能耐有机溶液、强酸、弱碱腐蚀。在生产工艺发泡中不用氟利昂做发泡剂符合国际环保标准，且其分子结构中含有氢、氧、碳元素，高温分解时，溢出的气体无毒、无味，对人体、环境均无害，符合国家绿色环保要求。故此，酚醛超级复合板是最理想的防火、绝热、节能、美观的环保绿色保温材料。

酚醛泡沫素有“保温材料之王”的美称，是新一代保温防火隔声材料。在发达国家酚醛发泡材料发展迅速，已广泛应用于建筑、国防、外贸、贮存、能源等领域。美国建设行业所用的隔声保温泡沫塑料中，酚醛材料已占 40％；日本也已成立酚醛泡沫普及协会以推广这种新材料。

酚醛泡沫还是国际上公认的建筑行列中最有发展前途的一种新型保温材料。因为这种新材料与通常的高分子树脂依靠加入阻燃剂得到的材料有本质的不同，在火中不燃烧，不熔化，也不会散发有毒烟雾，并具有质轻、无毒、无腐蚀、保温、节能、隔声、价廉等优点，且不用氟利昂发泡，无环境污染、加工性好、施工方便，其综合性能是各种保温材料无法比拟的。它通用于宾馆、公寓、医院等高级和高层建筑中央空调系统的保温（我国香港的高级建筑中央空调系统已多数改用酚醛泡沫材料）。对冷藏、冷库的保冷以及用于石油化工等工业管道和设备的保温、建筑隔墙、外墙复合板、吊顶天花板、吸声板等有无可争议的综合优势，解决了其他有机材料防火性能不理想，而无机材料吸水率大、容易“结露”、施工时皮肤刺痒等问题，是空调系统、各种电器的第三代最佳保温材料。

（6）膨胀玻化微珠　膨胀玻化微珠保温砂浆是一种用于建筑物内外墙粉刷的新型保温节能砂浆材料，以无机类的轻质保温颗粒作为轻骨料，加入由胶凝材料、抗裂添加剂及其他填充料等组成的干粉砂浆，具有节能利废、保温隔热、防火防冻、耐老化的优异性能以及低廉的价格等特点，有着广泛的市场需求。

产品状态：均匀灰色粉体。使用改性助剂预混干拌而成，对多种保温材料均具有良好的黏结力。具有良好的柔性、耐水性、耐候性，可现场直接加水调和使用，方便操作，安全环保，符合产业政策。

（7）胶粉聚苯颗粒　EPG 胶粉聚苯颗粒保温系统是以预混合型干拌砂浆为主要胶凝材料，加入适当的抗裂纤维及多种添加剂，以聚苯乙烯泡沫颗粒为轻骨料，按比例配制，在现场加以搅拌均匀即可，外墙内外表面均可使用，施工方便，且保温效果较好。

该材料热导率低，保温、隔热、抗结露性能好，抗压强度高，粘接力强，附着力强，耐冻融、干燥收缩率及浸水线性变形率小，不易空鼓、开裂。

本系统采用现场成型抹灰工艺，材料和易性好，易操作，施工效率高，材料成型后整体性能好。避免了块材保温、接缝易开裂的弊病，且在各种转角处无需裁板做处理，施工工艺简单。

BH胶粉聚苯颗粒保温系统总体造价较低，能满足相关节能规范要求，而且特别适合建筑造型复杂的各种外墙保温工程，是普及率较高的一种建筑保温节能做法。

（8）挤塑板　本系统是采用XPS聚苯乙烯挤塑板（以下简称挤塑板）作为建筑物的外墙保温材料，当建筑主体与外墙砌筑工程完成后，在底层砂浆上涂刷XPS专用界面剂。将拉毛XPS挤塑聚苯板用黏结砂浆按要求粘贴上墙，并使用塑料膨胀螺钉加以锚固。然后在挤塑板表面抹聚合物水泥砂浆。如果其中压入耐碱涂塑玻纤网格布，形成抗裂砂浆保护层，则应改用镀锌钢丝网和专用瓷砖黏结剂和勾缝剂。

（9）橡塑保温材料　不含有大气层有害的氯氟化物，符合ISO 14000国际环保认证要求，所以在安装及应用中不会产生任何对人体有害的污染物。橡塑是高品质的保温节能材料，隔冷、隔热、防结露能力强星，导热系数低并且保持稳定，可对任何热介质起隔绝效果。橡塑材料符合国家标准《建筑材料及制品燃烧性能分吸》（GB 8624），经测试判定为GB 8624 B1级难燃性材料。橡塑为闭泡式结构，外界空气中的水很难渗透到材料之中，具有优异的抗水汽渗透能力，保冷保温层外表不必再添加隔汽层。橡塑的湿阻因子 μ 值大于3500（ISO 9346），构成内置的防水汽层，即使产品划伤也不影响整体的隔汽性。橡塑既是保温层又是防潮层。橡塑使用厚度比其他保温材料减少三分之二左右，因而能节省楼层吊顶以上空间，提高室内高度，具有卓越的耐天候、抗老化、抗严寒、抗炎热、抗干燥、抗潮湿，还具有抗紫外线、耐臭氧、二十五年不老化不变形、免维护、使用寿命长等特性。橡塑具有高弹性、平滑的表层，质地柔软，即使装在弯管、三通、阀门等不规则构件上都可以保持完整、美观，外表不须装饰，即使不吊顶也可保有高档性。由于材质柔软，且无须其他辅助层，施工安装简易，对于管道的安装，可随管道安装的进度一起套上，也可将橡塑管材剖开后再用专用胶水黏合而成即可。

13.2.3　材料类型

13.2.3.1　无机材料

① 无机保温材料主要集中在气凝胶毡、玻璃棉、岩棉、膨胀珍珠岩、微纳隔热板等具有一定保温效果的材料，能够达到A级防火。

② 岩棉的生产对人体有害，还会有工人不愿施工的情况出现，而且岩棉建厂的周期长，从建厂到可生产大约需要2年的时间。国内市场岩棉的供应量也达不到使用的要求。

③ 膨胀珍珠岩的密度大，吸水率高。

④ 微纳隔热板的保温性能是传统保温材料的3～5倍，常用于高温环境下，但价格较贵。

⑤ 气凝胶毡是建筑A1级无机防火材料，常温热导率为0.018W·K^{-1}·m^{-1}，且绝对防水，其保温性能是传统材料3～8倍，可取代玻璃纤维制品、石棉保温毡、硅酸盐制品等不环保、保温性能差的传统柔性材料。

⑥ 2011年3月公安部规定使用A级不燃材料作为保温系统，未来的趋势最多可以放宽到B1级防火材料，无机保温材料的发展前景还很大。

⑦ 膨胀珍珠岩由于原料来源广泛，生产设施简单，对人体无害，相信在以后可以作为主要的材料使用。

13.2.3.2　有机材料

① 有机类保温材料主要有聚氨酯泡沫、聚苯板、酚醛泡沫等。

② 有机保温材料重量轻、可加工性好、致密性高、保温隔热效果好，但缺点是不耐老化、变形系数大、稳定性差、安全性差、易燃烧、生态环保性很差、施工难度大、工程成本较高，其资源有限，且难以循环再利用。

③ 传统的聚苯板、无机保温板具有优异的保温效果，在我国的墙体保温材料市场中广泛使用，但是不具备安全的防火性能，尤其是燃烧时产生毒气，其实此类材料的使用在发达国家早已经被限制在极小的应用领域。

自国务院颁发《国务院关于加强和改造消防工作的意见》（国发［2011］46 号文）以后，聚氨酯（简称 PU）保温材料在国内建筑市场上出现了上升势头。国内保温材料市场已出现明显变化：A 级无机保温材料市场急剧下降，有机保温材料明显上升，PU 建筑保温材料产能、产量和市场均出现了空前增长。2012 年 12 月 3 日，公安部消防局发布了《关于民用建筑外保温材料消防监督管理有关事项的通知》，意味着从防火安全政策层面上，明确了 PU 外墙保温材料未来允许用于建筑外墙保温系统，从而给 PU 保温材料带来发展契机。

2012 年 3 月 3 日，北京市公安局、北京市住房和城乡建委、北京市规划委联合颁布了《关于加强老旧小区综合改造工程外保温材料使用与消防安全管理工作的通知》。该文件中对加强建筑外保温材料的使用管理要求规定，对北京市老旧小区综合改造的建筑外保温工程中，应采用燃烧性能为 A 级的保温材料以及燃烧性能为"复合 A 级的热固性保温材料"。根据该文件规定，对于北京市既有建筑改造项目，可允许使用 A 级和复合 A 级热固性保温材料。

"A 级复合热固性材料"的防火阻燃性能等效于 A 级无机阻燃材料。按此规定，复合热塑性材料即使达到了阻燃 A 级也不能使用。此规定吸取了我国近年来发生的几次重大火灾的深刻教训。因此，从消防安全的角度，有机保温材料会向着更加轻便、安全、阻燃的方面发展。

13.3　工程中常用的防水层材料

13.3.1　材料类型

（1）沥青防水卷材　用原纸、纤维织物、纤维毡等胎体材料浸涂沥青，表面撒布粉状、粒状或片状材料制成可卷曲的片状防水材料。

（2）高聚物改性沥青防水卷材　以合成高分子聚合物改性沥青为涂盖层，纤维织物或纤维毡为胎体，粉状、粒状、片状或薄膜材料为覆面材料制成可卷曲的片状防水材料。

① 弹性体改性沥青防水卷材（即 SBS），执行 GB 18242—2008 国家标准。SBS 改性沥青防水卷材是以热塑性弹性体为改性剂，将石油沥青改性后作浸渍涂盖材料，以玻纤毡或聚酯毡等增强材料为胎体，以塑料薄膜、矿物粒、片料等作为防粘隔离层，经过选材、配料、共熔、浸渍、复合成型、卷曲、检验、分卷、包装等工序加工而制成的一种柔性中、高档的可卷曲的片状防水材料，属弹性体沥青防水卷材中有代表性的品种。

特点：综合性能强，具有良好的耐高温和低温以及耐老化性能，施工简便。

本品加入 10％～15％的 SBS 热塑性弹性体，使之具有橡胶和塑料的双重特性。在常温下，具有橡胶状弹性，在高温下又像塑料那样具有熔融流动性能，是塑料、沥青等脆性材料的增韧剂，经过 SBS 这种热塑性弹性体材料改性后沥青作防水卷材的浸渍涂盖层，提高了卷材的弹性和耐疲劳性，延长了卷材的使用寿命，增强了卷材的综合性能。

② 塑性体改性沥青防水卷材（即 APP），执行 GB 18243—2008 国家标准。APP 改性沥青防水卷材属塑性体沥青防水卷材，是以纤维毡或纤维物为胎体，浸涂 APP（无规聚丙烯）改性沥青，上表面撒布矿物粒、片料或覆盖聚乙烯膜，下表面撒布细砂或者覆盖聚乙烯膜，经过一定的生产工艺而加工制成的一种中、高档改性沥青可卷曲片状防水材料。

特点：分子结构稳定、老化期长、具有良好的耐热性、拉伸强度高、伸长率大、施工简便、无污染。

加入量为 30％～35％的 APP 是生产聚丙烯的副产品，它在改性沥青中呈网状结构，与石油沥青具有良好的互溶性，将沥青包在网中。APP 分子结构为饱和态，所以，有非常良好的稳定性，受高温阳光的照射后，分子结构不会重新排列，老化期长。一般情况下，APP 改性沥青的老化期在 20 年以上。APP 改性沥青复合在具有良好物理性能的聚酯毡或者玻纤毡上，使制成的卷材具有良好的拉伸强度和延展率。此卷材具有良好的憎水性和黏结性，既可冷粘施工，又可热熔施工，无污染，可在混凝土板、木板、塑料板、金属板等材料上施工。

③ 高聚物改性沥青聚乙烯胎防水卷材。高聚物改性沥青聚乙烯胎防水卷材是以高密度聚乙烯膜为胎基，以 APP、SBS 等高聚物改性沥青为涂盖材料，以聚乙烯膜或铝箔为上表面覆盖材料，采用挤压成型工艺加工制成的，可卷曲的片状防水材料。本品适用于工业与民用建筑的防水工程，上表面覆盖聚乙烯膜的防水卷材适用于非外露的防水工程，上表面覆盖铝箔的防水卷材则适用于外露防水工程。聚乙烯膜与高聚物改性沥青组成的卷材，具有良好的防水、防腐、耐化学品的综合性能。

④ SBR 改性沥青防水卷材。SBR 改性沥青防水卷材系采用玻纤毡或者聚酯无纺布为胎体，浸涂 SBR 改性沥青，上表面撒布矿物粒、片料或者覆盖聚乙烯膜，下表面撒布细砂或者覆盖聚乙烯膜所制成的可卷曲片状防水材料。

SBR 改性沥青防水卷材，除适用于一般工业与民用建筑工程防水外，尤其适用于高层建筑的屋面和地下工程的防水防潮以及桥梁、停车场、游泳池、隧道等建筑工程的防水。

⑤ 丁苯橡胶改性氧化沥青聚乙烯胎防水材料。丁苯橡胶改性氧化沥青聚乙烯胎防水卷材是以高密度聚乙烯膜为胎基，以丁苯橡胶和塑料树脂改性氧化沥青为涂盖材料，以聚乙烯膜或者铝箔为上表面覆盖材料，采用挤压成型工艺加工制成可卷曲的片状防水材料。本品适用于工业与民用建筑的防水工程，上表面覆盖聚乙烯膜的防水卷材适用于非外露的防水工程，上表面覆盖铝箔的防水卷材适用于外露的防水工程。聚乙烯膜与改性氧化沥青所组成的卷材具有良好的耐水性、耐化学及微生物腐蚀性和延展性。

（3）合成高分子防水卷材　以合成橡胶、合成树脂或它们两者的共混体为基料，加入适量的化学助剂和填充料等，经不同工序加工而成可卷曲的片状防水材料，或把上述材料与合成纤维等复合形成两层或两层以上可卷曲的片状防水材料。

三元乙烯橡胶防水卷材特点：耐老化性能最好，化学稳定性佳，具有优良的耐候性、耐臭氧性、耐热性和低温柔性，甚至超过氯丁与丁基橡胶，比塑料优越得多，它还具有质量轻、拉升强度高、伸长率大、使用寿命长、耐强碱腐蚀等特性。

氯丁橡胶卷材特点：除耐低温性能稍差外，其他性能基本类似，拉伸强度大，耐油性、耐日光、耐臭氧、耐候性很好。

氯丁橡胶乙烯防水卷材 P 型是以增塑聚氯乙烯为基料的塑性卷材，厚度有 1.20mm、1.50mm、2.00mm。卷材宽度有 1000mm、2000mm、1500mm。

氯化聚乙烯防水卷材规格：厚度有 1.00mm、1.20mm、1.50mm、2.00mm；宽度有 900mm、1000mm、1200mm、1500mm。

氯化聚乙烯橡胶共混卷材，具有塑料和橡胶两者的特点，弹度高，弹性好，耐老化，延伸性好，耐低温，可用多种黏合剂黏结，冷施工。

（4）冷玛瑞脂 由石油沥青、填充料、溶剂等配制而成的冷用沥青胶结材料。

（5）刚性防水层 应在第一道柔性防水层完成后的两天左右进行施工，主要以高级脂肪酸类砂浆防水剂、水泥、砂子、细石骨料、纤维为基本材料，防水层厚度应为 20～30mm。

13.3.2 防水层材料的原理

其防水机理可分为两大类型：一类是通过形成完整的涂膜阻挡水的透过或水分子的渗透；另一类则是通过涂膜本身的憎水作用来防止水分透过。

① 聚合物防水材料是通过涂膜来阻挡水的透过或水分子的渗透。许多高分子材料在干燥后能形成完整连续的膜，固体高分子的分子和分子之间总有一些间隙，其间隙的宽度约为几纳米，按理说单个水分子完全可以从这些间隙中通过，但自然界的水通常处在缔合状态，几十个水分子之间由于氢键的作用而形成一个较大的水分子团，这样水分子实际上就很难通过高分子之间的间隙，这就是防水材料涂膜具有防水功能的主要原因。

② 刚性防水层原理。防水砂浆是一种刚性防水材料，通过提高砂浆的密实性及改进抗裂性以达到防水抗渗的目的。主要用于不会因结构沉降，温度、湿度变化以及受振动等产生有害裂缝的防水工程。用作防水工程的防水层的防水砂浆有以下三种：刚性多层抹面的水泥砂浆；掺防水剂的防水砂浆；聚合物水泥防水砂浆。

a. 刚性多层抹面类：由水泥加水配制的水泥素浆和由水泥、砂、水配制的水泥砂浆，将其分层交替抹压密实，以使每层毛细孔通道大部分被切断，残留的少量毛细孔也无法形成贯通的渗水孔网，硬化后的防水层具有较高的防水和抗渗性能。

b. 掺防水剂类：在水泥砂浆中掺入各类防水剂以提高砂浆的防水性能，常用的掺防水剂的防水砂浆有氯化物金属类防水砂浆、氯化铁防水砂浆、金属皂类防水砂浆和超早强剂防水砂浆等。

c. 氯化物金属类：由氯化钙、氯化铝等金属盐和水按一定比例混合配制的一种淡黄色液体，加入水泥砂浆中与水泥和水起作用。在砂浆凝结硬化过程中生成含水氯硅酸钙、氯铝酸钙等化合物，填塞在砂浆的空隙中以提高砂浆的致密性和防水性。

d. 氯化铁类：用氧化铁皮、盐酸、硫酸铝为主要原料制成的氯化铁防水剂，呈深棕色溶液，主要成分为氯化铁、氯化亚铁及硫酸铝。该防水剂先用水稀释后再加入水泥、砂中搅拌，形成一种防水性能良好的防水砂浆。砂浆中氯化铁与水泥水化时析出的氢氧化钙作用生成氯化钙及氢氧化铁胶体，氯化钙能激发水泥的活性，提高砂浆的强度，而氢氧化铁胶体能降低砂浆的析水性，提高密实性。

e. 金属皂类：用碳酸钠或氢氧化钾等碱金属化合物、氨水、硬脂酸和水按一定比例混合加热皂化成乳白色浆液加入到水泥砂浆中而配制成的防水砂浆，具有塑化效应，可降低水灰比，并使水泥质点和浆料间形成憎水化吸附层和生成不溶性物质，以堵塞硬化砂浆的毛细孔，切断和减少渗水孔道，增加砂浆密实性，使砂浆具有防水特性。

f. 超早强剂类：在硅酸盐水泥（或普通水泥）中掺入一定量的低钙铝酸盐型的超早强外加剂配制而成的砂浆，使用时可根据工程缓急适当增减掺量，凝结时间的调节幅度可为1~45min。超早强剂防水砂浆的早期强度高，后期强度稳定，并具有微膨胀性，可提高砂浆的抗开裂性及抗渗性。

g. 聚合物水泥类：用水泥、聚合物分散体作为胶凝材料与砂配制而成的砂浆。聚合物水泥砂浆硬化后，砂浆中的聚合物可有效地封闭连通的孔隙，增加砂浆的密实性及抗裂性，从而可以改善砂浆的抗渗性及抗冲击性。聚合物分散体是在水中掺入一定量的聚合物胶乳（如合成橡胶、合成树脂、天然橡胶等）及辅助外加剂（如乳化剂、稳定剂、消泡剂、固化剂等），经搅拌而使聚合物微粒均匀分散在水中的液态材料。常用的聚合物品种有机硅、阳离子氯丁胶乳、乙烯-聚醋酸乙烯共聚乳液、丁苯橡胶胶乳、氯乙烯-偏氯化烯共聚乳液等。

13.3.3　三种防水层的比较区别

（1）涂膜防水层　渗漏率最高，厚度难控制，基层手抹砂浆，难大面积平如镜，无法保证涂膜厚度均匀。必须满粘在基层上，基层裂缝会导致涂膜拉断。施工周期长，受基层干燥及涂膜各遍之间干燥时间影响。一般涂膜较薄，抗外力碰扎能力较弱。

（2）卷材防水层　厚度均匀，工厂生产，误差较小，不因基层平整度影响厚度。施工速度快，效率高。可以空铺，不受基层潮湿度影响，缩短周期，且可避免基层开裂拉断防水层。卷材做立墙防水很方便，施工简便。可长期储存，不变质。

（3）刚性防水层　耐自然老化性好、抗碰撞穿刺力强，强度高，价格低，上人屋面可做面层。缺点：自重大，对砂石配比要求高，砂石含泥量要求易疏忽，运输量大，施工不便，没有延伸率，易开裂。

13.4　沥青等材料配比及原理

沥青材料是由一些极其复杂的高分子的碳氢化合物和这些碳氢化合物的非金属（氧、硫、氮）的衍生物所组成的混合物。在常温下呈黑色或黑褐色的固态、半固态或液态。

沥青分为地沥青和焦油沥青，地沥青分为天然沥青（石油在自然条件下，长时间经受地球物理因素作用形成的产物）和石油沥青（石油经各种炼制工艺加工而得的沥青产品）。焦油沥青分为煤沥青（煤经过干馏所得的煤焦油，经再加工后得到煤沥青）和页岩沥青（页岩炼油工业的副产品）。广泛用作路面、屋面、防水、耐腐蚀等工程材料。土木工程建筑主要应用石油沥青按三组分分析法所得各组分的性状见表13-1。

表 13-1　石油沥青三组分分析法的各组分性状

组分 \ 性状	外观特征	平均分子量	碳氢比/原子比	含量/%	物化特征
油分	淡黄色透明液体	200~700	0.5~0.7	45~60	几乎可溶于大部分有机溶剂，具有光学活性，常发现有荧光，相对密度 0.910~0.925

组分＼性状	外观特征	平均分子量	碳氢比/原子比	含量/%	物化特征
树脂	红褐色黏稠半固体	800～3000	0.7～0.8	15～30	温度敏感性高,溶点低于 100℃,相对密度大于 1.000
沥青质	深褐色固体微粒	1000～5000	0.8～1.0	5～30	加热不熔化,分解为硬焦炭,使沥青呈黑色,相对密度 1.100～1.500

石油沥青的四组分分析法是将石油沥青分离为饱和分、芳香分、胶质和沥青质。石油沥青按四组分分析法所得各组分的性状见表 13-2。

表 13-2　石油沥青四组分分析法的各组分性状

组分＼性状	外观特征	平均相对密度	平均分子量	主要化学结构
饱和分	无色液体	0.89	625	烷烃、环烷烃
芳香分	黄色至红色液体	0.99	730	芳香烃,含 S 衍生物
胶质	棕色黏稠液体	1.09	970	多环结构,含 S、O、N 衍生物
沥青质	深棕色至黑色固态	1.15	3400	缩合环结构,含 S、O、N 衍生物

石油沥青的胶体结构见图 13-1。

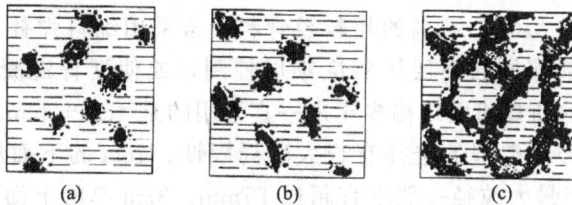

图 13-1　沥青胶体结构示意图
（a）溶胶型结构；（b）溶-凝胶型结构；（c）凝胶型结构

煤沥青的化学组成和组分：煤沥青的组成主要是芳香族碳氢化合物及其氧、硫、碳的衍生物的混合物。煤沥青化学组分的分析方法与石油沥青的方法相似,目前主要将煤沥青分离为油分、树脂 A、树脂 B、游离碳 C1 和游离碳 C2 5 个组分。煤沥青与石油沥青相比,在技术性质上有下列差异：温度稳定性较差,气候稳定性较差,与矿物集料的黏附性较好。

乳化沥青是将黏稠沥青热融,经过机械的作用,以细小的微滴（粒径为 2～5μm）状态分散于含有乳化-稳定性的水溶液中,形成水包油状的沥青乳液。乳化沥青的优点是常温施工、节约能源,便于施工、节约沥青,保护环境、保障健康,路面粗糙,减少事故。一般针入度为 10～30（0.1mm）的石油沥青多用于建筑防水,针入度为 100～300（0.1mm）的石油沥青多用于制备路用乳化沥青。近几年阳离子乳化沥青发展很快,在道路工程中,以阳离子乳化沥青为主,可以用于路面的保护层结构、修补路面,也可以用作路面抗滑表层。

改性沥青：是通过在沥青中加入不同的改性剂,实现改善沥青多种性能的目的。目前,道路沥青可以采用热塑橡胶、热塑聚合物和热固树脂三种改性剂改善其使用性能。其中,热塑橡胶弹性体改性剂使用最为普遍,如苯乙烯-丁二烯-苯乙烯（sbs）和丁苯橡胶（sbr）改性沥青中都具有良好的使用效果。

黏稠沥青的黏性用针入度值表示，当针入度值越大时，黏性越小，牌号增大。石油沥青的温度稳定性用软化点来表示，当沥青的软化点越高时，温度稳定性越好，当温度的变化对石油沥青的黏性和塑性影响不大时，则认为沥青的温度稳定性好。

沥青混合料的生产配合比是指导具体生产的，和目标配合比不同。简单地说，目标配合比用的各个级配的矿料规格一般有0～5、5～10、10～20、10～30等固定级配，目标配合比根据这些级配的集料，调整各组分掺量进行配比，最终形成配合比；而由于机器下料，设备上的筛孔一般为0～3、3～6、6～12、12～32几种筛子，把所有原料进行二次筛分，这时储料仓内粒径发生变化，不可能继续使用目标配合比生产，因此就应根据仓内石料级配对配合比重新调整，即生产配合比。

沥青混凝土配合比的做法如下。

(1) 级配类型的选择　选择合适的沥青混合料级配类型是确保沥青混凝土路面面层质量的前提。沥青混凝土面层的设计一般依据《公路沥青路面施工技术规范》(JTJ 032—2002)《公路沥青路面设计规范》(JTJ 014—1997)和《公路工程集料试验规程》(JTJ 058—2000)。我国现行规范规定，上面层沥青混合料的最大粒径不宜超过该层厚的1/2，中面层沥青混合料的集料最大粒径不宜超过该层厚的2/3；沥青路面结构层混合料的集料最大公称尺寸不宜超过该层厚的1/3，对于粗的混合料，这个比例还应减小。由此分析，厚度一定的沥青面层，若按《公路沥青路面施工技术规范》最低要求选择级配类型，则沥青混合料集料的粒径普遍偏大，何况还有0%～5%的颗粒超过最大粒径，这样势必会给沥青混凝土路面的施工带来不易解决的施工难度，如摊铺机的熨平板易拉动大粒径的骨料，尤其比最大粒径大0%～5%的超粒径骨料；若采用细料弥补，易破坏沥青混凝土混合料的级配，使局部部位的面层压实度难以控制，或使沥青混凝土面层空隙率偏大，渗水严重等。濮阳市的沥青路面结构多年来一直采用的是4cm＋3cm的厚度组合模式，这种组合模式对沥青混合料类型的选择有很大的局限性。4cm的下面层最大粒径一般不超过25mm，3cm上面层最大粒径一般不宜超过15mm。3cm厚的上面层，按照《公路沥青路面施工技术规范》的规定，选择AC-10I型较合适，AC-10I型公称最大粒径为13.2mm，最大粒径为15mm。这使我们在选材上有了很大的局限性，要实现这一配合比的合理选择，必须通过两种渠道来把关：一是尽量多地考察集料资源，二是拌和机的振动筛一定要根据不同级配类型要求的筛孔专门定做。

(2) 原材料的选择　要保证工程质量，必须对工程材料进行严格的选择和检验，这也是在沥青混合料配合比设计前必不可少的一个重要环节。选择、确定原材料应根据设计文件对路面结构和使用品质的要求，按照规范的相关规定，结合地材的供应情况，按照相关试验规程的要求进行检验，然后择优选材，使材料的各项技术指标都符合规定的技术要求。

选材原则：组成沥青混凝土的原材料主要有不同规格的粗集料、细集料、填充料（矿粉）、胶结料（沥青）。选择原材料按以下原则：技术性好（满足技术指标要求），经济性好，结合环保就地取材。

沥青的选择：沥青是沥青混凝土的主要组成材料之一，是决定沥青混合料质量的主要因素。因此选择沥青时，除了要注意沥青自身品质的优劣以外，还要注意沥青标号对当地环境、气温的适应性，既要兼顾冬季的抗裂性，又要兼顾到夏季的抗塑变能力。

粗集料的选择：粗集料在沥青混凝土面层中的作用是通过颗粒间的嵌锁作用提供稳定

性，通过其摩擦作用抵抗位移。其形状和表面纹理都影响沥青混凝土的稳定性，所以选择粗集料时，要严格按照粗集料的技术要求选择，即压碎值、磨光值、吸水率、黏附性、针状颗粒含量等均符合要求。

细集料的选择：细集料一般是指天然砂、人工砂、石屑等，在沥青混合料中增加颗粒间嵌锁作用，减少粗集料间的孔隙，从而增加混合料的稳定性。选择细集料时，除考虑应满足规范规定的技术指标外还应考虑级配情况，与沥青的黏结力以及耐磨性和对混合料的稳定性。

填料的选择：选择填料时一定要考虑能否满足亲水性和细度要求，能否改善沥青与集料的黏结力。根据集料的性质不同选择不同的填料，对于碱性集料，可选择磨细的石粉作填料；对于中性材料，可使用磨细的石灰石粉；另外，根据不同情况还可选用水泥消石灰等作填料。

（3）沥青混合料配合比设计 规范规定对沥青混合料的配合比设计采用三阶段配合比设计法。这一方法的目的是为了使设计程序化和深入化，使设计结果更加符合生产实际，以充分起到指导施工的作用。

目标配合比设计：根据设计文件结构层的要求，选择相应的合格材料，先进行矿料级配比计算，找出最佳状态的配合比。一般情况下应使试配结果尽量靠近级配范围的中值。参照相关规范推荐，根据以往经验固定一个最佳沥青含量的范围，以 0.5% 间隔的不同油石比配制 5~6 组试件，分别进行马歇尔稳定度、孔隙率、试件密度、流值、最佳沥青用量 OAC，然后再按最佳沥青用量 OAC 制件，做水稳定性检验和高温稳定性检验。根据验证结果，若达不到相关规定则另选材料、调整级配或采取其他措施重做试验，直到符合要求，确定出较理想的目标配合比。

生产配合比设计：目标配合比确定以后，要对实际施工中所采用的沥青混合料拌和设备进行生产配合设计。试验前，首先根据路面结构的级配类型选择适当尺寸的振动筛。选择时要遵循：①动筛的最大筛孔应使超粒径的矿料排出，保证最大粒径筛孔的通过量在要求的级配范围内；②振动分档应使各热料仓的材料保持均衡，以提高生产效率；③应注意振动筛的孔径与室内试验方孔筛尺寸的对应关系。试验时，矿料按目标配合比设计的比例由冷料仓取样进行各项指标试验，使其合成级配在要求范围内并大致接近中值，按此配比进行拌和，用热拌合料进行马歇尔试验，按照与目标配合比相同的试验方法确定最佳用油量，所得结果为生产配合比。据此结果根据拌和设备的拌和能力确定每盘料所需各热仓的矿料数量和沥青的数量。

13.5 其他跟化学相关的土木工程材料及应用

13.5.1 化学原理在岩土工程中的应用

（1）历史 我国人类的文明史可以追溯至 7000~8000 年以前，先人们凭借其在生产及生活中积累的丰富经验，极其成功而又富有创造性地解决了多种土木及岩土工程问题。近年的甘肃大地湾遗址考古证实建于 5000 多年前的宫殿中所用的广义混凝土，历经 5000多年以后其强度仍有今天的 C10 水平。石灰的应用可以看作化学原理在土木及岩土工程中应用的典型实例，它的使用历史可以追溯至原始社会的晚期。我国许多古建筑的砌体结构及基础砌体中采用糯米浆加白（石）灰作为胶结料已有数千年的历史，这些胶结料具有极好的耐久性，完全可以与今天的水泥砂浆相媲美，即使是在寒冷潮湿的地下环境中，其强度亦可历经百年而不退化，此种作法直至20世纪初期仍在砌体结构中延续。在现今的地基工程中，石灰仍广泛地应用于灰土地基、石灰桩、粉喷桩等工程。先人们不但能够应用无机化学材料，如黏土、岩石、石灰等，也很好地应用了有机化学材料，如树胶（树脂）、动物血、江米汁（淀粉）等，通过适当地击打、夯实、堆砌、浇灌等物理手段或烘烤、焙烧、冶炼等化学方法，使其广泛地应用于土木及岩土工程中。

（2）岩土工程化学反应的机理　岩土工程化学所涉及的化学反应过程大都是在土体原位上进行的，因而可称其为土体的原位反应。这些反应过程主要包括以下几个方面。①土粒外表遇到外来的浆液后，浆液与土粒间发生各种形式的物理化学反应，在土粒表面产生化学作用，某些具有高渗透性能的低黏度化学浆液，对于岩土介质具有极强的亲和性，在自动吸渗机制作用下，就能自动渗入到黏土中，达到一般压力渗透灌浆无法达到的效果，浆液的渗入改变了黏土的结构。②浆液自身或与水结合、水化后生成凝胶体，与土粒胶结或与凝胶效应有关的一系列物理、化学反应，将土粒胶结在一起，这类反应包括高分子材料的聚合反应、缩聚反应、交联反应，水泥的水化反应等。③外来物质在凝胶过程中不但本身发生多种复杂的化学反应，同时也会与土中的某些成分发生相互反应，从而改变土的结构，提高土的强度。如桐油（主要成分为桐油酸、三甘油酯）与黏土混合后，桐油被扩展，在黏土表面形成分子油膜，使土体形成较粗的细小颗粒的集合体，加入糯米汁后，糯米汁在土体间渗透、扩散。糯米汁自身的黏性能将众多细小颗粒的集合体胶结在一起，形成较大的粒团，水泥浆与土体的离子交换作用、团粒化作用、硬凝反应、碳酸化作用，黄土的碱液加固作用，聚氨酯与空隙水的反应，高分子材料与土粒发生的交联反应等系列反应，伴随着大量的反应热量，导致土体脱水、压密或土体结构与强度的改变。

（3）岩土工程化学在工程中的应用　岩土工程化学在工程中的应用主要是指岩土工程的化学加固，是指利用各种浆液（如水泥浆、黏土浆、水玻璃浆、纸浆或其他各种具有胶结作用的浆液）或粉料（如水泥粉、生石灰粉，粉煤炭），通过灌注渗入、高压喷射或机械搅拌等手段，使掺加料与土颗粒结合、发生化学反应后将其胶结在一起，以改善地基土物理、力学性质的地基处理方法。其应用的目的是在原位将较低承载力的岩土改良为高承载力、符合工程要求的岩土，使现有资源得以充分利用。它主要通过以下几种作用。①化学凝胶作用：不管是水泥浆或其他化学浆液与土粒接触、水化后都将生成凝胶体，都将发生具有胶结力的化学反应，把岩土或土粒胶结在一起，增加各土粒间的联结作用，提高整体结构强度。②充填作用：固结材料固化后本身具有较高强度，填充于土体孔隙中，与土体共同承受外荷载，它的存在限制了土体的变形，提高了土体抵抗外力的能力。③挤密作用：浆液在高压作用下灌入土体中，使周围土体得到密实并排除部分孔隙水，从而提高土体强度。④骨架作用：施工过程中的瞬间压力一旦超过土粒之间的联结作用，就会导致土体劈裂，产生较大的裂隙，浆液灌入、渗入、充填其中后必然会形成脉状及网状浆液体，固化后形成一个空间无规则的杆系或树根系的结构体，该结构体类似土骨架，具有一定的抗力，可支撑外来压力，同时也限制了其中土体的变形。⑤防渗作用：浆液充填于岩石裂隙、空洞及土体孔隙中，凝硬、固化后阻塞了流体的渗流通道，提高了土体的防渗性能。

13.5.2　工程砂组成成分检测

(1) 砂中有机物含量试验　样品过 5mm 孔径筛网，用四分法缩分至 500g 左右，烘干，倒入 250mL 量筒中至 130mL 刻度处，注入 3％NaOH 至 200mL 刻度，剧烈搅拌后静置 24h，对试样上部溶液和标准溶液的颜色进行比较，若试样上部的溶液颜色比标准溶液的颜色浅，则对该试样的有机质含量的鉴定是合格的。

(2) 砂中硫酸盐、硫化物含量试验　称取 1g 砂，放入 300mL 的烧杯中，注入 30～40mL 蒸馏水及 10mL（1∶1）的 HCl，加热至沸腾，并保持沸腾 5min，使试样充分分解后取下烧杯，以中速滤纸过滤，用温水洗涤 10～12 次，调整滤液体积至 200mL，煮沸，边搅拌边滴加 10mL 10％BaCl$_2$ 溶液，并将溶液煮沸数分钟，然后移至温热处静置至少 4h（此时溶液体积应保持在 200mL），用慢速滤纸过滤，以温水洗到无氯根反应（用硝酸银溶液检验），将沉淀及滤纸一并移入已灼烧恒量的瓷坩埚中，灰化后在 800℃ 的高温炉内灼烧 30min。取出坩埚，置于干燥器中冷至室温，称量，如此反复灼烧，直至恒重。最后，对水溶性硫化物、硫酸盐含量进行计算（精确到 0.01％）。

砂中氯离子含量试验：取工程砂 2kg 先烘至恒重，经四分法缩至 500g 倒入带塞磨口瓶中，取 500mL 蒸馏水，注入磨口瓶内，加上塞子，静置 2h，然后每隔 5min 摇动一次，共摇动 3 次。过滤磨口瓶上部已澄清的溶液，移液管吸取 50mL 滤液，注入三角瓶中，再加入浓度为 5％的铬酸钾指示剂 1mL，用 0.01mol·L^{-1} AgNO$_3$ 标准溶液滴定至呈现砖红色为终点，记录消耗的 AgNO$_3$ 标准溶液的毫升数，与空白实验对比得出氯离子含量。

砂的碱活性试验：取样品 500g，用破碎机及粉磨机破碎后，放在 105℃烘箱中烘 24h，过 0.315mm 孔径筛网，然后用磁铁吸除样品带入的铁粉，制成试样。称取制备好的试样 25g 三份，将试样放入反应器中，再用移液管加入 25mL 经标定的浓度 1mol·L^{-1} 的 NaOH 溶液，将反应器的盖子盖上，加夹具密封反应器，将反应器放入 80℃水浴中浸泡 24h，然后取出，将其放在流动的自来水中冷却 15min，立即开盖，用瓷质古氏坩埚过滤。过滤完毕，立即将滤液摇匀，用移液管吸取 10mL 滤液移入 200mL 容量瓶中，稀释至刻度，摇匀，以备测定溶解的 SiO$_2$ 含量和碱度降低值，用重量法、容量法或比色法测定溶液中的可溶性二氧化硅含量。

13.5.3　水泥组分成分检测

水泥原料中氯离子的化学分析方法：水泥原料中微量氯化物的测定，用规定的蒸馏装置在规定的温度下，以过氧化氢和磷酸分解试样，以净化空气做载体，进行蒸馏分离氯离子。氯化物以过氯化氢形式蒸出，用稀硝酸做吸收液，蒸馏 10～15min 后，向蒸馏液加入乙醇至体积分数 75％以上，一般总体积 20～30mL。在 pH3.5 左右，以二苯偶氮碳酰肼为指示剂，用 Hg(NO$_3$)$_2$ 标准液进行滴定，终点为紫红色。

用 EDTA 滴定法测定水泥稳定土中水泥剂量：用水泥或石灰剂量稳定材料成分剂量相同的钙离子与 EDTA 标准溶液用量绘制标准曲线，称 300g 放在搪瓷杯中，用搅拌棒将结块搅散，加 10％ NH$_3$Cl 溶液 600mL，对水泥或石灰稳定中、粗粒土，可直接称取 1000g 左右，放入 10％ NH$_3$Cl 溶液 1000mL，用 NaOH 为缓冲剂，将溶液酸度调节至 pH＞12。采用钙指示剂，仅有钙离子与钙指示剂发生络合反应为玫瑰红色的钙络合物。滴定时，在溶液颜色变为紫色时，放慢滴定速度并摇匀，直到纯蓝色为终点，记录滴定前后滴定管中 EDTA 二钠标准溶液体积差。在标准曲线中查找，确定混合料中的水泥或石灰剂量。

第14章

实　验

14.1　化学实验的目的和任务

化学是一门实验科学。作为化学教程的一个重要组成部分，化学实验教学的主要目的是：使学生通过对实验现象的观察、了解、分析和认识，以及常规和现代测试仪器的使用，实验数据的归纳、综合与正确处理等基本操作和技能的训练，不仅提高独立思考、独立工作、独立分析、解决问题的能力，更重要的是培养严谨的科学态度和实事求是的工作作风，使学生清醒地认识到：化学作为一门应用性很强的基础学科，在满足社会能源需求、提高人类生存质量、保护生态环境等方面起着无可替代的作用。化学中的一些基本理论、定律，化学界的一些重大发现都是人们在实验的基础上，应用实验的方法、手段和技术而获得的。

因此，化学实验基本操作和技能的训练、化学思维方法的养成，是学习化学实验的一项中心任务。

14.2　大学化学实验的学习方法

完成好化学实验，必须重点关注预习、实验和实验报告三个环节。

（1）预习

① 阅读实验教材及参考文献中的有关内容。

② 明确实验目的。

③ 了解实验的内容、步骤、操作过程和注意事项。

④ 写好预习报告。预习报告包括：目的、原理（反应式），实验步骤和注意事项等。根据实验教材改写成简单明了的步骤。实验前将预习报告交指导教师检查，预习合格者才允许进行实验。

（2）实验

① 认真操作，细心观察，独立思考，如实记录。

② 保持肃静，遵守规则，注意安全，节约试剂。

③ 实验完毕，洗涤仪器，整理台面，清洁环境。

④ 将实验结果和记录交指导教师查阅，达到要求，且经指导教师同意方能离开实验室。

（3）实验报告

实验结束后，严格根据实验记录，对实验现象作出解释，写出有关反应式；或根据实验数据进行处理和计算，作出结论，并对实验中的问题进行讨论。独立完成实验报告，及时交指导教师批阅。

书写实验报告应字迹端正，简明扼要，整齐清洁，否则，必须重新完成实验报告。

实验报告应包括以下内容。

① 实验目的。

② 实验步骤：尽量采用表格、图框、符号等形式清晰、明了地表示。

③ 实验现象和数据记录：实验现象要表达正确、全面，数据记录完整，绝不允许主观臆造，抄袭别人作业。

④ 解释、结论或数据计算：根据现象作出明确解释，写出主要反应方程式，分题目作出小结或最后得出结论，若有数据计算务必将所依据的公式和主要数据表达清楚。

⑤ 问题讨论：针对本实验中遇到的疑难问题，提出自己的见解或收获，也可对实验方法、教学方法、实验内容等提出自己的意见。

14.3　学生实验守则

① 实验前应认真预习，写好实验预习报告，上课时交指导教师检查签字。

② 遵守纪律，文明礼貌，保持肃静，集中思想，认真操作，积极思考，细致观察，及时如实记录。

③ 爱护各种仪器、设备。实验过程中如有仪器破损应填写仪器破损单，经指导教师签字后及时领取补齐，破损仪器酌情赔偿。

④ 实验后，废纸、火柴梗和废液废渣应倒入指定的回收容器中，严禁倒入水槽，以防水槽腐蚀和堵塞。废玻璃应放入废玻璃箱中。

⑤ 使用试剂应注意下列几点：

a. 试剂应按教材规定用量使用，如无规定用量，应适量取用，注意节约。

b. 公用试剂瓶或试剂架上的试剂瓶用过后，应立即盖上原来的瓶盖，并放回原处。公用试剂不得拿走为己用。试剂架上的试剂应保持洁净，放置有序。

c. 取用固体试剂时，注意勿使其撒落在实验台上。

d. 试剂从瓶中取出后，不应倒回原瓶中。滴管未经洗净时，不准在试剂瓶中吸取溶液，以免带入杂质使瓶中试剂变质。

e. 教材规定实验后要回收的药品都应倒入指定的回收瓶内。

f. 使用精密仪器时，必须严格按照操作规程操作，细心谨慎，避免粗枝大叶而损坏仪器。发现仪器有故障时，应立即停止使用，报告指导教师，及时排除故障。

⑥ 注意安全操作，遵守实验安全规则，节约用水用电。

⑦ 实验后应将仪器洗净，放回原处，清理实验台面和地下。

⑧ 值日生应按规定做好整理、清洁实验室等各项工作。

【附】值日生职责

① 进行实验室后，打开窗户通风；光线不足时，打开电灯照明。

② 待（全班同学）实验结束，整理并清洁实验室。

a. 擦净黑板。

b. 整理并清洁公用仪器、药品，归类摆齐各试剂架。

c. 清洗水池，不能留有纸屑及其他杂物。

d. 清洁实验台、公用台、通风柜和窗台。

e. 打扫并拖洗地板，及时将垃圾倒到指定的地方，废液倾入专用污水中。

f. 关好水龙头、窗户和电灯。

14.4 实验室安全规则

进行化学实验，经常要使用水、电、煤气、各种仪器和易燃、易爆、腐蚀性以及有毒的药品等，实验室安全极为重要。如不遵守安全规则而发生事故，不仅会导致实验失败，而且还会伤害人的健康，并给国家安全造成损失。因此，每次实验前应充分了解本实验安全注意事项，熟悉各种仪器药品的性能，在实验过程中应精力集中，严格遵守安全守则和操作规程，避免事故的发生。

① 实验开始前，检查仪器是否完整无损，装置是否正确。了解实验室安全用具放置的位置，熟悉使用各种安全用具（如灭火器、沙桶、急救箱等）的方法。

② 实验进行时，不得擅自离开岗位。水、电、煤气、酒精灯一经使用完毕，应立即关闭。

③ 决不允许任意混合化学药品，以免发生事故。

④ 浓酸、浓碱等具有强腐蚀性的药品，切勿溅在皮肤或衣服上，尤其不可溅入眼睛内。

⑤ 极易挥发和引燃的有机溶剂（如乙醚、乙醇、丙酮、苯等），使用时必须远离明火，用后要立即塞紧瓶塞，放入阴凉处。

⑥ 加热时，要严格遵从操作规程。制备或实验具有刺激性、恶臭和有毒的气体时必须在通风橱内进行。

⑦ 实验室内任何药品不得进入口中或接触伤口，有毒药品（如氰化物、汞盐、钡盐、重铬酸钾、砷的化合物等）更应特别注意。不得倒入水槽，以免与水槽中的残酸作用而产生有毒气体。防止污染环境，增强自身的环境保护意识。

⑧ 稀释浓硫酸时，应将浓硫酸慢慢注入水中，并不断搅动，切勿将水倒入浓硫酸中，以免飞溅，造成灼伤。

⑨ 实验室电器设备的功率不得超过电源负载能力。电器设备使用前应检查是否漏电，常用仪器外壳应接地。使用电器时，人体与电器导电部分不能直接接触，也不能用湿手接触电器插头。

⑩ 进行危险性实验时，应使用防护眼镜、面罩、手套等防护工具。

⑪ 不能在实验室内饮食、吸烟。实验结束后必须洗净双手方可离开实验室。

⑫ 未经教师允许，严禁在实验室做与实验内容无关的事情。

14.5 意外事故的紧急处理

如果在实验过程中发生了意外事故，可采取以下救护措施。

① 割伤：伤口内若有异物，须先挑出，然后涂上碘酒或贴上"止血贴"包扎，必要时

送医院治疗。

② 烫伤：切勿用水冲洗，在伤口上抹烫伤药（如 ZnO 药膏、鱼肝油药膏、獾油药膏等），也可以用高锰酸钾溶液润湿伤口至皮肤变棕色为止。

③ 受酸烧伤：先用大量水冲洗，再用饱和的 $NaHCO_3$ 溶液或稀氨水洗，最后用水冲洗。

④ 受碱烧伤：先用大量水冲洗，再用醋酸溶液（$20g \cdot L^{-1}$）或 3‰～5‰ 的硼酸清洗，最后再用水冲洗。

⑤ 可溶于水的化学药品烧伤眼时，先用水冲洗眼睛后，要立即到医院治疗。但不允许进行化学的中和（如被酸烧伤时，用碱中和）。

⑥ 在吸入刺激性或有毒气体如硫化氢气体时，可吸入少量酒精和乙醚的混合蒸气解毒。因吸入硫化氢气体而感到不适（头晕、胸闷、欲吐）时，立即到室外吸收新鲜空气。

⑦ 万一毒物入口时，可内服一杯含有 5～10cm³ 稀硫酸铜溶液的温水，再将手指深入咽喉部，促使呕吐，然后立即送医院治疗。若毒物尚未咽下，应立即吐出来，并用水冲洗口腔。

⑧ 不慎触电时，立即切断电源。必要时进行人工呼吸，找医生抢救。

⑨ 起火：要立即灭火，并采取预防措施防止火势扩展蔓延（如切断电源、移走易燃药品等）。灭火时可根据起火的原因选择合适的方法。

a. 一般的起火：小心用湿布、砂子覆盖燃烧物即可灭火；大火可以用水、泡沫灭火器灭火。

b. 活泼金属如 Na、K、Mg、Al 等引起的着火，不能用水、泡沫灭火器灭火，只能用砂土、干粉等灭火；有机溶液着火，切勿使用水、泡沫灭火器灭火，而应该用二氧化碳灭火器、专用防火布、砂土、干粉等灭火。

c. 电器着火：首先关闭电源，再用防火布、砂土、干粉等灭火，以免触电。

d. 当身上衣服着火时，切勿惊慌乱跑，应赶快脱下衣服或用专用防火布覆盖着火处，或就地卧倒打滚，也可以起到灭火的作用。

14.6　常见仪器使用方法

14.6.1　试管操作

试管是用于少量试剂的反应容器，便于操作和观察实验现象，因而是无机化学实验中用得最多的仪器，要求熟练掌握，操作自如。

（1）试管的振荡　用拇指、食指和中指持住试管的中上部，试管略倾斜，手腕用力振荡即可。

（2）试管中液体的加热　若试管中的液体要加热时，可直接放在火焰中加热。加热时，用试管夹夹住试管中上部，一般为上 1/3 处，试管与桌面约成 60°倾斜，如图 14-1(a) 所示，试管口不能对着别人或自己。先加热液体的中上部，慢慢移动试管，使热布及下部，然后不时地移动或振荡试管，从而使液体各部分受热均匀，避免试管内液体因局部沸腾而迸溅，引起烫伤。

（3）试管中固体的加热　将固体于试管底部摊开，管口略向下倾斜，如图 14-1(b) 所

(a) 试管中液体的加热	(b) 试管中固体的加热	(c) 往试管中滴加液体

正确　错误

图 14-1　加热试管及试管操作

示，以免管内冷凝的水流入试管的灼烧处而使试管炸裂。先用火焰来回加热试管，然后固定在有固体物质的部位加热。

14.6.2　滴定管及其使用

（1）酸式滴定管（简称酸管）（图 14-2）的准备　酸管是滴定分析中经常使用的一种滴定管，除了强酸溶液外其他溶液作为滴定液时一般均采用酸管。使用前，首先应检查旋塞与旋塞套是否配合紧密，如不密合将会出现漏水现象，则不宜使用。其次应进行充分的清洗。根据玷污的程度，可采用下列方法。

① 用自来水冲洗。

② 用滴定管刷蘸合成洗涤剂刷洗，但铁丝部分不得碰到管壁（如用泡沫塑料刷代替毛刷更好）。

③ 用前法不能洗净时，可用铬酸洗液洗。为此，加入 5～10mL 洗液，边转动边将滴定管放平，并将滴定管口对着洗液瓶口，以防洗液洒出。洗净后将一部分洗液从管口放回原瓶，最后打开旋塞，将剩余的洗液从出口管放回原瓶，必要时可加满洗液进行浸泡。

④ 可根据具体情况采用针对性洗涤液进行清洗，如管内壁留有残余的二氧化锰时，可用亚铁盐溶液或过氧化氢加酸溶液进行清洗。

用各种洗涤剂清洗后，都必须用自来水充分洗净，并将管外壁擦干，以便观察内壁是否挂水珠。

（2）酸式滴定管涂油　为了使旋塞转动灵活并克服漏水现象，需将旋塞涂油（如凡士林油等）。操作方法如下。

① 取下旋塞小头处的小橡胶圈，取出旋塞。

② 用吸水纸将旋塞和旋塞套擦干，并注意勿使滴定管壁上的水再次进入旋塞套。

③ 用手指将油脂涂抹在旋塞的大头上，另用纸卷或火柴梗将油脂抹在旋塞套的小口内侧。也可用手指均匀地涂一薄层油脂于旋塞两头。油脂涂得太少，旋塞转动不灵活且易漏水；涂得太多，旋塞孔容易被堵塞。不论采用哪种方法，都不要将油脂涂在旋塞孔上、下两侧，以免旋转时堵塞旋塞孔。

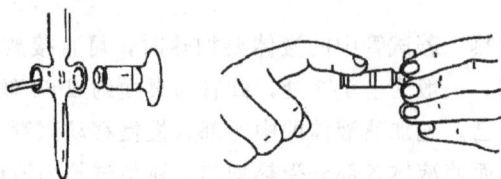

图 14-2　酸式滴定管

④ 将旋塞插套后，向同一方向旋转旋塞柄，直到旋塞和旋塞套上的油脂层全部透明为止。套上小橡胶圈。

经上述处理后，旋塞应转动灵活，油脂层没有纹路。此时用自来水充满滴定管，将其放在滴定管架上静置约 2min，观察有无水滴漏下。然后将旋塞旋转 180°，再如前检查，如果漏水，应该重新涂油。

若出口管尖被油脂堵塞，可将它插入热水中温热片刻，然后打开旋塞，使管内的水突然流下，将软化的油脂冲出。也可将管尖浸入热的洗涤剂溶液中片刻，以除去油脂。

将管内的自来水从管口倒出，出口管内的水从旋塞下端放出。注意，从管口将水倒出时，务必不要打开旋塞，否则旋塞上的油脂会冲入滴定管，使内壁重新被污染。然后用蒸馏水洗 3 次。第 1 次用 10mL 左右，第 2 次及第 3 次各 5mL 左右。洗涤时，双手持滴定管身两端无刻度处，边转动边倾斜滴定管，使水布满全管并轻轻振荡。然后直立，打开旋塞将水放掉，同时冲洗出口管。也可将大部分水从管口倒出，再将其余的水从出口管放出。每次放掉水时应尽量不使水残留在管内。最后，将管的外壁擦干。

（3）碱式滴定管（简称碱管）的准备　使用时应检查乳胶管和玻璃球是否完好。若胶管已老化，玻璃球过大（不易操作）或过小（易漏水），应予更换。

碱管的洗涤方法与酸管相同。在需用洗液洗涤时，可除去乳胶管，用乳胶头堵塞碱管下口进行洗涤。如必须用洗液浸泡，则将碱管的乳胶管中的玻璃球往上捏，使其紧贴在碱管的下端，便可直接倒入洗液浸泡。

在用自来水冲洗或用蒸馏水清洗碱管时，应特别注意玻璃球下方死角处的清洗。为此，在捏乳胶管时应不断改变方位，使玻璃球的四周都洗到。

（4）操作溶液的装入　装操作液前，应将试剂瓶中的溶液摇匀，使凝结在瓶内壁上的水珠混入溶液，这在天气比较热、室温变化较大时更为必要。混匀后将操作溶液直接倒入滴定管中，不得用其他容器（如烧杯、漏斗等）来转移。此时，左手前三指持滴定管上部无刻度处，右手拿住细口瓶（瓶签向手心）往滴定管中倒溶液。

用摇匀的操作溶液将滴定管洗 3 次（第一次 10mL，大部分溶液可由上口放出，第 2 次、第 3 次各 5mL，可以从出口管放出，洗法同前）。应特别注意的是，一定要使操作溶液洗遍全部内壁，并使溶液接触管壁 1～2min，以便与原来残留的溶液混合均匀。每次都要打开旋塞冲洗出口管，并尽量放出残留液。对于碱管，仍应注意玻璃球下方的洗涤。最后，关好旋塞，将操作溶液倒入，直到充满至 0 刻度以上为止。

注意检查滴定管的出口管是否充满溶液，酸管出口管及旋塞是否透明，容易检查（有时旋塞孔中暗藏着的气泡，需要从出口管放出溶液时才能看见）。碱管则需对光检查乳胶管内及出口管是否有气泡或有未充满的地方。为使溶液充满出口管，在使用酸管时，右手拿滴定管上部无刻度处，并使滴定管倾斜约 30℃，打开活塞，使溶液冲出，赶出气泡。若气泡仍未能排出，可重复操作。如仍不能使溶液充满，可能是出口管未洗净，必须重洗。若是碱管，则左手持滴定管上部无刻度处并使滴定管倾斜约 30°，右手拇指和食指拿住玻璃球所在部位，其余 3 个指头托住乳胶管并使乳胶管向上弯曲，出口管斜向上，然后在玻璃球部位往一旁轻捏橡胶管，使溶液从管口流出，再一边捏乳胶管一边把乳胶管放直，注意应在乳胶管放直后再松开拇指和食指，否则出口管仍会有气泡。最后，将滴定管的外壁擦干。

（5）滴定管的读数　读数时应遵循下列原则。

① 装满或放出溶液后，必须等 1～2min，使附着在内壁的溶液流下来，再进行读数。

但如果放出溶液的速度较慢（如滴定到最后阶段，每次只加半滴溶液时），等 0.5～1min 即可读数。每次读数前要检查一下管壁是否挂水珠，管尖是否有气泡。

② 读数时，用手拿滴定管上部无刻度处，使滴定管自然下垂，提起滴定管。使液面与视线平齐，见图 14-3。

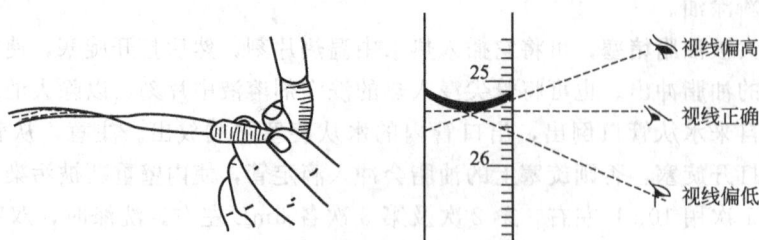

图 14-3　碱式滴定管排气与滴定管读数

③ 对于无色或浅色溶液，应读取弯月面下缘最低点，读数时，视线在弯月面下缘最低点处，且与液面成水平（图 14-3）；溶液颜色太深时，可读液面两侧的最高点且用白色卡片为背景，此时，视线应与该点成水平。注意初读数与终读数应采用同一标准。

④ 必须读到小数点后第 2 位，即要求估计到 0.01mL。注意，估计读数时，应该考虑到刻度线本身的宽度。

⑤ 若为蓝白线滴定管，应当取蓝线上一端相对点的位置读数。

⑥ 初读数前，应将管尖悬挂着的溶液除去。滴定至终点时应立即关闭旋塞，并注意不要使滴定管的出口管悬挂液滴，若有，应"靠"入锥形瓶中。

（6）滴定管的操作办法　滴定时，应将滴定管垂直地夹在滴定管架上。如使用的是酸管，左手无名指和小指向手心弯曲，轻轻地贴着出口管，用其余三指控制旋塞的转动（图 14-4）。但应注意不要向外拉旋塞，以免推出旋塞造成漏水；也不要过分往里扣，以免造成旋塞转动困难，不能操作自如。

如使用的是碱管，用无名指及小指夹住出口管（左右手均可），拇指和食指在玻璃球所在部位向一旁捏乳胶管，使溶液从玻璃球旁空隙处流出（图 14-5）。注意：不要用力捏玻璃球，也不能使玻璃球上下移动；不要捏到玻璃球下部的乳胶管；停止加液时，应先松开拇指和食指，最后才松开无名指和小指。

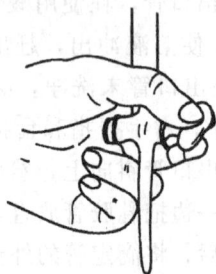

图 14-4　酸式滴定管滴液手法

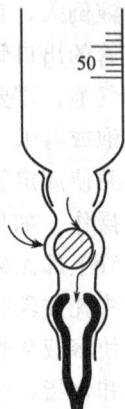

图 14-5　碱式滴定管滴液手法

无论使用哪种滴定管，都必须掌握下面 3 种加液方法：逐滴连续滴加；只加一滴；使液滴悬而未落，即加半滴。

（7）滴定操作 滴定操作可在锥形瓶或烧杯内进行，并以白瓷板作背景。

在锥形瓶中进行滴定时，用右手前三指拿住瓶颈，使瓶底离瓷板 2～3cm。同时调节滴定管的高度，使滴定管的下端深入瓶口约 1cm。左手按前述方法滴加溶液，右手运用腕力摇动锥形瓶，边滴加边摇动（图 14-6）。滴定操作中应注意以下几点。

① 摇瓶时，应使溶液向同一方向做圆周运动（左旋、右旋均可），但勿使瓶中溶液接触滴定管，也不得溅出。

② 滴定时，左手不能离开旋塞任其自流。

③ 注意观察液滴落点周围溶液颜色的变化。

④ 开始时，应边摇边滴，滴定速度可稍快，但不要使溶液流成"水线"。接近终点时，应改为加一滴，摇几下。最后，每加半滴，即摇动锥形瓶，直到溶液出现明显的颜色变化。加半滴溶液的方法如下：微微转动旋塞，使溶液悬挂在出口管嘴上，形成半滴，用锥形瓶内壁将其沾落，再用洗瓶以少量蒸馏水吹洗瓶壁。

用碱管滴加半滴溶液时，应先松开拇指和食指，将悬挂的半滴溶液沾在锥形瓶内壁上，再放开无名指和小指。这样可以避免出口管尖出现气泡。

⑤ 每次滴定最好都从 0.00 开始（或从 0 附近的某一固定刻线开始），这样可减少误差。

在烧杯中进行滴定时，将烧杯放在白瓷板上，调节滴定管的高度，使滴定管下端伸入烧杯中心的左后方处，但不要靠壁过近。右手持搅拌棒在右前方搅拌溶液。在左手滴加溶液（图 14-7）的同时，搅拌棒应做圆周搅动，但不得接触烧杯壁和底，更不得碰撞滴定管嘴。

图 14-6 在锥形瓶中滴定

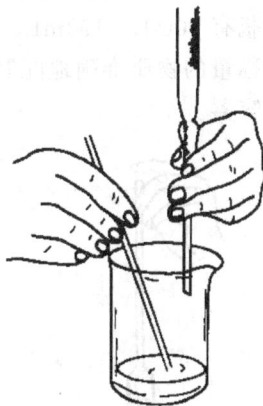

图 14-7 在烧杯中滴定

当滴加半滴溶液时，可用搅拌棒下端承接悬挂的半滴溶液，放入溶液中搅拌。注意，搅拌棒只能接触液滴，不要接触滴定管尖。

滴定结束后，滴定管内剩余的溶液应弃去，不得将其倒回原瓶，以免玷污整瓶操作溶液。随即洗净滴定管，并用蒸馏水充满全管，备用。

14.6.3 吸管及其使用

吸管一般用于准确量取小体积的液体。吸管的种类较多。无分度吸管通称移液管，它的中腰膨大，上下两端细长，上端刻有环形标线，膨大的部分标有它的容积和标定时的温度。

将溶液吸入管内,使液面与标线相切,再放出,则放出的溶液体积等于管上标出的容积。常用移液管的容积有 5mL、10mL、25mL 和 50mL 等多种。

分度移液管又叫吸量管,可以准确量取所需要的刻度范围内某一体积的溶液,但其准确度差一些。将溶液吸入,读取与液面相切的刻度(一般在零),然后将溶液放出至适当刻度,两刻度之差即为放出溶液的体积。

吸管在使用前按下法洗至内壁不挂水珠:将吸管插入洗液中,用洗耳球将吸液慢慢吸至管容积 1/3 处,用食指按住管口把管横过来涮洗,然后将洗液放回原瓶。若是内壁严重污染,则应把吸管放入盛有洗液的大量筒或高型玻璃缸中,浸泡 15min 到数小时,取出后用自来水及纯水冲洗。用纸擦去管外的水。

移取溶液前,先用少量该溶液将吸管内壁洗 2~3 次,以保证转移的溶液浓度不变。然后把管口插入溶液中(在移液过程中,注意保持管口在液面之下),用洗耳球把溶液吸至稍高于刻度处,迅速用食指按住管口取出溶液,使管尖端靠着贮瓶口,用拇指和食指轻轻转动吸管,并减轻食指的压力,让溶液慢慢流出,同时平视刻度,到溶液弯月面下缘与刻度相切时,立即按紧食指。然后使准备接收溶液的容器倾斜成 45°,将吸管移入容器中,使管垂直,管尖靠着容器内壁,放开食指(图 14-8),让溶液自由流出。待溶液全部流出后,按规定再等 15s 或 3s,取出吸管。在使用非吹出式的吸管或无分度吸管时,切勿把残留在管尖的溶液吹出。吸管用毕应洗净,放在吸管架上。

14.6.4 容量瓶及其使用

容量瓶是一种细颈梨形的平底瓶,具磨口玻塞或塑塞,瓶颈上刻有标线,瓶上标有它的容积和标定时的温度。当溶液充满至标线时,瓶内所装液体的体积和瓶上所示的容积相同。常用的容量瓶有 50mL、100mL、250mL、500mL、1000mL 等多种规格的。容量瓶主要是用来把精密称量的物质准确地配制成一定浓度的溶液,或将准确浓度的溶液稀释成准确浓度的稀溶液的容器。

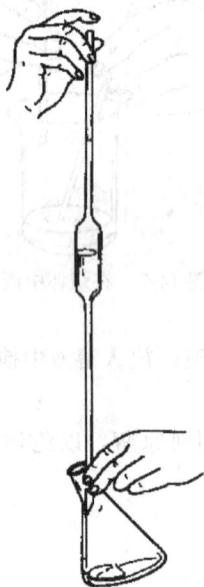

图 14-8 移取溶液的姿势　　　　图 14-9 溶液转移入容量瓶的操作

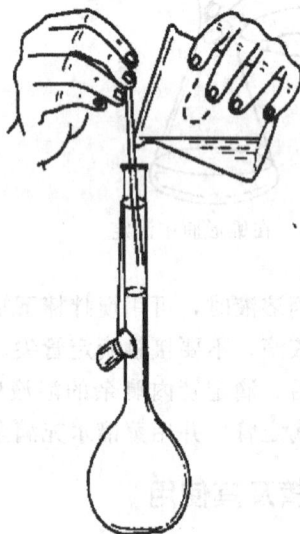

容量瓶使用前也要洗净，洗涤原则和方法同前。

如由固体配制准确浓度的溶液，通常将固体准确称量后放入烧杯中，加少量纯水（或适当溶剂）使它溶解，然后转移到容量瓶中。转移时，玻棒下端要靠住瓶颈内壁，使溶液通过玻棒沿瓶壁流下（图14-9）。溶液流尽后，将烧杯轻轻顺玻棒上提，使附在玻棒、烧杯嘴之间的液滴回到烧杯中。再用洗液冲洗烧杯数次，每次按上法将洗涤液完全转移到容量瓶中，然后用纯水稀释。当水加至容积的2/3处时，旋摇容量瓶，使溶液混合（注意不能倒转容量瓶）。在加水接近标线时，可以用滴管逐滴加水，至弯月面最低点恰好与标线相切。盖紧瓶塞，一手食指压住瓶塞，另一手的大、中、食三个指头托住瓶底，倒转容量瓶，使瓶内气泡上升到底，摇动数次，再倒过来，如此反复倒转摇动十多次，使瓶内溶液充分混合均匀。为使容量瓶倒转时溶液不致渗出，瓶塞与瓶必须配套。

不宜在容量瓶内长期存放溶液。如溶液需使用较长时间，应将它转移至试剂瓶中，该试剂瓶应预先经过干燥或用少量该溶液荡洗两三次。

由于温度对量器的容积有影响，所以使用时要注意溶液的温度、室温以及量器本身的温度。

实验一　仪器的认领、洗涤和干燥

一、实验目的

1. 熟悉化学实验室的规章制度和要求。
2. 领取实验常用仪器，熟悉其名称、规格、主要用途和使用注意事项。
3. 学习并掌握常用玻璃仪器的洗涤和干燥方法。

二、仪器、材料

实验仪器：电吹风，锥形瓶，酸式滴定管，碱式滴定管，容量瓶，离心试管，试管，比色管，烧杯，量杯，漏斗，布氏漏斗，蒸发皿，表面皿。

实验材料：洗衣粉，去污粉。

三、操作步骤

1. 认领仪器

按仪器清单逐个认领和认识基础实验中的常用仪器，并按表14-1的格式填写。

表14-1　仪器名称、用途、注意事项表

仪器名称	用途	注意事项

2. 玻璃仪器的洗涤

本实验要求用水或洗衣粉（去污粉）将领取的仪器洗涤干净。

3. 常用仪器的干燥

本实验要求吹干烧杯、蒸发皿、漏斗、布氏漏斗、表面皿、量杯等玻璃仪器。

四、思考题

1. 常用玻璃仪器可采用哪些方法洗涤？选择洗涤方法的原则是什么？怎样判断玻璃仪器是否洗涤干净？用铬酸洗液洗仪器时应注意哪些事项？

2. 烤干试管时为什么要始终保持管口向下倾斜？带有刻度的计量仪器为什么不能用加热的方法干燥？

实验二　电子天平称量练习

一、实验目的

1. 了解分析天平的构造，掌握其操作方法。
2. 练习减量法称量。

二、仪器、试剂与材料

实验仪器：电子天平（BS224S 型），电子台秤，烧杯（50mL），称量瓶。

实验试剂：Na_2CO_3(s)（干燥）。

实验材料：长形纸条，天平刷。

三、操作步骤

（1）将两个洁净干燥的烧杯编号，先在电子台秤上粗称其质量，然后在电子天平上准确称量，记录质量。用纸带拿称量瓶的方法见图 14-10。

（2）取一只装有试样的称量瓶，在电子天平上准确称量，记下质量，然后自天平中取出称量瓶，将试样慢慢倾入上述已知质量的第一只烧杯中。倾样过程要试称，以估计还需倾出的试样量，直至倾出 0.2～0.4g 的试样。按同样操作再倾出第二份试样于第二只烧杯中，做好记录（见图 14-11）。

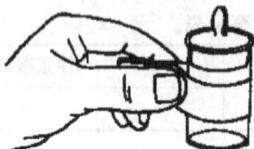

图 14-10　用纸带拿称量的方法

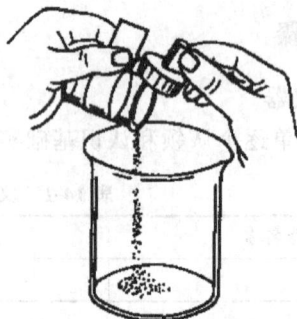

图 14-11　样品转移操作

（3）检查装有试样的称量瓶减轻的质量是否等于烧杯因倾入试样而增加的质量，如果不相等，求出差值。要求称量的绝对值小于 0.5mg，如不符合要求，分析原因后重新称量。

四、实验结果与数据处理

按表 14-2（格式示例）记录并计算称量的绝对差值。

表 14-2　实验记录

记录项目	第一份	第二份
称量瓶＋试样的质量(倒出前)/g	16.6559	16.3348
称量瓶＋试样的质量(倒出前)/g	16.3348	16.0623
称出试样质量/g	0.3211	0.2725
(烧杯＋称出试样)的质量/g	28.5790	26.8963
空烧杯质量/g	28.2576	26.6240
称出试样质量/g	0.3214	0.2723
绝对差值/g	0.0003	0.0002

五、思考题

1. 试样的称量方法有哪几种？怎样进行操作？各有何优缺点？
2. 称量中如何运用优选法较快地确定出物体的质量？
3. 在称量的记录和计算中，如何正确运用有效数字？

实验三　酸碱标准溶液的配制和标定

一、实验目的

1. 了解用间接法配制标准溶液的方法。
2. 熟悉滴定管、移液管的正确使用与操作。
3. 掌握准确判定滴定终点的方法。

二、实验原理

标准溶液是指浓度确切已知并可用来滴定的溶液，一般采用直接法和间接法配制。通常，只有基准物质才能用直接法配制，而其他物质只能用间接法配制。

直接法是准确称量一定量的基准物质，溶解后定量地转移至一定体积的容量瓶中，稀释定容，摇匀。溶液的浓度可通过计算直接得到。间接法是先配制近似于所需浓度的溶液，再用基准物（或已标定的标准溶液）来标定其准确浓度。

本实验中要配制 HCl 和 NaOH 标准溶液，由于浓盐酸易挥发，固体 NaOH 易吸收空气中的水分和 CO_2，因此，不能用直接法配制标准溶液。只要用基准物质标定 HCl 和 NaOH 标准溶液中的一种，获得其准确浓度，就可以根据它们的体积比求得另一种溶液的准确浓度。

$0.1mol \cdot L^{-1}$NaOH 和 0.1HCl $mol \cdot L^{-1}$溶液的相互滴定，其突跃范围为 4～10，甲基橙、甲基红、中性红或酚酞等均属在此范围内变色的指示剂。

三、仪器、试剂与材料

实验仪器：酸式滴定管（25mL），碱式滴定管（25mL），锥形瓶（250mL），电子天平，台秤。

实验试剂：NaOH(s)，HCl($6mol \cdot L^{-1}$)，甲基橙（0.1%），酚酞（0.1%），邻苯二甲酸氢钾（PT），无水碳酸钠（PT）。

四、实验内容

1. $0.1mol \cdot L^{-1}$ NaOH 溶液的配制

在台秤上迅速称量 1g NaOH，放在烧杯中加少量水溶解，转移至容量瓶，用蒸馏水洗涤烧杯 2~3 次，洗涤液也同样转移到容量瓶，再稀释至 250mL，充分摇匀，待用。

2. 标准 NaOH 溶液浓度的标定

在分析天平上用差减法准确称取三份邻苯二甲酸氢钾，每份 0.4~0.6g，别放入 150mL 锥形瓶中，用 20mL 蒸馏水使之溶解。冷却后加入二滴酚酞指示剂，用刚才配制的 NaOH 标准溶液滴定使溶液显微红色，并且半分钟内不褪色为终点。计算 NaOH 标准溶液物质的量的浓度。

3. HCl 溶液的配制

用量筒量取 $6mol \cdot L^{-1}$ HCl 约 4.2mL 倾入容量瓶中，用蒸馏水稀释至 250mL，充分摇匀，待用。

4. 标准 HCl 溶液浓度的标定

在分析天平上用差减法准确称取三份无水碳酸钠，每份 0.2~0.3g，分别放入 150mL 锥形瓶中，用 20mL 蒸馏水使之溶解。冷却后加入二滴甲基橙指示剂，用刚才配制的 HCl 标准溶液滴定，刚刚变成橙色并且半分钟内不褪色为终点。计算 HCl 标准溶液物质的量浓度。

五、实验结果与数据处理

1. 标准 NaOH 溶液浓度的标定
见表 14-3。

表 14-3　标准 NaOH 溶液浓度的标定

锥形瓶编号	邻苯二甲酸氢钾 的质量/g	NaOH 的体积 /mL	NaOH 的浓度 /($mol \cdot L^{-1}$)	NaOH 浓度的平均值 /($mol \cdot L^{-1}$)
1				
2				
3				

2. 标准 HCl 溶液浓度的标定
见表 14-4。

表 14-4　标准 HCl 溶液浓度的标定

锥形瓶编号	无水碳酸钠 的质量/g	HCl 体积 /mL	HCl 的浓度 /($mol \cdot L^{-1}$)	HCl 浓度的平均值 /($mol \cdot L^{-1}$)
1				
2				
3				

六、思考题

1. HCl 和 NaOH 标准溶液能否直接配制？为什么？

2. 滴定管在装入标准溶液前，为什么要用该标准溶液润洗内壁 2～3 次？而滴定用的锥形瓶是否也要用此标准溶液润洗，或将其烘干？

3. 配制 HCl 溶液和 NaOH 溶液用水的体积是否需要准确量度？为什么？

说明

1. 基准物质应符合下列条件要求：

① 试剂的组成与其化学式完全相符；

② 试剂的纯度在 99.9% 以上；

③ 试剂在一般情况下很稳定；

④ 试剂最好有较大的摩尔质量。

2. 这样配制的 NaOH 溶液将含有 CO_3^{2-}，若要求除去其中的 CO_3^{2-}，可加入 $BaCl_2$ 溶液使其生成沉淀，利用沉淀上层的清液配制 NaOH 溶液。

3. 接近终点时，滴定液加入瞬间锥形瓶中会出现红色，渐渐褪至黄色。

实验四 醋酸解离度和解离常数的测定

一、实验目的

1. 了解用 pH 法测定醋酸解离度和解离常数的原理和方法。

2. 加深对弱电解质解离平衡的理解。

3. 学习 pH 计的使用方法，进一步学习滴定管、移液管的基本操作。

二、实验原理

HAc 是弱电解质，在水溶液中存在下列解离平衡。

$$HAc \rightleftharpoons H^+ + Ac^-$$

即：起始浓度/$(mol \cdot L^{-1})$ c_0 0   0

平衡浓度/$(mol \cdot L^{-1})$ $c_0 - c_{H^+}$ c_{H^+} c_{Ac^-}

其解离常数

$$K_{HAc}^{\ominus} = \frac{c_{H^+/C^{\ominus}} \cdot c_{H^+/C^{\ominus}}}{c_{HAc/C^{\ominus}}}$$

式中，c_0 为标准浓度（$1 mol \cdot L^{-1}$）。

若 c 代表 HAc 的初始浓度，则上式可改为：

$$K_{HAc}^{\ominus} = \frac{c_{H^+}^2}{c_0 - c_{H^+/C^{\ominus}}}$$

HAc 解度程度的大小用 α 表示，即：

$$\alpha = \frac{已解离的电解质分子数}{溶液中原电解质分子数} \times 100\%$$

在稀的纯 HAc 溶液中，当 $c_{H^+} < 5\% c$ 时，$K_{HAc}^{\ominus}$ 与解离度 α 的关系为：

$$\alpha = \sqrt{K_{HAc}^{\ominus}/c}$$

某一弱电解质的解离常数 $K_a^{\ominus}$ 仅与温度有关，而与该弱电解质溶液的浓度无关；其解离度 α 则随溶液浓度的降低而增大。可以用多种方法来测定弱电解质的 α 和 $K_a^{\ominus}$，本实验是通过对一系列已知浓度的 HAc 溶液的 pH 值的测定，按 $pH = -\lg c_{H^+/c^{\ominus}}$，换算成 c_{H^+}，并根据 $c_{H^+/c^{\ominus}} = c_0\alpha$，求其解离度 α 和解离常数 $K_{HAc}^{\ominus}$。

三、仪器、试剂与材料

实验仪器：电子天平（BS224S 型），pH 计（pHS-211C 型），移液管（25mL），吸量管（5mL），锥形瓶（150mL），碱式滴定管（25mL），容量瓶（50mL），洗瓶烧杯（玻璃 25mL，塑料 250mL），洗耳球，玻璃棒。

实验试剂：邻苯二甲酸氢钾（S），HAc 溶液（$0.1mol \cdot L^{-1}$），NaOH 溶液（$0.1mol \cdot L^{-1}$），酚酞。

实验材料：滤纸，塑料花篮。

四、实验内容

1. 标准 NaOH 溶液浓度的标定

先配制 $0.1mol \cdot L^{-1}$ NaOH 溶液 300mL，转入试剂瓶中，用橡皮塞塞紧，保存。在分析天平上用差减法准确称取三份邻苯二甲酸氢钾，每份 $0.4 \sim 0.46g$，分别放入 150mL 锥形瓶中，用 $20 \sim 30mL$ 蒸馏水使之溶解。冷却后加入二滴酚酞指示剂，用 NaOH 标准溶液滴定使溶液显微红色，并且半分钟内不褪色为终点。计算 NaOH 标准溶液物质的量浓度。

2. HAc 溶液浓度的测定

用移液管吸取三份 $25.00mL$ $0.1mol \cdot L^{-1}$ HAc 溶液，分别置于三个 150mL 的锥形瓶中，各加 2 滴酚酞指示剂，分别用标准 NaOH 溶液滴定至溶液呈微红色，半分钟内不褪色为止。计算 HAc 溶液的浓度。

3. 配制不同浓度的 HAc 溶液

用移液管分别取 $25.00mL$、$5.00mL$ 及 $2.50mL$ 已标定过的 $0.1mol \cdot L^{-1}$ 的 HAc 溶液于三个 $50.00mL$ 容量瓶中，用蒸馏水稀释至刻度，摇匀，待用，并计算出它们的准确浓度。

4. 测定不同浓度 HAc 溶液的 pH 值[❶]

把以上三种不同浓度的 HAc 溶液及 HAc 原液分别放入四只干燥的 50mL 玻璃烧杯中，按由稀到浓的次序，在 pH 计上分别测定它们的 pH 值，记录数据和室温，计算电离度和电离常数。

五、实验数据与处理

对已知浓度 HAc 溶液的 pH 进行测定，算出 c_{H^+}，代入解离常数表达式中，就可求得一系列对应的解离度 α 和解离常数 $K_{HAc}^{\ominus}$，取其平均值即为该温度下的醋酸解离常数。

---

❶ 测量 pH 之前，一定要用已知 pH 的标准缓冲溶液校正 pH 计的测量方法。

1. 标准 NaOH 溶液浓度的标定

见表 14-5。

表 14-5 标准 NaOH 溶液浓度的标定

锥形瓶编号	邻苯二甲酸氢钾的质量/g	NaOH 的体积 /mL	NaOH 的浓度 /(mol·L^{-1})	NaOH 浓度的平均值/(mol·L^{-1})
1				
2				
3				

2. 醋酸溶液浓度的测定

见表 14-6。

表 14-6 醋酸溶液浓度的测定

HAc 溶液的体积 /mL	消耗 NaOH 体积 /mL	HAc 溶液的准确浓度/(mol·L^{-1})	HAc 浓度的平均值/(mol·L^{-1})

3. 测定不同浓度醋酸溶液的 pH

见表 14-7。

表 14-7 不同浓度醋酸溶液的 pH

溶液的准确浓度 /(mol·L^{-1})	pH	c_{H^+}	解离度 α	$K^{\ominus}_{HAc}$	$K^{\ominus}_{HAc}$的平均值

六、思考题

1. 如果改变所测 HAc 溶液的浓度或温度，对电离度和电离常数有何影响？
2. 测定溶液的 pH 值时，是否需准确量取溶液的体积？

实验五　沉淀溶解平衡

一、实验目的

1. 掌握沉淀溶解平衡的原理和溶度积规则。
2. 了解沉淀的生成、溶解、分步沉淀和沉淀转化的基本原理。

二、实验原理

在一定温度下，难溶电解质在溶液中有沉淀溶解平衡。

$$K_{sp} = [M^{n+}]^m [A^{m-}]^n$$

沉淀在一定的条件下可以生成,可以转化。此外,溶液的酸度、氧化还原反应、配位反应都可以影响沉淀溶解平衡。

若某一溶液中加入多种离子,当加入一种能够跟这些离子均产生沉淀的沉淀试剂,则按照溶解度的大小,这些离子先后产生沉淀。

若在已经平衡的沉淀溶解体系中加入某种试剂,会让原沉淀向另一种沉淀转化。

分步沉淀和沉淀转化的应用很广,本实验验证了这一规律,并可以利用这一规律进行沉淀的分离。

三、仪器、试剂与材料

实验仪器:试管,滴管,酒精灯,玻璃棒,试管夹,试管架。

实验试剂:HCl($2mol \cdot L^{-1}$,$6mol \cdot L^{-1}$),HNO_3($6mol \cdot L^{-1}$),NaOH($2mol \cdot L^{-1}$,$6mol \cdot L^{-1}$),$NH_3 \cdot H_2O$($6mol \cdot L^{-1}$),$AgNO_3$($0.1mol \cdot L^{-1}$),$Pb(NO_3)_2$($0.1mol \cdot L^{-1}$),KI($0.1mol \cdot L^{-1}$),NaCl($0.1mol \cdot L^{-1}$),K_2CrO_4($0.1mol \cdot L^{-1}$),$BaCl_2$($0.1mol \cdot L^{-1}$),饱和草酸铵,Na_2S($0.1mol \cdot L^{-1}$),Na_2SO_4($0.1mol \cdot L^{-1}$),$Al(NO_3)_3$($0.1mol \cdot L^{-1}$),$Fe(NO_3)_3$($0.1mol \cdot L^{-1}$)。

四、实验内容

1. 沉淀的生成

① 在两支试管中分别加入 5 滴 $AgNO_3$ 和 $Pb(NO_3)_2$ 溶液摇匀,然后再各加入 5 滴 KI 溶液,观察沉淀的生成和颜色。

② 在两支试管中分别加入 5 滴 $AgNO_3$ 和 $Pb(NO_3)_2$ 溶液摇匀,然后再各加入 5 滴 K_2CrO_4 溶液,观察沉淀的生成和颜色。

2. 沉淀的溶解

① 在一支试管中加入 5 滴 $BaCl_2$ 溶液,然后再加入 2 滴饱和草酸铵溶液,观察沉淀的生成和颜色。若溶液较多则弃去上清液,在沉淀上滴加数滴盐酸,观察现象。

② 在一支试管中加入 5 滴 $AgNO_3$ 溶液,然后再加入 2 滴 NaCl 溶液,观察沉淀的生成和颜色。若溶液较多则弃去上清液,在沉淀上滴加数滴氨水,观察现象。

③ 在一支试管中加入 5 滴 $AgNO_3$ 溶液,然后再加入 2 滴 Na_2S 溶液,观察沉淀的生成和颜色。若溶液较多则弃去上清液,在沉淀上滴加数滴硝酸并加热,观察现象。

3. 分步沉淀

在一支试管中加入 2 滴 Na_2S 溶液和 2 滴 K_2CrO_4 溶液,用量筒加入 1mL 蒸馏水,摇匀,然后再加入 1 滴 $Pb(NO_3)_2$ 溶液,观察沉淀的生成和颜色。然后再逐渐滴加 $Pb(NO_3)_2$ 溶液,一边滴加,一边观察沉淀的变化。如果反应现象不明显,分步沉淀实验可以改为向 KCl 和 K_2CO_3 溶液中滴加 AgI。

4. 沉淀的转化

在一支试管中加入 5 滴 $Pb(NO_3)_2$ 溶液和 5 滴 Na_2SO_4 溶液,观察沉淀的生成和颜色。然后再加 5 滴 K_2CrO_4 溶液,观察沉淀的变化。

五、实验数据与处理

记录沉淀的变化现象,并写出反应方程式。

六、思考题

1. 哪些方法可以让沉淀溶解？
2. 沉淀转化与 K_{sp} 有无直接关系？

实验六　熔点和沸点的测定

熔点的测定

一、实验目的

掌握熔点测定的基本原理和测定方法，测出给定物质的熔点。

二、实验原理

熔点是有机材料重要的性质之一，每一个物质都具有自己特定的熔点，学生可以根据物质的这一特性判断该物质是否为纯净物以及鉴别物质的种类。

将某物质的固液两相置于同一容器中，在一定温度和压力下，可能发生固相迅速转化为液相（固体熔化）、液相迅速转化为固相（液体固化）或固相和液相同时并存的三种情况。图 14-12 是物体的蒸气压-温度曲线。

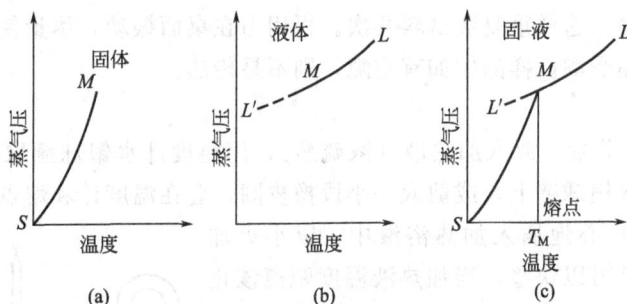

图 14-12　固体的蒸气压-温度曲线

由于固相的蒸气压随着温度变化的速率比相应的液相大，因此最后两曲线相交。在交叉点 M 处，固液两相同时并存，此时的温度 T_M 即为该物质的熔点。当温度高于 T_M 时，固相的蒸气压已较液相的蒸气压大，因而所有固相全部转变为液相，若温度低于 T_M 时，则由液相转变为固相；所以要精确测定熔点，在接近熔点时加热速度一定要慢，温度的升高每分钟不能超过 1~2℃。只有这样，才能使整个熔化过程尽可能接近两相平衡的条件。

当含杂质时（假定两者不形成固溶体），根据拉乌尔定律可知，在一定的压力和温度条件下，在溶剂中增加溶质，导致溶剂蒸气分压降低，固液两相交点 M' 即代表含有杂质的化合物达到熔点时的固液相平衡共存点，$T_{M'}$ 为含杂质时的熔点，显然，此时的熔点较纯粹者低（见图 14-13）。

因此，在鉴定某未知物时，如测得其熔点和某已知物的熔点相同或相近时，不能认为它

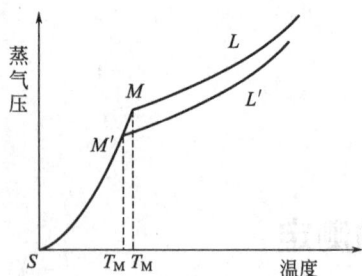

图 14-13 含杂质时的蒸气压-温度曲线

们为同一物质。还需把它们混合，测出该混合物的熔点，若熔点仍不变，才能认为它们为同一物质。若混合物熔点降低，则说明它们属于不同的物质。故此种混合熔点实验，是检验两种熔点相同或相近的有机物是否为同一物质的最简便方法。

三、仪器、药品及材料

实验仪器：提勒熔点管，毛细管（14 根），普通温度计，软木塞，表面皿，酒精喷灯。

实验试剂：萘，苯甲酸，50%萘和 50%苯甲酸混合物，浓硫酸。

四、实验步骤

1. 熔点管的准备

用铬酸洗液和蒸馏水洗净玻璃管并烘干，将其平持在强氧化焰上旋转加热，待其呈暗樱红色时，将玻璃管移离火焰，开始慢拉，然后较快地拉长，同时往复地旋转玻璃管，直到拉成外径 1~1.2mm 为止，截得 80mm 长的一段，将其两端用小火焰的边缘熔融，使之封闭（封闭的管底要薄），以免有灰尘进入，需要时，把毛细管在中间截断，就成为两根各约为 40mm 长的熔点管。

2. 样品的装入

取 0.1~0.2g 充分干燥的试样置于干净的表面皿上，用玻璃棒将其研成细末，聚成小堆，将熔点管的开口端插入试料中，样品被挤入管中。再把开口端向上，轻轻在桌面上敲击，使粉末落入管底，这样重复装试料几次。再用力在桌面振动，尽量使样品装得紧密。操作要迅速，以免样品受潮。样品中如有空隙，则不易传热。

3. 熔点的测定

按图 14-14 搭好装置，放入加热液（浓硫酸），用温度计水银球蘸取少量加热液，小心地将熔点管黏附于水银球壁上，或剪取一小段橡皮圈，套在温度计和熔点管的上部。将黏附有熔点管的温度计小心地插入加热浴液中，以小火加热。开始时升温速度可以快些，当加热液温度距离该化合物熔点 10~15℃时，调整火焰使温度每分钟上升1~2℃，越接近熔点，升温速度应越缓慢。这样做一方面是为了保证有充分的时间让热量由管外传至毛细管内，以使固体熔化；另一方面，由于观察者不可能同时观察温度计所示度数和试样的变化情况，只有缓慢加热，才可使此项误差减小。实验中要观察在初熔前试样是否有萎缩或软化、放出气体以及其他分解现象。

熔点测定，至少要有两次重复的数据。每一次测定都必须用新的熔点管另装试样，不得将已测过熔点的熔点管冷却，使其中试样固化后再做第二次测定。因为有时某些化合物会产生部分分解，有些经加热会转变为具有不同熔点的其他结晶形式。

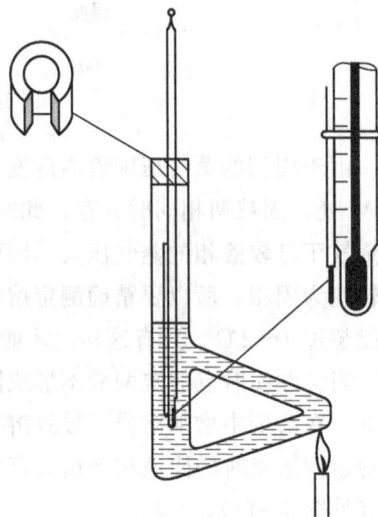

图 14-14 装置图

如果测定未知物的熔点，应先对试样粗测一次，加热可以稍快，知道大致的熔点范围即可。待浴液温度冷至熔点以下 30℃左右，再另取一根装好试样的熔点管进行准确测定。

一定要等熔点浴液冷却后，方可将硫酸（或液状石蜡）倒回瓶中。温度计冷却后，用纸擦去硫酸，方可用水冲洗，以免硫酸遇水发热，导致温度计水银球破裂。

依照上述方法测定萘、苯甲酸及两者的混合物（1∶1 配比）的熔点。

五、思考题

测定熔点时，若遇到下列情况，将产生什么结果？

（1）熔点管壁太厚。

（2）熔点管底部未完全封闭，尚有一针孔。

（3）熔点管不洁净。

（4）样品未完全干燥或含有杂质。

（5）样品研得不细或装得不紧密。

（6）加热太快。

沸点的测定

一、实验目的

掌握微量法测沸点，获得一定纯度的乙醇，测出 95%乙醇的沸点。

二、实验原理

沸点是有机物的重要性质之一，可以利用沸点不同对有机物进行分离，通过沸点的测定可以帮助学生理解蒸馏及分馏的原理，同时也可帮助理解物理化学中的热力学内容。

液体分子由于分子运动有从表面逸出的倾向，如果把液体置于密闭的真空系统中，液体分子继续不断地逸出而在液面上部形成蒸气，蒸气分子又会受到液体分子的吸引而重新进入液体。最后使得分子由液体逸出的速度与分子由蒸气中回到液体中的速度相等，此时液面上的蒸气达到饱和，称为饱和蒸气。它对液面所施的压力称为饱和蒸气压。

实验证明，液体的蒸气压只与温度有关，即液体在一定温度下具有一定的蒸气压。蒸气压的大小与系统中存在的液体和蒸气的绝对量无关。

将液体加热，它的蒸气压就随着温度升高而增大，当液体的蒸气压增大到与外界施于液面的总压力（通常是大气压力）相等时，液体就会沸腾，这时的温度称为液体的沸点。显然沸点与所受外界压力的大小有关。通常所说的正常沸点是在 101.325kPa 压力下液体的沸腾温度。例如，水的沸点为 100℃，即是指在 101.325kPa 压力下，水在 100℃时沸腾。在其他压力下的沸点应注明压力。例如在 85.3kPa 时，水在 95℃沸腾，这时水的沸点可以表示为 95℃/85.3kPa。

将液体加热至沸腾，使液体变为蒸气，然后使蒸气冷却，重新凝结为液体，这两个过程的联合操作称为蒸馏。很明显，蒸馏可将沸点不同的液体混合物分离开来。但液体混合物各组分的沸点必须相差较大（至少 30℃以上），才能得到较好的分离效果。

纯的液体有机化合物在一定的压力下具有一定的沸点，但具有固定沸点的液体有机化合物不一定都是纯的有机化合物，因为某些有机化合物常常和其他组分形成二元或三元共沸混合物，它们也有一定的沸点。

测定液体沸点就是测定液体的蒸气压与外界施于液面的总压力相等时对应的温度。测定方法有两种：常量法（蒸馏）和微量法，本实验采用微量法。

三、仪器、药品及材料

实验仪器：圆底蒸馏瓶，温度计，冷凝管，接液管，接收瓶（洁净干燥，2个），铁架，铁夹，酒精灯，酒精喷灯，电热炉，提勒熔点管，玻璃管，橡皮圈，软木塞。

实验试剂：工业乙醇，95％乙醇，甘油。

四、实验步骤

1. 沸点管的制作

用玻璃管拉成内径约为3mm的细管，截取长6～8cm的一段，将其一端封闭（管底要薄），作为装试料的外管。

另取一根长16cm、内径约为1mm的毛细管，在中间部位封闭，自封闭处一端截取4～5mm，此端作为沸点管内管的下端，8mm长的一端作为沸点管内管的上端，内管总长度约9cm。沸点管安装图见图14-15。

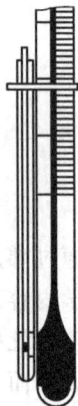

图14-15　沸点管安装图

2. 装试料

把外管略微温热，迅速把开口端插入95％的乙醇待测液中，则有少量液体吸入管内。将管直立，使待测液流出管底，液体高度应为6～8mm。也可用细吸管把待测液装入外管，然后把内管插入外管里。将外管用橡皮圈或细铜丝固定在温度计上，像熔点测定时一样，把沸点管和温度计放入提勒熔点管内。

3. 加热测定

试样装好后，开始加热提勒管。由于沸点管内气体受热膨胀，很快有小气泡缓缓地从液体中逸出，当气泡由缓缓逸出变成快速而且连续不断地往外冒时，立即停止加热，随着温度的降低，气泡逸出的速度也明显减慢。当看到液体开始不冒气泡、气泡刚要缩入内管时，立即记下此时的温度，这时的温度即为该液体的沸点。

五、思考题

1. 什么叫沸点？液体的沸点与外界压力有什么关系？
2. 测定熔点时通常用水浴或油浴加热，它比直接加热有什么优点？

实验七　简单蒸馏和分馏

简单蒸馏

一、实验目的

1. 学习蒸馏的基本原理。

2. 掌握简单蒸馏的实验操作方法。

二、实验原理

在蒸馏的过程中，蒸馏瓶内的混合液不断气化，当液体的饱和蒸气压与液体表面的外压相等时，液体沸腾。一旦蒸气的顶端达到温度计水银球部位时，温度计的读数就急剧上升。此时应适当调小加热速率，让水银球上液滴和蒸气温度达到平衡状态，控制加热温度，调节蒸馏速度，通常以 $1\sim2$ 滴·s^{-1} 为宜。

蒸馏可分为两个阶段。在第一阶段，也即在达到预期物质的沸点前，常有沸点较低的液体先蒸出，这部分馏出液称为前馏分（或馏头），因此应作为杂质弃掉；在第二阶段，馏头蒸出后，温度趋于稳定，蒸馏出来的液体称为正馏分，这部分液体是所要的产品。

随着正馏分的蒸出，蒸馏瓶内混合液的体积不断减少。所需的馏分蒸出后，再维持原来的加热温度，就不会再有馏液蒸出了，温度会突然下降，此时应停止蒸馏。蒸馏瓶内的液体不能蒸干，以防蒸馏瓶过热或有过氧化物存在而发生爆炸。

在安装仪器时应注意：温度计水银球上限与蒸馏头支管下限在同一水平线上。如图 14-16 所示。

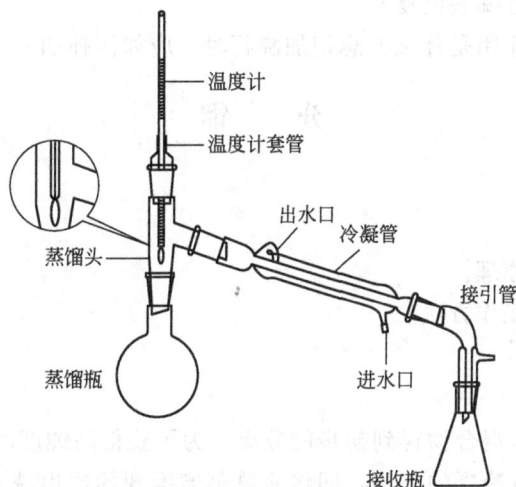

图 14-16　简单蒸馏装置

三、仪器、药品及材料

实验仪器：蒸馏瓶，蒸馏头，温度计，温度计套管，冷凝管，接收瓶，接引管。
实验试剂：工业丙酮，自来水。

四、实验步骤

1. 加料
取下温度计和温度计套管，在蒸馏头上放一长颈漏斗，注意长颈漏斗下口处的斜面应超过蒸馏头支管，慢慢地将 15mL 工业丙酮和 15mL 自来水倒入蒸馏瓶中。

2. 加沸石
为了防止液体暴沸，应加入 $2\sim3$ 粒沸石。

3. 加热

开通冷凝水，开始加热时，电压可调得略高些，一旦液体沸腾，水银球部位出现液滴，开始控制调压器电压，以蒸馏速度每秒1~2滴为宜。蒸馏时，温度计水银球上应始终保持有液滴存在。

4. 馏分的收集和记录

前馏分蒸完，温度稳定后，换一个经过称量并干燥好的容器来接收正馏分，当温度超过沸程范围时，停止接收。液体的沸程常可代表它的纯度，沸程越小，蒸出的物质越纯。纯粹液体沸程一般不超过1~2℃。

分别记录56~62℃、62~72℃、72~98℃、98~100℃时的馏出液体积，根据温度和体积画出蒸馏曲线。

5. 停止蒸馏

馏分蒸完后，应先停止加热，取下电热套。待稍冷却馏出物不再继续流出后，取下接收瓶保存好产物，关掉冷凝水，拆除仪器（与安装仪器顺序相反）并清洗。

五、思考题

1. 蒸馏过程中应注意哪些问题？
2. 沸石在蒸馏中的作用是什么？忘记加沸石时，应如何补加？

分　　馏

一、实验目的

1. 学习分馏的基本原理。
2. 掌握分馏的基本操作方法。

二、实验原理

简单蒸馏只能使液体混合物得到初步的分离。为了获得高纯度的产品，理论上可以采用多次部分汽化和多次部分冷凝的方法，即将简单蒸馏得到的馏出液，再次部分汽化和冷凝，以得到纯度更高的馏出液。而将简单蒸馏剩余的混合液再次部分汽化，则得到易挥发组分含量更低、难挥发组分含量更高的混合液。只要上面的过程足够多，就可以将两种沸点相差很小的液体混合物分离成纯度很高的单一组分。简言之，分馏即为反复多次的简单蒸馏。在实验室常采用分馏柱来实现，而工业上采用精馏塔。

在分馏柱内，当上升的蒸气与下降的冷凝液互相接触时，上升的蒸气部分冷凝，放出热量。使下降的冷凝液部分汽化，两者之间发生了热量交换，其结果，上升蒸气中易挥发组分增加，而下降的冷凝液中高沸点的组分（难挥发组分）增加，如果持续多次，就等于进行了多次的气液平衡，即达到了多次蒸馏的效果。这样靠近分馏柱顶部易挥发物质的组分含量高，而在烧瓶里高沸点组分（难挥发组分）的含量高。这样只要分馏柱足够高，就可将这种组分完全彻底分开。

分馏装置与简单蒸馏装置相似，不同之处是在蒸馏瓶与蒸馏头之间加了一根分馏柱，如图14-17所示。

三、仪器、药品及材料

实验仪器：蒸馏瓶，蒸馏头，温度计，温度计套管，冷凝管，接收瓶，接引管，韦氏分馏柱。

实验试剂：乙醇，沸石。

四、实验步骤

1. 在 25mL 圆底烧瓶内放置 5mL 乙醇、5mL 水及 1~2 粒沸石，按简单分馏装置安装仪器。

2. 开始缓缓加热，当冷凝管中有蒸馏液流出时，迅速记录温度计所示的温度。并控制加热速度，使馏出液以 1~2 滴·s^{-1} 的速度蒸出。

3. 继续蒸馏，记录馏出液的温度及体积。将不同馏分分别量出体积，以馏出液体积为横坐标，温度为纵坐标，绘制分馏曲线。

4. 当大部分乙醇和水蒸出后，温度迅速上升，达到水的沸点，注意更换接收瓶。

5. 停止分馏。

注意事项

要使有相当量的液体沿柱流回烧瓶中，即要选择合适的回流比，使上升的气流和下降液体充分进行热交换，使易挥发组分尽量上升，难挥发组分尽量下降，分馏效果更好。

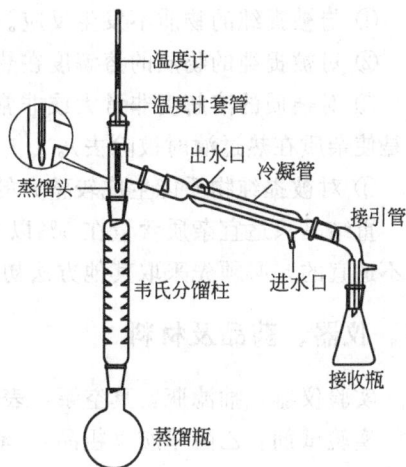

图 14-17　简单分馏装置

五、思考题

1. 为什么分馏时柱身的保温十分重要？
2. 为什么分馏时加热要平稳并控制好回流？

实验八　重结晶及过滤

一、实验目的

1. 学习重结晶法提纯固态有机化合物的原理和方法。
2. 掌握抽滤、热过滤操作和滤纸的折叠方法。
3. 了解重结晶时溶剂的选择。

二、实验原理

固体有机物在溶剂中的溶解度一般随温度的升高而增大。把固体有机物溶解在热的溶剂中使之饱和，冷却时由于溶解度降低，有机物又重新析出晶体。利用溶剂对被提纯物质及杂质的溶解度不同，使被提纯物质从过饱和溶液中析出，杂质全部或大部分留在溶液中，从而达到分离提纯的目的，这一操作称为重结晶。

显然，重结晶的适用范围是混合物中的 A 和 B 在溶解度上有明显的差别。

在重结晶操作中，最重要的是选择合适的溶剂。选择溶剂应符合下列条件：

① 与被提纯的物质不发生反应。

② 对被提纯的物质的溶解度在热的时候较大，冷时较小。

③ 对杂质的溶解度非常大或非常小（前一种情况杂质将留在母液中不析出，后一种情况是使杂质在热过滤时被除去）。

④ 对被提纯物质能生成较整齐的晶体。

重结晶只适宜杂质含量在 5% 以下的固体有机混合物的提纯。从反应粗产物直接重结晶是不适宜的，必须先采取其他方法初步提纯，然后再进行重结晶提纯。

三、仪器、药品及材料

实验仪器：抽滤瓶，真空泵，表面皿，滤纸，玻璃棒，布氏漏斗。

实验试剂：乙酰苯胺（粗品），活性炭。

四、实验步骤

称取 2g 粗乙酰苯胺于 250mL 烧杯中，加入 60mL 水，加热使之微沸，若不能完全溶解，再分几次加入少量水（每次 10mL 左右）用玻棒搅拌，微沸 2～3min，直到油状物质消失为止。若溶液有色，待其稍冷后（降低 10℃ 左右），加入约 0.2g 活性炭，重新加热至微沸，并不断搅拌。与此同时，准备好热过滤装置（图 14-18）和一扇形滤纸（图 14-19）。抽滤装置见图 14-20。

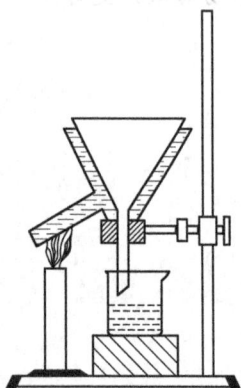

图 14-18　热过滤装置图

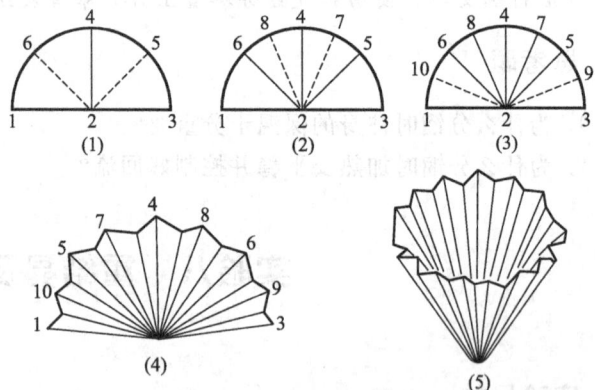

图 14-19　折叠滤纸次序图

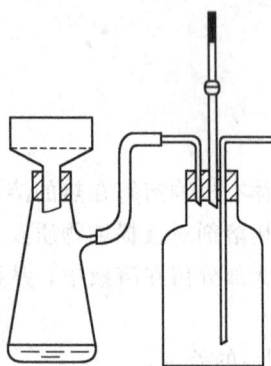

图 14-20　抽滤装置图

将溶液趁热过滤，滤液用烧杯收集，滤毕，将收集的热滤液静置缓缓冷却（一般要几小时后才能完全，不要急冷滤液，因为这样形成的结晶会很细、表面积大、吸附的杂质多），使结晶完全析出。如果没有结晶析出，用玻棒搅动，促使结晶形成，借布氏漏斗用吸滤法过滤使结晶与母液分离，用少量冷水洗涤结晶一次，吸干后将产品移到滤纸上，置于表面皿上晾干或烘干称重，并将纯乙酰苯胺倒入指定回收瓶中。

五、思考题

1. 为什么活性炭要在固体物质完全溶解后加入？又为什么

不能在溶液沸腾时加入？

2. 在布氏漏斗中用溶剂洗涤固体时应注意些什么？

实验九　氯化物的测定

莫尔法

一、实验目的

1. 学习 $AgNO_3$ 标准溶液的配制与标定方法。
2. 了解莫尔法测定水中 Cl^- 的原理和方法。
3. 掌握滴定操作、移液管的使用。

二、实验原理

在含有 Cl^- 的中性或弱碱性溶液中，以 K_2CrO_4 作指示剂，用 $AgNO_3$ 滴定氯化物。氯化物先沉淀，到达终点时，稍过量的 $AgNO_3$ 与 K_2CrO_4 有橘黄色 Ag_2CrO_4 沉淀生成。

$$Ag^+ + Cl^- \rightleftharpoons AgCl \downarrow （白色） \qquad K_{sp} = 1.8 \times 10^{-10}$$

$$2Ag^+ + CrO_4^{2-} \rightleftharpoons Ag_2CrO_4 \downarrow （橘黄色） \qquad K_{sp} = 1.1 \times 10^{-12}$$

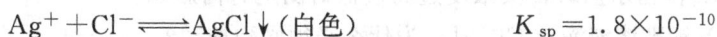

水样中含有亚硫酸盐及硫化氢，耗氧量超过 $15mg \cdot L^{-1}$ 时，会干扰氯化物的测定。

三、仪器、试剂与材料

实验仪器：电子天平（BS224S 型），台秤，酸式滴定管（25mL），瓷蒸发皿（125mL），锥形瓶（250mL），容量瓶（1000mL，100mL），试剂瓶（125mL 棕色细口），移液管（50mL），洗瓶，洗耳球，坩埚，滴管。

实验试剂：$c（1/2H_2SO_4）$（$0.05mol \cdot L^{-1}$），NaOH（$0.05mol \cdot L^{-1}$），NaCl（$0.1000mol \cdot L^{-1}$）[①]，$AgNO_3$ 标准溶液（$0.1000mol \cdot L^{-1}$），K_2CrO_4（5%）[②]，$Al(OH)_3$ 悬浮液[③]，酚酞（0.1%）[④]。

实验材料：滤纸。

四、实验内容

1. $AgNO_3$ 标准溶液的标定

吸取 25.00mL NaCl 标准溶液，置于白色瓷蒸发皿内。另取一白色瓷蒸发皿，加 25mL 蒸馏水作为空白。

分别加入 1mL K_2CrO_4 溶液，在不停地搅拌下，用 $AgNO_3$ 溶液滴定，直至产生淡橘黄色为止。每毫升 $AgNO_3$ 液相当于氯化物（Cl^-）毫克数为：

$$T_{AgNO_3/Cl^-} = \frac{25 \times 0.500}{V_2 - V_1}$$

式中，V_1 为用蒸馏水空白消耗 $AgNO_3$ 溶液的体积，mL；V_2 为标定 NaCl 标准溶液所消

耗 $AgNO_3$ 溶液的体积，mL；0.500 为每 1.00mLNaCl 标准溶液含 0.500mg Cl^-。

2. 水样的测定

（1）取 25mL 原水样⑤或经过处理的水样（若氯化物含量高，可改取适量水样，用蒸馏水稀释至 50mL）置于白色瓷蒸发皿内⑥，另取一瓷蒸发皿，加入 25mL 蒸馏水，作为空白。

（2）分别加入两滴酚酞，用 0.05mol·L^{-1} H_2SO_4 溶液或 0.05mol·L^{-1} NaOH 溶液调节至溶液红色刚好褪去⑦、⑧，再各加入 1mL K_2CrO_4 溶液，用 $AgNO_3$ 标准溶液进行滴定，同时用玻璃棒不停地搅拌，直至产生淡橘黄色为止，记录用量。

五、实验数据与处理

$$氯化物(Cl^-, mg·L^{-1}) = \frac{(V_2 - V_1) \times T_{AgNO_3/Cl^-} \times 1000}{V_{水样}}$$

式中，V_1 为蒸馏水空白消耗硝酸银溶液体积，mL；V_2 为水样消耗硝酸银溶液体积，mL；T_{AgNO_3/Cl^-} 为 1mL $AgNO_3$ 溶液相当于氯化物（Cl^-）的质量，mg；$V_{水样}$ 为水样体积，mL。

六、思考题

1. 莫尔法测定水中 Cl^-，为什么在中性或弱碱性溶液中进行？
2. 以 K_2CrO_4 作指示剂时，其浓度过高过低对测定有何影响？
3. 用 $AgNO_3$ 标准溶液滴定 Cl^- 时，为什么必须剧烈摇动？

说明

1. 试剂的配制

① NaCl 标准溶液：将分析纯 NaCl 置于坩埚内，加热至 500～600℃，冷却后称取 8.2423g 溶于蒸馏水中，并稀释至 500mL。准确吸取 10.0mL，用蒸馏水稀释至 100mL。此溶液 1.00mL 含有 0.500mg 氯化物（Cl^-）。

② K_2CrO_4 溶液：称取 5g 分析纯 K_2CrO_4，溶于少量蒸馏水中，加入 $AgNO_3$ 溶液至砖红色（沉淀）不褪，搅拌均匀。放置过夜后，进行过滤。将滤液用蒸馏水稀释至 100mL。

③ [$KAl(SO_4)_2·12H_2O$] 悬浮液：称取 125g 化学纯 $KAl(SO_4)_2·12H_2O$，溶于 1L 蒸馏水中，加热至 60℃后，缓慢加入 55mL 浓 $NH_3·H_2O$，生成 $Al(OH)_3$ 沉淀，充分搅拌后静置。弃去上部清液，用蒸馏水反复洗涤沉淀，至倾出液无氯离子（用 $AgNO_3$ 检验）为止。最后加入 300mL 蒸馏水，使之呈悬浮液。使用前应振荡均匀。

④ 酚酞指示剂：称取 0.5g 酚酞，溶于 50mL 95％的乙醇中，加入 50mL 蒸馏水，再滴加 NaOH 溶液，使溶液呈微红色。

2. 水样的处理

⑤ 溴化物、碘化物能起相同反应，但天然水中一般含量不高，故可忽略不计。

⑥ 如水样带有颜色，则取 150mL 水样，置于 250mL 三角瓶内，加入 2mL $Al(OH)_3$ 悬浮液，振荡均匀后过滤，弃去最初滤下的 20mL。

⑦ 当水样中有 NH_4^+ 存在时，酸度宜控制在 pH 为 6.5～7.2 的范围内。

⑧ 如水样含有亚硫酸盐和硫化物，应加 NaOH 溶液将水样调节至中性或弱碱性，再加入 1mL 30％的 H_2O_2，搅拌均匀。如水样的耗氧量超过 15mg·L^{-1} 时，可加入少许 $KMnO_4$ 晶体，煮沸后加入数滴 C_2H_5OH 溶液，以除去多余的 $KMnO_4$，再进行过滤。

实验十 化学需氧量的测定

重铬酸钾法

一、实验目的

1. 学会标定硫酸亚铁铵 $Fe(NH_4)_2(SO_4)_2$ 标准溶液的方法。
2. 掌握水中 COD 的测定原理和方法。
3. 掌握回流装置、滴定操作、移液管的使用。

二、实验原理

在强酸性条件下，一定量的 $K_2Cr_2O_7$ 将水样中还原性物质（有机的和无机的）氧化，过量的 $K_2Cr_2O_7$ 以试亚铁灵作指示剂，用 $Fe(NH_4)_2(SO_4)_2$ 回滴。由消耗的 $K_2Cr_2O_7$ 量，即可计算出水样中还原性物质被氧化所消耗的氧的 $mg \cdot L^{-1}$ 数。

本法可将大部分有机物氧化，但直链烃、芳香烃、苯等化合物不能氧化。若加 Ag_2SO_4 作催化剂，直链烃类可完全被氧化，可芳香烃类仍不能被氧化。

氯化物在此条件下也能被 $K_2Cr_2O_7$ 氧化生成氯气，消耗一定量的 $K_2Cr_2O_7$ 而干扰测定。因此，水样中氯化物高于 $30mg \cdot L^{-1}$ 时，需加 $HgSO_4$ 使之成为络合物以消除干扰。

三、仪器、试剂与材料

实验仪器：电子天平（BS224S 型），台秤，回流装置（含 500mL 磨口三角瓶、冷凝器、电热套、玻璃珠等），酸式滴定管（50mL），锥形瓶（150mL），容量瓶（1000mL），洗瓶，洗耳球，滴管。

实验试剂：$HgSO_4$（s），H_2SO_4-Ag_2SO_4 混合溶液[①]，$c(1/6K_2Cr_2O_7)$ 标准溶液（$0.2500mol \cdot L^{-1}$）[②]，$Fe(NH_4)_2(SO_4)_2$ 标准溶液（$0.2500mol \cdot L^{-1}$）[③]，试亚铁灵指示剂[④]。

实验材料：滤纸。

四、实验内容

1. $c[Fe(NH_4)_2(SO_4)_2]$ 标准溶液（$0.2500mol \cdot L^{-1}$）的标定

吸取 10.00mL $K_2Cr_2O_7$ 标准溶液于 250mL 锥形瓶中，用蒸馏水稀释至 100mL，加入 8mL 浓 H_2SO_4，待冷却后滴加 2～3 滴试亚铁灵指示剂，用 $Fe(NH_4)_2(SO_4)_2$ 标准溶液滴定。使溶液由橙黄色变蓝绿色至刚变到红褐色为止。记录消耗的 $Fe(NH_4)_2(SO_4)_2$ 标准溶液的毫升数（V），计算其浓度。

$$c_{Fe(NH_4)_2(SO_4)_2} = \frac{10.00 \times 0.2500}{V}$$

2. 水样的测定——回流法[⑤]

（1）吸取 20mL 水样（混匀）于 150mL 磨口三角（或圆底）烧瓶中，加入玻璃珠 2 粒，再加入 0.4g $HgSO_4$、5mL H_2SO_4-Ag_2SO_4 混合试剂及 10.0mL $K_2Cr_2O_7$ 标准溶液。

分次缓慢加入 25mL H_2SO_4-Ag_2SO_4 混合试剂[⑥]，边加边摇动，装上回流冷凝器，加热回流 2h[⑦]。

（2）冷却 5min 后，先用 80mL 蒸馏水从冷凝管口冲洗冷凝管壁，再用蒸馏水稀释磨口三角（或圆底）烧瓶，使瓶内溶液约至 140mL（因酸度太高，终点不明显，所以烧瓶内溶液总体积不得少于 140mL）。

（3）取下烧瓶，完全冷却后加入 2～3 滴试亚铁灵指示剂，用 $Fe(NH_4)_2(SO_4)_2$ 标准溶液滴定至溶液由橙黄色到蓝绿色，最后变成红褐色为止。记录水样消耗的 $Fe(NH_4)_2(SO_4)_2$ 标准溶液的毫升数（V_1）。

（4）同时以 20mL 蒸馏水代替水样做空白试验，操作步骤同水样的测定。记录空白试验所消耗的 $Fe(NH_4)_2(SO_4)_2$ 标准溶液的毫升数（V_0）[⑧]。

五、实验数据与处理

$$化学需氧量(O_2,mg \cdot L^{-1}) = \frac{(V_0 - V_1)c_{Fe(NH_4)_2(SO_4)_2} \times 8 \times 1000}{V_{水样}}$$

式中，$c_{Fe(NH_4)_2(SO_4)_2}$ 为 $Fe(NH_4)_2(SO_4)_2$ 标准溶液物质的量浓度；$V_{水样}$ 为水样体积，mL。

六、思考题

1. 水中高锰酸盐指数与化学需氧量 COD 有何异同？
2. COD 的计算公式中，为什么用空白值（V_0）减水样值（V_1）？

说明

① H_2SO_4-Ag_2SO_4 混合试剂：按 1g $AgSO_4$ 与 75mL 浓 H_2SO_4 的比例混合配制（Ag_2SO_4 先用少量浓 H_2SO_4 溶解）。

② $c(1/6K_2Cr_2O_7)$ 标准溶液（0.2500mol·L^{-1}）：称取 12.2579g 分析纯 $K_2Cr_2O_7$（事先在 105～110℃ 烘箱内烘 2h，于干燥器内冷却），溶于蒸馏水中，稀释至 1L。

③ $Fe(NH_4)_2(SO_4)_2$ 标准溶液（0.2500mol·L^{-1}）：称取 98g 分析纯 $Fe(NH_4)_2(SO_4)_2 \cdot 6H_2O$ 溶于蒸馏水中，加入 20mL 浓 H_2SO_4，冷却后用蒸馏水稀释至 1L。使用时用 $K_2Cr_2O_7$ 标准溶液标定。

④ 试亚铁灵指示剂：称取 1.485g 化学纯 $C_{12}H_8N_2 \cdot H_2O$ 与 0.695g $FeSO_4 \cdot 7H_2O$ 溶于蒸馏水中，稀释至 100mL。

⑤ 回流法注意事项：

a. 若取用 50mL 水样加热回流时，其他试剂所加入的体积或质量都应按比例增加。

b. 水样中的亚硝酸盐氮含量多时，对测定有影响。每毫克亚硝酸盐氮相当于 1.14mg 的化学需氧量，故可按每毫克亚硝酸盐氮加入 10mg 氨基磺酸的比例，加入氨基磺酸，以消除干扰。蒸馏水空白中也应加入等量的氨基磺酸。

c. 若水样中含较多氯化物，则取少量水样，用蒸馏水稀释至 50mL，加 $HgSO_4$ 1g、浓 H_2SO_4 5mL。待 $HgSO_4$ 溶解后，再加 K_2CrO_4 溶液 25.0mL、浓 H_2SO_4 70mL、Ag_2SO_4 1g，加热回流 2h。

⑥ 若回流瓶沾 H_2SO_4，应立即用自来水清洗掉。

⑦ 回流时，以冒第一个泡时开始计时（若溶液颜色变绿，说明水样中还原物质含量过

高，应取少量水样稀释后再重新测定）。回流后，回流装置移离电热套。

⑧ 检验测定的准确度，可用邻苯二甲酸氢钾或 $C_2H_6O_6$ 标准溶液做试验。1g 邻苯二甲酸氢钾产生的理论 COD 是 1.176g，1L 溶有 425.1mg 纯邻苯二甲酸氢钾溶液的 COD 是 500mg·L^{-1}；1g $C_2H_6O_6$ 产生的理论 COD 是 1.067g，1L 溶有 468.6mg 纯 $C_2H_6O_6$ 溶液的 COD 是 500mg·L^{-1}。$C_2H_6O_6$ 易被生物氧化，稳定性不及邻苯二甲酸氢钾。

实验十一　铁的测定

（邻二氮菲比色法）

一、实验目的

1. 熟悉分光光度计的构件作用，掌握仪器的测量方法。
2. 掌握用分光光度计测微量铁的方法。

二、实验原理

在 pH 值为 8~9 的溶液中，亚铁离子可与邻二氮菲形成橙红色络合物，以此进行比色测定。当 pH 在 2.9~3.5 且有过量试剂存在时，显色最快。生成的颜色可保持六个月。

本法直接测定的是亚铁离子，若需测定总铁，则可将高铁离子用盐酸羟胺还原后再测定。

水样经加酸煮沸，可将难溶的铁化合物溶解，同时，消除氰化物、亚硝酸盐对测定的干扰，并使多磷酸盐转变成正磷酸盐以减轻干扰。加入盐酸羟胺则可将高铁还原为低铁，还可消除强氧化剂的影响（不加盐酸羟胺，可测定溶解现低铁含量）。钴及铜超过 5mg·L^{-1}、镍超过 2mg·L^{-1}、锌超过铁含量的 10 倍时，对此法均有干扰。铋、镉、汞、钼、银可与试剂产生浑浊。

此法最低检出量为 2.5μg 铁。若取 50mL 水样，则最低检出浓度为 0.05mg·L^{-1}。

三、仪器、试剂与材料

实验仪器：电子天平（BS224S 型），分光光度计（7200 型），容量瓶（1000mL，100mL），锥形瓶（150mL），移液管（10mL），洗瓶，洗耳球，滴管。

实验试剂：HCl（3mol·L^{-1}），NH_3·H_2O（6mol·L^{-1}），Fe^{2+} 标准贮备溶液（0.100mg·L^{-1}）①，Fe^{2+} 标准贮备溶液（0.100mg·L^{-1}）②，HAc-NaAc 缓冲溶液（pH=10）③，NH_2OH·HCl（10%）④，邻二氮菲溶液（0.1%）⑤。

实验材料：滤纸。

四、实验内容

1. 总铁的测定

① 吸取 50mL 混匀的水样⑥（含铁量不超过 0.05mg），置于 150mL 锥形瓶中，加入

1.5mL 3mol·L⁻¹ HCl，玻璃珠 1～2 粒。加热煮沸至水样体积约为 25mL，冷却后定量移入 50mL 比色管中。

② 另取 50mL 比色管八支，分别加入 Fe^{2+} 标准溶液 0、0.25mL、0.5mL、1.0mL、2.0mL、3.0mL、4.0mL 及 5.0mL，加蒸馏水至约 25mL。

③ 向水样管⑦及标准管中各加入 1mL 10% $NH_2OH·HCl$ 溶液，用 6mol·L⁻¹调节至中性，再各加入 2.5mL HAc-NaAc 缓冲溶液，2mL 邻二氮菲溶液，用蒸馏水稀释至 50mL刻度，混匀，静置 10～15min。

④ 以空白试剂作参比，在 $\lambda = 510nm$ 波长处，选用 1cm 比色皿（如含铁量低于 $10\mu g$，则用 3cm 比色皿），采用分光光度计，测定溶液的吸光度（A）。

⑤ 由测得的（A）值，绘制以 Fe^{2+} 浓度对（A）的标准曲线，并从标准曲线上查出 Fe^{2+} 含量。

2. Fe^{2+} 的测定

亚铁必须在采样时当场测定。操作步骤与测定总铁相同，但不加酸煮沸，也不加盐酸羟胺溶液。

五、实验数据与处理

$$c(Fe, mg·L^{-1}) = \frac{A_{试}}{A_{标}} c_{标}$$

$$铁(总铁或亚铁, mg·L^{-1}) = \frac{相当于标准溶液用量(mL) \times 10}{水样体积(mL)}$$

六、思考题

1. 配制 Fe^{2+} 标准溶液时，用的是 $Fe(NH_4)_2(SO)_2$ 试剂，显色时为什么还要加 $NH_2OH·HCl$？

2. 取各溶液时，哪些应用移液管或吸量管、量筒？

3. 根据绘制标准曲线的实验数据，计算回归方程 $c = aA + b$ 中的 a 和 b。

式中，c 为水中测定 Fe^{2+} 的浓度或含量，mol·L⁻¹；A 为 Fe^{2+} 的吸光度；a 为回归系数（回归直线斜率）；b 为回归直线截距。

说明

① Fe^{2+} 标准贮备溶液（0.100mg·L⁻¹）：称取 0.7020g 分析纯 $Fe(NH_4)_2(SO_4)_2·6H_2O$，溶于 50mL 蒸馏水中，加入 20mL 浓 H_2SO_4，用蒸馏水稀释至 1000mL，此溶液1.00mL 含有 0.100mg。

② Fe^{2+} 标准使用溶液（0.100mg·L⁻¹）：吸取 Fe^{2+} 标准贮备溶液 10.0mL，加蒸馏水至 100mL，此溶液 1.00mL 含有 10.0μg Fe^{2+}。

③ HAc-NaAc 缓冲溶液（pH = 10）：取 28.8mL 分析纯冰醋酸及 68g 分析纯 $CH_3COONa·3H_2O$ 溶于蒸馏水中，并稀释至 1L。

④ $NH_2OH·HCl$（10%）：称取 10g 分析纯 $NH_2OH·HCl$ 溶于蒸馏水中，并稀释至 100mL。

⑤ 邻二氮菲溶液（0.1%）：称取 100mg $C_{12}H_8N_2·H_2O$，溶于加有两滴浓 HCl 的100mL 蒸馏水中，贮存于棕色瓶内。

⑥ 总铁包括水体中的悬浮铁和生物体中的铁，因此应取充分摇匀的水样进行测定。

⑦ 水样中若有难溶性铁盐，经煮沸后还未完全溶解时，可继续煮沸至水样体积达15～20mL。

实验十二　氨氮的测定

（纳氏试剂分光光度法）

一、实验目的

1. 了解纳氏试剂比色法的操作。
2. 掌握直接纳氏试剂分光光度法测定水中氨氮的原理和方法。

二、实验原理

氨氮（NH_3-N）以游离氨（NH_3）或铵盐（NH_4^+）等形式存在于水体中，两者的组成比取决于水的 pH 值和水温。当 pH 值偏高时，游离氨的比例较高。反之，则铵盐的比例高，水温则相反。

水中游离氨与纳氏试剂（K_2HgI_4）的碱性溶液作用，生成黄棕（红）色胶态络合物（氨基汞络离子的碘衍生物——$[HgONH_2]$ I），其反应式为：

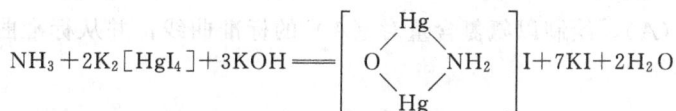

$$2K_2[HgI_4]+3KOH+NH_3=\!=\!=[Hg_2ONH_2]I+7KI+2H_2O$$

$$NH_3+2K_2[HgI_4]+3KOH=\!=\!=\left[O\begin{matrix}Hg\\ \diagup\diagdown\\ \diagdown\diagup\\ Hg\end{matrix}NH_2\right]I+7KI+2H_2O$$

该络合物的色度与氨氮（NH_3-N）的含量成正比，可用分光光度法测定。在 420nm 的波长下，测定（A）值，用标准曲线法求出水中氨氮的含量。

样品中含有悬浮物、余氯、金属离子、硫化物和有机物等对测定有干扰，处理方法如下。

① 水样含有余氯时，可与氨结合生成氯胺，需加入适量硫代硫酸钠溶液脱氯后才能测定（每 0.5mL 可除去 0.25mg）。

② 水样中若含有硫化物、酮、醛、醇等亦可引起溶液浑浊，或本身带有颜色且易为碱沉淀的金属离子如脂肪胺、芳香胺、Fe^{3+} 等有色物质时，可取 100mL 水样于具塞碘量瓶中，加 0.3％硫酸锌溶液 1mL 和 25％氢氧化钠溶液 0.1～0.2mL，使水 pH 值约为 10.5，混匀，放置 10min，用滤纸过滤，弃去 2.5mL 初滤液后，接取滤液备用。

③ 钙、镁金属离子加 50％酒石酸钾钠溶液络合掩蔽以消除干扰。

④ 对污染严重的水样，或用凝聚沉淀及络合掩蔽后仍浑浊的水样，应采用蒸馏-纳氏试剂分光光度法。

本法适用于生活饮用水、地表水及工业废水中氨氮的测定。若取 50mL 水样，其最低检出浓度为 0.02mg·L^{-1}。

三、仪器、试剂与材料

实验仪器：分光光度计（7200型）；全玻璃磨口蒸馏装置；移液管（50mL、10mL）；比色管（50mL）；洗耳球；滴管。

实验试剂：H_2SO_4（浓），NaOH（6mol·L^{-1}），$ZnSO_4$（10%），纳氏试剂[①]，酒石酸钾钠（$KNaC_4H_4O_6·4H_2O$）（50%）[②]，氯化铵标准贮备溶液[③]，铵标准使用溶液[④]。

实验材料：pH试纸。

四、实验内容

1. 无氨蒸馏水的制备（蒸馏法）

每升蒸馏水中加入2mL浓H_2SO_4和少量$KMnO_4$溶液在全玻璃磨口蒸馏器中重蒸馏，弃去初馏液50mL，接收其余馏出液于具塞磨口玻璃容器中，密塞保存。

2. 水样预处理（絮凝沉淀法）

取100mL水样于比色管中，加入1mL 10% $ZnSO_4$，混匀，再加入0.1～0.2mL 6mol·L^{-1} NaOH，调节pH至10.5左右，混匀。静置10min使沉淀，取上层清液50.0mL于50mL比色管中（或将水样过滤，弃初滤液25mL后，取滤液50.0mL于50mL比色管中）。

3. 标准曲线的绘制及水样的测定

① 分取铵标准使用溶液0、0.25mL、0.40mL、0.60mL、0.80mL、1.0mL、2.0mL、4.0mL、6.0mL及10.0mL于10支50mL比色管中，用蒸馏水稀释至标线。

② 向水样及标准溶液比色管内分别加入1.0mL $KNaC_4H_4O_6·4H_2O$溶液，混匀。再加入1.0mL纳氏试剂，混匀。放置10min后，在波长420nm处，用1cm比色皿，以水为参比，测定吸光度（A）。

③ 由测得的（A），绘制以氨氮含量对（A）的标准曲线，并从标准曲线上查得氨氮含量（mg）。

五、实验数据与处理

$$氨氮(N, mg·L^{-1}) = \frac{m \times 1000}{V}$$

式中，m为标准曲线上查得的水样中氨氮的含量，mg；V为水样体积，mL。

六、思考题

1. 纳氏试剂中HgI及KI的比例，对显色反应的灵敏度有无较大影响？静置后生成的沉淀是否应除去？

2. 看似澄清、无色的水样，有无预处理的必要？

3. 水样中Ca^{2+}、Mg^{2+}等金属离子的干扰，可加入1mL 5%的$KNaC_4H_4O_6·4H_2O$溶液来消除，为什么？

4. 加入纳氏试剂显色后，为什么必须在较短时间内完成比色操作？

说明

① 纳氏试剂：将100g分析纯HgI及70g KI溶于少量无氨蒸馏水中，将此溶液缓缓倾入已冷却的500mL 30%的NaOH中，并不停搅拌，然后再用无氨蒸馏水稀释至1000mL。

于暗处静置 24h，倾出上层清液，贮于棕色瓶中，用橡皮塞塞紧，避光保存。有效期可达一年。

② 酒石酸钾钠 ($KNaC_4H_4O_6 \cdot 4H_2O$)（50%）：称取 50g 分析纯 $KNaC_4H_4O_6 \cdot 4H_2O$ 溶于 10mL 蒸馏水中，加热煮沸至不含氨为止（或使约减少 20mL），冷却后用蒸馏水稀释至 100mL。

③ 氯化铵标准贮备溶液：将分析纯 NH_4Cl 置于烘箱内，在 105℃下烘烤 1h，冷却后称取 3.8190g，溶于少量无氨蒸馏水中，移入 1000mL 容量瓶内，并稀释至标线。此溶液每毫升含 1.00mg 氨氮（N）。

④ 铵标准使用溶液：吸取氯化铵标准贮备溶液 10.00mL，于 1000mL 容量瓶中，再用无氨蒸馏水稀释至标线。则此溶液每毫升含 0.0100mg 氨氮（N）。

附录1　水的离子积常数

温度/℃	pK_w	温度/℃	pK_w	温度/℃	pK_w
0	14.944	35	13.680	75	12.699
5	14.734	40	13.535	80	12.598
10	14.535	45	13.396	85	12.510
15	14.346	50	13.262	90	12.422
20	14.167	55	13.137	95	12.341
24	14.000	60	13.017	100	12.259
25	13.997	65	12.908		
30	13.833	70	12.800		

注：本表数据录自 Lange's Handbook of Chemistry. 13th ed. 1985，5～7。

附录2　弱电解质在水中的解离常数

化合物	温度/℃	分步	$K_a(K_b)$	pK_a(pK_b)
砷酸	18	1	5.62×10^{-3}	2.25
		2	1.70×10^{-7}	6.77
		3	3.95×10^{-12}	11.60
亚砷酸	25	—	6.0×10^{-10}	9.23
硼酸	20	1	7.3×10^{-10}	9.14
碳酸	25		4.30×10^{-7}	6.37
		2	5.61×10^{-11}	10.25
铬酸	25	1	1.8×10^{-1}	0.74
		2	3.2×10^{-7}	6.49
氢氟酸	25	—	3.58×10^{-4}	3.45
氢氰酸	25	—	4.93×10^{-10}	9.31
氢硫酸	18	1	9.1×10^{-8}	7.04
		2	1.1×10^{-12}	11.96

化合物	温度/℃	分步	$K_a(K_b)$	$pK_a(pK_b)$
过氧化氢	25	—	$2.4×10^{-12}$	11.62
次溴酸	25	—	$2.06×10^{-9}$	8.69
次氯酸	18	—	$2.95×10^{-8}$	7.53
次碘酸	25	—	$2.3×10^{-11}$	10.64
碘酸	25	—	$1.69×10^{-1}$	0.77
亚硝酸	12.5	—	$4.6×10^{-4}$	3.37
高碘酸	25	—	$2.3×10^{-2}$	1.64
磷酸	25	1	$7.52×10^{-3}$	2.12
	25	2	$6.23×10^{-8}$	7.21
	18	3	$2.2×10^{-13}$	12.67
正硅酸	30	1	$2.2×10^{-10}$	9.66
		2	$2.0×10^{-12}$	11.70
		3	$1.0×10^{-12}$	12.00
硫酸	25	2	$1.20×10^{-2}$	1.92
亚硫酸	18	1	$1.54×10^{-2}$	1.81
		2	$1.02×10^{-7}$	6.91
氨水	25	—	$1.79×10^{-5}$	4.75
氢氧化钙	25	2	$4.0×10^{-2}$	1.40
氢氧化铝	25	—	$9.6×10^{-4}$	3.02
氢氧化银	25	—	$1.1×10^{-4}$	3.96
氢氧化锌	25	—	$9.6×10^{-4}$	3.02
甲酸	25	1	$1.77×10^{-4}$	3.75
乙酸	25	1	$1.76×10^{-5}$	4.76
丙酸	25	1	$1.3×10^{-5}$	4.86
一氯乙酸	25	1	$1.4×10^{-3}$	2.85
草酸	25	1	$5.9×10^{-2}$	1.23
		2	$6.4×10^{-5}$	4.19
柠檬酸	20	1	$7.1×10^{-4}$	3.14
		2	$1.68×10^{-5}$	4.77
		3	$4.1×10^{-7}$	6.39
巴比妥酸	25	1	$9.8×10^{-5}$	4.01
甲胺盐酸盐	25	1	$2.7×10^{-11}$	10.63
二甲胺盐酸盐	20	1	$1.9×10^{-11}$	10.68
乳酸	25	1	$1.4×10^{-4}$	3.86
乙胺盐酸盐	20	1	$1.6×10^{-11}$	10.70
苯甲酸	25	1	$6.5×10^{-5}$	4.19
苯酚	20	1	$1.3×10^{-10}$	9.89

化合物	温度/℃	分步	$K_a(K_b)$	$pK_a(pK_b)$
邻苯二甲酸	25	1	1.3×10^{-3}	2.89
		2	3.9×10^{-6}	5.51
Tris-HCl	37	1	1.4×10^{-3}	7.85
氨基乙酸盐酸盐	25	1	4.5×10^{-3}	2.35
		2	1.6×10^{-10}	9.78

注：本表数据录自 Robert C，Weast，CRC，Handbook of Chemistry and Physics，80th ed. 1999-2000.

附录3 难溶化合物的溶度积常数（25℃）

化合物	K_{sp}	化合物	K_{sp}	化合物	K_{sp}
AgAc	1.94×10^{-3}	$CdCO_3$	1.0×10^{-12}	Li_2CO_3	8.15×10^{-4}
AgBr	5.38×10^{-13}	CdF_2	6.44×10^{-3}	$MgCO_3$	6.82×10^{-6}
$AgBrO_3$	5.34×10^{-5}	$Cd(IO_3)_2$	2.50×10^{-8}	MgF_2	5.16×10^{-11}
AgCN	5.97×10^{-17}	$Cd(OH)_2$	7.2×10^{-15}	$Mg(OH)_2$	5.61×10^{-12}
AgCl	1.77×10^{-10}	CdS	1.40×10^{-29}	$Mg_3(PO_4)_2$	1.04×10^{-24}
AgI	8.52×10^{-17}	$Cd_3(PO_4)_2$	2.53×10^{-33}	$MnCO_3$	2.24×10^{-11}
$AgIO_3$	3.17×10^{-8}	$Co_3(PO_4)_2$	2.05×10^{-35}	$Mn(IO_3)_2$	4.37×10^{-7}
AgSCN	1.03×10^{-12}	CuBr	6.27×10^{-9}	$Mn(OH)_2$	2.06×10^{-13}
Ag_2CO_3	8.46×10^{-12}	CuC_2O_4	4.43×10^{-10}	MnS	4.65×10^{-14}
$Ag_2C_2O_4$	5.40×10^{-12}	CuCl	1.72×10^{-7}	$NiCO_3$	1.42×10^{-7}
Ag_2CrO_4	1.12×10^{-12}	CuI	1.27×10^{-12}	$Ni(IO_3)_2$	4.71×10^{-5}
Ag_2S	6.69×10^{-50}	CuS	1.27×10^{-36}	$Ni(OH)_2$	5.48×10^{-16}
Ag_2SO_3	1.50×10^{-14}	CuSCN	1.77×10^{-13}	NiS	1.07×10^{-21}
Ag_2SO_4	1.20×10^{-5}	Cu_2S	2.26×10^{-48}	$Ni_3(PO_4)_2$	4.74×10^{-32}
Ag_3AsO_4	1.03×10^{-22}	$Cu_3(PO_4)_2$	1.40×10^{-37}	$PbCO_3$	7.40×10^{-14}
Ag_3PO_4	8.89×10^{-17}	$FeCO_3$	3.13×10^{-11}	$PbCl_2$	1.70×10^{-5}
$Al(OH)_3$	1.1×10^{-33}	FeF_2	2.36×10^{-6}	PbF_2	3.3×10^{-8}
$AlPO_4$	9.84×10^{-21}	$Fe(OH)_2$	4.87×10^{-17}	PbI_2	9.8×10^{-9}
$BaCO_3$	2.58×10^{-9}	$Fe(OH)_3$	2.79×10^{-39}	$PbSO_4$	2.53×10^{-8}
$BaCrO_4$	1.17×10^{-10}	FeS	1.59×10^{-19}	PbS	9.04×10^{-29}
BaF_2	1.84×10^{-7}	HgI_2	2.90×10^{-29}	$Pb(OH)_2$	1.43×10^{-20}
$Ba(IO_3)_2$	4.01×10^{-9}	HgS	6.44×10^{-53}	$Sn(OH)_2$	5.45×10^{-27}
$BaSO_4$	1.08×10^{-10}	Hg_2Br_2	6.40×10^{-23}	SnS	3.25×10^{-28}
$BiAsO_4$	4.43×10^{-10}	Hg_2CO_3	3.6×10^{-17}	$SrCO_3$	5.60×10^{-10}
CaC_2O_4	2.32×10^{-9}	$Hg_2C_2O_4$	1.75×10^{-13}	SrF_2	4.33×10^{-9}
$CaCO_3$	3.36×10^{-9}	Hg_2Cl_2	1.43×10^{-18}	$Sr(IO_3)_2$	1.14×10^{-7}
CaF_2	3.45×10^{-10}	Hg_2F_2	3.10×10^{-6}	$SrSO_4$	3.44×10^{-7}
$Ca(IO_3)_2$	6.47×10^{-6}	Hg_2I_2	5.2×10^{-29}	$ZnCO_3$	1.46×10^{-10}
$Ca(OH)_2$	5.02×10^{-6}	Hg_2SO_4	6.5×10^{-7}	ZnF_2	3.04×10^{-2}
$CaSO_4$	4.93×10^{-5}	$KClO_4$	1.05×10^{-2}	$Zn(OH)_2$	3.10×10^{-17}
$Ca_3(PO_4)_2$	2.53×10^{-33}	$K_2[PtCl_6]$	7.48×10^{-6}	ZnS	2.93×10^{-25}

注：本表数据录自 Robert C，Weast，CRC，Handbook of Chemistry and Physics，80th ed. 1999-2000.

附录 4　金属配合物的稳定常数

配体及金属离子	lgβ_1	lgβ_2	lgβ_3	lgβ_4	lgβ_5	lgβ_6
氨（NH_3)						
Co^{2+}	2.11	3.74	4.79	5.55	5.73	5.11
Co^{3+}	6.7	14.0	20.1	25.7	30.8	35.20
Cu^{2+}	4.31	7.98	11.02	13.32	(12.86)	
Hg^{2+}	8.8	17.5	18.5	19.28		
Ni^{2+}	2.8	5.04	6.77	7.96	8.71	8.74
Ag^+	3.24	7.05				
Zn^{2+}	2.37	4.81	7.31	9.46		
Cd^{2+}	2.65	4.75	6.19	7.12	6.80	5.14
氯离子（Cl^-)						
Sb^{3+}	2.26	3.49	4.18	4.72	(4.72)	(4.11)
Bi^{3+}	2.44	4.74	5.04	5.64		
Cu^+		5.5				
Pt^{2+}		11.5	14.5	16.0		
Hg^{2+}	6.74	13.22	14.07	15.7		
Au^{3+}		9.8				
Ag^+	3.04	5.04	(5.04)	(5.30)		
氰离子（CN^-)						
Au^+		38.3				
Cd^{2+}	5.48	10.60	(15.23)	(18.78)		
Cu^+		24.0	28.59	30.30		
Fe^{2+}						35
Fe^{3+}						42
Hg^{2+}				41.4		
Ni^{2+}				31.3		
Ag^+				20.6		
Zn^{2+}		21.10	21.7	16.7		
氟离子（F^-)						
Al^{3+}	6.10	11.15	15.00	17.75	19.37	19.84
Fe^{3+}	5.28	9.30	12.06	(15.77)		
碘离子（I^-)						
Bi^{3+}	3.63			14.95	16.80	18.80
Hg^{2+}	12.87	23.83	27.60	29.83		
Ag^+	6.58	11.74	13.68			
硫氰酸根（SCN^-)						
Fe^{3+}	2.95	3.36				
Hg^{2+}		17.47		21.23		
Au^+		23		42		
Ag^+		7.57	9.08	10.08		
硫代硫酸根（$S_2O_3^{2-}$)						
Ag^+	8.82	13.46	(14.15)			
Cu^+	10.27	12.22	13.84			

配体及金属离子	$\lg\beta_1$	$\lg\beta_2$	$\lg\beta_3$	$\lg\beta_4$	$\lg\beta_5$	$\lg\beta_6$
醋酸根(CH_3COO^-)						
Fe^{3+}						
Hg^{2+}						
Pb^{2+}						
枸橼酸根(L^{3-})						
Al^{3+}	20.0					
Co^{2+}	12.5					
Cd^{2+}	11.3					
Cu^{2+}	14.2					
Fe^{2+}	15.5					
Fe^{3+}	25.0					
Ni^{2+}	14.3					
Zn^{2+}	11.4					
乙二胺($H_2NCH_2CH_2NH_2$)						
Co^{2+}	5.91	10.64	13.94			
Cu^{2+}	10.67	20.00	21.00			
Zn^{2+}	5.77	10.83	14.11			
Ni^{2+}	(7.52)	(13.80)	18.33			
草酸根($C_2O_4^{2-}$)						
Cu^{2+}	6.16	8.5				
Fe^{2+}	2.9	4.52	5.22			
Fe^{3+}	9.4	16.2	20.2			
Hg^{2+}		6.98				
Zn^{2+}	4.89	7.60	8.15			
Ni^{2+}	5.3	7.64	8.5			

注：本表数据录自魏祖期．基础化学（第6版）．北京：人民卫生出版社，2004，318～319。

附录 5　298.15K 的标准摩尔生成焓、标准摩尔 生成自由能和标准摩尔熵的数据

物质	$\Delta_r H_m$	$\Delta_r G_m$	S_m
	$kJ\cdot mol^{-1}$	$kJ\cdot mol^{-1}$	$J\cdot K^{-1}\cdot mol^{-1}$
$Ag(s)$	0.0	0.0	42.6
$Ag^+(aq)$	105.6	77.1	72.7
$AgNO_3(s)$	−124.4	−33.4	140.9
$AgCl(s)$	−127.0	−109.8	96.3
$AgBr(s)$	−100.4	−96.9	107.1
$AgI(s)$	−61.8	−66.2	115.5
$Ba(s)$	0.0	0.0	62.5
$Ba^{2+}(aq)$	−537.6	−560.8	9.6
$BaCl_2(s)$	−855.0	−806.7	123.7
$BaSO_4(s)$	−1473.2	−1363.2	132.2
$Br_2(g)$	30.9	3.1	245.5

物质	$\Delta_r H_m$	$\Delta_r G_m$	S_m
	$kJ \cdot mol^{-1}$	$kJ \cdot mol^{-1}$	$J \cdot K^{-1} \cdot mol^{-1}$
$Br_2(l)$	0.0	0.0	152.2
$C(dia)$	1.9	2.9	2.4
$C(gra)$	0.0	0.0	5.7
$CO(g)$	−110.5	−137.2	197.7
$CO_2(g)$	−393.5	−394.4	213.8
$Ca(s)$	0.0	0.0	41.6
$Ca^{2+}(aq)$	−542.8	−553.6	−53.1
$CaCl_2(s)$	−795.4	−748.8	108.4
$CaCO_3(s)$	−1206.9	−1128.8	92.9
$CaO(s)$	−634.9	−603.3	38.1
$Ca(OH)_2(s)$	−985.2	−897.5	83.4
$Cl_2(g)$	0.0	0.0	223.1
$Cl^-(aq)$	−167.2	−131.2	56.5
$Cu(s)$	0.0	0.0	33.2
$Cu^{2+}(aq)$	64.8	65.5	−99.6
$F_2(g)$	0.0	0.0	202.8
$F^-(aq)$	−332.6	−278.8	−13.8
$Fe(s)$	0.0	0.0	27.3
$Fe^{2+}(aq)$	−89.1	−78.9	−137.7
$Fe^{3+}(aq)$	−48.5	−4.7	−315.9
$FeO(s)$	−272.0	−251.0	61.0
$Fe_3O_4(s)$	−1118.4	−1015.4	146.4
$Fe_2O_3(s)$	−824.2	−742.2	87.4
$H_2(g)$	0.0	0.0	130.7
$H^+(aq)$	0.0	0.0	0.0
$HCl(g)$	−92.3	−95.3	186.9
$HCl(aq)$	−167.2	−131.2	56.5
$HF(g)$	−273.3	−275.4	173.8
$HBr(g)$	−36.3	−53.4	198.7
$HI(g)$	26.6	1.7	206.6
$H_2O(g)$	−241.8	−228.6	188.8
$H_2O(l)$	−285.8	−237.1	70.0
$H_2S(g)$	−20.6	−33.4	205.8
$I_2(g)$	62.4	19.3	260.7
$I_2(s)$	0.0	0.0	116.1
$I^-(aq)$	−55.2	−51.6	111.3
$K(s)$	0.0	0.0	64.7
$K^+(aq)$	−252.4	−283.3	102.5
$KI(s)$	−327.9	−324.9	106.3
$KCl(s)$	−436.5	−408.5	82.6
$Mg(s)$	0.0	0.0	32.7
$Mg^{2+}(aq)$	−466.9	−454.8	−138.1
$MgO(s)$	−601.6	−569.3	27.0
$MnO_2(s)$	−520.0	−465.1	53.1
$Mn^{2+}(aq)$	−220.8	−228.1	−73.6
$N_2(g)$	0.0	0.0	191.6
$NH_3(g)$	−45.9	−16.4	192.8
$NH_4Cl(s)$	−314.4	−202.9	94.6

物质	$\Delta_r H_m$	$\Delta_r G_m$	S_m
	$kJ \cdot mol^{-1}$	$kJ \cdot mol^{-1}$	$J \cdot K^{-1} \cdot mol^{-1}$
$NO(g)$	91.3	87.6	210.8
$NO_2(g)$	33.2	51.3	240.1
$Na(s)$	0.0	0.0	51.3
$Na^+(aq)$	−240.1	−261.9	59.0
$NaCl(s)$	−411.2	−384.1	72.1
$O_2(g)$	0.0	0.0	205.2
$OH^-(aq)$	−230.0	−157.2	−10.8
$SO_2(g)$	−296.8	−300.1	248.2
$SO_3(g)$	−395.7	−371.1	256.8
$Zn(s)$	0.0	0.0	41.6
$Zn^{2+}(aq)$	−153.9	−147.1	−112.1
$ZnO(s)$	−350.5	−320.5	43.7
$CH_4(g)$	−74.6	−50.5	186.3
$C_2H_2(g)$	227.4	209.9	200.9
$C_2H_4(g)$	52.4	68.4	219.3
$C_2H_6(g)$	−84.0	−32.0	229.2
$C_6H_6(g)$	82.9	129.7	269.2
$C_6H_6(l)$	49.1	124.5	173.4
$CH_3OH(g)$	−201.0	−162.3	239.9
$CH_3OH(l)$	−239.2	−166.6	126.8
$HCHO(g)$	−108.6	−102.5	218.8
$HCOOH(l)$	−425.0	−361.4	129.0
$C_2H_5OH(g)$	−234.8	−167.9	281.6
$C_2H_5OH(l)$	−277.6	−174.8	160.7
$CH_3CHO(l)$	−192.2	−127.6	160.2
$CH_3COOH(l)$	−484.3	−389.9	159.8
$H_2NCONH_2(s)$	−333.1	−197.3	104.6
$C_6H_{12}O_6(s)$	−1273.3	−910.6	212.1
$C_{12}H_{22}O_{11}(s)$	−2226.1	−1544.6	360.2

附录 6　一些有机化合物的标准摩尔燃烧热

化合物	$\Delta_c H_m$	化合物	$\Delta_c H_m$
	$kJ \cdot mol^{-1}$		$kJ \cdot mol^{-1}$
$CH_4(g)$	−890.8	$HCHO$	−570.7
$C_2H_2(g)$	−1301.1	CH_3CHO	−1166.9
$C_2H_4(g)$	−1411.2	CH_3COCH_3	−1789.9
$C_2H_6(g)$	−1560.7	$HCOOH$	−254.6
$C_3H_8(g)$	−2219.2	CH_3COOH	−874.2
$C_5H_{12}(l)$	−3509.0	$C_{17}H_{35}COOH$	−11281.0
$C_6H_6(l)$	−3267.6	$C_6H_{12}O_6$ 葡萄糖	−2803.0
CH_3OH	−726.1	$C_{12}H_{22}O_{11}$ 蔗糖	−5640.9
C_2H_5OH	−1366.8	$CO(NH_2)_2$ 尿素	−631.7

注：本表数据录自魏祖期．基础化学（第 6 版）．北京：人民卫生出版社，2004，320～322。

（按 $E^\ominus$ 值由小到大编排）

氧化态 $+ne^- \rightleftharpoons$ 还原态	$E^\ominus/V$	氧化态 $+ne^- \rightleftharpoons$ 还原态	$E^\ominus/V$
$Li^+ + e^- \rightleftharpoons Li(s)$	-3.0401	$Cu^{2+} + 2e^- \rightleftharpoons Cu(s)$	0.3419
$K^+ + e^- \rightleftharpoons K(s)$	-2.931	$[Fe(CN)_6]^{3-} + e^- \rightleftharpoons [Fe(CN)_6]^{4-}$	0.36
$Ba^{2+} + 2e^- \rightleftharpoons Ba(s)$	-2.912	$[Ag(NH_3)_2]^+ + e^- \rightleftharpoons Ag + 2NH_3$	0.373
$Ca^{2+} + 2e^- \rightleftharpoons Ca(s)$	-2.868	$O_2(g) + 2H_2O(l) + 4e^- \rightleftharpoons 4OH^-$	0.401
$Na^+ + e^- \rightleftharpoons Na(s)$	-2.71	$I_2(s) + 2e^- \rightleftharpoons 2I^-$	0.5355
$Mg^{2+} + 2e^- \rightleftharpoons Mg(s)$	-2.372	$MnO_4^- + e^- \rightleftharpoons MnO_4^{2-}$	0.558
$Al^{3+} + 3e^- \rightleftharpoons Al(s)$	-1.662	$MnO_4^- + 2H_2O + 3e^- \rightleftharpoons MnO_2 + 4OH^-$	0.595
$Ti^{2+} + 2e^- \rightleftharpoons Ti(s)$	-1.630	$O_2(g) + 2H^+ + 2e^- \rightleftharpoons H_2O_2$	0.695
$Mn^{2+} + 2e^- \rightleftharpoons Mn(s)$	-1.185	$Fe^{3+} + e^- \rightleftharpoons Fe^{2+}$	0.771
$2H_2O + 2e^- \rightleftharpoons H_2 + 2OH^-$	-0.828	$Ag^+ + e^- \rightleftharpoons Ag(s)$	0.7996
$Zn^{2+} + 2e^- \rightleftharpoons Zn(s)$	-0.7618	$ClO^- + H_2O(l) + 2e^- \rightleftharpoons Cl^- + 2OH^-$	0.841
$Cr^{3+} + 3e^- \rightleftharpoons Cr(s)$	-0.744	$Hg^{2+} + 2e^- \rightleftharpoons Hg$	0.851
$Fe(OH)_3 + e^- \rightleftharpoons Fe(OH)_2 + OH^-$	-0.56	$2Hg^{2+} + 2e^- \rightleftharpoons Hg_2^{2+}$	0.920
$2CO_2 + 2H^+ + 2e^- \rightleftharpoons H_2C_2O_4$	-0.49	$Br_2(l) + 2e^- \rightleftharpoons 2Br^-$	1.066
$S + 2e^- \rightleftharpoons S^{2-}$	-0.4763	$2IO_3^- + 12H^+ + 10e^- \rightleftharpoons I_2(s) + 6H_2O$	1.20
$Cd^{2+} + 2e^- \rightleftharpoons Cd(s)$	-0.403	$MnO_2 + 4H^+ + 2e^- \rightleftharpoons Mn^{2+} + 2H_2O$	1.224
$PbSO_4(s) + 2e^- \rightleftharpoons Pb(s) + SO_4^{2-}$	-0.3588	$O_2(g) + 4H^+ + 4e^- \rightleftharpoons 2H_2O$	1.229
$Co^{2+} + 2e^- \rightleftharpoons Co(s)$	-0.28	$Cr_2O_7^{2-} + 14H^+ + 6e^- \rightleftharpoons 2Cr^{3+} + 7H_2O$	1.232
$Ni^{2+} + 2e^- \rightleftharpoons Ni(s)$	-0.257	$Cl_2(g) + 2e^- \rightleftharpoons 2Cl^-$	1.358
$AgI(s) + e^- \rightleftharpoons Ag(s) + I^-$	-0.1522	$PbO_2(s) + 4H^+ + 2e^- \rightleftharpoons Pb^{2+} + 2H_2O$	1.455
$Sn^{2+} + 2e^- \rightleftharpoons Sn(s)$	-0.1375	$MnO_4^- + 8H^+ + 5e^- \rightleftharpoons Mn^{2+} + 4H_2O$	1.507
$Pb^{2+} + 2e^- \rightleftharpoons Pb(s)$	-0.1262	$2HBrO + 2H^+ + 2e^- \rightleftharpoons Br_2(l) + 2H_2O(l)$	1.596
$2H^+ + 2e^- \rightleftharpoons H_2(g)$	0	$2HClO + 2H^+ + 2e^- \rightleftharpoons Cl_2(g) + 2H_2O(l)$	1.611
$AgBr(s) + e^- \rightleftharpoons Ag(s) + Br^-$	0.071	$H_2O_2 + 2H^+ + 2e^- \rightleftharpoons 2H_2O$	1.776
$Sn^{4+} + 2e^- \rightleftharpoons Sn^{2+}$	0.151	$Co^{3+} + e^- \rightleftharpoons Co^{2+}$	1.92
$Cu^{2+} + e^- \rightleftharpoons Cu^+$	0.153	$S_2O_8^{2-} + 2e^- \rightleftharpoons 2SO_4^{2-}$	2.010
$AgCl(s) + e^- \rightleftharpoons Ag(s) + Cl^-$	0.222	$O_3(g) + 2H^+ + 2e^- \rightleftharpoons O_2(g) + H_2O$	2.076
$Hg_2Cl_2(s) + 2e^- \rightleftharpoons 2Hg(l) + 2Cl^-$	0.268	$F_2(g) + 2e^- \rightleftharpoons 2F^-$	2.866

附录 8　常用缓冲溶液的 pH 范围

缓冲溶液	$pK^\ominus$	pH 有效范围
盐酸-邻苯二甲酸氢钾[HCl-$C_6H_4(COO)_2HK$]	3.1	$2.4 \sim 4.0$
柠檬酸-氢氧化钠[$C_3H_5(COOH)_3$-$NaOH$]	$2.9, 4.1, 5.8$	$2.2 \sim 6.5$

缓冲溶液	$pK^{\ominus}$	pH 有效范围
甲酸-氢氧化钠[HCOOH-NaOH]	3.8	2.8~4.6
醋酸-醋酸钠[$CH_3COOH-CH_3COONa$]	4.8	3.6~5.6
邻苯二甲酸氢钾-氢氧化钾[$C_6H_4(COO)_2HK-KOH$]	5.4	4.0~6.2
琥珀酸氢钠-琥珀酸钠 $\begin{array}{l} CH_2COOH-CH_2COONa \\ \quad\vert \qquad\qquad\vert \\ CH_2COONa \quad CH_2COONa \end{array}$	5.5	4.8~6.3
柠檬酸氢二钠-氢氧化钠[$C_3H_4(COO)_3HNa_2-NaOH$]	5.8	5.0~6.3
磷酸二氢钾-氢氧化钠[KH_2PO_4-NaOH]	7.2	5.8~8.0
磷酸二氢钾-硼砂[$KH_2PO_4-Na_2B_4O_7$]	7.2	5.8~9.2
磷酸二氢钾-磷酸氢二钾[$KH_2PO_4-K_2HPO_4$]	7.2	5.9~8.0
硼酸-硼砂[$H_3BO_3-Na_2B_4O_7$]	9.2	7.2~9.2
硼酸-氢氧化钠[H_3BO_3-NaOH]	9.2	8.0~10.0
氯化铵-氨水[$NH_4Cl-NH_3 \cdot H_2O$]	9.3	8.3~10.3
碳酸氢钠-碳酸钠[$NaHCO_3-Na_2CO_3$]	10.3	9.2~11.0
磷酸氢二钠-氢氧化钠[Na_2HPO_4-NaOH]	12.4	11.0~12.0

附录 9　常用指示剂

1. 酸碱指示剂

指示剂名称	变色范围(pH)	颜色变化	溶液配制方法
茜素黄 R	1.9~3.3	红-黄	0.1%水溶液
甲基橙	3.1~4.4	红-橙黄	0.1%水溶液
溴酚蓝	3.0~4.6	黄-蓝	0.1g 溴酚蓝溶于 100mL 20%乙醇中
刚果红	3.0~5.2	蓝紫-红	0.1%水溶液
茜素红 S	3.7~5.2	黄-紫	0.1%水溶液
溴甲酚绿	3.8~5.4	黄-蓝	0.1g 溴甲酚绿溶于 100mL 20%乙醇中
甲基红	4.4~6.2	红-黄	0.1g 甲基红溶于 100mL 60%乙醇中
溴百里酚蓝	6.0~7.6	黄-蓝	0.05g 溴百里酚蓝溶于 100mL 20%乙醇中
中性红	6.8~8.0	红-黄橙	0.1g 中性红溶于 100mL 60%乙醇中
甲酚红	7.2~8.8	亮黄-紫红	0.1g 甲酚红溶于 100mL 50%乙醇中
百里酚蓝 (麝香草酚蓝)	第一次变色 1.2~2.8 第二次变色 8.0~9.6	红-黄 黄-蓝	0.1g 百里酚蓝溶于 100mL 20%乙醇中
酚酞	8.2~10.0	无-红	0.1g 酚酞溶于 100mL 60%乙醇中
麝香草酚酞 (百里酚酞)	9.4~10.6	无-蓝	0.1g 麝香草酚酞溶于 100mL 90%乙醇中

2. 酸碱混合指示剂

指示剂溶液的组成	变色点的 pH 值	颜色		备注
		酸色	碱色	
1 份 0.1％甲基橙水溶液 1 份 0.25％靛蓝二磺酸钠水溶液	4.1	紫	黄绿	pH＝4.1 灰色
3 份 0.1％溴甲酚绿乙醇溶液 1 份 0.2％甲基红乙醇溶液	5.1	酒红	绿	颜色变化极显著
1 份 0.1％溴甲酚绿钠盐水溶液 1 份 0.1％氯酚红钠盐水溶液	6.1	黄绿	蓝紫	pH＝5.4 蓝绿色 pH＝5.8 蓝色 pH＝6.0 蓝微带紫色 pH＝6.2 蓝紫色
1 份 0.1％甲酚红钠盐水溶液 3 份 0.1％百里酚蓝钠盐水溶液	8.3	黄	紫	pH＝8.2 粉色 pH＝8.4 紫色
1 份 0.1％酚酞乙醇溶液	8.9	绿	紫	pH＝8.8 浅蓝色 pH＝9.0 紫色
1 份 0.1％酚酞乙醇溶液 1 份 0.1％百里酚乙醇溶液	9.9	无	紫	pH＝9.6 玫瑰色 pH＝10.0 紫色

3. 吸附指示剂

指示剂名称	待测离子	滴定剂	颜色变色	适用的 pH 值
荧光黄(荧光素)	Cl^-	Ag^+	黄绿色(有荧光)→粉红色	7～10
二氯荧光黄	Cl^-	Ag^+	黄绿色(有荧光)→红色	4～10
曙红(四溴荧光黄)	Br^-,I^-,SCN^-	Ag^+	橙黄色(有荧光)→红紫色	2～10
酚藏红	Cl^-,Br^-	Ag^+	红色→蓝色	酸性

4. 金属指示剂

指示剂名称	颜色		配制方法
	游离态	化合物	
铬黑 T(EBT)	蓝	酒红	①将 0.5g 铬黑 T 溶于 100mL 水中 ②将 1g 铬黑 T 与 100gNaCl 研细、混匀
钙指示剂	蓝	红	将 0.5g 钙指示剂与 100gNaCl 研细、混匀
二甲酚橙(XO)	黄	红	将 0.1g 二甲酚橙溶于 100mL 水中
K-B 指示剂	蓝	红	将 0.5g 酸性铬蓝 K 加 1.25g 萘酚绿 B,再加 25g KNO_3 研细、混匀
磺基水杨酸	无色	红	将 1g 磺基水杨酸溶于 100mL 水中
吡啶偶氮萘酚(PAN)	黄	红	将 0.1g 吡啶偶氮萘酚溶于 100mL 乙醇中
邻苯二酚紫	紫	蓝	将 0.1g 邻苯二酚紫溶于 100mL 水中
钙镁试剂(calmagite)	红	蓝	将 0.5g 钙镁试剂溶于 100mL 水中

5. 氧化还原指示剂

指示剂名称	变色电位 $\varphi^{\ominus}/V$	颜色		配制方法
		游离态	化合物	
二苯胺	0.76	紫	无色	将 1g 二苯胺在搅拌下溶于 100mL 浓硫酸和 100mL 浓磷酸,贮于棕色瓶中
二苯胺磺酸钠	0.85	紫	无色	将 0.5g 二苯胺磺酸钠溶于 100mL 水中,必要时过滤
邻苯氨基苯甲酸	0.89	紫红	无色	将 0.2g 邻苯氨基苯甲酸加热溶解在 100mL 0.2% Na_2CO_3 溶液中,必要时过滤
邻二氮菲硫酸亚铁	1.06	浅蓝	红	将 0.5g $FeSO_4 \cdot 7H_2O$ 溶于 100mL 水中,加 2 滴 H_2SO_4,加 0.5g 邻二氮菲

参 考 文 献

[1] 浙江大学普通化学教研组编.普通化学.第五版.北京：高等教育出版社，2005.

[2] 傅献彩.大学化学（上册）.北京：高等教育出版社，1999.

[3] 曲保中，朱炳林，周伟红.新大学化学.北京：科学出版社，2002.

[4] 华彤文，杨骏英，陈景祖等编.普通化学原理：第二版.北京：北京大学出版社，1994.

[5] 黄方一.无机及分析化学.第二版.武汉：华中师范大学出版社，2007.

[6] 魏祖期.基础化学.北京：人民卫生出版社，2006.

[7] 祁嘉义，仇佩虹.基础化学.北京：高等教育出版社，2006.

[8] 许春向，邹学贤.现代卫生化学.北京：人民卫生出版社，2000.

[9] 周井炎，李德忠.基础化学实验（上册）.武汉：华中科技大学出版社，2004.

[10] 徐功烨，蔡作乾.大学化学实验.第二版.北京：清华大学出版社，1997.

[11] 马金红，路春娥，吴敏，王国力.大学化学实验.南京：东南大学出版社，2002.

[12] 李铭朽，周仕学.无机化学实验.北京：北京理工大学出版社.2002.

[13] 薛彦辉.普通化学实验.北京：化学工业出版社.2003.

[14] 高丽华.普通化学实验.北京：化学工业出版社.2004.

[15] 陈同云.工科化学实验.北京：化学工业出版社.2003.

[16] 黄君礼.水分析化学实验.第二版.北京：中国建筑工业出版社，1997.

[17] 濮文虹，刘光虹，喻俊芳.水质分析化学实验.第二版.武汉：华中科技大学出版社，2004.